# FOKUS BIOLOGIE 5/6

## NATURPHÄNOMENE UND TECHNIK
## BADEN-WÜRTTEMBERG



Cornelsen

| | |
|---|---|
| Herausgeber: | Thomas Armbruster, Konstanz; Dr. Jochim Lichtenberger, Fahren |
| Autorinnen und Autoren: | Thomas Armbruster, Konstanz; Stefan Burzin, Meldorf; Olaf Deninger, Ettenheim; Sabine Hanke, Pforzheim; Nicole Hörenberg, Stuttgart; Monika Waible-Pons Marti, Stuttgart; Dr. Lars Scheffel, Kiel<br>Julia Budde, Meerbusch; Nermin Erdogan, Esslingen; Hans-Jürgen Janßen, Oldenburg; Judith Jeuck, Rödermark; Matthias Müller, Oldenburg; Prof. Dr. Philipp Schmiemann, Essen; Jutta Schulz, Guderhandviertel; Yvonne Schwerdtfeger, Hannover; Astrid Wolf, Hanau |
| Redaktion: | Henry Dölitzsch, Andrea Weber |
| Berater für Biologie: | Nermin Erdogan, Esslingen; Klaus Götz, Ilsfeld; Svenja Sabine Steinmetz, Eislingen |
| Illustration und Grafik: | Rainer Götze, diGraph Medienservice Maryse Forget & Robert Fontner-Forget, Liselotte Lüddecke, Jörg Mair, Karin Mall, Heike Möller, www.biologiegrafik.de |
| Gesamtgestaltung und technische Umsetzung: | EYES-OPEN, Berlin |

**www.cornelsen.de**

Soweit in diesem Lehrwerk Personen fotografisch abgebildet sind und ihnen von der Redaktion fiktive Namen, Berufe, Dialoge und Ähnliches zugeordnet oder diese Personen in bestimmte Kontexte gesetzt werden, dienen diese Zuordnungen und Darstellungen ausschließlich der Veranschaulichung und dem besseren Verständnis des Inhalts.

Dieses Werk enthält Vorschläge und Anleitungen für Untersuchungen und Experimente.
Vor jedem Experiment sind mögliche Gefahrenquellen zu besprechen. Beim Experimentieren sind die Richtlinien zur Sicherheit im Unterricht einzuhalten.

1. Auflage, 1. Druck 2015

Alle Drucke dieser Auflage sind inhaltlich unverändert und können im Unterricht nebeneinander verwendet werden.



Druck: Mohn Media Mohndruck, Gütersloh

ISBN 978-3-06-013613-1

PEFC
PEFC/04-31-1033

PEFC zertifiziert
Dieses Produkt stammt aus nachhaltig bewirtschafteten Wäldern und kontrollierten Quellen.
www.pefc.de

# Inhalt

## WASSER – EIN LEBENSWICHTIGER STOFF 58

**Biologie**

**Physik, Chemie und Technik**

# Liebe Schülerin, lieber Schüler, die folgenden Seitentypen findest du in diesem Buch.

## EINSTIEGSSEITE

Der kurze Text beschreibt das Thema des Kapitels. Die Bilder geben dir einen ersten Eindruck, worum es geht, und wollen dich neugierig machen.

## GRUNDWISSEN

Hier werden dir die Inhalte zu einem Thema vermittelt und wichtige Fachbegriffe erklärt. Mithilfe der Aufgaben kannst du überprüfen, ob du die Inhalte verstanden hast.

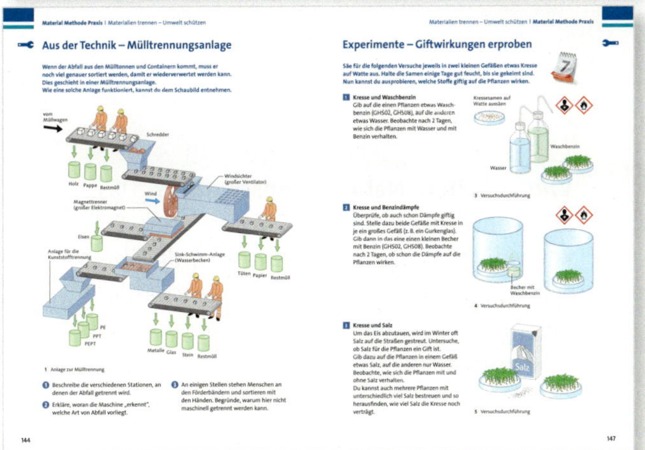


## MATERIAL METHODE PRAXIS (MMP)

Die **Methodenseiten** führen dich Schritt für Schritt in wichtige Arbeitsweisen ein.

Auf den übrigen **MMP-Seiten** wendest du Arbeitsweisen an oder du bearbeitest Aufgaben mithilfe verschiedener Materialien.

Hier findest du auch einfache Versuchsanleitungen und interessante weiterführende Informationen aus allen Naturwissenschaften.

Das Kalendersymbol kennzeichnet Experimente und Aufgaben, die viel Zeit benötigen oder zu einem bestimmten Zeitpunkt durchgeführt werden müssen.

## ZUSAMMENFASSUNG

Am Ende des Kapitels werden die Inhalte kurz zusammengefasst. Bezüge zu den biologischen Prinzipien werden aufgezeigt. Sie helfen dir, die Informationen zu ordnen und Zusammenhänge herzustellen.

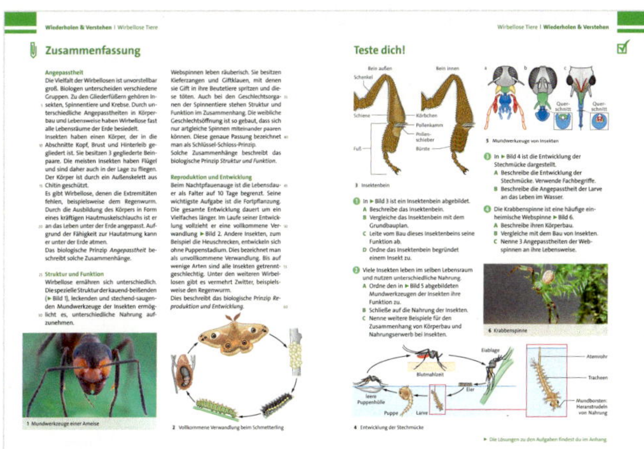


## TESTE DICH!

Mit diesen Aufgaben kannst du testen, ob du alles verstanden hast und das erworbene Wissen anwenden kannst. Die Lösungen zu diesen Aufgaben stehen im Anhang des Buches.

# Biologie, Naturphänomene und Technik

**1** Naturwissenschaftler forschen und arbeiten zusammen.

**Naturwissenschaftler** Sowohl Biologen als auch Chemiker und Physiker erforschen die Natur und deren Erscheinungen, die Naturphänomene. Wichtiges Ziel ist dabei, die Umwelt zu erklären. Häufig arbeiten die Wissenschaftler der verschiedenen Fächer eng zusammen, um Naturphänomene besser zu verstehen. Naturwissenschaftler helfen, die Natur nutzbar zu machen und besser zu schützen. Die Forschungsergebnisse aus Biologie, Chemie und Physik sind wichtige Grundlagen, zum Beispiel für die Technik, die Medizin und den Umweltschutz. Zahlreiche technische Erfindungen haben Vorbilder in der Natur.

**Biologie, Chemie, Physik** Die Biologie beschäftigt sich mit den Lebewesen und erforscht, mit welchen Merkmalen sie an die Bedingungen eines Lebensraums angepasst sind. Die Physik befasst sich mit den unbelebten Dingen in der Natur, ihrem Aufbau, ihrer Bewegung und ihren Wechselwirkungen. Die Chemie erforscht den Aufbau und die Eigenschaften von Stoffen in der Natur und deren Umwandlung.

**Wie arbeiten Naturwissenschaftler?** Das Ziel von Wissenschaftlern ist es, neue Erkenntnisse zu gewinnen. Dazu ist die Forschung notwendig. Naturwissenschaftler gehen nach bestimmten *Methoden* vor, das sind festgelegte Arbeitsweisen. Es gibt lang bewährte Methoden, zum Beispiel das Sammeln von Pflanzen, Tieren und Gesteinen. CHARLES DARWIN (1809–1889), ein berühmter Naturforscher, sammelte auf seinen Weltreisen mehr als 1530 Tiere.
Zudem hat er alle seine Funde und Naturbeobachtungen aufgeschrieben, also *protokolliert*. Daher wissen wir auch noch heute, wo und wann er welche Tiere gefunden hat. Das Protokollieren ist bei allen Methoden ebenfalls von Bedeutung.
An das Sammeln schließen sich meist noch andere Methoden an, zum Beispiel das *Ordnen* der gesammelten Materialien nach bestimmten Merkmalen. Dazu ist häufig genaues *Betrachten* von Gegenständen oder *Beobachten* von Vorgängen nötig. Biologen nutzen dafür häufig eine Lupe oder ein Mikroskop, um auch kleine Details genau zu sehen.

Um die komplexe Natur besser verstehen und erklären zu können, nutzen Naturwissenschaftler auch vereinfachte *Modelle*, zum Beispiel ein Skelett.

**Fragen an die Natur** Betrachtungen und Beobachtungen der Natur werfen immer Fragen auf. Um diese Fragen zu beantworten, werden Versuche, die *Experimente*, geplant und durchgeführt. Experimente finden häufig im Labor statt, einem speziell eingerichteten Arbeitsraum. Die dabei gewonnenen Erkenntnisse kann man zum Beispiel in Diagrammen darstellen. Als Naturwissenschaftler ist es wichtig, die Ergebnisse gut verständlich darstellen, also *präsentieren* zu können.

**1** **A** Ordne die Aussagen der Sprechblasen den drei Naturwissenschaften zu ▶ Bild 1.
**B** Formuliere weitere typische Fragen der drei Naturwissenschaftler.
**C** Formuliere passende Fragen aus der Technik.

**2** Ordne den Fotos die im Text genannten Methoden zu ▶ Bild 2.

**3** Informiere dich über einen naturwissenschaftlichen Beruf und stelle ihn deiner Klasse vor.

**4** Nenne die Methoden, die du gerne anwenden möchtest.

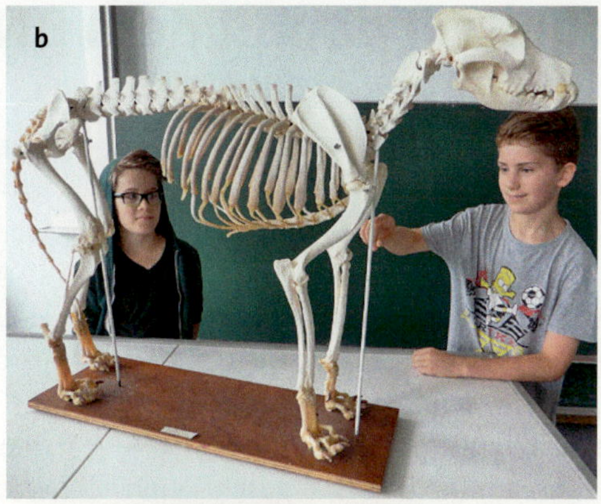

**2** Unterschiedliche Methoden in der Biologie

# So arbeitest du mit dem BNT-Buch

## Das BNT-Buch – ein Arbeitsbuch

Dein BNT-Buch ist mehr als ein Lesebuch, es ist auch ein Arbeitsbuch und Nachschlagewerk.
Du findest in den einzelnen Kapiteln Informationen zu unterschiedlichen Themen wie Säugetiere oder Wasser. Besonders wichtige **Fachbegriffe**, die du kennen solltest, werden im Text *kursiv* geschrieben und erklärt.
Auf vielen Seiten findest du **Aufgaben**, mit denen du überprüfen kannst, ob du alles verstanden hast. Bei einigen Aufgaben steht der Gecko, der dich auf eine etwas kniffligere Aufgabe hinweist.

## Operatoren

In den Aufgaben steht ein Wort, das erklärt, was du in der Aufgabe machen sollst. Diese Arbeitsanweisung nennt man **Operator**. Häufig steht der Operator am Anfang.
In der Tabelle findest du die Operatoren, die in diesem Buch häufig verwendet werden. In der rechten Spalte der Tabelle steht, was der jeweilige Operator verlangt. Überlege beim Lösen von Aufgaben zunächst, was du tun sollst.
In deinem BNT-Buch findest du auch **Methodenseiten**. Hier wird erklärt, wie du naturwissenschaftliche Arbeitsweisen anwendest. Auch für diese Arbeitsweisen gibt es Operatoren.

| Am Anfang einer Aufgabe steht ein Operator, zum Beispiel | Das musst du tun |
|---|---|
| **Nenne** | Du zählst Begriffe, Daten oder Ähnliches auf, ohne diese weiter zu erklären. |
| **Beschreibe** | Du beschreibst ein Tier, eine Pflanze oder ein Bild mit eigenen Worten, sodass jemand, der es nicht sieht, es sich gut vorstellen kann. Achte dabei auf die Verwendung der Fachsprache und eine sinnvolle Gliederung. |
| **Erkläre** | Du machst einen Sachverhalt klar und formulierst ihn verständlich, sodass er auch auf andere Beispiele angewendet werden kann. Du beziehst dich dabei auf naturwissenschaftliche Zusammenhänge. |
| **Erläutere** | Du erklärst einen Sachverhalt verständlich und veranschaulichst deine Erklärung durch zusätzliche Informationen oder weitere Beispiele. |
| **Vergleiche** | Du untersuchst zum Beispiel Lebewesen oder Abbildungen auf Gemeinsamkeiten und Unterschiede. |
| **Begründe** | Du erklärst, warum ein Sachverhalt besteht. Du gibst also Gründe an. |
| **Überprüfe / Prüfe** | Du überlegst und begründest, ob ein Sachverhalt richtig ist. |
| **Werte aus** | Du entnimmst Daten aus einer Tabelle oder einem Diagramm und ziehst eine Schlussfolgerung. |

### Welcher Operator ist der richtige?

**1** Lies die Schülerantwort genau und ordne die passende Aufgabe der Lehrerin zu.

**2** Rechts findest du zwei Einträge aus Schülerheften. Formuliere zu den Schülerantworten die jeweils passende Aufgabe (A und B) und verwende den richtigen Operator.

Aufgabe A: ______________________ ?

Antwort: *Auf dem Bild ist ein Reh mit seinen zwei Jungen zu sehen. Die Rehkitze versuchen, an die Zitzen der Mutter zu gelangen.*

Aufgabe B: ______________________ ?

Antwort: *Die Flossen beim Fisch heißen Rückenflosse, Schwanzflosse, Brustflosse, Bauchflosse und Afterflosse.*

### Suchen und Finden

Wahrscheinlich wirst du dein BNT-Buch nicht von vorne bis hinten durchlesen. Vielleicht möchtest du jetzt schon wissen, wie du richtig experimentierst, oder du möchtest dich über die Verbreitung von Samen informieren. Im **Register** werden alle wichtigen Begriffe aus dem Buch alphabetisch aufgeführt. Hier kannst du die Seitenzahlen heraussuchen, auf denen der jeweilige Begriff im Text auftaucht.
Im **Glossar** sind schwierige Fachbegriffe erklärt.
Übe jetzt einmal den Umgang mit deinem BNT-Buch und bearbeite die folgenden Aufgaben:

**3** Suche die Seiten im Buch heraus, auf denen die Begriffe Rudel, Nestflüchter und Elle auftauchen. Verwende dafür das Register.

**4** Suche im Glossar die Erklärung für die Begriffe Balz und Laich.

# Biologische Prinzipien

**Überblick bewahren!** Die Biologie beschäftigt sich mit Lebewesen. Diese zeigen eine unglaubliche Vielfalt in ihrem Aussehen und ihren Lebenserscheinungen. Menschen, Tiere, Pflanzen, Pilze und Bakterien sind auf den ersten Blick sehr unterschiedlich, haben aber Kennzeichen, die allen Lebewesen gemeinsam sind. Die biologischen Prinzipien können helfen, die Vielfalt an Informationen über Lebewesen übersichtlich zu ordnen und Zusammenhänge herzustellen.

### Struktur und Funktion

Der Bau (Struktur) der Organe von Lebewesen oder deren Teile hängt eng mit den Aufgaben (Funktionen) zusammen, die diese erfüllen.

### Stoff- und Energieumwandlung

Lebewesen nehmen Stoffe auf, wandeln sie um und scheiden andere Stoffe aus. So gewinnen sie Energie für ihre Lebensvorgänge oder Baustoffe zum Aufbau ihres Körpers.

### Angepasstheit

Lebewesen sind so gebaut, dass sie in ihrem Lebensraum und ihrer Lebensweise gut zurechtkommen. Man sagt, sie sind an ihren Lebensraum und ihre Lebensweise angepasst.

### Steuerung und Regelung

Lebewesen halten die Bedingungen in ihrem Körper durch Regelung innerhalb bestimmter Grenzen stabil. Sie können aber auch auf veränderte Umweltbedingungen reagieren.

### Reproduktion und Entwicklung

Lebewesen erzeugen Nachkommen. Man unterscheidet geschlechtliche und ungeschlechtliche Fortpflanzung. Meist wachsen und entwickeln sich die Nachkommen, bevor sie sich erneut fortpflanzen können.

### Kompartimentierung

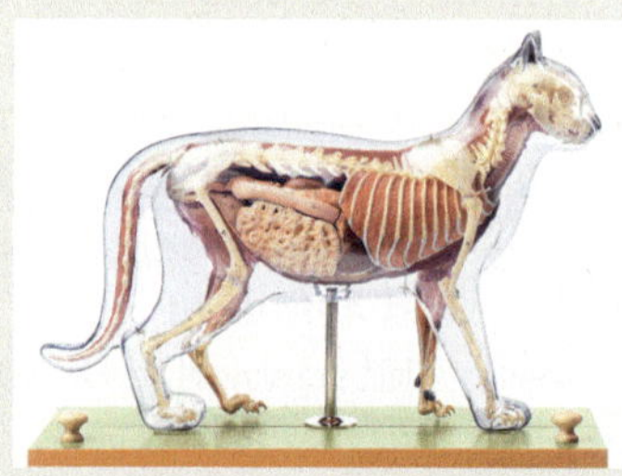

Jedes Lebewesen besteht aus mehreren Teilen (Kompartimenten), zum Beispiel Organen. Diese sind voneinander abgegrenzt und erfüllen ganz bestimmte Aufgaben. Die Kompartimente stehen untereinander in enger Wechselwirkung.

### Information und Kommunikation

Lebewesen nehmen Informationen (Reize) aus der Umwelt auf, verarbeiten diese und reagieren. Zudem tauschen sie über Signale Informationen untereinander aus. Jede Form der Verständigung ist Kommunikation.

### Variabilität

Lebewesen verschiedener Arten unterscheiden sich in markanten Merkmalen. Jedoch auch die Nachkommen derselben Eltern zeigen viele abweichend ausgeprägte Merkmale. Diese Verschiedenheit nennt man Variabilität.

### Evolution

Die heute lebenden Tiere und Pflanzen haben sich in langen Zeiträumen aus Vorfahren (Stammformen) entwickelt. Verwandte Lebewesen zeigen ähnliche Merkmale.

**1** Hier sind verschiedene biologische Prinzipien dargestellt.

**1** Erkläre die biologischen Prinzipien mithilfe der Bildbeispiele in eigenen Worten.

**2** Ordne die Bilder 1 a–e begründet einem passenden biologischen Prinzip zu.

**3** Nenne weitere Beispiele für die biologischen Prinzipien.

# Kennzeichen des Lebens

Die Biologie ist die Naturwissenschaft, die sich mit Lebewesen beschäftigt. Dazu gehören Pflanzen, Tiere, Pilze, Einzeller und auch der Mensch. Biologen erforschen, wie sich Lebewesen fortbewegen, untereinander verständigen, ernähren und fortpflanzen. Dazu beobachten sie Lebewesen in der Natur oder im Labor. Eine grundlegende Frage für die Biologen ist, woran man ein Lebewesen eindeutig erkennen kann.

# Kennzeichen des Lebens

Die Biologie ist die Lehre vom Leben. Tiere und Pflanzen, aber auch Pilze und Einzeller sind Lebewesen. Sie unterscheiden sich durch bestimmte Merkmale eindeutig von unbelebten Dingen. Erst die Summe aller Merkmale kennzeichnet ein Lebewesen als lebendig.

**Bewegung** Mäuse laufen auf Nahrungssuche umher, sie klettern und springen (▶ Bild 2), sie scharren im Boden, putzen sich oder bauen ein Nest.
Diese selbstständige Bewegung aus eigener Kraft ist ein Kennzeichen des Lebens.

**1** Maus bei der Nahrungsaufnahme

**Stoffwechsel** Bewegung benötigt Energie. Mäuse nehmen mit der Nahrung energiereiche Nährstoffe auf (▶ Bild 1), wandeln diese im Körper in andere Stoffe um und scheiden Abfallstoffe wieder aus. Ein Teil der Energie wird in Wärme umgewandelt. Sie atmen mit der Luft Sauerstoff ein und Kohlenstoffdioxid wieder aus.
Stoffwechsel bedeutet also die Aufnahme, Umwandlung und Abgabe von Stoffen. Stoffwechsel kennzeichnet alle Lebewesen.

**2** Maus in Bewegung

**Reizbarkeit** Nimmt eine Maus den Geruch einer Katze wahr, so reagiert sie, indem sie flieht, sich tot stellt oder sich versteckt ▶ Bild 3. Hört sie ihre Jungen im Nest fiepen, begibt sie sich dorthin und kümmert sich um sie. Der Geruch und das Geräusch sind Reize, auf die die Maus reagiert.
Alle Lebewesen reagieren auf Reize.

**3** Maus und jagende Katze

**Fortpflanzung** Mäuse pflanzen sich geschlechtlich fort. Dabei verschmelzen die Eizelle der Mutter und eine Spermienzelle des Vaters zu einer befruchteten Eizelle, die sich dann weiterentwickelt.
Alle Lebewesen pflanzen sich fort.

**4** Neugeborene Mäuse

**Wachstum und Entwicklung** Die nackten und blinden Mäusejungen (▶ Bild 4) wachsen heran und entwickeln sich zu geschlechtsreifen erwachsenen Mäusen ▶ Bild 5.
Wachstum und Entwicklung sind weitere Kennzeichen des Lebens.

**5** Junge Mäuse

**Lebewesen** Nur wenn alle Kennzeichen des Lebens auf einmal vorhanden sind, handelt es sich um ein Lebewesen.

**1** **A** Zeichne eine Mindmap nach dem unten gezeigten Muster in dein Heft ▶ Bild 6.
**B** Nenne die Kennzeichen des Lebens.
**C** Ergänze die Mindmap mit Beispielen, die du jeweils an die kleineren Verzweigungen deiner Mindmap schreibst.

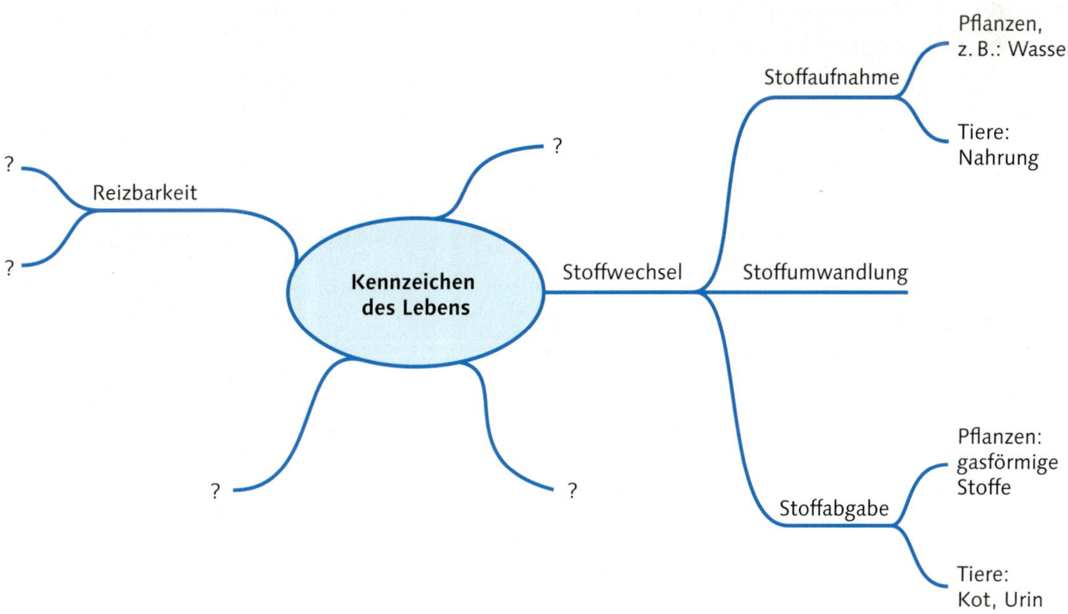


**6** Mindmap zu den Kennzeichen des Lebens

# Pflanzen sind Lebewesen

Zwar können Pflanzen nicht laufen, aber sie bewegen sich trotzdem aus eigener Kraft. Zimmerpflanzen können ihre Blätter bewegen. Sie drehen diese zum Licht. Auch die Blüten von Pflanzen, die draußen wachsen, bewegen sich zum Licht ▶ Bild 1.

**1** Tulpe im Tagesverlauf

Pflanzen nehmen Stoffe aus dem Boden und aus der Luft auf. Sie wandeln diese Stoffe im Stoffwechsel zum Beispiel in Zucker um und scheiden andere Stoffe wieder aus. Bei Wasserpflanzen wie der Wasserpest ist die Abgabe gasförmiger Stoffe besonders gut zu beobachten ▶ Bild 2.

**2** Gasblasen an den Blättchen einer Wasserpest

Pflanzen reagieren auf Umwelteinflüsse wie Licht, Wassermangel, Kälte oder Hitze, aber auch auf Berührung. Setzt sich eine Fliege auf die Blätter einer Venusfliegenfalle, so reagiert die Pflanze auf diesen Berührungsreiz und klappt die Blätter zusammen. Die Fliege ist gefangen ▶ Bild 3.

**3** Venusfliegenfalle mit Fliege

Pflanzen können sich geschlechtlich oder ungeschlechtlich (z. B. über Ableger) fortpflanzen. Bei der geschlechtlichen Fortpflanzung werden Pollenkörner auf die Narbe der Blüte übertragen. Aus der befruchteten Eizelle entwickelt sich ein Samen, der einen Pflanzenembryo enthält. Aus dem Samen entwickelt sich unter günstigen Bedingungen ein Keimling, der zu einer erwachsenen Pflanze heranwächst ▶ Bild 4.

**4** Keimender Bohnensamen

1. Ordne den Textabschnitten als Überschriften die passenden Kennzeichen des Lebens zu.
2. Begründe, dass auch Pflanzen Lebewesen sind.
3. Erweitere deine Mindmap mit pflanzlichen Beispielen.

# Lebendig oder nicht?

5a

d

b

e

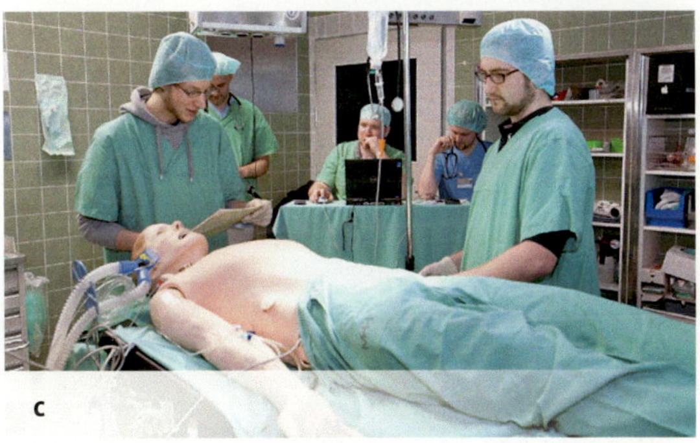
c

**1** Betrachte die ▶ Bilder 5a–e. Überprüfe anhand der Kennzeichen des Lebens, ob es sich jeweils um Lebewesen oder um Gegenstände handelt. Fertige dazu eine Tabelle nach dem unten stehenden Muster an und kreuze jeweils die Kennzeichen des Lebens an, die du auf den Fotos erkennst.

**2** In der Wüste Namib in Afrika gibt es „lebende Steine" ▶ Bild 6. Erkläre, wie man feststellen könnte, dass es sich bei diesen „lebenden Steinen" tatsächlich um Lebewesen und nicht um Steine handelt.

**6** Lebende Steine

| Beispiel | Bewegung | Stoffwechsel | Reizbarkeit | Fortpflanzung | Wachstum und Entwicklung |
|---|---|---|---|---|---|
| Vogelküken | | | | | |
| ... | | | | | |

# Beobachten und Beschreiben

**Anschauen und genaues Hinsehen, das Beobachten, ist eine wichtige Fähigkeit von Naturwissenschaftlern und eine ihrer grundlegenden Arbeitsweisen. Mit dieser Methode lassen sich Vorgänge wie Veränderungen und Bewegungen innerhalb eines bestimmten Zeitraums bewusst erfassen. Man unterscheidet Kurzzeit- und Langzeitbeobachtungen. Letztere können sich über mehrere Tage, Wochen oder sogar Jahre erstrecken. Hilfsmittel für Beobachtungen können Fernglas und Lupe sein.**

Bei einer Langzeitbeobachtung gehst du wie folgt vor:

### Schritt 1 Eine Frage formulieren

Zum Beispiel: Wie verändern sich ein Baum und seine Bewohner im Verlauf eines Jahres? Diese Frage beinhaltet Kriterien, die du selbst festlegst, wie: Veränderung der Blattfarbe, der Blüten und Früchte oder der Höhe des Baumes innerhalb eines Jahres. Diese Kriterien sind gleichzeitig deine Beobachtungsaufträge.

### Schritt 2 Die Beobachtung planen

Lege fest, welchen Baum du wann beobachten wirst. Bestimme Termine und notiere sie in deinem Kalender. Wähle sie jeweils im Frühjahr, Sommer, Herbst und Winter, damit die Beobachtung umfassend und vollständig ist. Überlege dir Hilfsmittel und bestimme, wer dir helfen soll.

### Schritt 3 Die Beobachtung durchführen

Beobachte deinen Baum unter den von dir in Schritt 1 gewählten Kriterien zielgerichtet.

### Schritt 4 Dokumentieren

Damit du nicht vergisst, was du beobachtet hast, muss es festgehalten, also dokumentiert werden. Achte auf eine möglichst genaue Beschreibung. Du dokumentierst, indem du das Beobachtete niederschreibst, eine Zeichnung oder Tabelle anfertigst, fotografierst oder filmst. Erstelle ein Protokoll und gib die Beobachtungskriterien an ▶ Bild 1.

### Schritt 5 Die Beobachtungen auswerten

Werte deine Beobachtungen aus und deute sie.

Name des Beobachters: Noah Yilmaz
Beobachtungsobjekt: Walnussbaum
Standort: Unser Garten in Schulhausen, Bücherstraße 4

| Kriterien \ Datum | 25. September | 25. Dezember | 25. März | 25. Juni |
|---|---|---|---|---|
| Höhe des Baumes | | | | |
| Aussehen der Früchte des Baumes | | | | |
| Umriss und Färbung des Blattes | | | | |

Hier notierst du deine Beobachtungen und ergänzt sie mit Zeichnungen oder Fotos.

**1** Beobachtungsprotokoll

# Beobachtungen am Lebensraum Baum

**Suche dir einen einheimischen Baum deiner Wahl aus. Er kann in einem Garten, auf einer Wiese oder im Wald stehen. Die Aufgaben dieser Doppelseite helfen dir, den Baum in seiner jahreszeitlichen Veränderung ein Jahr lang zu beobachten. Dokumentiere und führe ein Beobachtungsprotokoll ▶ Bild 1.**

1. Bestimme die Baumart mithilfe eines Bestimmungsbuchs.
2. Zeichne oder fotografiere deinen Baum zu den verschiedenen Jahreszeiten.
3. Beschreibe den Wuchsort deines Baumes. Gib dabei an, welche Pflanzen in unmittelbarer Nähe wachsen oder ob zum Beispiel ein Bach in der Nähe vorbeifließt. Mache Fotos.
4. Bestimme die Höhe deines Baumes zu Beginn und am Ende des Beobachtungszeitraums ▶ Bild 3. Wie viel ist der Baum innerhalb eines Jahres gewachsen?
5. Erstelle Bilder der Blattumrisse wie in ▶ Bild 4 gezeigt. Male sie entsprechend den verschiedenen Jahreszeiten aus.
6. Zeichne oder fotografiere Blüten und Früchte deines Baumes zu den verschiedenen Jahreszeiten.
7. Dein Baum bietet Tieren und Pflanzen einen Aufenthaltsort ▶ Bild 2. Nenne alle Lebewesen, die du bei deinen Beobachtungen am oder auf dem Baum findest.
8. Erstelle aus dem Beobachtungsprotokoll und deinen Bildern ein Baumtagebuch.

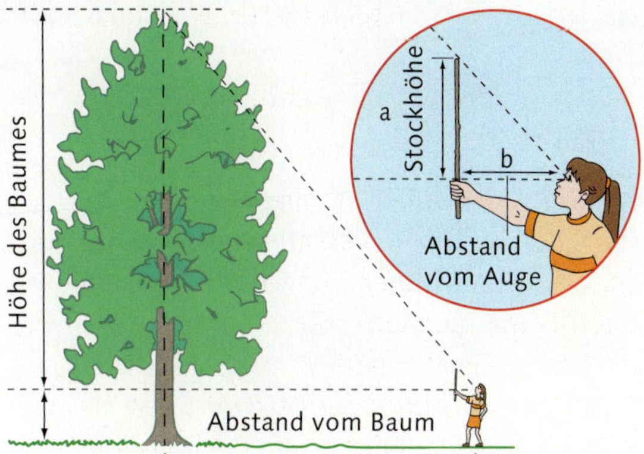


Halte den Stock so, dass Stockhöhe (a) und Abstand vom Auge (b) bei ausgestrecktem Arm gleich lang sind (a = b). Entferne dich so weit vom Baum, bis du die Baumspitze in einer Linie mit der Stockspitze siehst. Miss den Abstand vom Baum und addiere deine Körpergröße. So erhältst du die Baumhöhe.

**3** Höhenbestimmung des Baumes

**4** Konturzeichnung der Blätter

**2** Der Baum als Aufenthaltsort für Tiere und Pflanzen

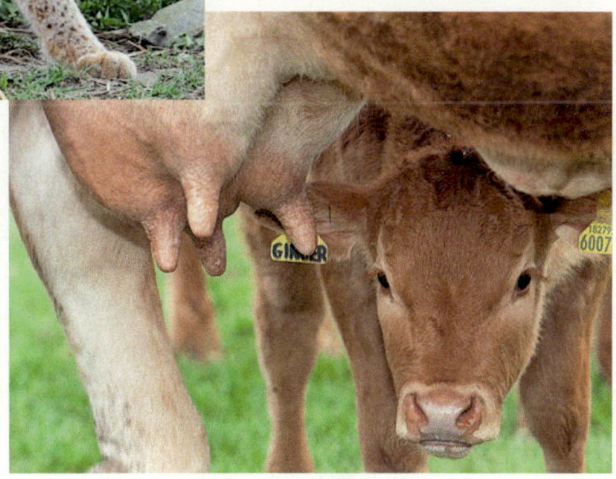

# Säugetiere

Säugetiere spielen im Leben der Menschen eine besondere Rolle. Zu ihnen zählen beliebte Haustiere wie Hund und Katze sowie viele Nutztiere wie Rind und Schwein. Von den heimischen Wildtieren gehören zum Beispiel Reh, Fuchs, Igel und Maulwurf zu den Säugetieren. Weltweit leben über 5400 verschiedene Säugetierarten, die an verschiedenste Lebensräume angepasst sind. Zu ihren wesentlichen Merkmalen zählen das Fell und das Säugen des Nachwuchses mit Milch. Biologisch zählt auch der Mensch zu den Säugetieren.

# Hunde – Begleiter und Helfer des Menschen

**1** Freunde

**Hunde als Haustiere** Der Hund ist eines der beliebtesten Gefährten des Menschen, nicht umsonst wird er „der beste Freund des Menschen" genannt. Er ist ein *Haustier*, das heißt, er wird hauptsächlich im eigenen Zuhause gehalten. Viele Hunde dienen dem Menschen, indem sie verschiedene Aufgaben für ihn erledigen. So werden sie wegen ihrer Fähigkeiten für bestimmte „Berufe" ausgesucht und sogar ausgebildet. Aufgrund ihres guten Gehörs werden Hunde als Wachhunde eingesetzt. Sie bewachen das Gelände, auf dem sie leben, ihr *Revier*, indem sie es vor Fremden verteidigen. Mit Wachhunden muss man daher vorsichtig umgehen.

Rettungshunde helfen Menschen in Notsituationen. Aufgrund ihres sehr guten Geruchssinns können sie Personen finden, die nach einem Erdbeben unter ihren Häusern verschüttet sind. Es gibt auch Rettungshunde, die Menschen aus dem Wasser retten können. Der Rettungshund wird auch als Suchhund bezeichnet.

Blindenhunde müssen eine Ausbildung machen, die über ein Jahr dauert. Nur besonders aufmerksame und gehorsame Hunde sind dafür geeignet. Die äußerst lernfähigen Tiere helfen ihren Herrchen oder Frauchen im Alltag, beispielsweise beim Überqueren einer Straße oder beim Ausweichen vor Hindernissen.

In den meisten Fällen wird der Hund aber als Freund und Begleiter des Menschen gehalten. Man kann mit ihm spielen, ihn streicheln und auch mal kuscheln. Allerdings sollte man nicht vergessen, dass der Hund ein Lebewesen ist und kein Spielzeug. Deshalb hat er bestimmte Bedürfnisse: Er braucht seine Ruhezeiten, regelmäßigen Auslauf und will beim Fressen nicht gestört werden.

**1** **A** Beschreibe die Aufgabe der Hunde in ▶ Bild 2.

**B** Nenne die entsprechenden Hundeberufe. Erkläre, welche Eigenschaften die Hunde jeweils haben müssen.

**2** Hunde mit verschiedenen Aufgaben

# Vom Wolf zum Hund

**Vom Wildtier zum Haustier** Heute gibt es mehr als 200 verschiedene Hunderassen. Aus dem Wolf sind alle Hunderassen entstanden ▶ Bild 3. Er ist die *Stammform* des Hundes. Man nimmt an, dass diese Entwicklung in der Steinzeit vor etwa 135 000 Jahren bei den Neandertalern begann. Vermutlich ist damals Folgendes passiert: Die Steinzeitmenschen kamen oft an Wolfsbauen vorbei, wo sie hilflose Welpen als Nahrung mitnahmen. Allerdings tötete man nicht alle Wolfsjungen. Einige wurden zu Spielgefährten für die Menschenkinder. Irgendwann stellten die Menschen fest, dass die jungen Wölfe sich durch Laute bemerkbar machten, wenn Fremde in die Nähe kamen. Aufgrund ihres feinen Geruchssinns wurden die vom Menschen aufgezogenen Wölfe mit auf die Jagd genommen. Der Wolf, selbst ein Jäger, konnte auch beim Zusammentreiben möglicher Beutetiere helfen. Aus dem Wildtier Wolf wurde so im Verlauf von mehreren Generationen ein Haustier. Dies nennt man *Domestikation*.

**Züchtung** Die Tiere eines Wurfs unterscheiden sich zum Beispiel in Größe, Fellfarbe und Charakter. Aus dieser Vielfalt wurden bestimmte Hunde gezielt zur Fortpflanzung ausgesucht und verpaart, sodass gewünschte Eigenschaften verstärkt und unerwünschte unterdrückt wurden. Diesen Vorgang nennt man *Züchtung*. Zunächst standen die Aufgaben der Tiere im Mittelpunkt. Sie wurden zum Jagen, Wachen und Hüten gezüchtet. Im Lauf der Zeit änderten sich aber die Zuchtziele: Das Aussehen trat in den Vordergrund. Skelettfunde von vor etwa 10 000 Jahren zeigten nun deutliche Abweichungen zum Wolfsskelett. Es entstanden Hunderassen, die sich in ihrem Körperbau und Charakter deutlich von ihrem Vorfahren und untereinander unterschieden.

Die Hunde wurden an die Bedürfnisse des Menschen angepasst, sodass es nun eine Vielfalt von Rassen gibt, zum Beispiel Schoßhündchen wie den Chihuahua ▶ Bild 4, aber auch große Hunderassen wie den Bernhardiner (▶ Bild 5), der auch als Rettungshund eingesetzt wird.

1. Erkläre mit eigenen Worten, wie der Wolf zum Haustier wurde.
2. Beschreibe eine dir bekannte Hunderasse. Nenne die Eigenschaften, die der Züchter besonders berücksichtigt hat.
3. **A** Beschreibe, wie dein Wunschhund aussieht und welche Eigenschaften er haben müsste.
   **B** Stelle dar, wie ein Züchter vorgehen würde, um vom Wolf ausgehend deinen Wunschhund zu züchten.

**3** Wolf

**4** Chihuahua

**5** Bernhardiner

# Wolf und Hund – nahe Verwandte

**Wölfe leben in Rudeln** Ein *Rudel* ist eine Gruppe mit mehr als zwei Tieren. Es gibt eine festgelegte *Rangordnung:* Innerhalb eines Rudels haben alle Tiere eine bestimmte Stellung. Der Leitwolf ist das ranghöchste Tier, das Alphatier. Er führt das Rudel an. An seiner Seite hat er die Leitwölfin, die sich als einziges Weibchen im Rudel fortpflanzt. Für den Haushund ist die Menschen-Familie das Rudel.

**Verständigung im Rudel** Beim Leben und Jagen in einem Rudel müssen sich die Tiere untereinander verständigen können. Bei der *Kommunikation* werden Informationen ausgetauscht, die vom jeweils anderen Tier verstanden werden. Dazu nutzen Wölfe verschiedene Signale. So wird die Rangordnung durch die Körperhaltung und den Gesichtsausdruck kommuniziert. Ranghöhere Wölfe zeigen gegenüber rangniederen oft eine Drohgebärde. Dabei fletschen sie die Zähne und machen sich größer, indem sie die Haare aufrichten. Der Rangniedere reagiert darauf mit einer Unterwerfungsgeste: Er legt sich auf den Rücken und zeigt seine ungeschützte Kehle.
Der Wolf signalisiert Aufmerksamkeit, indem er aufrecht steht und die Ohren spitzt. Man beobachtet dieses Verhalten auch beim Hund, etwa wenn er ein unbekanntes Geräusch hört. Wenn ein Wolf ängstlich ist, macht er sich ganz klein und zieht den Schwanz zwischen die Hinterbeine ein. Der Hund macht dies ebenso. Als Mensch sollte man dann vorsichtig sein, da Hunde, die sich bedroht fühlen, unberechenbar sind.
Eine besondere Art der Kommunikation bei Wölfen ist das Heulen. Mit dieser Lautäußerung geben sie sich als Angehörige des Rudels zu erkennen und können sich über große Entfernungen verständigen, zum Beispiel wenn ein Mitglied des Rudels verloren gegangen ist. Beim Hund ist dieses Verhalten nur noch selten zu beobachten.
Das Wolfsrudel bewohnt ein bestimmtes Gebiet, sein Revier. Die männlichen Wölfe markieren die Reviergrenzen mit ihrem Urin: Sie setzen Duftmarken. Auch diese Verhaltensweise zeigen Hunde.

**1** **A** Ordne den ▶ Bildern 1a–e die richtigen Verhaltensweisen (1–5) zu.
**B** Beschreibe die Körperhaltung des Wolfs in ▶ Bild 1e.
**C** Erläutere, welche Bedeutung dieses Verhalten für ein Rudeltier hat.

**2** Erläutere, warum es sowohl für den Hundehalter als auch für den Hund wichtig ist, die Hundeschule zu besuchen. Bedenke, dass für Hunde die Familie das Rudel ist.

① Drohen
② Aufmerksamkeit
③ Aufforderung zum Spiel
④ Unterwerfung
⑤ Angst

**1** Körpersprache des Wolfs

# Verhalten des Hundes

**Die Verhaltensweisen von Hunden und Wölfen sind aufgrund ihrer Verwandtschaft ähnlich. Auf den folgenden Bildern sind Hunde abgebildet, die alle ein typisches Verhalten zeigen.**

2

3

4

5

6

1. Beschreibe die abgebildeten Verhaltensweisen.
2. Überprüfe mihilfe von S. 30, ob diese Verhaltensweisen auch beim Wolf vorkommen.
3. Erläutere, welche Bedeutung die ursprünglichen Verhaltensweisen des Wolfs bei unseren Hunden haben.
4. Manchmal kommt es zu Missverständnissen zwischen Hund und Mensch. Zum Beispiel kann es passieren, dass der Postbote von einem Hund angegriffen wird. Erkläre dieses Verhalten.

# Körperbau von Hunden

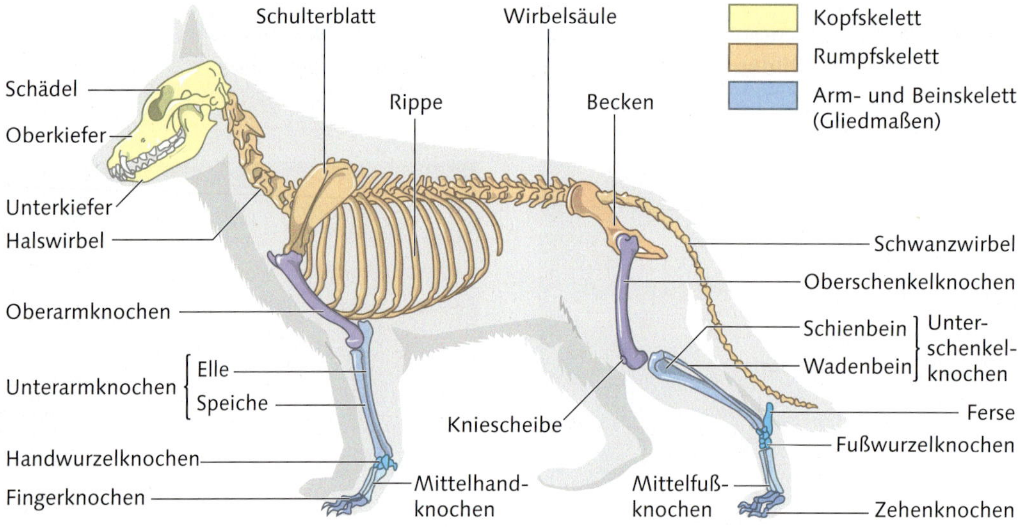


**1** Skelett des Schäferhunds

**Hetzjäger Hund** Hunde sind wie auch ihre Wolfsvorfahren *Hetzjäger*. Sie verfolgen ihre Beute über längere Strecken und sind ausdauernde Läufer. Der Körperbau von Hunden zeigt Eigenschaften, die für ihre Jagdweise günstig sind. Solche Merkmale, die günstig für die Lebensweise und den Lebensraum sind, nennt man *Angepasstheiten*. Bei einigen Rassen sind diese Merkmale verloren gegangen. Bei anderen wie bei Schäferhunden sind die Angepasstheiten gut zu erkennen ▶ Bild 1. Sie haben sehr kräftige und muskulöse Beine und auch das Skelett weist Besonderheiten auf. Das *Skelett* bezeichnet die Gesamtheit aller Knochen. Das Rumpfskelett, das Arm- und Beinskelett sowie der Schädel (das Kopfskelett) sind mit der *Wirbelsäule* verbunden. Die Wirbelsäule ist ein Kennzeichen aller *Wirbeltiere*, zu denen auch die Hunde gehören. Oberarm- und Oberschenkelknochen sind kräftig gebaut. Die Ferse, die Fußwurzelknochen und Mittelfußknochen sind bei Hunden im Vergleich zum Menschenbein senkrecht gestellt. Hunde laufen also nur auf den Zehen und nicht auf dem gesamten Fuß. Sie werden deshalb als *Zehengänger* bezeichnet.

Eine weitere Angepasstheit an die Lebensweise ist der Bau der Pfoten ▶ Bild 2. Auf der Unterseite der Pfoten befinden sich unbehaarte Bereiche, die eine ausgeprägte Hornhaut besitzen, die Ballen. Sie dienen dem Schutz beim Laufen auf hartem Untergrund. An den Zehen sitzen nicht einziehbare Krallen.

Bei großer Hitze oder körperlicher Anstrengung hecheln Hunde. Dies ist ein Schutz vor Überhitzung: Hunde können anders als der Mensch nicht schwitzen.

**2** Hundepfote von unten

**Hunde als Fleischfresser** Der Hund ist ein *Fleischfresser*. Sein Gebiss ist an diese Form der Nahrung angepasst ▶ Bild 3. Ein ausgewachsener Hund besitzt 42 Zähne. Die auffälligsten Zähne sind die Fangzähne. Sie sind länger als die anderen und laufen spitz zu. Sie entsprechen unseren Eckzähnen. Mit ihnen fängt der Hund seine Beute und verbeißt sich in ihr. Vorn sitzen die Schneidezähne, in jeder Ober- und Unterkieferhälfte drei. Sie sind relativ scharf. Das Fleisch wird mit ihnen eher vom Knochen abgeschabt als abgebissen. Der Hund hat pro Kieferhälfte 6 Backenzähne oben und 7 unten. Der drittletzte Zahn in jeder Kieferhälfte ist der Reißzahn. Er ist besonders groß und kräftig gebaut. Die Reißzähne dienen dem Zerschneiden von Fleisch und dem Zerbrechen von Knochen.

Welpen haben wie Kinder zunächst noch ein Milchgebiss mit nur 28 Zähnen. Es besteht aus Schneidezähnen, Fangzähnen und drei Backenzähnen.

**3** Fleischfressergebiss

1. Begründe, dass der Hund zu den Wirbeltieren gehört.
2. Erkläre, weshalb man das Hundegebiss auch als Raubtiergebiss bezeichnet.
3. Erkläre den Bau einer Hundepfote als Angepasstheit an die Jagdweise.

**Material Methode Praxis**

# Das Fleischfressergebiss

**Am Gebiss des Hundes erkennt man seine Ernährungsweise. Der Bau der Zähne weist ihn als Jäger und typischen Fleischfresser aus.**

4. Übertrage die Tabelle unten zum Gebiss des Hundes in dein Heft und ergänze sie. Ordne den Zahntypen Werkzeuge mit gleicher Struktur oder Funktion zu ▶ Bild 4.

| Zahntyp | Funktion | Werkzeug |
|---|---|---|
| *Schneidezähne* | | |
| | | |

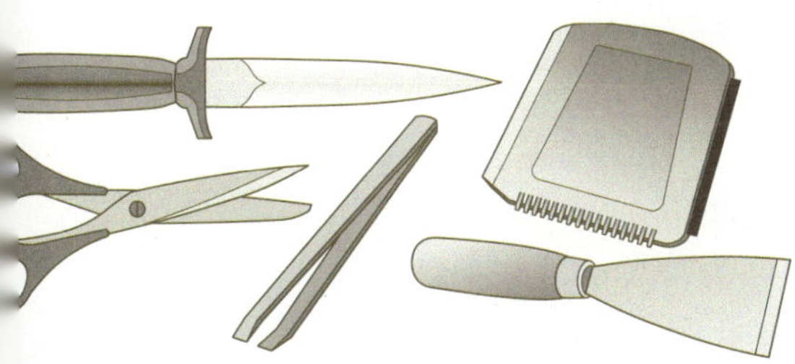

**4** Werkzeuge

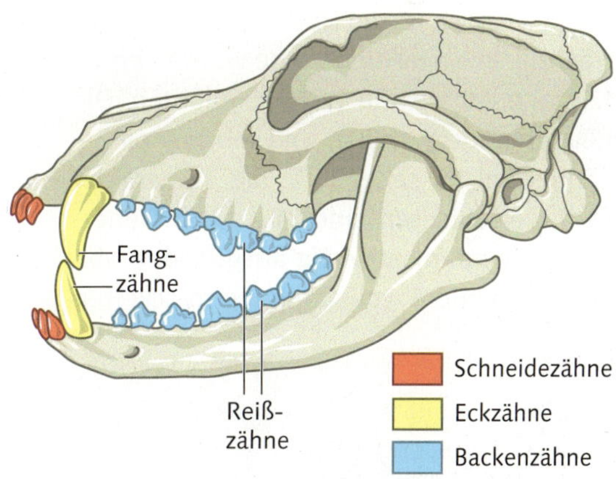


**5** Schädel und Gebiss eines Hundes

5. **A** Vergleiche die Funktion der Schneidezähne beim Hund und beim Menschen.
   **B** Begründe, warum die Bezeichnung Schneidezähne beim Hundegebiss irreführend ist.

# Hunde sind Säugetiere

**1** Labradorhündin beim Säugen ihrer Welpen

**Fortpflanzung** Hunde sind *Säugetiere*. Die Weibchen bringen ihre Jungen lebend zur Welt und säugen sie mit Milch. Zur Fortpflanzung paaren sich die Hündin und der Rüde, der männliche Hund. Es findet eine *innere Befruchtung* statt: Die *Eizelle*, das ist die weibliche Geschlechtszelle, und eine *Spermienzelle*, die männliche Geschlechtszelle, verschmelzen im Körper des Weibchens. Danach ist die Hündin etwa 63 Tage trächtig. Je nach Hunderasse werden bis zu 12 junge Hunde, die *Welpen*, geboren. Die neugeborenen Welpen sind sehr hilflos. Sie können nicht sehen, da die Augenlider noch verschlossen sind. Auch der Gehörsinn ist noch nicht fertig ausgebildet. Solche noch nicht vollständig entwickelten Neugeborenen werden als *Nesthocker* bezeichnet. In den ersten zwei Lebenswochen öffnen sich allmählich die Augen der Welpen und ihr Gehör entwickelt sich. Als typische Nesthocker sind sie auf die Hilfe ihrer Mutter angewiesen: Die Mutter leckt, wärmt, beschützt und säugt sie. Dieses Verhalten eines Elterntiers nennt man *Brutpflege*.

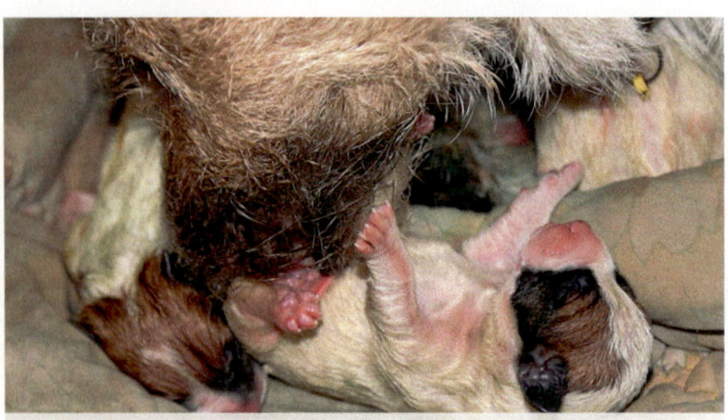

**2** Neugeborene Welpen

**Vielfalt** Die Welpen eines Wurfs können sehr unterschiedlich aussehen ▶ Bild 1. Man nennt diese Vielfalt in den Merkmalen *Variabilität*. Züchter wählen aus der Vielfalt der Nachkommen diejenigen Tiere mit den günstigsten Merkmalen zur weiteren Fortpflanzung aus.

1. Nenne die Eigenschaften eines Nesthockers und erläutere, warum sie keine Nachteile für die Welpen haben.
2. Begründe, warum Welpen erst nach 8 bis 12 Wochen an ihre zukünftigen Besitzer abgegeben werden.
3. Erläutere anhand von ▶ Bild 1 den Begriff Variabilität.
4. Erkläre, warum es so viele Hunderassen gibt.

# Die Sinne des Hundes

Die wichtigsten Sinne von Hunden sind der Gehörsinn und der Geruchssinn. Die verschiedenen Sinne zeigen Angepasstheiten an das Leben als Rudeltier.

**Geruchssinn** Der Geruchssinn ist bei Hunden besonders gut ausgebildet. Die Nase ist eines ihrer wichtigsten Sinnesorgane. Hunde können sogar noch geringste Spuren von Duftstoffen wahrnehmen, denn die Oberfläche ihrer Riechschleimhaut ist stark vergrößert ▶ Bild 3. In der Riechschleimhaut sitzen viele Riechsinneszellen. Der Geruchssinn dient der Orientierung im Revier, der Kommunikation innerhalb des Rudels und zum Aufspüren von Beute.

**Gehör** Hunde haben ein ausgezeichnetes Gehör. Es wird durch die beweglichen Ohrmuscheln unterstützt. Wenn Hunde ein Geräusch wahrnehmen, spitzen sie die Ohren und drehen sie so weit wie möglich in die Richtung, aus der das Geräusch kommt ▶ Bild 4. Die Vorfahren der Hunde konnten so ihre Artgenossen orten und sich bei der Jagd orientieren.

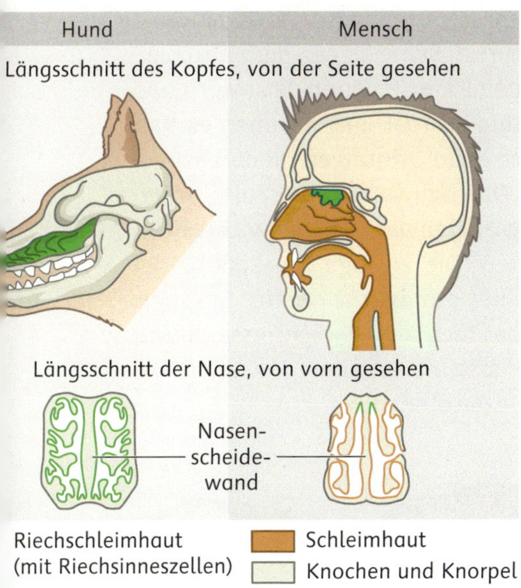


**3** Bau der Nase von Hund und Mensch

**4** Bewegliche Ohren beim Hund

**Sehsinn** Der Sehsinn von Hunden ist an das Jagen und Leben im Rudel angepasst. Mit ihm erfassen sie Informationen, die von Rudelmitgliedern durch den Gesichtsausdruck und die Körperhaltung kommuniziert werden. Hunde können relativ gut in der Dämmerung sehen. Jedoch ist die Farbwahrnehmung bei Hunden nicht besonders gut ausgeprägt.

1. Erkläre anhand von ▶ Bild 3, warum Hunde besser riechen können als der Mensch.
2. Der Hund wird manchmal auch als Nasen- und Ohrentier bezeichnet. Erkläre.
3. Erläutere, welche Vorteile die beweglichen Ohrmuscheln für Hunde haben.
4. Erläutere, wieso laute Geräusche einen Hund nervös machen.
5. Erkläre, wie Hunde aufgrund ihrer besonderen Sinnesleistungen vom Menschen genutzt werden.
6. Diskutiere die Züchtung von Pekinesen in Bezug auf ihre Sinnesleistungen ▶ Bild 5.

**5** Pekinese

# Die Hauskatze – Jäger auf Samtpfoten

**1** Falbkatze

**Vom Wildtier zum Haustier** Die Falbkatze ist die Stammform der Hauskatze ▶ Bild 1. Sie lebt in den warmen und regenarmen Buschlandschaften sowie Grasländern Afrikas und Arabiens. Schon zu Zeiten der ägyptischen Pharaonen vor etwa 4 000 Jahren näherten sich Falbkatzen den menschlichen Siedlungen. Sie hielten die Getreidespeicher von Mäusen und Ratten frei und waren daher gern gesehen. Später hielten die Ägypter Katzen auch in ihren Häusern. Durch Domestikation und Züchtung entstand aus der Falbkatze die Hauskatze. Vor etwa 2 000 Jahren wurden Hauskatzen von den Römern in Mitteleuropa eingeführt. Katzen sind als Haustiere beliebt, weil sie anschmiegsam und verspielt sind. Im Gegensatz zu Hunden schließen sie sich den Menschen aber nicht so eng an. Katzen sind keine Rudeltiere, sondern *Einzelgänger*. Sie leben und jagen alleine und kommen nur in der Paarungszeit zusammen.

**Jagdverhalten** Im Freien zeigt sich der natürliche Jagdtrieb der Hauskatze. Zu ihren Beutetieren zählen zum Beispiel Schmetterlinge, Vögel und Mäuse.
Eine jagende Katze lauert oft zunächst tief geduckt und scheinbar regungslos. Mit weit geöffneten Augen beobachtet sie ihre Beute. Sie schleicht sich sehr langsam und lautlos an das Beutetier heran. Katzen sind *Schleichjäger*. Blitzschnell stößt die Katze sich mit den Hinterbeinen zum kraftvollen Sprung ab und packt das Beutetier bei der Landung mit den scharfen Krallen ihrer Vorderpfoten. Sie lässt die Beute scheinbar mehrfach entkommen und ergreift sie dann erneut. Schließlich tötet sie das Beutetier mit einem Nackenbiss ▶ Bild 3.

**3** Hauskatze bei der Mäusejagd

**Körperbau** Katzen sind an ihre Jagdweise gut angepasst. Die biegsame Wirbelsäule und die kurzen Beine dienen dem Anschleichen in geduckter Haltung. Brustkorb und Becken sind schmal und erlauben es Katzen, durch enge Öffnungen hindurchzugelangen. Die Schwanzwirbelsäule unterstützt das Halten des Gleichgewichts beim Balancieren. Die kräftige Muskulatur der Hinterbeine ermöglicht weite Sprünge. Katzen besitzen ein Fleischfressergebiss. Mit den spitzen Eckzähnen werden die Beutetiere getötet.

**2** Jagdverhalten der Hauskatze

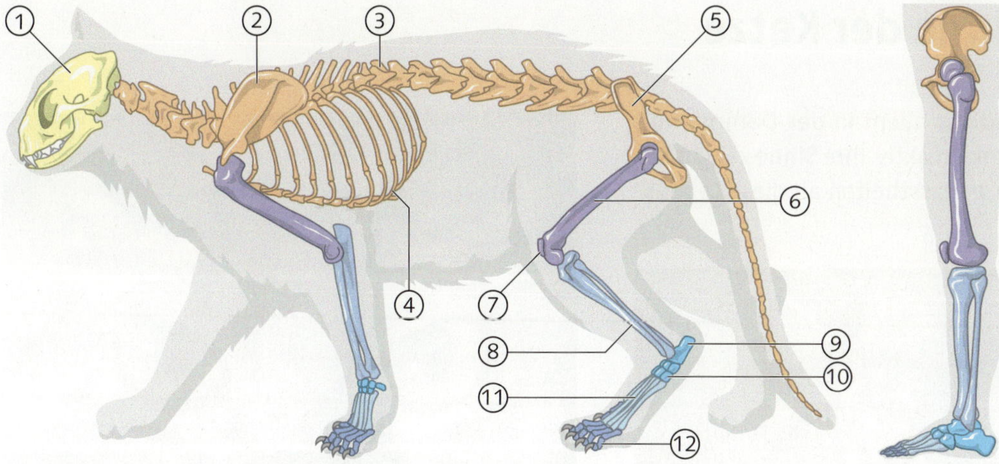


**4** Skelett der Hauskatze und Beinskelett des Menschen

**Pfoten** Katzen sind Zehengänger. Die Pfoten haben weiche Ballen. Sie ermöglichen der Katze ein Laufen wie auf Samtpfoten. So kann sie sich lautlos und unbemerkt an Beutetiere heranschleichen. Beim Beutefang werden die spitzen Krallen der Vorderpfoten als Werkzeug eingesetzt. Sie liegen geschützt in Hautfalten. Die Katze kann sie ausfahren und mit ihnen die Beute ergreifen ▶ Bild 5. Die Krallen erlauben ihr auch das Klettern auf Bäume.

**Kommunikation** Katzen teilen sich wie Hunde durch ihre Körpersprache und Lautäußerungen mit. Ist die Katze aufmerksam und neugierig, sind die Ohren und Schnurrhaare nach vorne gerichtet. Fühlen sich Katzen bedroht, legen sie die Ohren an, sträuben das Fell und fauchen. Schnurren bedeutet, dass sich die Katze wohlfühlt.

**Biologische Art** Hauskatzen und Haushunde unterscheiden sich in ihrem Körperbau und Verhalten sehr deutlich. Zudem können sie sich nicht paaren und fruchtbare Nachkommen haben. Daher gehören sie zu zwei unterschiedlichen biologischen *Arten*. Innerhalb der Art Hauskatze unterscheidet man verschiedene *Rassen* mit unterschiedlichen Merkmalen, zum Beispiel Siam- oder Perser-Katze.

**1** Benenne die Skelettteile in ▶ Bild 4. Vergleiche mit dem Hundeskelett.

**2** **A** Begründe, warum die Hauskatze ein Zehengänger ist.
**B** Vergleiche mit der Fortbewegung beim Menschen ▶ Bild 4.

**3** Erkläre, inwiefern der Körperbau der Katze eine Angepasstheit an ihre Jagdweise darstellt.

**4** In ▶ Bild 5 ist eine Katzenpfote in zwei Stellungen gezeigt. Erkläre, in welcher Situation die jeweilige Stellung eingenommen wird. Beginne mit: „Bei Pfote A sind ...“ Benutze folgende Wörter: leise auftreten, ergreifen, ausgestreckt, Beute, heranschleichen, eingezogen.

**5** **A** Erkläre den biologischen Fachbegriff Art.
**B** Vergleiche die Fachbegriffe Art und Rasse und ordne jeweils mindestens drei Beispiele zu.

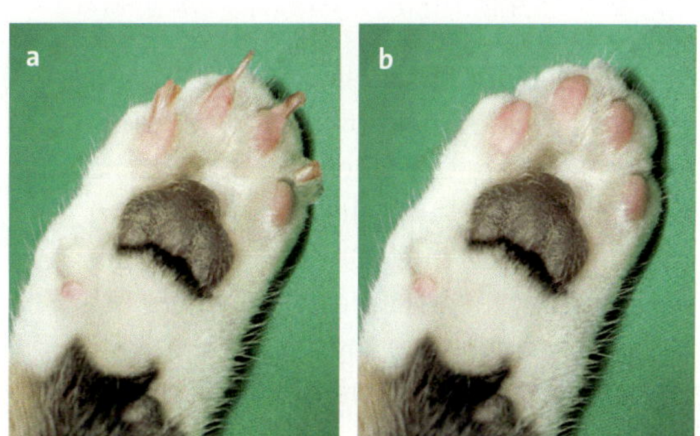


**5** Katzenpfoten

# Die Sinne der Katze

Katzen sind vor allem in der Dämmerung und im Dunkeln aktiv. Ihre Sinne zeigen besondere Angepasstheiten an diese Lebensweise.

**1** Katzenporträt

**2** Augen der Katze

**Sehsinn** Katzen nutzen als wichtigstes Sinnesorgan ihre Augen. Sie können auch in der Dämmerung noch gut sehen. Dazu dient eine reflektierende Schicht im Auge. Damit können auch noch geringste Lichtmengen ausgenutzt werden. Bei starkem Licht werden die Pupillen zu schmalen Schlitzen verengt. Mit zunehmender Dunkelheit werden sie größer und runder. Katzen können nicht gut Farben erkennen. Wenn sie größere Bereiche ihrer Umgebung betrachten wollen, müssen sie ihren Kopf drehen, denn ihre Augen sind nur wenig beweglich.

**Hörsinn** Die Ohrmuscheln von Katzen sind im Verhältnis zum Kopf groß und trichterförmig. Damit können sie Geräusche besonders gut aufnehmen. Außerdem können Katzen ihre Ohren unabhängig voneinander in fast alle Richtungen bewegen. Sie sind in der Lage, auch weit entfernte und sehr leise Geräusche zu orten.

**Tastsinn** Die Schnurrhaare an der Oberlippe und weitere Tasthaare am Kopf dienen Katzen zur Orientierung. Mit ihrer Hilfe können sie ihre Umwelt erfühlen. So ertasten sie, ob beispielsweise eine Zaunlücke groß genug ist, um hindurchzuschlüpfen.

**Gleichgewichtssinn** Katzen verfügen über einen ausgeprägten Gleichgewichtssinn. Sie balancieren auf den schmalsten Mauern und Geländern. Wenn sie doch einmal das Gleichgewicht verlieren und abstürzen, landen sie fast immer auf den Pfoten. Sie verletzen sich bei diesen Stürzen nur selten. Beim Fallen benötigen sie nicht nur ihren Gleichgewichtssinn, sondern auch ihren Schwanz, der als Ruder zur Steuerung bei der Drehung eingesetzt wird.

**1** Vergleiche die drei Fotos in ▶ Bild 2. Begründe, unter welchen Lichtverhältnissen die Bilder gemacht wurden.

**2** Erkläre, warum Reflektoren am Fahrrad auch Katzenaugen genannt werden.

**3** **A** Erkläre, welche Sinne die Katze einsetzt, um ihre Beute über größere Entfernung und bei völliger Dunkelheit zu finden.
**B** Erläutere, wie die Sinne der Katze an ihre Jagdweise angepasst sind.

# Vergleichen

**Das Vergleichen kennst du vom Quartettspiel. Hier vergleichst du zum Beispiel die Höchstgeschwindigkeiten verschiedener Autos. Vergleichen ist auch eine wichtige Methode in der Biologie. Man benötigt sie, um Lebewesen in Gruppen einzuordnen.**

## Schritt 1 Frage

Beobachtungen werfen Fragen auf. Manche Fragen kann man mit einem Vergleich beantworten. Wenn man Hunde und Katzen betrachtet, fallen vor allem viele Gemeinsamkeiten auf.
Es stellt sich die Frage: Haben Katzen und Hunde auch ähnliche Bedürfnisse in Bezug auf die Tierhaltung?

## Schritt 2 Kriterien

Um Gegenstände oder Lebewesen vergleichen zu können, musst du bestimmte Merkmale, die Kriterien, festlegen, nach denen verglichen werden soll. Je nach Fragestellung musst du unterschiedliche Kriterien wählen.
Bei Lebewesen können zum Beispiel die Gestalt und Funktion von Körperteilen, aber auch Verhaltensweisen Vergleichskriterien sein. Es kann beim Vergleichen hilfreich sein, eine Tabelle anzulegen ▶ Bild 3.

| Kriterium | Hund | Katze |
|---|---|---|
| **Jagdverhalten** | Hetzjäger | Schleichjäger |
| **Zusammenleben** | Rudeltier, Rangordnung | Einzelgänger, keine Rangordnung |
| **Gebiss** | Fleischfressergebiss | Fleischfressergebiss |
| **Fortbewegung** | Laufen | Laufen und Klettern |

**3** Tabelle zum Vergleich von Hund und Katze

## Schritt 3 Gemeinsamkeiten und Unterschiede

Betrachte jedes Kriterium und beschreibe Gemeinsamkeiten und Unterschiede.
Jagdverhalten: Hunde sind wie Wölfe Hetzjäger. Sie brauchen viel Auslauf, auch wenn sie nicht mehr jagen. Katzen sind Schleichjäger, die nicht so große Strecken laufen. Sie benötigen nicht so viel Auslauf.
Zusammenleben: Hunde sind Rudeltiere. Sie sehen die Familie, in der sie leben, als Rudel an. Im Rudel gibt es eine Rangordnung. Der Hund ordnet sich unter. Daher kann man ihn erziehen. Katzen sind Einzelgänger und schließen sich der Familie nicht so eng an. Sie ordnen sich nicht unter, da sie keine Rangordnung kennen. Deshalb kann man Katzen nur wenig erziehen.

## Schritt 4 Schlussfolgerung

Ziehe am Ende eine Schlussfolgerung als Antwort auf die anfangs gestellte Frage.
Hier könnte sie lauten: Hunde haben zum Teil andere Bedürfnisse als Katzen. Sie brauchen engen Anschluss an die Familie. Als Hetzjäger und Lauftiere brauchen sie viel Auslauf.

1. Beschreibe weitere Unterschiede und Gemeinsamkeiten anhand der Tabelle ▶ Bild 3.
2. Ziehe Schlussfolgerungen aus dem Vergleich und führe die Antwort (Schritt 4) weiter aus.
3. Man beobachtet, dass Katze und Hund sich häufig nicht vertragen. Warum ist das so? Vergleiche ihre Körpersprache ▶ Bild 4.

**4** Körpersprache von Hund und Katze

# Bewerten

**Entscheidungen zu treffen ist nicht einfach. Man muss dabei meist die Interessen und Bedürfnisse mehrerer Beteiligter berücksichtigen und gegeneinander abwägen. Die hier vorgestellte Methode kann dabei helfen, zum Beispiel wenn es um die Entscheidung für ein Haustier geht.**

### Rasse: Rottweiler

**Größe und Gewicht:** wird bis zu 68 cm groß und etwa 40 kg schwer

**Auslauf:** benötigt viel Auslauf, zum Beispiel auf Wiesen

**Charakter:** friedlich, anhänglich und gehorsam, braucht aber konsequente Erziehung; nicht geeignet für unerfahrene Halter

**Monatliche Kosten:** ca. 80 €

### Rasse: Westhighland-Terrier

**Größe und Gewicht:** wird ungefähr 28 cm groß und wiegt 5–10 kg

**Auslauf:** benötigt Auslauf, jedoch nicht so viel wie ein großer Hund

**Charakter:** aktiv, unerschrocken und robust, wachsam, fröhlich, mutig, selbstbewusst, aber freundlich

**Monatliche Kosten:** ca. 40 €

### Rasse: Labrador

**Größe und Gewicht:** wird bis zu 60 cm groß und 30–35 kg schwer

**Auslauf:** benötigt viel Auslauf und geht gerne ins Wasser

**Charakter:** intelligent, aufmerksam, mit einem starken Bedürfnis, seinem Besitzer Freude zu machen, kinderfreundlich

**Monatliche Kosten:** ca. 70 €

**1** Steckbriefe von Hunderassen

Familie Arslan möchte sich einen Hund anschaffen. Aber welche Rasse ist geeignet? Der Vater möchte einen großen Hund, einen Rottweiler. Die Mutter möchte lieber einen kleinen Hund, der nicht so viel Arbeit macht, einen Westhighland-Terrier. Die Kinder wollen einen großen Hund zum Spielen, am liebsten einen Labrador. Um eine Entscheidung herbeizuführen, mit der alle einverstanden sein können, wird eine Bewertungstabelle erstellt:

### Schritt 1 Festlegen der Bedürfnisse

Die wichtigsten Bedürfnisse der Familienmitglieder und der infrage kommenden Hunde werden zusammengetragen und in die erste Spalte der Tabelle eingetragen:

1. geschätzte monatliche Kosten für Futter, Hundesteuer, Spielzeug; 2. Größe des Hundes, Platzbedarf; 3. Eignung als Spielgefährte; 4. Zeitaufwand (Gassigehen, Spielen ...); 5. geeignete Umgebung; 6. Betreuung während der Ferien.

### Schritt 2 Verteilen der Punkte

In die Spalten 2–4 werden für jeden Hund Punkte vergeben, pro Zeile jeweils 6 Punkte.

1. Die Kosten dürfen nicht so hoch sein. Die Eltern arbeiten nur Teilzeit. Am kostengünstigsten ist der kleine Hund: Er bekommt 3 Punkte, der Labrador 2 und der Rottweiler 1 Punkt.

2. Die Familie wohnt in einer Wohnung. Deshalb eignet sich der Rottweiler nicht so gut. Am besten ist der Westhighland-Terrier geeignet.

| | Rottweiler | Westhighland-Terrier | Labrador | |
|---|---|---|---|---|
| 1. Kosten nicht zu hoch | 1 | 3 | 2 | 6 |
| 2. Wohnungsgröße ausreichend | 1 | 3 | 2 | 6 |
| 3. Zum Spielen geeignet | 1 | 2 | 3 | 6 |
| 4. Zeitbedarf groß | 2 | 2 | 2 | 6 |
| 5. Umgebung tiergerecht | 1 | 4 | 1 | 6 |
| 6. Ferienbetreuung möglich | 0 | 5 | 1 | 6 |
| **Gesamtpunkte** | **6** | **19** | **11** | **36** |

**2** Bewertungstabelle

3. Der Terrier ist fast zu klein zum Spielen. Der Rottweiler ist kein Spielhund. Der Labrador ist ein Familienhund.
4. Alle drei Hunderassen benötigen Zeit und Aufmerksamkeit.
5. Leider ist nur eine kleine Wiese, aber kein Gewässer in der Nähe. Also haben Rottweiler und Labrador weniger Spielmöglichkeiten.
6. Ein Rottweiler ist viel zu groß und zu stark für die Oma. Der Westhighland-Terrier lässt sich am besten in den Ferien bei der Oma unterbringen.

### Schritt 3 Zusammenzählen der Punkte

Die Punkte werden zusammengezählt. Die letzte Spalte dient zur Kontrolle, ob tatsächlich immer 6 Punkte vergeben wurden.

### Schritt 4 Auswertung der Tabelle

Der Westhighland-Terrier erfüllt die Wünsche der Familie am besten. Auch die Bedürfnisse des Tieres können weitgehend berücksichtigt werden.

**1** Wende die Methode selbst an. Stell dir vor, deine Familie möchte ein Haustier. Zur Wahl stehen Katze, Kaninchen und Goldhamster. Welches eignet sich am besten?

**A** Informiere dich über die Bedürfnisse der Tiere. Fertige Steckbriefe an ▶ Bild 3.

**B** Erstelle eine Bewertungstabelle, indem du wie oben beschrieben vorgehst.

#### Haustier: Katze

**Benötigt:** Garten, Katzenklo, Schlafplatz ...
**Anschaffungskosten:** je nach Rasse bis 700 €
**Ausstattungskosten:** ca. 200 €
**Monatliche Kosten:** ca. 40 €
**Pflege:** ...

#### Haustier: Kaninchen

**Benötigt:** Käfig (ca. 140 cm × 70 cm) und Auslauf draußen
**Anschaffungskosten:** ca. 45 €
**Ausstattungskosten:** ca. 120 €
**Monatliche Kosten:** ca. 25 €
**Pflege:** ...

#### Haustier: Goldhamster

**Benötigt:** Käfig mit Einrichtung (mind. 50 cm x 100 cm) an tagsüber ruhigem Standort
**Anschaffungskosten:** ca. 10 €
**Ausstattungskosten:** ca. 150 €
**Monatliche Kosten:** ca. 15 €
**Pflege:** ...

**3** Steckbriefe verschiedener Haustiere

# Eine Mindmap erstellen zu den Nutzungen des Rindes

Der heute ausgestorbene Auerochse war ein Wildrind, das für den Menschen der Nacheiszeit schon vor etwa 14 000 Jahren eine wichtige Jagdbeute darstellte. Er gilt als die Stammform und damit als der Vorfahre des heutigen Hausrinds. Schon vom Auerochsen wurde nicht nur das Fleisch von den Menschen genutzt. So konnten Häute für den Bau von Behausungen oder Sehnen als Schnüre verwendet werden. Auch heute nutzen wir viele verschiedene Rohstoffe des Rindes, um Produkte daraus herzustellen.

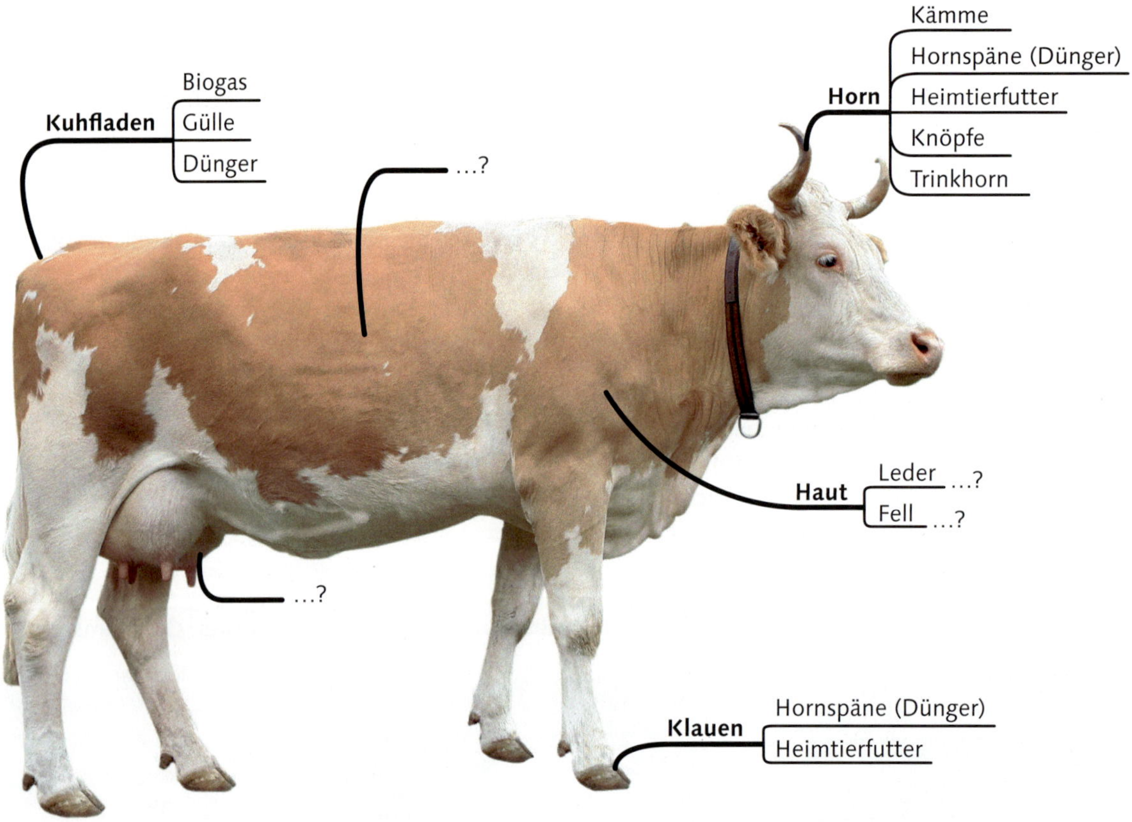


**1** Mindmap zur Nutzung des Rindes. Das dargestellte Rind ist ein Fleckvieh.

1. Liste auf, was wir vom Rind nutzen.
2. Unterscheide, was auf deiner Liste ein Rohstoff ist, den das Rind liefert, und was ein aus dem Rohstoff hergestelltes Produkt ist. *Beispiel:* Ein Rohstoff kann Milch sein, ein Produkt daraus Joghurt.
3. Erstelle eine Mindmap. Schreibe dazu in die Mitte eines Blattes das Wort „Rind“. Du kannst auch das Bild eines Rindes in die Mitte kleben. Übertrage die Angaben aus ▶ Bild 1 in deine Mindmap.
4. Ergänze die Mindmap mit den Angaben aus deiner Liste aus Aufgabe 1 und 2. Unterscheide dabei die Ebenen „Rohstoff“ und „Produkt“.

# Das Rind – ein vielfältiges Nutztier

**Nutzung des Rindes** Das Rind ist seit mehr als 11000 Jahren ein *Nutztier* des Menschen. Das bedeutet, dass der Mensch ein Tier für seine Zwecke züchtet und hält. Als der Mensch anfing, Rinder zu halten, nutzte er neben Fleisch, Haut und Sehnen auch dessen Arbeitskraft. Erst später verwendete er auch die Milch und stellte daraus Produkte her.
Ein weibliches Rind wird als Kuh bezeichnet, nur diese liefert Milch. Das männliche Tier nennt man Bulle oder Stier. Das Jungtier heißt Kalb. *Ochse* heißt das kastrierte männliche Tier nach Entfernung der Hoden. Ochsen haben mehr Kraft als Kühe und sind friedfertiger als Bullen. Sie werden zwar nicht ganz so groß wie Bullen und wachsen langsamer, bilden aber mehr Fleisch in der Mast als Kühe. Bei der Mast erhalten die Tiere spezielles Futter, damit sie schnell wachsen und viel Fleisch ansetzen.

**Rinderrassen** Heute kennt man etwa 600 Rinderrassen, die durch Züchtung entstanden sind und unterschiedlich genutzt werden. Man unterscheidet Fleischrassen, Milchrassen und Zweinutzungsrinder. Diese Namen verweisen schon auf die Verwendung. Das aus Schottland stammende Galloway-Rind ist eine kleine Fleischrasse

**2** Galloway-Rind; Schulterhöhe bis ca. 120 cm

**3** Holstein-Rind; Schulterhöhe ca. 145 cm

▶ Bild 2. Die Tiere sind unempfindlich gegen Kälte und können ganzjährig auf der Weide stehen. Ihre Kälber werden nicht von den Kühen getrennt. Ein Galloway-Bulle wiegt etwa 800 Kilogramm, eine Kuh etwa 550 Kilogramm.
Das Holstein-Rind ist eine typische Milchrasse ▶ Bild 3. Damit eine Kuh Milch gibt, muss sie jedes Jahr ein Kalb bekommen. Es wird von der Mutter getrennt aufgezogen. Eine einzelne Kuh kann 8000–13000 Liter Milch pro Jahr liefern.
Das Fleckvieh ist ein Zweinutzungsrind ▶ Bild 1. Bei diesem werden Milch und Fleisch gleichermaßen genutzt. Die Kühe liefern durchschnittlich 7000 Liter Milch im Jahr, die Bullen wiegen bei der Schlachtung etwa 1200 Kilogramm.

1. Vergleiche mithilfe von Text und ▶ Bilder 2 und 3 den Körperbau von Fleisch- und Milchrassen. Stelle einen Bezug zu ihrer Nutzung her.
2. Beschreibe die Aufzucht von Kälbern bei Fleisch- und Milchrassen.
3. Begründe, warum sehr viel mehr Ochsen als Bullen gehalten werden.

# Das Gebiss des Rindes – angepasst an Pflanzennahrung

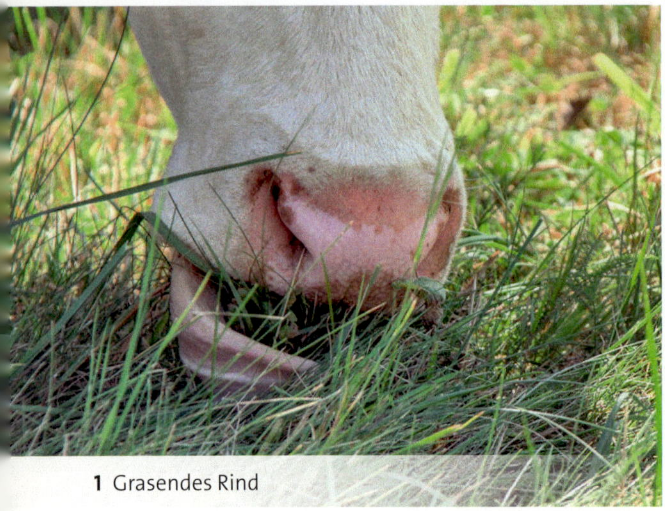

**1** Grasendes Rind

**Nahrung eines Pflanzenfressers** Rinder sind *Pflanzenfresser*. Dies bedeutet, dass sie nur pflanzliche Nahrung zu sich nehmen und verdauen können. Werden Rinder im Freien gehalten, so gehören Gras und andere Kräuter zu ihrer hauptsächlichen Nahrung. Bei der Stallhaltung können Rinder aber nicht ganzjährig frisches Gras fressen. Sie werden mit Heu, also getrocknetem Gras, gefüttert. Zusätzlich bekommen sie Silage, das ist unter Luftabschluss, zum Beispiel unter Plastikfolie, vergorenes Gras. Silage kann auch aus Maispflanzen hergestellt werden. Rinder erhalten ergänzend oft auch industriell hergestellte Futtermittel, die Zusatzstoffe enthalten. Sie verbessern je nach Nutzung die Milchproduktion oder den Fleischansatz. Ein erwachsenes Rind nimmt etwa 60 Kilogramm Pflanzenmaterial pro Tag zu sich.

**Nahrungsaufnahme des Rindes** Beim Weiden wird Gras büschelweise mit der beweglichen Zunge umschlossen und ins Maul eingeführt ▶ Bild 1. Mit einer Drehbewegung wird das Grasbüschel abgerupft. Dies geschieht einige Male, bevor das Rind das Gras schluckt. Die Nahrungsaufnahme dauert mehrere Stunden. Dann legt sich das Rind hin, würgt kleine Futterportionen hoch und kaut sie dieses Mal sehr gründlich, bevor sie wieder geschluckt werden. Diesen Vorgang nennt man Wiederkäuen. Rinder gehören wie Ziegen und Schafe zu den *Wiederkäuern*.

**Pflanzenfressergebiss** Pflanzen haben viele Fasern und sind daher schwer zu zerkleinern. Sie müssen besonders gründlich gekaut werden. Rinder besitzen nicht nur eine enorme Kaumuskulatur und einen massiven Schädel, sondern auch ein an diese Aufgabe angepasstes Gebiss ▶ Bild 2. Schneidezähne gibt es nur im Unterkiefer. Die Eckzähne sind in Form und Funktion nicht von diesen zu unterscheiden. Im Oberkiefer befindet sich eine verhornte Kauplatte. Das Gras wird beim Abrupfen mit den Schneidezähnen gegen die Kauplatte gedrückt und durchtrennt. Beim Kauen wird die Nahrung dann zwischen den großen Backenzähnen zermahlen. Sie haben eine große Kaufläche, die sich im Laufe des Lebens eines Rindes verändert ▶ Bild 3. Die Backenzähne sind aus ver-

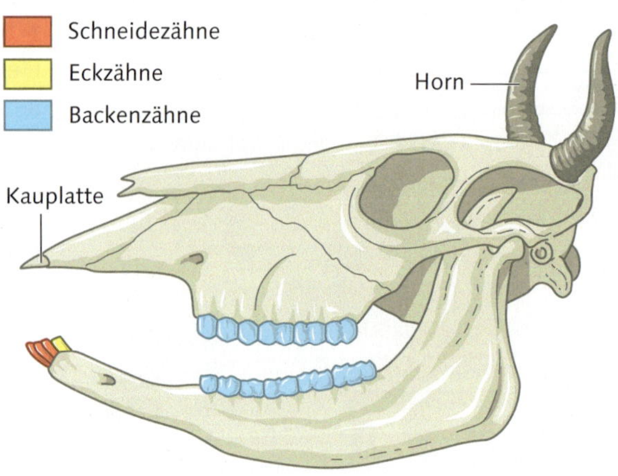


**2** Schädel und Gebiss des Rindes

schiedenen Baustoffen zusammengesetzt, die sich unterschiedlich leicht abnutzen. Dadurch bleiben die Zähne zeitlebens rau.

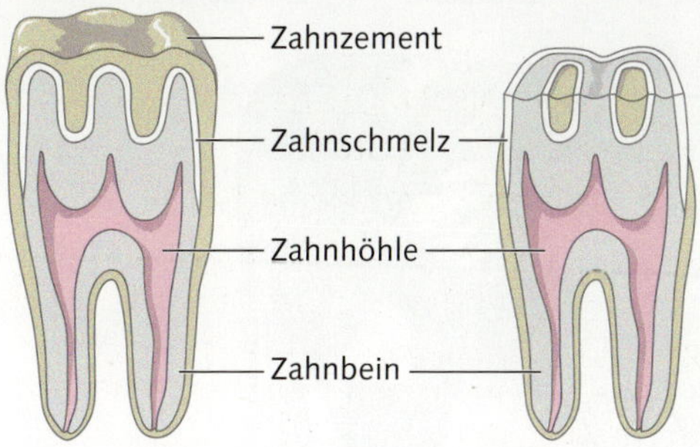


**3** Backenzähne des Rindes im Längsschnitt; links: Jungtier, rechts: älteres Rind

Alle Zähne wachsen ein Leben lang von unten nach, mit zunehmendem Alter aber immer langsamer.

**1** Beschreibe, wie die Form der verschiedenen Zahntypen an ihre Funktion angepasst ist.

**2** **A** Vergleiche die Backenzähne eines jungen und eines alten Rindes ▶ Bild 3.
**B** Stelle Vermutungen über die Härte an.

**3** Erkläre, warum man beim Rind das Alter anhand der Zähne bestimmen kann.

**4** Erläutere, weshalb Rinder ohne obere Schneidezähne weiden können.

**Material Methode Praxis**

# Gebisse zeigen die Nahrung an

Am Gebiss eines Säugetiers kann man oft erkennen, welche Nahrung es zu sich nimmt. Die Zähne von Pflanzenfressern sehen anders aus als die von Fleischfressern. Dennoch lassen sich die Zahntypen aufgrund ihrer Lage im Gebiss bestimmen. Die Gebisse von Säugetieren folgen immer dem gleichen Grundbauplan: Vorne sitzen die Schneidezähne, daneben in jeder Gebisshälfte oben und unten ein Eckzahn, dahinter folgen die Backenzähne.
Finde heraus, welche Nahrung verschiedene Tiere zu sich nehmen. Vergleiche dazu die Gebisse.

**5** **A** Vergleiche die Anzahl an Zähnen der verschiedenen Zahntypen in den Gebissen von Rind und Katze ▶ Bilder 2 und 4.
**B** Beschreibe die Struktur und Funktion der verschiedenen Zahntypen.

**6** In ▶ Bild 5 ist das Gebiss des Hausschweins dargestellt. Stelle begründete Vermutungen über die Nahrung des Schweins an.

**7** Vergleiche dein eigenes Gebiss mit den drei abgebildeten Gebissen. Erläutere, welchem es am ehesten entspricht.

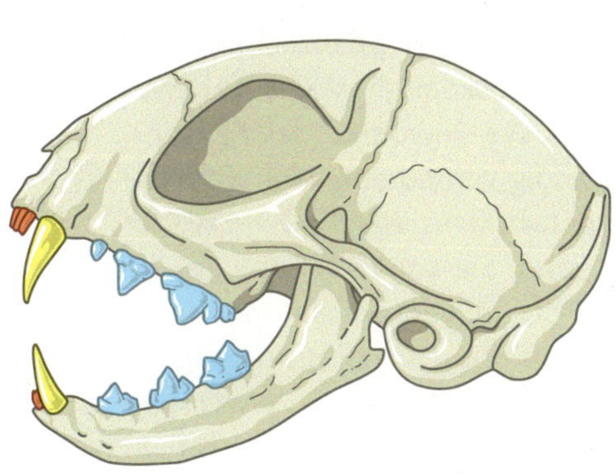

**4** Schädel und Gebiss der Katze

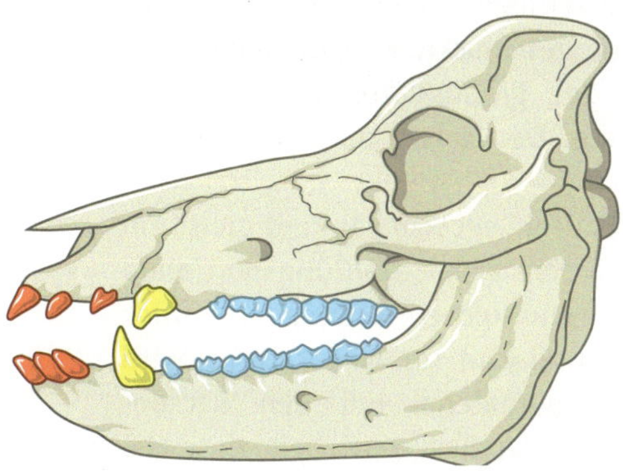

**5** Schädel und Gebiss des Hausschweins

# Doppelt gekaut ist besser verdaut

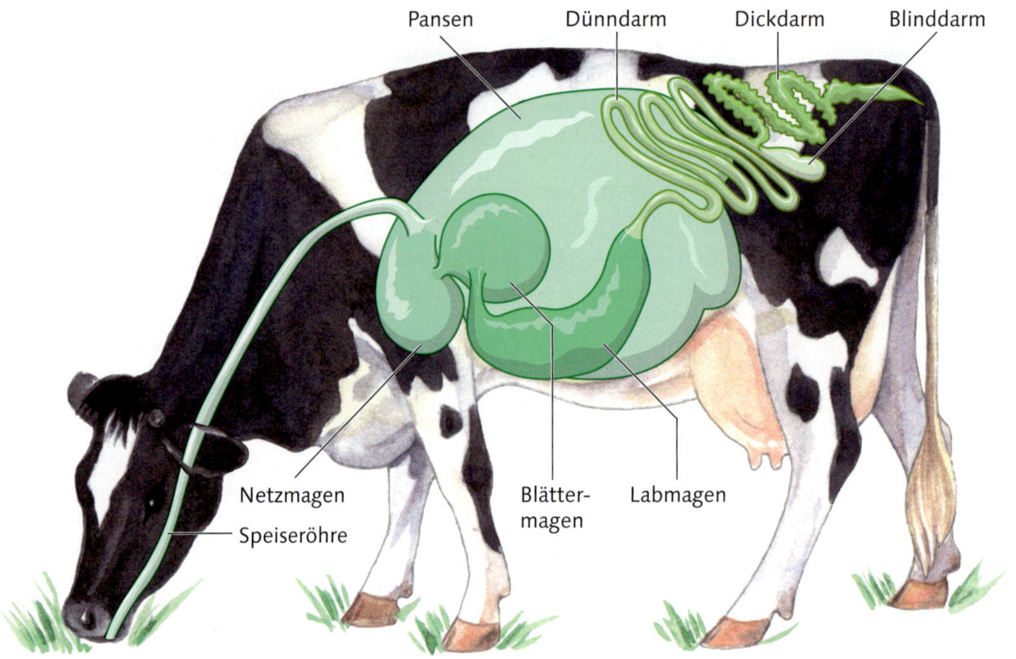


**1** Verdauungssystem des Rindes

Rinder sind nicht nur in der Struktur und Funktion des Gebisses an die Art ihrer Nahrung angepasst. Auch ihr Verdauungssystem zeigt besondere Angepasstheiten.

**Vier Mägen des Rindes** Der Magen des Rindes ist in vier Abschnitte gegliedert: Pansen, Netzmagen, Blättermagen und Labmagen ▶ Bild 2. Je nach Größe des Tieres fasst sein Magen 65–120 Liter Nahrung. Die Pflanzennahrung wird zunächst fast ungekaut geschluckt. Sie gelangt in den Pansen, den größten Abschnitt des Rindermagens. Der Pansen allein fasst schon 55–100 Liter.

In Fresspausen legt sich das Rind meist hin und befördert kleine Nahrungsportionen über den muskulösen Netzmagen zurück ins Maul und käut sie wieder. Dabei wird das Pflanzenmaterial mit den Backenzähnen so gründlich zerrieben, dass die Nährstoffe aus den Fasern genutzt werden können.

Um die Nahrung schlucken zu können, ist Speichel notwendig. Daher müssen Rinder sehr viel Wasser trinken. Sie produzieren bis zu 200 Liter Speichel am Tag und die wiedergekäute Nahrung ist deshalb sehr dünnflüssig.

Die wiedergekäute Nahrung gelangt erneut in den Pansen. Dadurch liegt in unterschiedlichen Bereichen des Pansens Nahrung in verschiedenen Verdauungsstufen vor.

An der Verdauung der pflanzlichen Nahrung sind mikroskopisch kleine Lebewesen beteiligt. Die Bewohner des Pansens, die sich ständig vermehren, verändern die Nahrung derart, dass das Rind sie weiter verdauen kann. Sie sondern Gase ab, die sich zunächst im Pansen sammeln und über das Maul und den After ausgeschieden werden. Große Mengen der eiweißhaltigen Kleinstlebewesen wandern mit dem Nahrungsbrei weiter und werden vom Rind mitverdaut.

Im weiteren Verlauf der Verdauung wandert die Nahrung erneut durch den Netzmagen. Dünnflüssige Nahrung kann diesen passieren, grobe Pflanzenteile werden an der netzartig verdickten Oberfläche abgefangen und gesammelt und als Nahrungsballen erneut wiedergekäut. Aus dem Netzmagen gelangt die Nahrung in den *Blättermagen*. Er verdankt seinen Namen den buchseitenartigen Schleimhautfalten in seinem Innern. Durch eine Eigenbewegung der Falten wird Wasser aus dem Speisebrei gedrückt und für den Körper zurückgewonnen. Nährstoffe können hier bereits ins Blut aufgenommen werden. Der so eingedickte Nahrungsbrei gelangt nun in den *Labmagen*. Über Drüsen in der Magenwand werden Verdauungssäfte zum Nahrungsbrei gegeben. Diese zersetzen die Nahrung in noch kleinere Bestandteile. Pansen, Netz- und Blättermagen haben keine Drüsen und werden auch als Vormagen zusammengefasst.

**Verdauung im Darm** An den Labmagen schließt sich der *Dünndarm* an ▶ Bild 1. Im Dünndarm werden die Bestandteile der Nahrung durch Verdauungssäfte noch weiter zerlegt. Die Nährstoffe werden über die Darmwand ins Blut aufgenommen. An den Dünndarm schließt sich der *Dickdarm* samt Blinddarm an. Im Dickdarm und im Blinddarm kommen ähnlich wie im Pansen Kleinstlebewesen vor, die die Verdauung unterstützen. Im Dickdarm werden Nährstoffe und vor allem Wasser aufgenommen. Die unverdaulichen Reste bilden den Kot, der als Kuhfladen ausgeschieden wird.

**Nutztier Rind** Um ihre Kälber zu ernähren, produziert die Kuh mit den Milchdrüsen im gut durchbluteten Euter nahrhafte Milch. Zur Ernährung eines Kalbes reichen ca. 8 Liter Milch pro Tag aus. Moderne Hochleistungszuchtkühe geben täglich bis zu 50 Liter Milch. In Deutschland werden pro Person im Durchschnitt täglich 1 Liter Milch und Milchprodukte konsumiert.

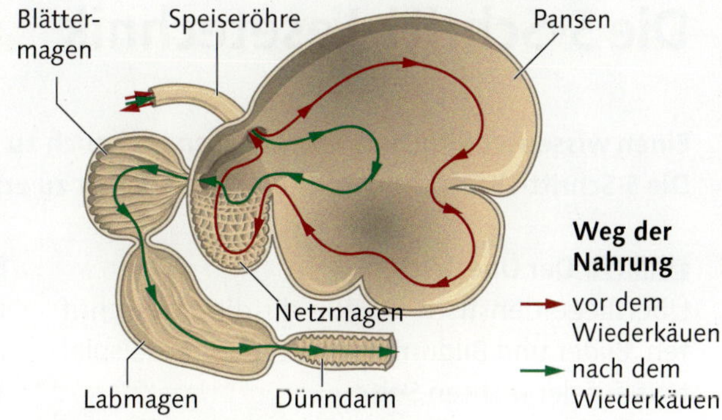


**2** Mägen des Rindes

1. Beschreibe den Weg der Nahrung vom Grasbüschel bis zum Kuhfladen.
2. Erstelle eine Tabelle, in der du die Struktur der vier Mägen des Rindes ihrer Funktion zuordnest.
3. Erkläre, warum das Wiederkäuen für das Rind notwendig ist.
4. Erkläre die Bedeutung der mikroskopisch kleinen Lebewesen im Pansen.
5. **A** Vergleiche die Zusammensetzung der Milch von Rind, Mensch und Seehund ▶ Bild 3.
   **B** Seehunde leben in kalten Regionen. Der Nährstoff Fett ist besonders energiereich. Stelle eine Vermutung auf, warum Seehundmilch so fetthaltig ist.
   **C** Kuhmilch wird zur Ernährung von Babys verwendet. Begründe, ob auch Milch vom Seehund geeignet wäre.
6. Um Muskelmasse aufzubauen, benötigt ein Körper eiweißreiche Nahrung. Rinder ernähren sich aber von eiweißarmen Pflanzen. Dennoch sind sie Fleischlieferanten für den Menschen. Erkläre diesen scheinbaren Widerspruch.

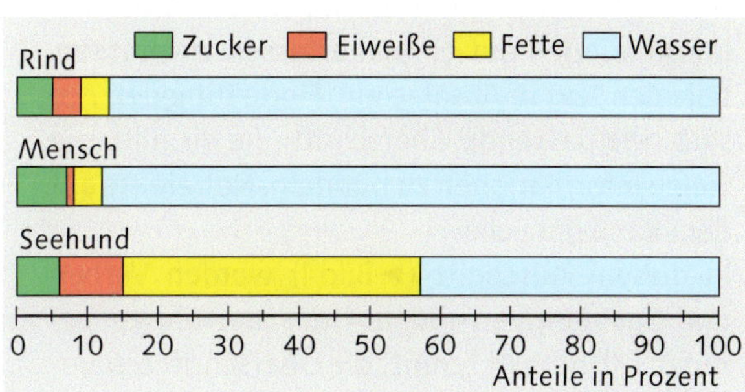


**3** Zusammensetzung der Milch von Rind, Mensch und Seehund

# Die 5-Schritt-Lesetechnik

**Einen wissenschaftlichen Text zu lesen und auch zu verstehen ist oftmals nicht einfach. Die 5-Schritt-Lesetechnik hilft dir, Texte besser zu erfassen.**

### Schritt 1 Der Überblick

Überfliege den Text. Schaue dir die Überschriften, Bilder und Bildunterschriften an ▶ Beispieltext auf der rechten Seite:

Die Überschrift verrät dir, dass der Text Aufschluss über das Haustier Schwein und seine Wildform gibt. Aus der Bildunterschrift gehen drei neue Fachbegriffe hervor: Bache, Frischling, Suhle. Ihre Bedeutungen lassen sich anhand der Abbildung einfach ableiten. Aus den Wörtern *Allesfressergebiss*, *Partnerin* und *wälzen* kannst du folgern, dass der Text vermutlich Informationen zur Nahrung, Paarung und zum Verhalten der Tiere gibt.

### Schritt 2 Die Fragen

In Fachtexten wimmelt es vor unbekannten Begriffen. Vielleicht bist du in diesem Text über den Begriff *Maiskulturen* gestolpert.

Decke den Text mit einer Folie ab. Markiere diesen und andere unbekannte Begriffe mit einem Fragezeichen auf dem Rand deiner Folie ▶ Bild 1.

Frage im Unterricht nach der Bedeutung der unbekannten Begriffe oder nutze daheim ein Lexikon oder das Internet.

So erfährst du, dass mit dem Begriff Maiskulturen viele Maisfelder gemeint sind.

Übrigens: Für die *kursiv* gedruckten Wörter in diesem Buch findest du eine Erklärung direkt im Text.

### Schritt 3 Abschnitt für Abschnitt

Fachtexte sind informationsreich. Um nicht alle Informationen auf einmal erfassen zu müssen, teile den Text in Absätze ein. Finde für jeden Absatz eine passende Überschrift, die dir hilft, die vielen Informationen zu bündeln. Notiere sie auf dem Rand der Folie.

In diesem Abschnitt (▶ Bild 1) werden Verben und Substantive rund um das Bewohnen genutzt. Gib dem Abschnitt die Überschrift *Lebensraum*.

### Schritt 4 Die Zusammenfassung

Unterstreiche nun die wichtigsten Wörter des Abschnitts, die zu deiner Überschrift passen ▶ Bild 1.

Mithilfe der unterstrichenen Wörter lassen sich die Informationen zum Lebensraum des Wildschweins leicht zusammenfassen: *Wildschweine leben in Eichen-Buchen-Mischwäldern und Maiskulturen, wo sie Nahrung und Versteckmöglichkeiten finden.*

Fahre mit den weiteren Abschnitten fort und schreibe in dein Heft. So erhältst du eine Zusammenfassung des gesamten Fachtextes.

### Schritt 5 Das Wiederholen

Stelle 5 W-Fragen zum Text und beantworte diese. Beispielsweise: *Welchen Lebensraum besiedeln Wildschweine?*

Gehe deine Zusammenfassung noch einmal durch. Du kannst deine Notizen auch als Vorbereitung für einen Test benutzen.

Wildschweine bewohnen Eichen-Buchen-Mischwälder, in deren Unterholz sie sich tagsüber zurückziehen können. Sie kommen in unterschiedlichsten Lebensräumen vor. So bieten Maiskulturen den Wildschweinen aufgrund der reichlich vorzufindenden Nahrung und Deckung eine Behausung.

*Lebensraum*

?

**1** Textausschnitt

**1** Wende die 5-Schritt-Lesetechnik auf den gesamten Text „Hausschweine und Wildschweine" an. Decke den Text zum Bearbeiten mit einer Folie ab.

# Hausschweine und Wildschweine

Hausschweine werden schon sehr lange als Nutztiere gehalten. Sie dienen als Fleischlieferanten in beinahe allen Teilen dieser Welt. Mit etwa 6 Monaten haben sie bereits ein Gewicht von 100 kg und sind schlachtreif. Als Stammform unseres Hausschweins gilt das Wildschwein.

Wildschweine bewohnen Eichen-Buchen-Mischwälder, in deren Unterholz sie sich tagsüber zurückziehen können. Sie kommen in den unterschiedlichsten Lebensräumen vor. So bieten Maiskulturen den Wildschweinen aufgrund der reichlich vorzufindenden Nahrung und Deckung eine Behausung.

Wildschweine sind anpassungsfähig. Das liegt unter anderem daran, dass sie Allesfresser sind: Sie ernähren sich von Bucheckern, Eicheln und Früchten sowie von allem anderen, was sie auf und im Boden finden können. So gehören Wurzeln und Knollen genauso zu ihrer Nahrung wie Insekten, kleine Säugetiere und sogar Aas. Ihre Schnauze ist verlängert und die Nase zu einem kräftigen *Rüssel* umgebildet. Dieser ist ein hervorragendes Wühlorgan, mit dem die Wildschweine Nahrung auch unterhalb der Erde aufspüren. Die scharfkantigen vorderen Backenzähne ihres *Allesfressergebisses* dienen der Zerkleinerung von Fleisch, während sie mit den stumpferen hinteren Backenzähnen pflanzliche Nahrung zermalmen.

Die Eckzähne des *Keilers*, dem männlichen Wildschwein, sind stark verlängert und im Oberkiefer nach außen oben gerichtet. Sie haben keine Funktion zur Nahrungsaufnahme, sondern werden zum Aufbrechen des Bodens oder als Waffe genutzt. Der Keiler setzt sie insbesondere während des Kampfes um ein Weibchen ein. Dabei schlägt er die Eckzähne aufeinander. Wenn sich in der Rauschzeit, der Paarungszeit der Wildschweine, zwei Rivalen gegenüberstehen, ist das Wetzen dieser Waffen zu hören. Für die Suche nach der geeigneten Partnerin setzt der Keiler seinen gut ausgebildeten Geruchssinn ein. Keiler sind Einzelgänger und treffen nur in der Rauschzeit auf ihre Artgenossen. Nach der Paarung ist die *Bache*, das weibliche Wildschwein, etwa 5 Monate trächtig, bevor sie 4–12 *Frischlinge*, die Wildschweinjungen, wirft. Die braunweiß gestreiften Jungtiere können bereits direkt nach der Geburt laufen. Sie verlassen ihre Mutter aber erst, wenn diese sich erneut paart. Wildschweine leben in Familienverbänden, den *Rotten*.

**1** Bache mit Frischlingen an der Suhle

Vor mehr als 5000 Jahren haben die Menschen das Wildschwein domestiziert. Durch die jahrhundertlange Züchtung wurden viele Körpermerkmale verändert und neue Rassen sind entstanden. Dennoch zeigen Wild- und Hausschwein weiterhin ähnliche Verhaltensweisen. So wälzen sich beide in Schlammlöchern, sie suhlen. Das Suhlen gehört zur Körperpflege der Tiere. Mit der Schlammschicht schützen sie sich beispielsweise gegen Stechmücken. Bei hohen Außentemperaturen hat diese Schicht zugleich eine kühlende Wirkung.

# Der Maulwurf – Leben unter Tage

**Leben unter der Erde** Maulwürfe bekommt man selten zu sehen. Oft sind die einzigen sichtbaren Zeichen ihrer Anwesenheit die Maulwurfshügel. Sie entstehen, wenn die Maulwürfe beim Graben ihres unterirdischen Gangsystems die lockere Erde aus den Gängen schieben. Aus dieser Verhaltensweise leitet sich der Name der Maulwürfe ab – er bedeutet „Erdwerfer".

**1** Maulwurf

Maulwürfe sind Einzelgänger. Ihre Nester liegen etwa 40 cm bis 1 m unter der Erdoberfläche ▶ Bild 2. Die mit Gras, weichen Wurzeln und Blättern ausgepolsterte Wohnkammer dient als Ruheplatz. Hier bringt das Maulwurfsweibchen nach vierwöchiger Tragzeit 1- bis 2-mal pro Jahr 4–5 nackte und blinde Junge zur Welt. Diese Nesthocker werden etwa 2 Monate gesäugt. Zur Belüftung ist die Wohnkammer von einem ringförmigen Gangsystem umgeben. Lauf- und Jagdgänge stellen Verbindungen zwischen der Wohnkammer und den Vorratskammern dar.

Maulwürfe haben einen sehr hohen Energiebedarf. Sie fressen täglich eine Nahrungsmenge, die ihrer eigenen Körpermasse von 50 bis 140 g entspricht. Ihre ausschließlich tierische Nahrung besteht aus Regenwürmern, Insekten, Larven, Lurchen, Mäusen und Spinnen. Maulwürfe sind tag- und nachtaktiv und machen keinen Winterschlaf. Sie legen sich für den Winter Nahrungsvorräte in Form von Regenwürmern an. Diesen beißen sie die vorderen Körperglieder ab, sodass diese unfähig zur Flucht, aber noch lebendig sind.

**Angepasstheiten** Der walzenförmige Körper der Maulwürfe mit dem spitz zulaufenden Kopf ist mit einem dichten Fell bedeckt. Das Fell bietet keinen Widerstand, weil es nicht in eine bestimmte Richtung wächst: Es hat keinen Strich. Deshalb kann sich der Maulwurf problemlos sowohl vorwärts als auch rückwärts in seinen Gängen bewegen. Die Hände sind zu Grabschaufeln umgewandelt. Sie stehen fast waage-

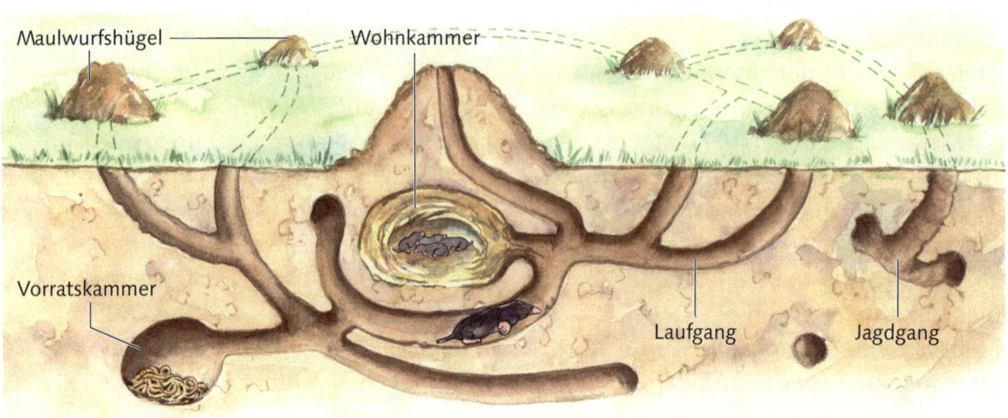


**2** Gangsystem des Maulwurfs

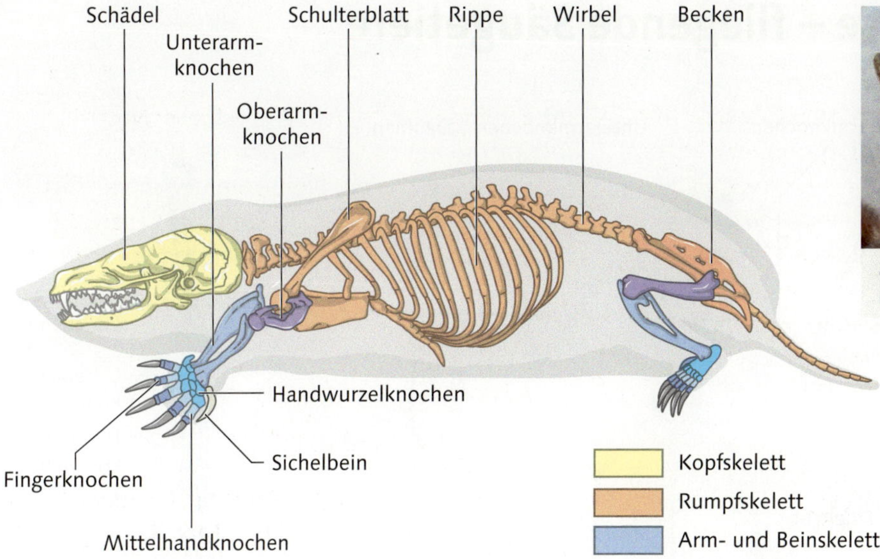


**3** Skelett des Maulwurfs

**4** Rechte Grabhand des Maulwurfs

recht vom Körper ab. Die Handflächen sind nach außen gedreht. Dadurch kann der Maulwurf die Erde seitlich nach hinten schaufeln. Ober- und Unterarmknochen sind verkürzt und verdickt, sodass nur die Hand aus dem Fell herausragt. Die Finger tragen lange Grabkrallen aus Horn und sind mit Häuten zu einer geschlossenen Handfläche verbunden. Ein verlängerter Mittelhandknochen, das Sichelbein, dient als „6. Finger" und vergrößert die Grabhand ▶ Bild 4.

Augen und Ohren sind fast ganz im Fell verborgen. Maulwürfe können mit ihren nur stecknadelkopfgroßen Augen lediglich Helligkeitsunterschiede wahrnehmen. Der Gehörsinn ist jedoch gut ausgeprägt. Die Ohren haben keine Ohrmuscheln, können aber mit einer Haut verschlossen werden, sodass keine Erde eindringt. Mit ihrem sehr gut ausgeprägten Geruchs-, Tast- und Erschütterungssinn finden Maulwürfe auch in der Dunkelheit ihre Beutetiere. Sie nutzen dafür Tasthaare an der Rüsselspitze sowie im Mund- und Handwurzelbereich ▶ Bild 1. Die Tasthaare auf dem kurzen Schwanz dienen der Orientierung.

Das *Insektenfressergebiss* der Maulwürfe besteht aus 44 spitzen, scharfen Zähnen. Mit ihnen kann der Maulwurf Beutetiere ergreifen und festhalten. Außerdem eignen sie sich zum Aufbrechen von Insektenpanzern und zum Zerschneiden von Larven und Regenwürmern.

**Schutz** Maulwürfe werden von Menschen mitunter als Schädlinge bekämpft, weil Maulwurfshügel auf dem Rasen unschön aussehen. Gemüsebauern hingegen schätzen den Maulwurf als Nützling. Durch seine grabende Tätigkeit lockert er den Boden, der so besser durchlüftet und mit Wasser versorgt wird. Dies kommt dem Wurzelwachstum zugute. Außerdem jagen Maulwürfe Käferlarven und Fadenwürmer, die sich von Pflanzenwurzeln ernähren und so Nutzpflanzen schädigen. Maulwürfe gehören zu den gesetzlich geschützten Arten und dürfen nicht getötet werden.

1. Erläutere die Angepasstheiten der Maulwürfe an ihren Lebensraum und ihre Lebensweise.

2. **A** Ermittle die Nahrungsmenge, die ein Maulwurf mit einer Körpermasse von 80 g pro Jahr zu sich nimmt.
   **B** Nimm Stellung zu der Aussage, dass Maulwürfe Schädlinge sind.

# Fledermäuse – fliegende Säugetiere

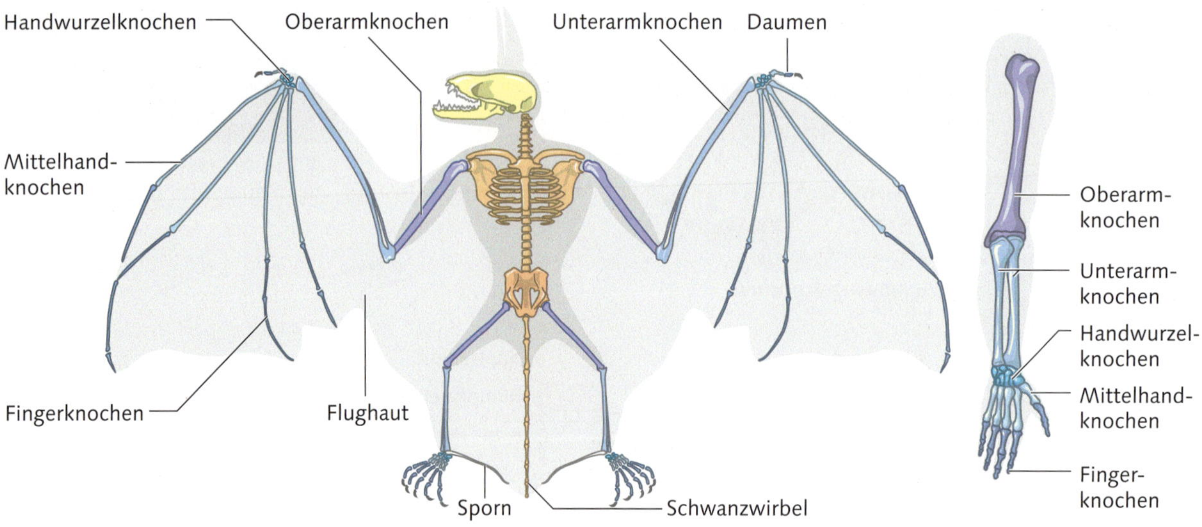


**1** Skelett der Fledermaus und Armskelett des Menschen

**Angepasstheiten** Während der warmen Jahreszeit kann man mit Einbruch der Dämmerung an Gewässern, an Waldrändern, in Parks oder auch in der Nähe von Straßenlaternen Fledermäuse beobachten. Fledermäuse sind fliegende Säugetiere, die einen charakteristischen Flatterflug zeigen. Sie machen Jagd auf nachtaktive Mücken, Käfer und Schmetterlinge, die sie im Flug mit den spitzen Zähnen ihres Insektenfressergebisses erbeuten. Die Vordergliedmaßen sind zu Flügeln umgebildet. Die Flügelflächen bestehen aus dünnen Flughäuten, die sich zwischen Armen, Beinen, Rumpf und Schwanz erstrecken und die stark verlängerten Mittelhand- und Fingerknochen überspannen. Die Daumen, die je eine spitze Kralle tragen, und die bekrallten Füße sind frei ▶ Bild 1.

**Sehen mit den Ohren** Lange Zeit war es Forschern rätselhaft, wie Fledermäuse mit ihren kleinen Augen bei völliger Dunkelheit erfolgreich fliegende Insekten erbeuten und Hindernissen ausweichen können. Heute weiß man, dass Fledermäuse über ein Ultraschall-Orientierungssystem verfügen. Im Flug stoßen sie die sehr hohen Ultraschalllaute aus, die für Menschen nicht hörbar sind. Trifft der Schall auf ein Beutetier oder ein Hindernis, so kehrt er als Echo zurück, das die Fledermaus über das Gehör wahrnimmt ▶ Bild 2. Sie erhält so Informationen über die Entfernung und Größe des angepeilten Objekts: Fledermäuse nehmen also ein Hörbild ihrer Umgebung wahr.

**Fortpflanzung und Gefährdung** Als Sommerquartiere dienen den Fledermäusen Baumhöhlen in alten Obstbäumen, verlassene Spechthöhlen, spaltartige Hohlräume

**2** Beuteortung mit Ultraschall

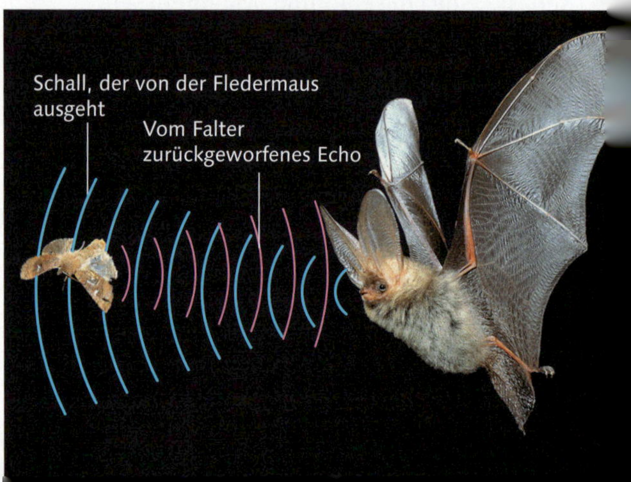

an Dachvorsprüngen von Häusern oder Dachböden alter Schlösser und Kirchen. Hier finden sich die Fledermausweibchen in größeren Gesellschaften, den Wochenstuben, zusammen. Sie bringen pro Jahr meist nur ein nacktes und flugunfähiges Junges zur Welt. Es wird gesäugt, bis es selbstständig fliegen kann.

Fledermäuse sind Winterschläfer und benötigen frost- und zugluftfreie Winterquartiere in den Dachstühlen alter Häuser, in Bergwerken oder Felshöhlen. Hier finden sich ab Ende August zahlreiche Tiere zu Winterschlafkolonien zusammen. Sie krallen sich mit den Zehen an kleinen Vorsprüngen fest und schlafen kopfüber hängend dicht aneinandergedrängt. Während des Winterschlafs zehren sie von der Fettschicht, die sie sich im Sommer angefressen haben.

Unsere heimischen Fledermäuse gehören zu den gefährdeten Arten, weil durch Umbaumaßnahmen an Gebäuden oder Rodung alter Baumbestände ihre Lebensräume immer seltener werden. Auch ihre Nahrung wird durch den Einsatz von Insektenvernichtungsmitteln knapp. Alle 23 in Deutschland lebenden Fledermausarten sind unter Schutz gestellt.

**1** **A** Vergleiche die Armskelette von Fledermaus und Mensch ▶ Bild 1.
**B** Erkläre, wie Fledermäuse an das Fliegen angepasst sind.

**2** Beschreibe die Beutejagd der Fledermäuse.

**3** **A** Informiere dich über Fledermausvorkommen an deinem Wohnort.
**B** Nenne Möglichkeiten, Fledermäuse zu schützen. Gib an, was du selbst tun kannst.



# Experimente mit Fledermäusen

**Naturwissenschaftler beobachten Erscheinungen (Phänomene) in der Natur. Sie formulieren Forschungsfragen und stellen dann begründete Vermutungen (Hypothesen) auf, die in sorgfältig geplanten Experimenten überprüft werden.**

1793 führte der italienische Naturforscher Lazzaro Spallanzani Experimente mit Fledermäusen durch. In seinem Arbeitszimmer spannte er von der Decke zum Boden Drähte, an die er kleine Glöckchen hängte. Er ließ gefangene Fledermäuse in dem abgedunkelten Raum fliegen. Die Tiere berührten die Drähte nie.

Dann ging er in getrennten Versuchsansätzen wie folgt vor: Im ersten Versuch stülpte er den Versuchstieren Kappen über die Köpfe und verschloss so ihre Augen. Im zweiten Versuch verschloss er ihren Mund. Im dritten Versuch verstopfte er die Ohren der Versuchstiere mit Wachs. Er ließ die Fledermäuse in jedem der drei Versuchsansätze im abgedunkelten Raum fliegen.

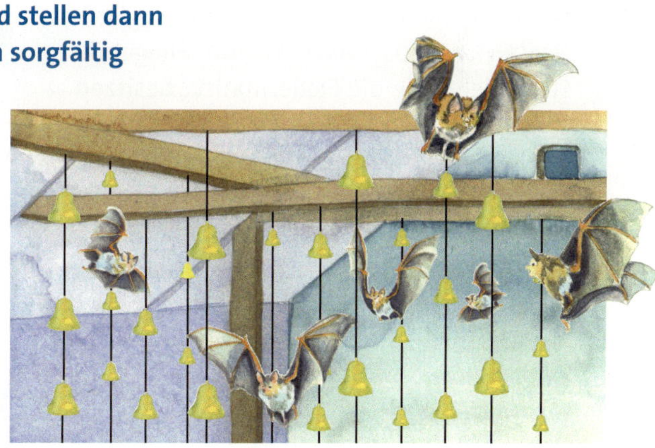

**3** Spallanzanis Versuchsanordnung

**4** **A** Nenne die Forschungsfrage, die sich Spallanzani stellte.
**B** Stelle begründete Vermutungen darüber auf, was Spallanzani beobachtete.

# Gemeinsame Merkmale der Säugetiere

**1** Säugetiere in verschiedenen Lebensräumen

**Grundbauplan** Säugetiere sind eine Gruppe der Wirbeltiere, die trotz einer großen Vielfalt in Körperbau und Lebensweise durch gemeinsame Merkmale gekennzeichnet ist. Das Skelett zeigt bei allen Säugetieren den gleichen *Grundbauplan*, das heißt, es ist grundsätzlich gleich aufgebaut. Der Körper der Säugetiere gliedert sich in Kopf, Rumpf und vier Gliedmaßen. In Angepasstheit an die Lebensweise kann dieser Grundbauplan abgewandelt sein. So sind die Vordergliedmaßen bei wasserlebenden Arten, wie den Seekühen, zu Flossen umgebildet, während die Hintergliedmaßen zurückgebildet sind. Fliegende Säugetiere, wie die Fledermäuse, besitzen eine Flughaut, die zwischen den verlängerten Fingerknochen gespannt wird.

**Gemeinsame Merkmale** Das charakteristische Merkmal, das alle Säugetiere gemeinsam auszeichnet, ist die Ernährung der Nachkommen mit Muttermilch, die in Milchdrüsen gebildet wird. Die Jungtiere werden gesäugt. Ein weiteres gemeinsames Säugermerkmal ist das Fell. Dieses Haarkleid und eine Fettschicht unter der Haut verringern die Wärmeabgabe. Die Körpertemperatur der Säugetiere ist unabhängig von der Umgebungstemperatur stets gleich. Man zählt sie daher zu den *gleichwarmen* Tieren. Die isolierende Wirkung des Haarkleides ist die Voraussetzung dafür, dass die Säugetiere in allen Regionen der Erde vorkommen ▶ Bild 1.

Säugetiere atmen mit Lungen und haben einen Blutkreislauf. Außerdem besitzen sie ein Gebiss mit verschiedenen Zahntypen: Schneidezähne, Eckzähne sowie vordere und hintere Backenzähne. Der Bau des Gebisses ist jeweils an eine bestimmte Ernährungsweise angepasst.

1. Nenne Merkmale der Säugetiere, die du auf ▶ Bild 1 erkennst.

2. Schnabeltiere leben in australischen Süßgewässern. Auf Nahrungssuche durchwühlen sie den Gewässerboden mit ihrem Schnabel, um Krabben, Würmer und Muscheln aufzuspüren. Die Weibchen legen 2–3 Eier mit einer pergamentartigen Schale, die sie ausbrüten. Die Jungtiere lecken Milch aus einem Milchfeld im Fell der Mutter. Überprüfe, ob Schnabeltiere zu den Säugetieren gehören.

**2** Schnabeltier

# Säugetiere ordnen

**Das Ordnen ist eine wichtige naturwissenschaftliche Methode. Anhand von eindeutigen Kriterien werden die Lebewesen verglichen und zu Gruppen zusammengefasst. Je nach Wahl des Ordnungskriteriums ergibt sich eine andere Gruppenzuordnung. Die Kinder einer Klasse lassen sich zum Beispiel nach den übergeordneten Kriterien Geschlecht, Größe, Geburtsdatum, Alphabet, Wohnort, Hobbys oder Augenfarbe ordnen. In der Biologie müssen die gewählten Kriterien eindeutig sein, sodass Doppelzuordnungen von Lebewesen in verschiedene Gruppen nicht möglich sind. Mithilfe von eindeutigen Kriterien lassen sich auch unbekannte Tiere und Pflanzen in dieses System einordnen.**

## Ein Zoo für Säugetiere

In einem neu geplanten Zoo sollen den Besuchern Säugetiere vorgestellt werden. So soll die Zooanlage aussehen:

**3** Zooanlage

**1** **A** Nenne die Ordnungskriterien, nach denen die Mitarbeiter der Planungsgruppe die Tiere auf die Gehege 1–3 der neuen Zooanlage verteilt haben.

**B** Fledermaus, Igel und Spitzmaus sollen in einem gemeinsamen Gehege untergebracht werden. Nenne das Ordnungskriterium, nach dem die Planungsgruppe hier vorgeht.

**C** Begründe, warum diese Zuordnung problematisch ist.

**D** Erweitere den Zoo, indem du den Gehegen 1–3 weitere dir bekannte Tiere passend zuordnest.

# Zusammenfassung

### Evolution

Das Säugen der Nachkommen mit Milch und das Fell sind die wesentlichen Merkmale, mit denen sich Säugetiere von anderen Tiergruppen unterscheiden. Weltweit unterscheidet man über 5400 Säugetierarten.

Viele unserer Haus- und Nutztiere sind Säugetiere und stammen von wild lebenden Vorfahren ab. Zahlreiche übereinstimmende Merkmale in Körperbau und Verhalten zeigen beispielsweise die stammesgeschichtliche Verwandtschaft von Wolf und Haushund. Durch Züchtung entstanden viele unterschiedliche Rassen einer biologischen Art. Diese Zusammenhänge beschreibt das biologische Prinzip *Evolution*.

**1** Wolf – Stammform des Hundes

### Information und Kommunikation

Lebewesen verständigen sich untereinander und tauschen Informationen aus. Dies kann durch Laute oder Duftsignale, optische Signale, durch Körpersprache oder Berührungen erfolgen. Das biologische Prinzip *Information* und *Kommunikation* fasst diese vielfältigen Möglichkeiten der Verständigung zusammen.

### Reproduktion und Entwicklung

Unsere Haustiere pflanzen sich geschlechtlich fort. Das heißt, dass Ei- und Spermienzelle bei der Befruchtung miteinander verschmelzen. Dies beschreibt das biologische Prinzip *Reproduktion und Entwicklung*.

### Variabilität

Die Nachkommen bei der geschlechtlichen Fortpflanzung sehen ihren Eltern zwar ähnlich, unterscheiden sich aber untereinander, zum Beispiel in der Größe, der Fellfarbe oder der Form der Ohren. Dies beschreibt das biologische Prinzip *Variabilität*.

### Angepasstheit

Die Lebewesen zeigen Angepasstheiten an ihre Lebensweise, zum Beispiel in ihrem Körperbau. So zeigt der Körperbau von Hunden und Wölfen eine Angepasstheit an das Leben als Hetzjäger. Das biologische Prinzip *Angepasstheit* bezieht sich auf diese Zusammenhänge.

### Struktur und Funktion

Der Bau (die Struktur) der Zähne im Gebiss gibt einen Hinweis auf ihre Aufgabe (die Funktion), nämlich das Zerkleinern von Fleisch- bzw. Pflanzennahrung. Diesen Zusammenhang beschreibt das biologische Prinzip *Struktur und Funktion*.

**2** Variabilität bei Hundewelpen

# Teste dich!

**1** Beschreibe den Bau der verschiedenen Zahntypen in ▶ Bild 3. Stelle begründete Vermutungen zur Art der Nahrung der abgebildeten Tiere an.

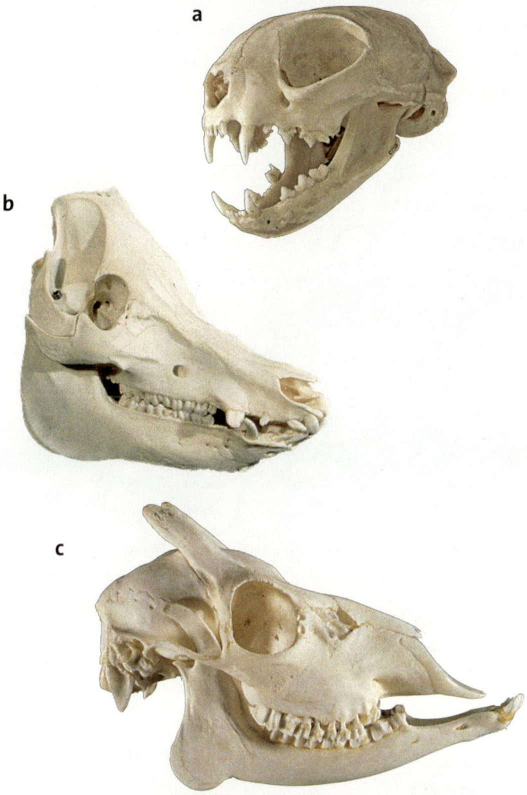


**3** Schädel verschiedener Tiere

**2** Bei Rindern ist der Darm 20-mal so lang wie der Körper, bei der Katze ist der Darm jedoch nur 3-mal so lang wie der Körper.

**A** Berechne die Darmlänge eines Rindes mit einer Körperlänge von 2,5 m und die Darmlänge einer Katze, die eine Körperlänge von 0,5 m aufweist.

**B** Erläutere den Zusammenhang zwischen Darmlänge (Struktur) und Ernährungsweise (Funktion) von Rind und Katze.

**C** Beim Menschen ist der Darm 6-mal so lang wie der Körper. Stelle begründete Vermutungen auf, zu welchem Ernährungstyp der Mensch gehört.

**3** Die Ähnlichkeiten, die alle Säugetierarten zeigen, deuten darauf hin, dass sie zu einer Verwandtschaftsgruppe gehören.

**A** Hunde, Rinder und Fledermäuse sind Säugetiere. Nenne typische Merkmale, die alle Säugetiere gemeinsam haben.

**B** Hausschweine und Wildschweine zeigen nicht nur Ähnlichkeiten im Körperbau, sondern auch im Verhalten. Sie suhlen sich häufig im Schlamm. Bei der Nahrungssuche durchwühlen sie den Boden. Ordne diesen Gemeinsamkeiten ein passendes biologisches Prinzip zu.

**4** Sicher hast du schon einmal jemanden sagen hören „Die zwei verhalten sich wie Hund und Katze". Erkläre diese Aussage mithilfe von ▶ Bild 4 und dem biologischen Prinzip Information und Kommunikation.

**4** Katze und Hund

**5** Ein Katzenzüchter möchte sich in Zukunft auf die Zucht von Katzen mit rotem Fell spezialisieren. Erläutere seine Vorgehensweise ausgehend von dem Wurf auf ▶ Bild 5.

**5** Katze mit Jungen

▶ Die Lösungen zu den Aufgaben findest du im Anhang.

# Wasser – ein lebenswichtiger Stoff

Wasser ist überall: Man kann es trinken und damit kochen. Im Meer, in Seen und in Flüssen kann man baden. Ohne Wasser verdursten Mensch und Tiere. Aber unter Wasser können wir nicht atmen, wir ertrinken. Wasser fällt als Regen. Quellen, Flüsse, Seen, Meere und Wasserleitungen sind Orte, an denen wir Wasser finden.
Im Wasser gibt es auch Tiere und Pflanzen: Fische sind besonders an das Leben im Wasser angepasst. Sie können sich im Wasser viel schneller bewegen als wir Menschen. Auch unter Wasser zu atmen, ist für sie kein Problem.

# Lebenswichtiges Wasser

**1** Wasser begegnet uns überall.

Wasser ist alltäglich und überall. Es fällt als Regen, Schnee oder Hagel vom Himmel. In Flüssen, Seen und Meeren können wir uns an heißen Tagen abkühlen. Als Eis schwimmt es im Winter auf den Gewässern, und als Nebel oder Dunst sehen wir es in der Luft.

Wie viel Wasser gibt es eigentlich auf der Welt? Nicht ganz 3/4 der Erdoberfläche sind mit Wasser bedeckt. Das ist ziemlich viel.

Menschen und Tiere sind auf Wasser angewiesen: Ein Mensch überlebt ungefähr 2 Wochen ohne Nahrung, aber nur 2 bis 3 Tage ohne Wasser. Aber sauberes Trinkwasser gibt es nicht überall. In einigen Gegenden der Welt ist es knapp und wertvoll. Der Anteil des Wassers, den wir trinken können, ist im Verhältnis zu den Wassermassen auf der Erde winzig ▶ Bild 2.

In Wasserwerken wird Wasser so aufbereitet, dass wir einfach den Wasserhahn aufdrehen und unseren Durst stillen können. In Klärwerken wird das Wasser so gereinigt, dass es wieder in Flüsse oder ins Meer geleitet werden kann. Denn Wasser ist lebenswichtig – ein kostbares Gut!

| Alles Wasser | Süßwasser | Polkappen | Grundwasser | Seen und Flüsse |
|---|---|---|---|---|
| 10-Liter-Eimer | 0,3-Liter-Bierglas | 0,2-Liter-Glas | 0,1-Liter-Glas | 0,04-Liter-Schnapsglas |

**2** Anteil des Trinkwassers an den Wassermassen der Erde

# Experimente – Wasser

## 1 Wie stark hat es geregnet?

**A** Nimm eine Plastikflasche und schneide den Deckel ab.

**B** Gib einige Steine in die Flasche, damit sie stabiler steht. Stecke dann den Deckel verkehrt herum in die Flasche und befestige ihn mit Klebeband ▶ Bild 3.

**C** Schneide unterhalb des Deckels ein Loch in die Seitenwand. So kannst du das Wasser später wieder ausgießen.

**D** Erstelle mit dem Lineal eine Skala an der Seite.

**E** Nun kannst du den Regenmesser nach draußen stellen. Achte darauf, ihn nach jeder Messung zu leeren.

**F** Notiere eine Woche lang täglich die Regenmengen in mm.

**G** Du kannst auch eine Skala in ml erstellen. Nimm einem Messzylinder und gieße immer 10 mm hinein. Markiere die Wasserstände mit wasserfestem Stift.

**3** Ein selbst gebauter Regenmesser

## 2 Wasser verschwindet

**A** Nimm 2 Gläser, fülle sie mit Wasser und markiere den Wasserstand mit Folienstift.

**B** Decke ein Glas mit Frischhaltefolie ab und stelle beide Gläser an einen warmen Ort. Beobachte ein paar Tage lang.

## 3 Wolken machen

**A** Schwenke einen 2 bis 3-Liter-Glaszylinder so mit Wasser aus, dass die Wände feucht sind.

**B** Zünde einen ca. 5 cm × 5 cm großen Zettel an und wirf ihn hinein. Warte, bis er abgebrannt ist.

**C** Verschließe den Zylinder mit Frischhaltefolie und lege Eis oder ein Kühlpack darauf ▶ Bild 4.
Beobachte einige Minuten und beschreibe.

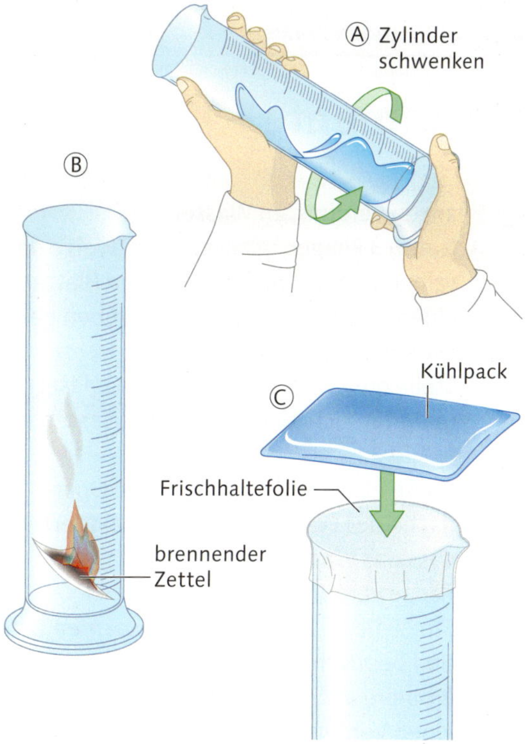


**4** Wolken machen im Experiment.

# Wasserkreislauf

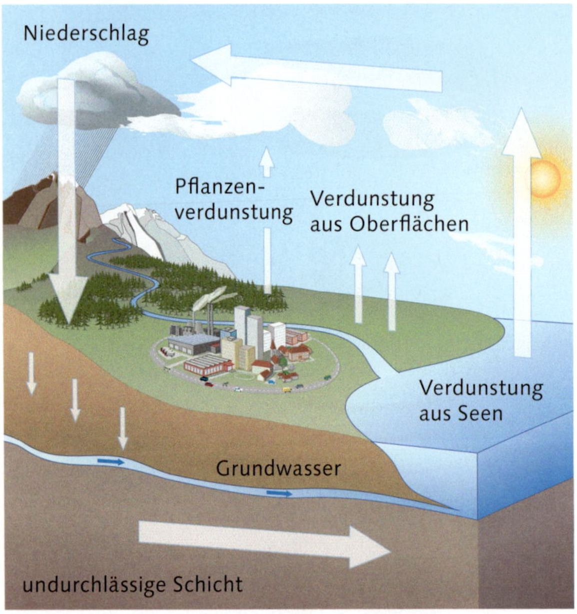


**1** Wasserkreislauf

Wasser ist immer in Bewegung: Es verdunstet aus dem Meer, aus Seen und aus dem Boden. Viel Wasser verdunstet außerdem aus den Blättern der Pflanzen ▶ Bild 2. Man findet es als Wolken oder als Luftfeuchtigkeit in der Luft. Es kommt dann als Niederschlag wieder auf die Erde. Versickert Wasser, gelangt es ins Grundwasser. Grundwasser kann über Brunnen oder Quellen wieder ans Tageslicht gelangen.

1. Beschreibe den Wasserkreislauf im ▶ Bild 1. Versuche so viele Stationen des Wassers wie möglich zu finden. Beschreibe, wo Wasser verdunstet und wo es kondensiert.
2. Nenne die Arten von Niederschlägen, die du kennst. Beschreibe sie.

**Material Methode Praxis**

# Experimente – Wasser

**1 Pflanzen verdunsten Wasser**

**A** Nimm 3 Reagenzgläser und 3 Zweige derselben Pflanze: einen mit vielen Blättern, einen mit wenig Blättern und einen ganz kahlen Zweig.

**B** Stelle die Zweige in die Reagenzgläser und fülle sich gleich hoch mit Wasser ▶ Bild 2.

**C** Gieße etwas Pflanzenöl auf die Oberfläche des Wassers. Das Öl verhindert, dass das Wasser direkt von der Oberfläche verdunstet.

**D** Stelle die Pflanzen an einen warmen Ort und beobachte.

**E** Probiere aus, was sich ändert, wenn du einen Ventilator den Vormittag über auf die Pflanzen richtest.

**2** So kannst du herausfinden, wie viel Wasser die Pflanzen verdunsten.

# Aus der Natur – Wasser im Himmel

**Wolken sind Wasser im Himmel. Meistens bestehen sie aus winzigen Wassertröpfchen. Die Tröpfchen sind oft kleiner als ein hundertstel Millimeter. In Regenwolken werden die Tropfen dann bis zu 2 mm groß. Je höher eine Wolke schwebt, desto kälter wird das Wasser. Sehr hohe Wolken bestehen daher aus winzigen Eiskristallen.**

**Wenn du verschiedene Wolkenarten kennst, kannst du selbst eine kleine Wettervorhersage machen.**

| | Name | Höhe | Aussehen | Wettervorhersage |
|---|---|---|---|---|
|  | Federwolken (Cirrus) | 8–13 km | wie kleine Federn am Himmel | Oft zeigen sie sich in stabilen Schönwetterlagen. Manchmal kündigen sie aber auch Regen an. |
|  | Schleierwolken (Cirrostratus) | 5–13 km | wie ein Schleier | Wenn du diese Wolken siehst, gibt es in den meisten Fällen spätestens nach 36 Stunden Regen. |
|  | Schäfchenwolken (Altocumulus) | 2–7 km | weiße und graue Flecke | Schäfchenwolken zeigen meist beständiges Wetter an. |
|  | Haufenwolken (Cumulus) | 0–2 km | leuchtend weiß, wie Blumenkohl | Siehst du sie mittags und lösen sie sich abends wieder auf, bleibt das Wetter schön. Wenn sie morgens oder abends entstehen, kann das Wetter bald schlechter werden. |
|  | Regenwolken (Nimbostratus) | 0–2 km | grau, nehmen oft den ganzen Himmel ein | Diese Wolken bringen wahrscheinlich Regen oder Schnee. |
|  | Gewitterwolken (Cumulonimbus) | 0–13 km | hohe, nach oben quellende Wolkentürme | Diese Wolken bringen oft Gewitter. |

# Experimente – Schwimmen, Schweben und Sinken

**Wasser bedeckt einen großen Teil unseres Planeten. So ist es kein Wunder, dass es im Wasser viele Lebewesen gibt, die perfekt an das Leben im Wasser angepasst sind. Dazu gehört oft auch die Fähigkeit, an der Oberfläche zu schwimmen, im Wasser zu schweben oder abzusinken. Diese Eigenschaften kannst du in den folgenden Experimenten zunächst an Gegenständen erkunden, bevor wir die Fische genauer untersuchen.**

**1 Wer steigt, wer sinkt, wer schwebt?**

Untersuche, ob die folgenden Gegenstände im Wasser sinken, steigen oder schweben ▶ Bilder 1 und 2.

**A** Orangen oder Zitronen geschält und ungeschält
**B** verschiedene Holzsorten
**C** Öltropfen und andere Flüssigkeiten
**D** mit Sand oder Nägeln befüllte kleine Marmeladengläser oder Filmdosen
**E** Legosteine, Bauklötze, Büroklammern

**2 Tanzende Gummibärchen**

Lege kleine Gummibärchen (mit Rosinen geht es noch besser) in ein Glas mit sprudelndem Mineralwasser ▶ Bild 3. Erkläre deine Beobachtungen.

**3 Ein Apfel geht baden**

Um vorherzusagen, ob ein Apfel schwimmt, musst du sein Gewicht und sein Volumen kennen.

**A** Überlege, wie du mithilfe der abgebildeten Gegenstände das Volumen eines Apfels bestimmen kannst. Führe das Experiment durch ▶ Bild 4.
**B** Bestimme das Gewicht des Apfels mit einer Waage.
**C** 1 ml oder $cm^3$ Wasser wiegt ziemlich genau 1 g.
Ist der Apfel schwerer oder leichter als Wasser mit demselben Volumen?
**D** Schwimmt der Apfel im Wasser oder wird er untergehen? Teste deine Vermutung.

1 Schwimmen und Schweben

2 Du kannst auch mit Ü-Ei-Hüllen experimentieren.

3 Gummibärchen oder Rosinen im Mineralwasser

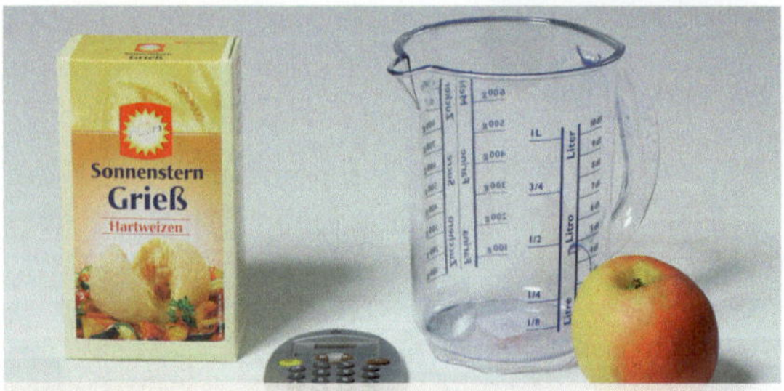


4 Bestimme das Volumen des Apfels.

# Schwimmen oder Sinken – die Dichte entscheidet

Seehunde schlafen oft im Wasser. Dabei treiben sie meist wie Korken an der Oberfläche, gehen aber auch unter und steigen dann zum Atmen wieder an die Wasseroberfläche auf ▶ Bild 5.

Sie gehen immer dann unter, wenn ihr Körper schwerer als Wasser ist, und schwimmen, wenn sie leichter sind.

Doch Vorsicht! Hier reicht die Angabe des Gewichts (Physiker sprechen von Masse) nicht aus. 1 kg Eisen geht unter, 1 kg Holz steigt auf. Entscheidend ist zusätzlich das Volumen des Körpers. Kleine, schwere Körper sind „dichter" und gehen unter, große, leichte sind weniger „dicht" und steigen auf. Um die Dichte eines Gegenstands mit der Dichte von Wasser zu vergleichen, kannst du dir gleich große Stücke auf einer Waage vorstellen. Wiegt der Gegenstand mehr als seine „Wasserkopie", so ist er dichter und geht unter.

**5** Seehund treibt im Wasser.

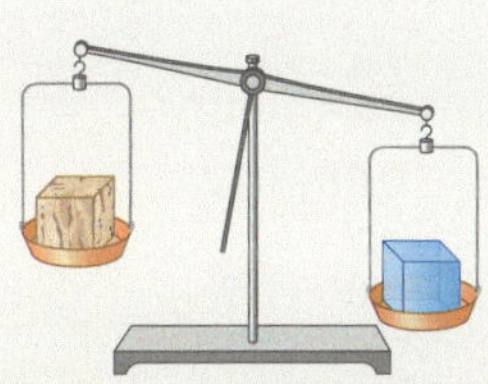

Die Dichte von Kork ist kleiner als die von Wasser. Kork *steigt* auf.

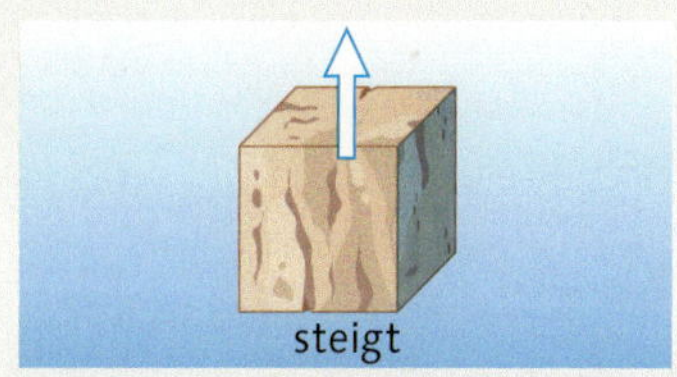


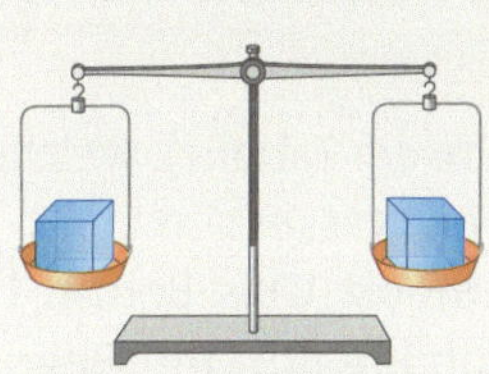

Wasser *schwebt* im Wasser.

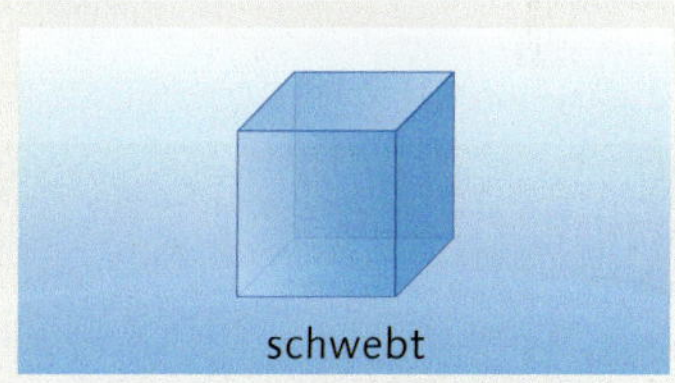


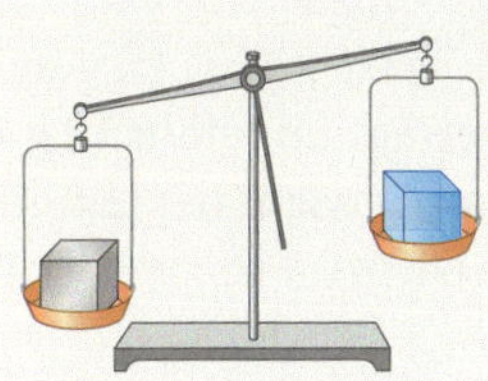

Die Dichte von Eisen ist größer als die von Wasser. Eisen *sinkt* im Wasser.

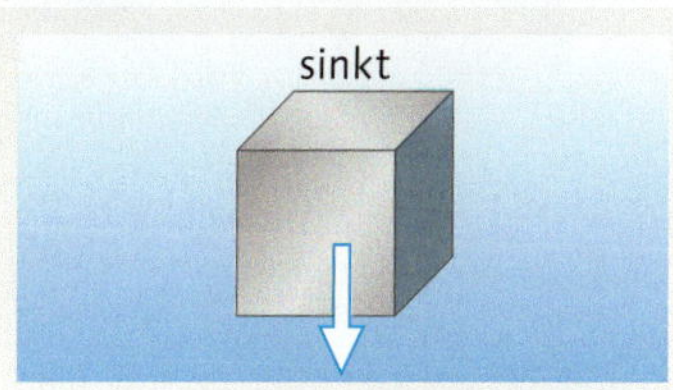

Die Dichte des Fisches ist genauso groß wie die von Wasser. Der Fisch schwebt im Wasser.

Die *Dichte* eines Tieres oder Gegenstands gibt an, wie viel ein Kubikzentimeter ($cm^3$) davon wiegt. Verschiedene Materialien haben meist unterschiedliche Dichten. Wahlweise wird sie in Gramm pro Kubikzentimeter ($g/cm^3$), Kilogramm pro Liter (kg/ℓ) oder Tonnen pro Kubikmeter ($t/m^3$) angegeben (▶ Tabelle).

Zur Bestimmung der Dichte muss die Masse von $1 cm^3$ des Materials bestimmt werden ▶ Bild 1.

Die Dichte von Wasser ist 1,0 g pro $cm^3$. Ein Liter Wasser wiegt somit 1 kg und $1 m^3$ Wasser eine Tonne.

Gegenstände, die eine größere Dichte haben als Wasser, gehen im Wasser unter. Aber wie kann dann ein U-Boot auftauchen? Stahl hat doch eine größere Dichte als Wasser? Hier ist es nicht allein die Dichte des Stahls, die zählt, sondern auch die der eingeschlossenen Luft, der Insassen usw.

Hält man einen Gegenstand unter Wasser, so entscheidet seine *mittlere Dichte*, ob er aufsteigt, absinkt oder schwebt. ▶ Bild 2

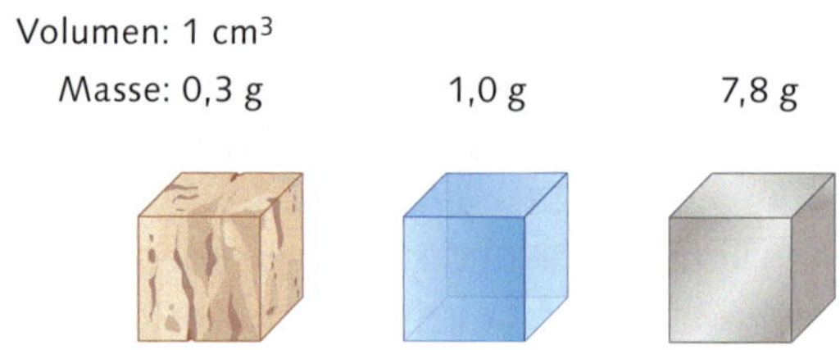


**1** Volumen und Masse

**2** Auch die eingeschlossene Luft bestimmt die mittlere Dichte.

| **Stoff** | **Dichte in g pro cm³** | **Stoff** | **Dichte in g pro cm³** |
|---|---|---|---|
| Schaumstoff (Styropor) | 0,02–0,06 | Beton | 2,3 |
| Kork | 0,3 | Glas | 2,4–2,6 |
| Holz (Kiefer) | 0,3–0,7 | Benzin | 0,68–0,72 |
| Wasser | 1,0 | Helium | 0,000 179 |
| Luft bei 0 °C | 0,001 29 | Luft bei 100 °C | 0,000 933 |

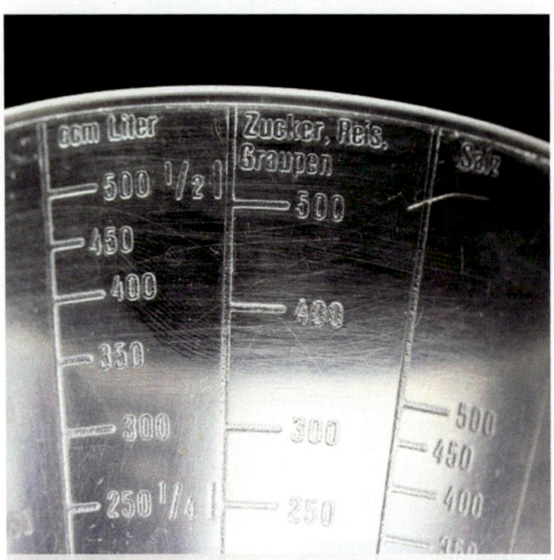


**3** Messbecher

**1** Ermittle (auch mithilfe der Tabelle), welcher dieser Gegenstände im Wasser sinkt und welcher steigt: Kiefernholz, Glas, Benzin, Luft, Eichenholz (Dichte von 1,1 g pro $cm^3$). Begründe deine Entscheidungen.

**2** Die Dichte der Luft beträgt ungefähr 1,3 g pro Liter. Berechne das Gewicht der Luft im Klassenraum.

**3** Dichte vergleichen

**A** Bestimme die Masse von einem Liter Reis. Verwende dazu das Foto des Messbechers ▶ Bild 3.

**B** Die Dichte eines Reiskorns ist größer als am Messbecher für Reis angegeben. Erkläre.

# Wasser – mal dichter – mal dünner

Ein Liter Wasser kann mal etwas mehr, mal etwas weniger als 1 kg wiegen. Wasser hat also nicht immer genau dieselbe Dichte. Salziges Meerwasser ist z. B. schwerer als Süßwasser aus dem Fluss. Salziges Wasser sinkt oft in Süßwasser, allerdings kommt es dabei meist zu starken Durchmischungen und nicht zu stabilen Schichten.

Kaltes Wasser ist meist schwerer als warmes Wasser. Nur unterhalb von 4 °C wird es wieder leichter. Und Eis ist immer viel leichter als flüssiges Wasser und schwimmt somit auf dem Wasser. In Seen sind diese Eigenschaften des Wassers für die Wassertiere im Winter überlebensnotwendig ▶ Bilder 4 und 5.

**1** Wer steigt, wer sinkt, wer schwebt?
Untersuche, ob die folgenden Gegenstände im Wasser sinken, steigen oder schweben:
- **A** mit warmem und mit kaltem Wasser gefüllte Luftballons
- **B** mit ungesalzenem und mit stark gesalzenem Wasser gefüllte Luftballons ▶ Bild 6
- **C** Eiswürfel

**2** Zwei Zaubertricks mit einem Ei
- **A** Lege ein frisches Hühnerei vorsichtig auf den Grund eines mit Wasser gefüllten Glases. Schütte nun eine Handvoll Salz in das Glas. Beobachte und beschreibe.
- **B** Jetzt wird es schwieriger: Schichte behutsam etwas Wasser über eine konzentrierte Salzlösung. Das gelingt dir, wenn du das Wasser z. B. auf einen Löffel tröpfelst. Lege dann das Ei behutsam mit den Fingern auf die Salzlösung.

**3** Wassertemperaturen im See
Erkläre mit deinen eigenen Worten den Verlauf der Wassertemperatur in einem See im Sommer und im Winter ▶ Bilder 4 und 5.
Stelle dir vor, Wasser würde mit abnehmender Temperatur immer schwerer. Beschreibe die Probleme, die nun für die Fische auftreten würden.

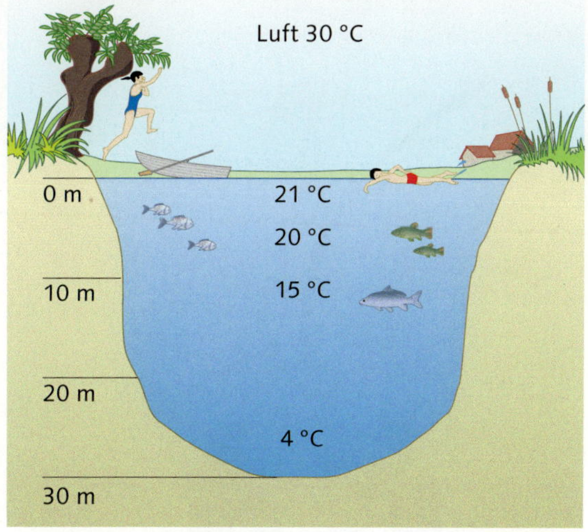


**4** See im Sommer

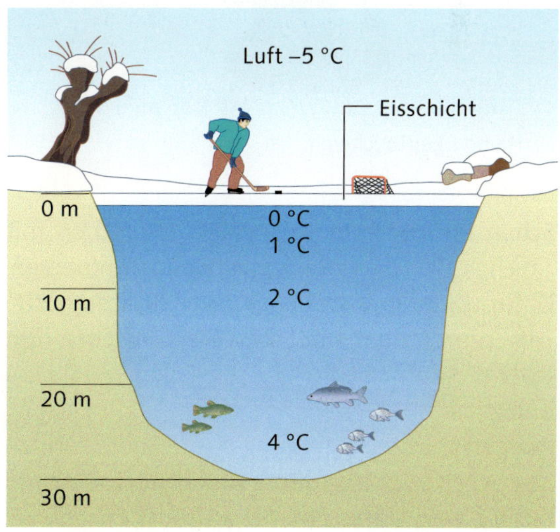


**5** See im Winter

**6** Sinken, schweben und steigen

# Aus der Technik – U-Boote ändern ihre mittlere Dichte

1 Hamburger Taucherglocke

2 Historische Schuhe für Tiefseetaucher

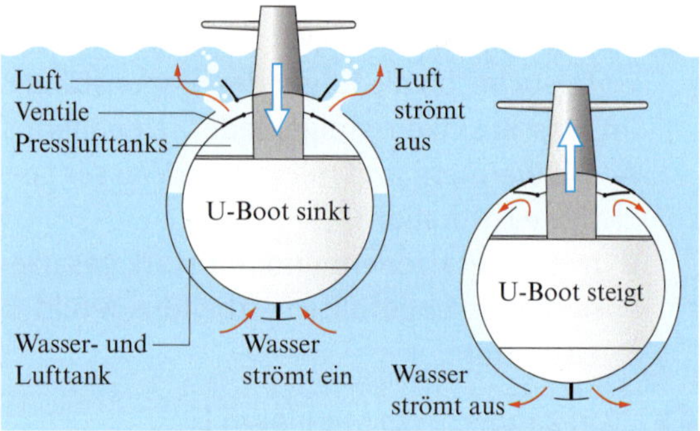


3 Wassertanks an einem U-Boot

4 Kann die Flucht so gelingen?

Schon im Altertum versuchten Menschen mit Tauchglocken die Unterwasserwelt zu entdecken. Dafür waren in erster Linie zwei Zutaten nötig: Luft zum Atmen und schwere Gewichte, um trotz der Luft nach unten zu sinken ▶ Bilder 1 und 2.

Aber erst seit der Erfindung des U-Boots können Menschen auch in größere Tiefen vorstoßen und aus eigenen Kräften wieder auftauchen.

Beim Abtauchen reicht es, Luft aus dem U-Boot abzulassen. Durch das einströmende Wasser wird das U-Boot schwerer. Wenn seine mittlere Dichte größer ist als die Dichte von Wasser, fängt es an zu sinken. Das U-Boot ist dann schwerer als ein gleich großes U-Boot ganz aus Wasser. Zum Auftauchen führen die Boote Pressluftflaschen mit. Beim Öffnen der Flaschen entweicht Luft und presst das eingeströmte Wasser wieder aus dem Boot. Es steigt auf ▶ Bild 3.

**1** Beschreibe mithilfe von ▶ Bild 3, wie ein U-Boot von allein wieder auftauchen kann.

**2** In einem Piratenfilm entkommt ein Pirat seinen Verfolgern, indem er ein kleines Boot unter Wasser als Taucherhelm verwendet. Erläutere, unter welchen Umständen diese Flucht gelingen kann ▶ Bild 4.

# Aus der Technik – Schiffe

Ein Schiff schwimmt auf dem Wasser, obwohl seine Bauteile meist eine größere Dichte besitzen als Wasser. Solange es mit Luft gefüllt ist, ist es insgesamt leichter als Wasser und bleibt oben. Erst bei einem Leck steigt seine mittlere Dichte und dann droht der Untergang. Frachtschiffe liegen tiefer im Wasser, wenn sie stark beladen sind. An diesen Schiffen findest du eine Markierung, die angibt, wie tief das Schiff im Wasser liegen darf ▶ Bilder 5 und 6.

**1** Betrachte ▶ Bild 6. Erkläre die unterschiedlichen Markierungen für Winter (W) und Sommer (S).

**2** Für Fahrten im Süßwasser gibt es wieder eine andere Markierung. Erkläre.

**5** Containerschiff

**6** Freibordmarke am Schiffsrumpf



# Aus der Technik – Schweben, Steigen und Sinken in Luft

Auch für ein Luftschiff gilt die gleiche Regel: Gegenstände mit kleinerer Dichte als Luft steigen auf. Somit muss man hier die mittlere Dichte des Luftschiffs mit der der Luft vergleichen. Als Füllung für Luftschiffe werden entweder sehr leichte Gase wie z. B. das teure Helium oder einfach heiße Luft verwendet. Die Verwendung von brennbarem Wasserstoff führte in der Vergangenheit zu Katastrophen in der Luftschifffahrt ▶ Bild 7.

**3** Mit dem Luftschiff World View Capsule sollen Weltraumtouristen über 30 km in die Höhe steige ▶ Bild 8.

**A** Nenne die Voraussetzungen dafür, dass ein Ballon von alleine in die Höhe steigen kann.

**B** In noch größeren Höhen steigt der Ballon nicht mehr. Erläutere mögliche Gründe.

**7** Das Luftschiff Hindenburg explodiert.

**8** Weltraumtourismus mit einem Stratosphärenballon

# Fische – Wirbeltiere im Wasser

Fische sind *wechselwarme Wirbeltiere*, d. h., ihre Körpertemeratur ändert sich mit der Umgebungstemperatur. Sie besiedeln Gewässer mit Salz- und mit Süßwasser. Ohne Wasser können sie nicht lange überleben ▶ Bild 1.

Es gibt eine große Vielfalt unterschiedlicher Arten, die auf den ersten Blick kaum Gemeinsamkeiten haben. Es gibt kleine und große, schnelle und langsame, auf dem Grund lebende und sogar fliegende Fische. Alle Fische besitzen jedoch einen ähnlichen Grundbauplan, der je nach Lebensraum und Lebensweise stark verändert sein kann ▶ Bilder 2–4.

Wie alle Wirbeltiere haben Fische ein inneres Skelett mit Wirbelsäule und Rippen. Statt Armen oder Beinen besitzen sie Flossen ▶ Bild 5.

Ihre Haut ist mit Schuppen bedeckt, das sind dünne Knochenplättchen, die den ganzen Fisch dachziegelartig bedecken.

Fische pflanzen sich in den meisten Fällen außerhalb ihres Körpers *(äußere Befruchtung)* fort. Der Laich des Weibchens wird von der Spermienflüssigkeit des Männchens befruchtet. Aus den befruchteten Eiern schlüpfen die Fischlarven.

Fische können sehen, riechen und hören. Und das, obwohl sie gar keine Ohren besitzen. Zusätzlich verfügen sie über das Seitenlinienorgan, mit dem sie die Strömung des Wassers wahrnehmen. Dadurch können sie auch in trübem Wasser Fressfeinde oder Beute orten.

**4** Seepferdchen

**1** Fische in ihrem Lebensraum

**2** Seewolf

**3** Walhai

**1** Der Wal ist im Gegensatz zum Walhai (▶ Bild 3) kein Fisch. Erkläre.

**2** Seepferdchen pflanzen sich auf eine sehr besondere Art fort ▶ Bild 4. Recherchiere.

**3** Seewolf, Walhai und Seepferdchen unterscheiden sich auf den ersten Blick in fast allen Eigenschaften ▶ Bilder 2–4.

**A** Nenne in den Bildern sichtbare Unterschiede und Gemeinsamkeiten im Körperbau.

**B** Erstelle ein Lernplakat zu weiteren Fischarten. Berücksichtige Körperbau, Lebensweise und Lebensraum.

# Fische sind an ihren Lebensraum angepasst

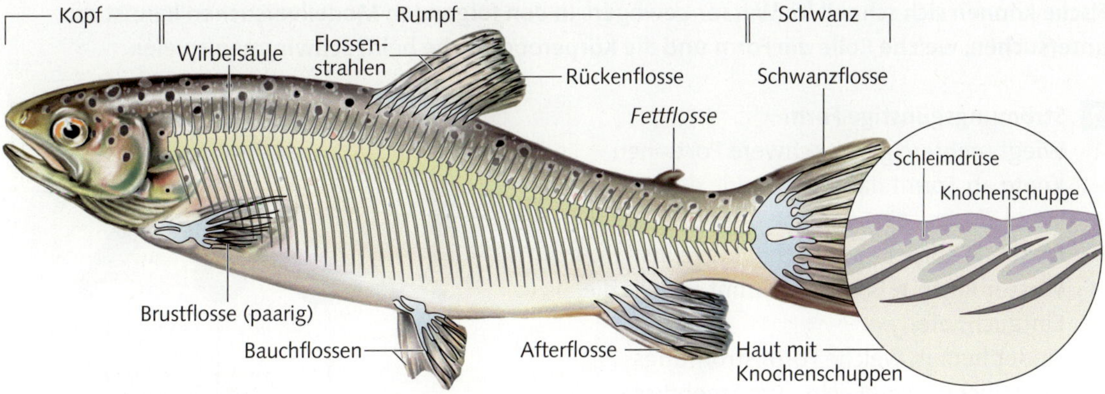


**5** Körperbau einer Forelle

Um ohne Kopfsprung 100 m zu schwimmen, brauchen selbst die schnellsten Schwimmer etwa eine Minute. Die gleiche Strecke schafft ein Schwertfisch in weniger als 4 Sekunden. Selbst die Forelle ist noch dreimal schneller am Ziel als der Weltmeister im Freistilschwimmen.

Wichtigste Voraussetzung für das schnelle Schwimmen vieler Fischarten ist neben der Stromlinienform des Körpers die mit starken Muskeln versehene Schwanzflosse. Rücken- und Afterflossen dienen eher der Stabilisierung. Mit den Bauch- und Brustflossen wird meist gesteuert ▶ Bild 5.

Eine weitere besondere Angepasstheit stellt ihre Haut dar. Die schuppige Haut der Fische sondert einen feuchten Schleim ab, der die Oberfläche glitschig macht und so den Wasserwiderstand verringert. Außerdem schützt er vor Verletzungen und Krankheiten.

**7** Findest du den Fisch?

**6** Erwachsene Scholle

**1** Beobachte einen Fisch im Aquarium. Zeichne seinen Körperumriss und beschrifte die Flossen.

**2** Die Körperformen von Scholle und Schlangennadel weichen auf besondere Weise von der typischen Fischform ab ▶ Bilder 6 und 7.

**A** Erläutere die Vorteile die dieser besondere Körperbau bietet.

**B** Nenne weitere Beispiele extremer Abweichung von der normalen Fischform.

# Experimente – Modellversuche zur Körperform

**Fische können sich schnell im Wasser bewegen. In den folgenden Modellversuchen kannst du untersuchen, welche Rolle die Form und die Körperoberfläche beim Schwimmen spielen.**

**1 Strömungsgünstige Form**
Wiegt mehrere gleich schwere Portionen Knete ab. Formt daraus z. B. eine dünne, lange Zigarre, eine Scheibe oder eine Kugel. Lasst alle Körper aus gleicher Höhe ins Wasser fallen ▶ Bild 1. Bestimmt jeweils die Eintauchtiefe.
Findet heraus, welche Form strömungsgünstiger ist. Vergleicht eure Ergebnisse auch untereinander.

**2 Wie taucht man am schnellsten?**
Stellt ein Fischmodell aus Knete her.
- **A** Lasst das Modell auf unterschiedliche Weise aus derselben geringen Höhe in ein wassergefülltes Becken fallen. Vergleicht die Eintauchtiefen.
- **B** Wiederholt den Versuch, aber bestreicht nun eure Fischmodelle mit einer Fettcreme. Diese ersetzt den Fischschleim.

**3 Körperform und Geschwindigkeit**
Befestigt an euren Modellen aus Versuch 1 und 2 je einen Faden. Am anderen Ende des Fadens zieht ein Wägestück ▶ Bild 2. Veranstaltet nun in einem langen Gefäß mit Wasser (z. B. einer 1 m langen Regenrinne) ein Wettrennen.
Beschreibt die Körperform, die für die schnelle Fortbewegung im Wasser besonders günstig ist. Erklärt.

**4 Vergleich Modell-Tier**
Vergleicht die Knetformen mit der Körperform der abgebildeten Tiere ▶ Bild 3.

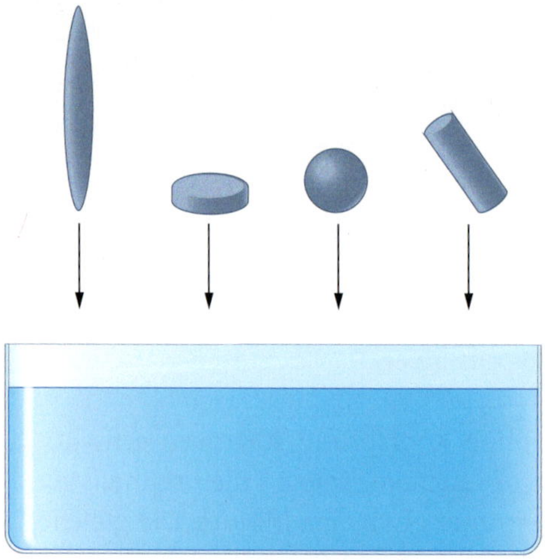

1 Modellexperiment zur Körperform

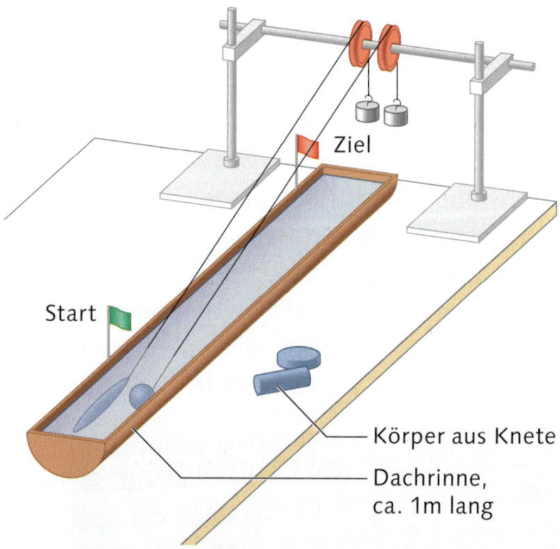


2 Körperform und Fortbewegung

3 Wasserbewohner: Seelöwe, Delfin, Pinguin, Makrele

# Sinken, Schweben, Steigen mit und ohne Schwimmblase

**4** Hecht auf Beutefang

Stundenlang steht der Hecht bewegungslos im Wasser, bis endlich in seiner Reichweite passende Beute vorbeikommt. Dann stößt er blitzschnell zu ▶ Bild 4.
Im Schwimmbad kann man es selbst ausprobieren: Um unter Wasser bewegungslos zu schweben, muss man genau die richtige Menge Luft ausatmen, und selbst dann gelingt es nicht sofort. Und um wieder an die Oberfläche zu gelangen, muss man Arme oder Beine bewegen.
Fische sind zum Teil schwerer als Wasser. Ihr Skelett und ihre Muskeln würden im Wasser sinken. Erst mit ihrer Schwimmblase erreichen sie genau die mittlere Dichte von Wasser und können schweben.

Je tiefer ein Fisch taucht, desto stärker wird die Schwimmblase vom umliegenden Wasser zusammengedrückt. Um weiterhin zu schweben, kann der Fisch die Größe der mit Luft gefüllten Schwimmblase immer wieder anpassen ▶ Bild 5.

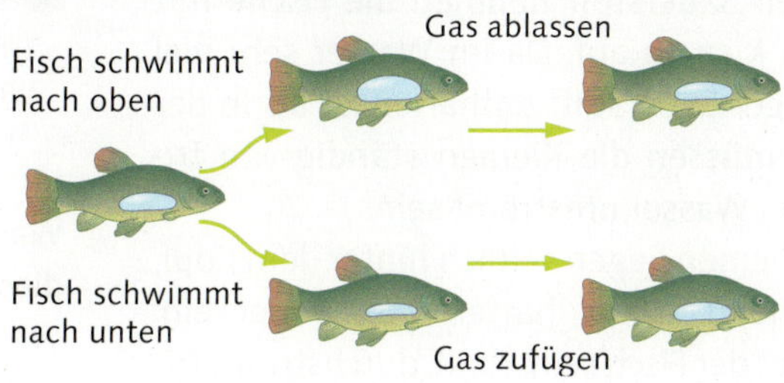


**5** Größe der Schwimmblase

1. „Fische tauchen wie kleine U-Boote." Stelle Gemeinsamkeiten und Unterschiede in einer Tabelle dar.

2. Bodenfische wie die Scholle besitzen keine Schwimmblase. Erläutere.

3. Haifische und Rochen besitzen keine Schwimmblase. Erläutere, wie sie diesen Nachteil ausgleichen.



# Experimente – Modellversuche zur Schwimmblase

**Die Funktion einer Schwimmblase kannst du in Experimenten untersuchen.**

### 1 Befüllen der Schwimmblase

Fische können ihre Schwimmblase nicht mittels eines Schlauchs füllen. Klebe an eine Flasche mit sprudelhaltigem Mineralwasser einige Gewichte, sodass diese gerade im Wasser untergeht. Ersetze den Deckel durch einen leeren Luftballon und schüttle die Flasche unter Wasser.

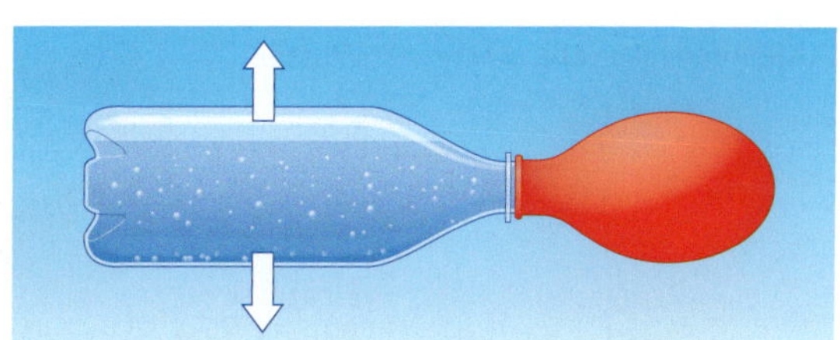

**6** Modell einer Schwimmblase

# Atmen unter Wasser

Auch Fische müssen atmen. Wie die Landbewohner brauchen sie Sauerstoff, um an die durch die Nahrung aufgenommene Energie zu kommen. Wasser in Flüssen, Bächen und im Meer enthält gelösten Sauerstoff. Dass sich Gase in Wasser lösen können, kennst du von der sprudelnden Limonade.

Diesen Sauerstoff nehmen die Fische mit ihren *Kiemen* auf. Da im Wasser sehr viel weniger Sauerstoff enthalten ist als in der Luft, müssen die Kiemen ständig von frischem Wasser umströmt sein.

Die Kiemen liegen seitlich hinter dem Kopf, geschützt unter harten Kiemendeckeln. Öffnet der Fisch sein Maul, durchströmt frisches Wasser die Kiemen. Dabei gelangt es zu den winzigen blutdurchflossenen Kiemenblättchen. An den Kiemenblättchen nimmt der Fisch den Sauerstoff auf und das im Blut vorhandene Kohlenstoffdioxid wird an das umgebende Wasser abgegeben. Atmung ist also ein Gasaustausch ▶ Bild 2.

Aber wie kommt der Sauerstoff ins Wasser? Immer wenn Wasser mit Luft in Berührung kommt, löst sich etwas Sauerstoff im Wasser. Bei schnellen Strömungen, Wasserfällen oder stürmischer See gelingt dies besonders gut. Zusätzlich produzieren Wasserpflanzen und Algen Sauerstoff.

Je höher die Temperatur des Wassers ist, desto weniger Sauerstoff kann es aufnehmen. Ist es sehr heiß, so kann in stehenden Gewässern der Sauerstoff knapp werden.

**1** Beim Ausatmen öffnen sich die Kiemendeckel und man sieht die gut durchbluteten Kiemen.

1. Beschreibe mithilfe von ▶ Bild 2, wie ein Fisch atmet. Berücksichtige dabei besonders den Weg des Wassers.

2. Erläutere die folgende Aussage: Fische ersticken an Land, obwohl dort wesentlich mehr Sauerstoff zur Verfügung steht als im Wasser.

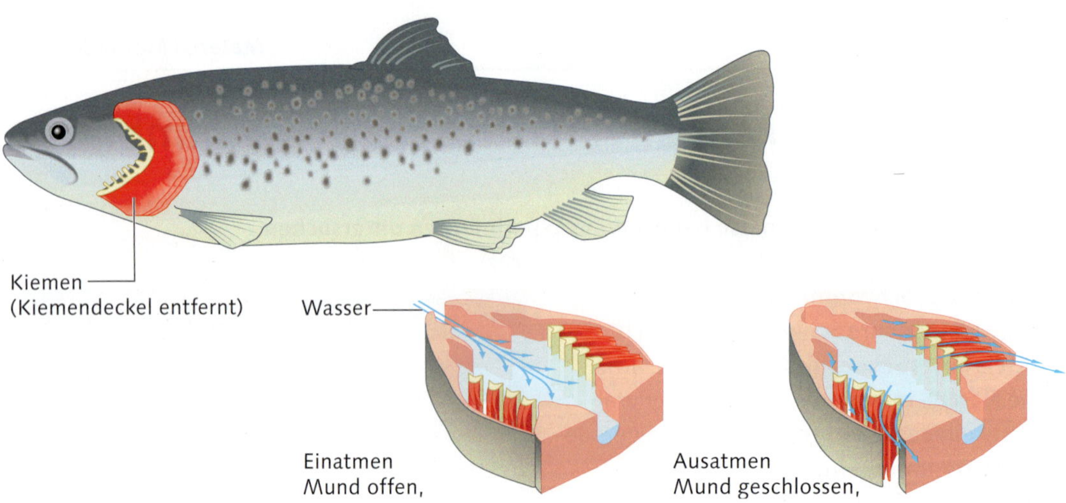


**2** Kiemen einer Forelle

# Sezieren

**Das Sezieren ist eine Untersuchungsmethode, die uns einen Einblick in das Innere eines Tieres ermöglicht. Fische eignen sich besonders gut zum Sezieren.**

**Vorbereitung:**
- Lege alle Materialien an deinem Arbeitsplatz bereit.
- Halte deinen Arbeitsplatz sauber.
- Beim Sezieren arbeiten wir mit scharfen Werkzeugen. Daher ist beim Arbeiten höchste Vorsicht geboten!
- Sammle alle Reste und Rückstände separat nach Anweisung deiner Lehrerin oder deines Lehrers.
- Reinige alle gebrauchten Materialien nach der Präparation.

**Material:** Schere, Pinzette, Lupe, Präparierwanne, Präpariernadel, Stecknadeln, Küchenpapier

**Durchführung:**
1. Wasche den Fisch sorgfältig und trockne ihn mit Küchenpapier ab.
2. Lege den Fisch in die Präparierwanne mit dem Kopf nach links. Betrachte den Fisch von außen. Bewege die Flossen und hebe den Kiemendeckel an.
3. Zeichne die Umrisse des Fisches in dein Heft.

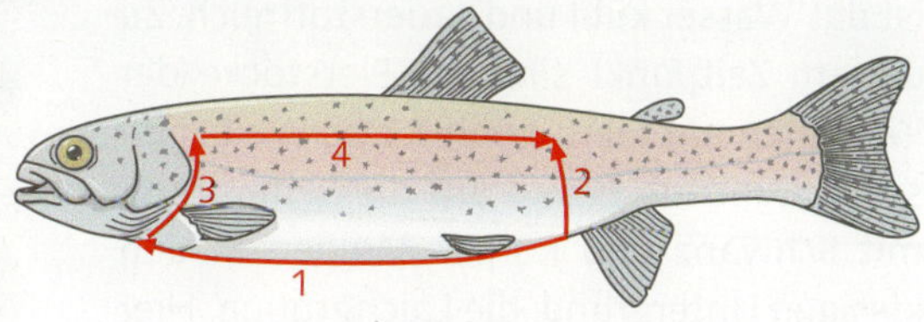


**4** So wird der Fisch aufgeschnitten.

4. Öffne nun vorsichtig den Fisch an der Bauchseite, indem du mit der Schere ein Seitenwandstück heraustrennst. ▶ Bild 4 zeigt die Schnittführung. Beginne vor der Afterflosse. Klappe die aufgeschnittene Körperbedeckung zur Seite.
5. Fixiere den geöffneten Fisch mit Stecknadeln auf der Schale.
6. Benenne und zeichne die Organe mithilfe von ▶ Bild 3.
7. Schiebe die Organe mit der Pinzette vorsichtig zur Seite. Lege die Schwimmblase frei. Zeichne ihre Lage in deine Skizze ein.
8. Hebe den Kiemendeckel mit der Pinzette an und schneide ihn mit der Schere ab. Betrachte die darunterliegenden Kiemen mit der Lupe.
9. Beschreibe den Aufbau der Kiemen. Zähle die Kiemenbögen.

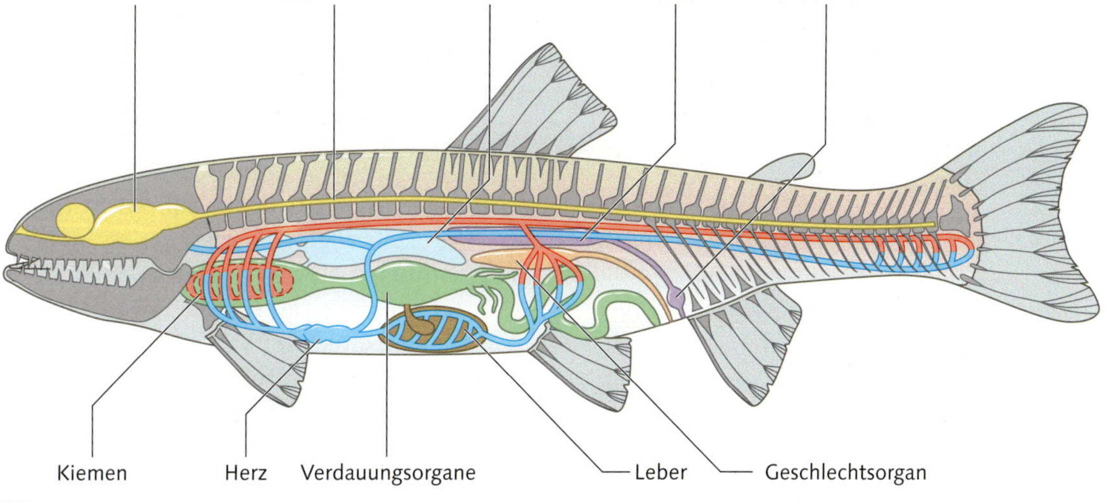


**3** Innere Organe einer Forelle

# Fortpflanzung der Bachforelle

Im Winter wandern die fortpflanzungsfähigen Bachforellen stromaufwärts zu ihren Laichplätzen. In der Nähe der Quelle ist das Wasser kühl und sauerstoffreich. Zu diesem Zeitpunkt sind die Eierstöcke der Weibchen mit Eiern gefüllt. Das Weibchen schlägt, indem es sich auf die Seite dreht, mit Schwanz und Körper Mulden in den kiesigen Untergrund, die Laichgruben. Hier findet die Befruchtung statt: Das Weibchen legt ungefähr 2000 erbsengroße Eier mit gallertartiger Hülle, den Laich, in die Grube ab. Dann gibt das Männchen seine Spermienflüssigkeit über den Laich in das Wasser. Da dies außerhalb des Körpers stattfindet, spricht man von *äußerer Befruchtung*. Im Frühjahr schlüpfen die Fischlarven aus den Eiern. Nachdem der Nährstoffvorrat ihres Dottersacks aufgebraucht ist, verlassen die Jungfische die Laichgrube. Es findet keine Brutpflege statt.

**1** Forelleneier im Kies

1. Beschreibe die Fortpflanzung der Forelle.
2. Erläutere die Vorteile der Eiablage bei der Forelle auf kiesigem Untergrund ▶ Bild 1.

**Material Methode Praxis**

# Bis(s) zum letzten Fisch

Die Fischbestände in den Weltmeeren werden immer kleiner. Unter anderem ist der Nordseefisch Kabeljau, der in der Ostsee als Dorsch bezeichnet wird, stark bedroht.

## EILMELDUNG

**Biologen schlagen Alarm!**

Der Kabeljau ist bedroht. Wie können wir den Kabeljau schützen?

Der Kabeljaubestand in den Weltmeeren geht zurück. Noch nie war die Anzahl dieser Fische so gering, sagen Wissenschaftler. Gestern einigten sich die Minister der wichtigsten Fischfangländer überraschend auf einen gemeinsamen Rettungsplan ...

3. Führt ein Rollenspiel durch. Eure Aufgabe dabei ist es, einen Rettungsplan für den Kabeljau auszuarbeiten.

   Rollen: Fischer, Chefin eines Tiefkühlkostkonzerns (Fischstäbchen), Fischkäuferin, Koch eines Fischrestaurants, Umweltschützer, Biologin

   1. Teilt euch in 6 Gruppen auf. Jeder Gruppe ist 1 Rolle zugewiesen.
   2. Formuliert eure Interessen.
   3. Arbeitet einen kurzen Vortrag aus, in dem ihr eure Interessen vorstellt.
   4. Alle Gruppen präsentieren.
   5. Diskutiert mit den anderen Gruppen.
   6. Arbeitet einen Rettungsplan für den Kabeljau aus, mit dem alle einverstanden sind.

# Experimente – Wasseraufbereitung

**1 Wasser löst einige Stoffe und andere nicht**

**A** Untersuche, ob sich Salz, Zucker, Kakao, Kaffeepulver oder feiner Sand in Wasser lösen ▶ Bild 2.

**B** Überlege, wie du das Wasser aus Versuch 1A so reinigen kannst, dass es so sauber wie möglich wird. Diskutiere deinen Vorschlag mit deinen Mitschülern und probiert die beste Möglichkeit aus.

**2 Verdunstung**

Nimm ein Schälchen mit Salzwasser und stelle es einige Tage auf die Fensterbank. Beobachte.

**3 Baue eine Minikläranlage.**

**A** Nimm eine Plastikflasche und schneide den Boden ab. Fülle erst Watte, dann Sand und Kies hinein ▶ Bild 2.

**B** Stelle aus Erde, Tinte, Wasser usw. Schmutzwasser her. Lass das Wasser durch die Kläranlage laufen.

**C** Gib einige zerbröselte Kohletabletten auf den Kies. Gieße das Wasser noch einmal darüber. Beschreibe erneut.

**4 Trinkwasser gewinnen**

Wie kannst du Wasser gewinnen, wenn kein Fluss oder keine Quelle in der Nähe ist? Ein Trick, den du ausprobieren kannst, geht so:

**A** Grabe ein Loch. Lege nasse Kleidung oder Ähnliches hinein. Stelle einen Becher in das Loch.

**B** Lege eine Plane über das Loch. Der Stein auf der Plane muss direkt über dem Becher liegen ▶ Bild 4.
Nach einer kühlen Nacht hast du Wasser im Becher.

**5 Stoffe in Wasser können unschöne Folgen haben**

Fülle 2 Gläser mit Leitungswasser. Gib in ein Glas einige Tropfen Blumendünger. Stelle die beiden offenen Gläser nach draußen. Beobachte, was in den nächsten Tagen passiert.

**2** Im Meerwasser ist Salz gelöst. In den Salzgärten trennt man Wasser und Salz.

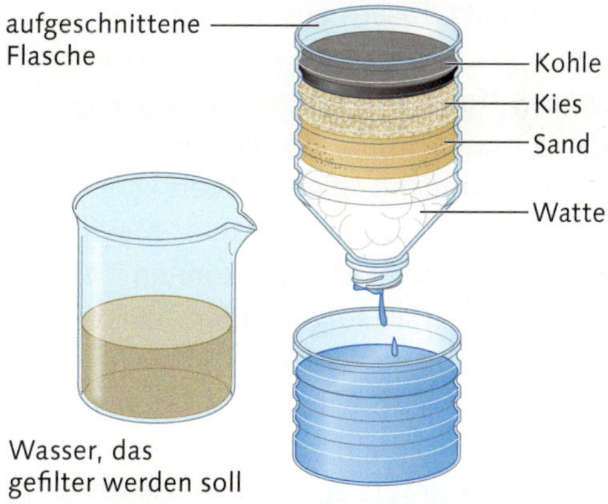


**3** Minikläranlage

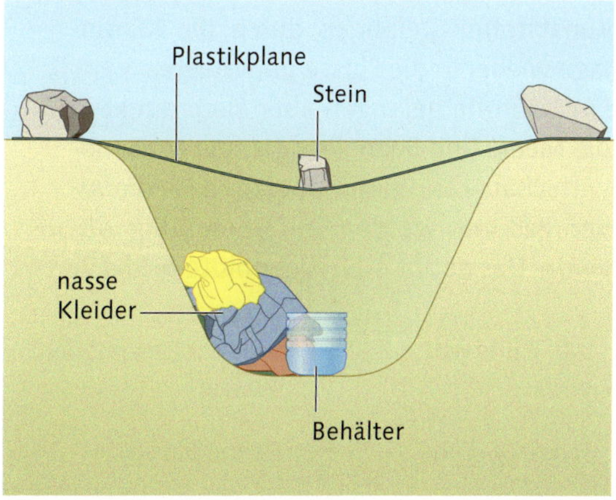


**4** Mit diesem Trick kannst du Trinkwasser gewinnen.

# Wasseraufbereitung

Um uns herum gibt es jede Menge Wasser: in Flüssen, Bächen, in Seen und Teichen, als Regen, Hagel, Schnee und im Meer.

Aber nicht jedes Wasser können wir einfach trinken. Meerwasser ist zu salzig. Wasser aus Flüssen und Seen ist oft mit Schlamm verschmutzt. Trinkwasser kommt sauber aus dem Wasserhahn. Dazu muss es im Wasserwerk gereinigt werden.

Wasser wird im Haushalt für vieles benötigt. Wir brauchen es zum Trinken, zum Kochen, zum Waschen, zum Geschirrspülen und zu vielem mehr. Bei all den Funktionen, die Wasser im Haushalt und in der Industrie hat, gelangt es stark verschmutzt wieder in die Kanalisation: Essensreste, Fett, Schmutz, Fasern aus der Wäsche, Fäkalien und Urin müssen wieder aus dem Wasser entfernt werden.

Dazu kommen Stoffe im Wasser, die im Wasser gefährliche Folgen haben können. Durch Reste von Waschmitteln, Medikamenten oder Kunststoffen können Tiere und Pflanzen geschädigt werden ▶ Bild 1.

Es ist Aufgabe des Klärwerks, das verschmutzte Wasser wieder aufzubereiten. Mit einigen Tricks können dort neben dem sichtbaren Schmutz auch viele Chemikalien wieder entfernt werden. Allerdings hat diese Technik Grenzen. Gerade Medikamentenrückstände und Weichmacher aus Kunststoffen gelangen durch die Kläranlage wieder in die Flüsse und Meere.

Einige Stoffe gelangen aber auch direkt in die Meere und Seen: Dünger aus der Landwirtschaft kann dafür sorgen, dass die Algen gedüngt werden und übermäßig wuchern. Das nennt man Algenblüte ▶ Bild 2.

**1** Extrem verschmutztes und verunreinigtes Wasser

**2** Algenblüte

1. Nenne die Vorgänge und die Stoffe, durch die unser Trinkwasser verunreinigt wird.
2. Schreibe einen Tag lang in eine ▶ Tabelle, was du und deine Eltern alles mit Wasser machen. Notiere, welche Verschmutzungen dabei auftreten. Schätze, wie viel Wasser jeweils benötigt wird.
3. Frage deine Eltern nach den Kosten für die Abwasserentsorgung.
4. Recherchiere im Internet nach der Bedeutung des Begriffs Trennkanalisation.

| Wann und wo? | Was passiert mit dem Wasser? | Was verschmutzt das Wasser? | Wie viel Wasser wird benötigt? |
|---|---|---|---|
| 11.10.2016, Bad | Zähne putzen | Zahnpasta | 0,5 Liter |
| ... | ... | ... | ... |

# Aus der Natur – Brunnen und Quellen

Grundwasser ist oft wertvolles Trinkwasser. Aber wie kommt es an die Oberfläche? Zunächst versickert Regenwasser im Boden, bis es auf eine wasserundurchlässige Schicht stößt. Hier sammelt sich das Wasser. Es bildet sich eine Wasser führende Schicht.
Gräbt oder bohrt man ein Loch, erhält man einen Brunnen. Einige Grundwasserschichten liegen mehrere Hundert Meter tief. Um an dieses Wasser zu gelangen, muss man also tief bohren.
Bei einer Quelle kommt das Wasser von allein an die Oberfläche. Hierzu muss eine Wasser führende Schicht angeschnitten sein.
Etwas Besonderes sind artesische Quellen oder Brunnen. Hier sprudelt das Wasser von allein als Springbrunnen hervor. Solche Brunnen oder Quellen liegen in Tälern, die auf beiden Seiten Wasser führende Schichten aufweisen ▶ Bild 3.

**3** Artesischer Brunnen

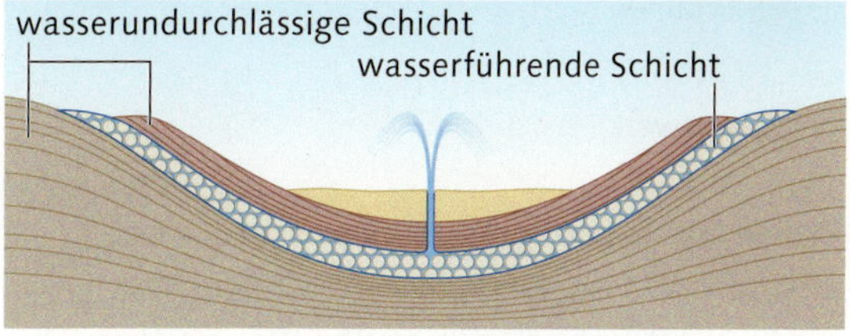


**4** Schnittbild durch einen artesischen Brunnen

**1** Erkläre mit ▶ Bild 4 die Entstehung eines artesischen Brunnens.

**2** Erkunde, ob es bei euch in der Gegend Quellen und artesische Brunnen gibt.

**3** Baue das einfache Modell eines artesischen Brunnens. Nutze einen Schlauch, einen Nagel und Wasser.



# Aus der Natur – Muscheln und Plastikmüll

**5** Miesmuscheln

Muscheln leben von Kleinstlebewesen oder Pflanzenteilchen, die sie aus dem Wasser filtern. Muscheln sorgen also für sauberes Wasser. Diese Art der Nahrungsaufnahme wird ihnen allerdings inzwischen zum Verhängnis ▶ Bild 5.
Wenn man z. B. einen Fleecepulli wäscht, gelangen winzige Kunststofffasern ins Wasser. Diese Fasern sind so klein, dass sie auch in Kläranlagen nicht entfernt werden können. Auch wenn Kunststoffmüll in den Meeren zerfällt, entstehen kleinste Kunststoffpartikel. Filtern die Muscheln nun das Wasser, gelangen diese Kunststoffpartikel in ihren Magen. Dort sorgen sie dafür, dass die Muschel sich satt fühlt. Die Muschel hört auf zu fressen und verhungert.

**4** Recherchiere im Supermarkt, welche Duschgels und Peelings Kunststoffpartikel enthalten. *Tipp*: In der Inhaltsstoffangabe sind sie als Polyethylen gekennzeichnet.

# Wasserwerk und Kläranlage

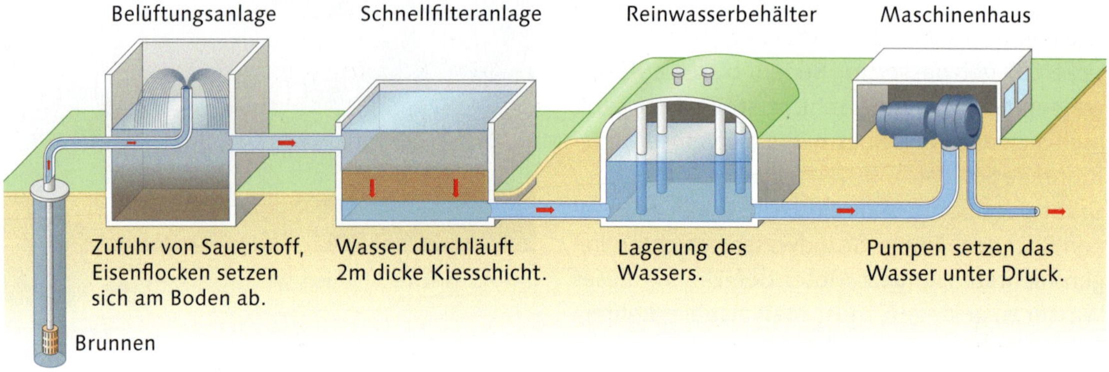


**1** Wasserwerk

**Wasserwerk** Sauberes Trinkwasser kommt aus dem Wasserwerk. Wenn wir das Wasser benutzt haben, reinigt das Klärwerk es so, dass es wieder in Flüsse und ins Meer geleitet werden kann.
Das Wasser, das bei uns aus dem Wasserhahn kommt, wurde meistens von einem Wasserwerk aufbereitet und in die Leitungen gepumpt. Dafür werden meist Brunnen in tief liegende Grundwasserschichten gebohrt. Bevor das Wasser dort unten ankommt, ist es durch viele Meter Sand und Kies gesickert und wurde dabei gefiltert.
Im Wasserwerk muss das Wasser deshalb nur wenig gereinigt werden. Meist wird es nur mit Luft versetzt, um Eisen zu entfernen. Eisen verursacht einen seltsamen Geschmack im Wasser. Das Wasser wird dann in großen Speichern gelagert. Zum Schluss pumpt man es in die Leitungen.
Am Bodensee wird übrigens kein Brunnenwasser verwendet – der Bodensee ist Europas größtes Trinkwasserreservoir.

**So funktioniert eine Kläranlage** Mit dem Rechen werden grobe Stoffe herausgesiebt. Im Sandfang kommt das Wasser zur Ruhe und Sand setzt sich ab. Im Vorklärbecken setzen sich ungelöste Stoffe ab oder schwimmen oben, sodass sie entfernt werden können. Im Belüftungsbecken fressen Bakterien gelöste Stoffe auf. Damit die Bakterien atmen können, wird Luft durch das Wasser geblasen. Im Nachklärbecken werden die Bakterien entfernt.
Der Schlamm wird im Faulturm von Bakterien abgebaut. Dabei entsteht Gas, das zum Heizen verwenden werden kann. Das Wasser ist nun sauber.

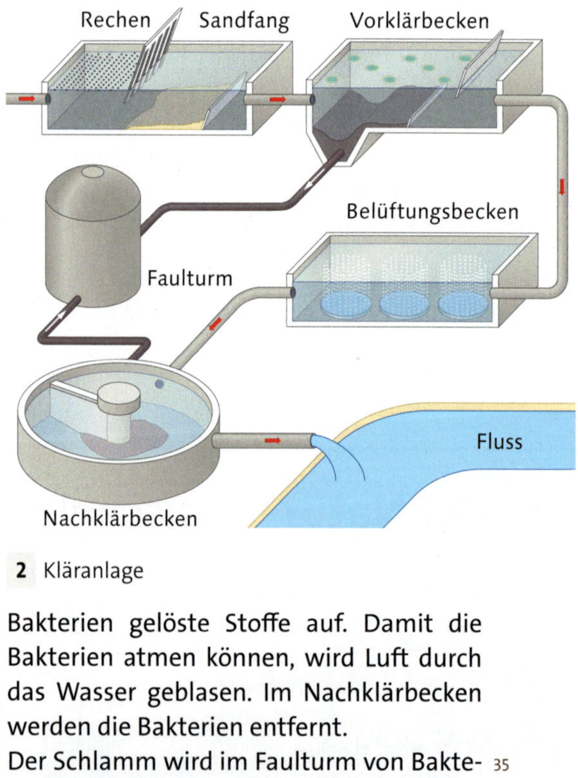


**2** Kläranlage

1. Beschreibe mit eigenen Worten, wie ein Klärwerk funktioniert.
2. Erläutere die Unterschiede zwischen Kläranlage und Wasserwerk.

# Experimente – Wasser zum Trinken und zum Kochen

**1 Nichts ohne Wasser**

Wasser muss man bezahlen. Mit der Wasseruhr messen die Stadtwerke, wie viel Wasser verbraucht wurde. Die Wassermenge wird hier in Kubikmeter ($m^3$) gemessen. 1 $m^3$ enthält 1000 Liter. Die letzte Zahl hinten der Komma ist also die Literangabe.

**A** Suche die Wasseruhr bei euch zu Hause. Schreibe eine Woche lang morgens und abends den Zählerstand auf ▶ Bild 3.

**B** Berechne, wie viel Wasser am Tag pro Person im Haushalt verbraucht wurde.

**C** Frage deine Eltern oder beim Wasserwerk, wie viel Wasser eigentlich kostet und was es kostet, das Abwasser zu entsorgen.

**D** Wie viel trinkst du am Tag? Führe einen Tage lang eine Liste und rechne am Abend zusammen.

**3** Mit einer Wasseruhr bestimmt man den Wasserverbrauch in einem Haushalt.

**2 Wassergehalt von Lebensmitteln bestimmen**

**A** Schneide verschiedene Lebensmittel (Brot, Gurken, Äpfel ...) in möglichst dünne Scheiben. Bestimme möglichst genau die Masse der einzelnen Scheiben.

**B** Trockne sie im Trockenschrank bzw. im Backofen bei 70 °C. Lass dabei die Ofentür einen Spalt offen. Du kannst die Scheiben auch zum Trocknen in die Sonne legen. Das Trocknen dauert dann aber einige Stunden.

**C** Wiege erneut und bestimme den Wasseranteil.

**4** Kupfersulfat färbt sich von Weiß nach Blau, wenn man Wasser dazugibt.

**3 Wasser nachweisen**

Mit dieser Nachweismethode kannst du prüfen, ob Wasser in einem Lebensmittel enthalten ist oder nicht ▶ Bild 4.

Streue etwas weißes Kupfer(II)-sulfat (GHS07, GHS09) auf ein Lebensmittel. Drücke es ggf. mit dem Spatel an. Wenn sich das Kupfersulfat von Weiß nach Blau verfärbt, ist Wasser im Lebensmittel enthalten.

Entsorgungshinweis: Entsorge das Kupfersulfat und alles, was damit in Berührung gekommen ist, im Behälter für schwermetallhaltige Abfälle.

# Die Küche als Wasserwelt

1 Kaum etwas funktioniert in der Küche ohne Wasser: kochen, Tee bereiten, trinken ...

3 Beim Kochen transportiert das Wasser die thermische Energie.

Überall ist Wasser: Wir brauchen es zum Trinken, zum Kochen, zum Spülen. Und was wären Getränke ohne Wasser?
Kaum ein Rezept beim Kochen funktioniert ohne Wasser. Manchmal nehmen wir das Wasser direkt auf, z. B. bei einer Suppe. Oft merken wir nach dem Kochen aber nur noch wenig vom Wasser, wenn man z. B. Nudeln oder Kartoffeln kocht.
Wasser ist in der Küche ein echtes Multitalent: Es kann Stoffe wie Salz oder Zucker auflösen. Kocht man Brühe oder Tee, löst es die Geschmacksstoffe aus dem Gemüse oder den Blättern. Und es bringt die Energie der Kochplatten zu den Dingen, die wir kochen möchten ▶ Bilder 2 und 3.
Fast alle Lebensmittel enthalten Wasser. Wie viel Wasser in Lebensmitteln ist, stellt man erst beim Trocknen fest. Das merkt man deutlich, wenn man z. B. eine Scheibe frischen und getrockneten Apfel miteinander vergleicht.

2 Bei Teekochen nutzen wir Wasser als Geschmacksträger.

Auch 2/3 unseres Körpers bestehen aus Wasser. Daher musst du deinen Körper regelmäßig mit Getränken versorgen.
Ernährungswissenschaftler empfehlen, dass ein Erwachsener jeden Tag ca. 2,5 l Wasser aufnehmen sollte. Von diesen 2,5 l wird ungefähr 1 l über das Essen aufgenommen, die restlichen 1,5 l muss man über Getränke zuführen ▶ Bild 4.
Wasser kommt meist in flüssiger Form zu uns. Aber als Eis kann es gerade im Sommer lecker sein. Auch in der Luft ist immer etwas Wasser enthalten.

**1** Wiege dich. Berechne dann, aus wie viel Wasser du bestehst. Rechne mit 75 %.

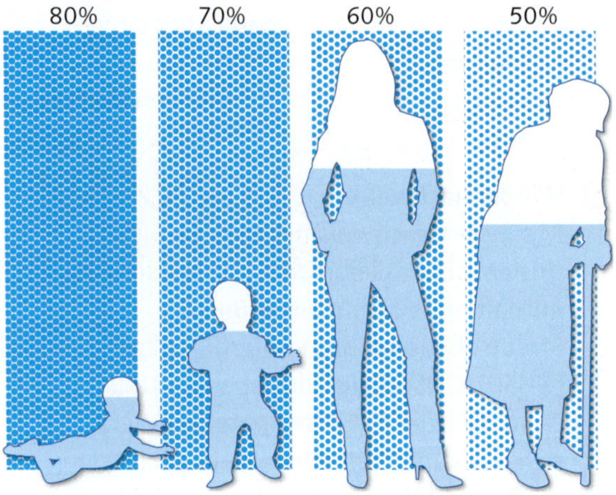


4 Ein großer Teil deines Körpers ist einfach nur Wasser.

# Aggregatzustände

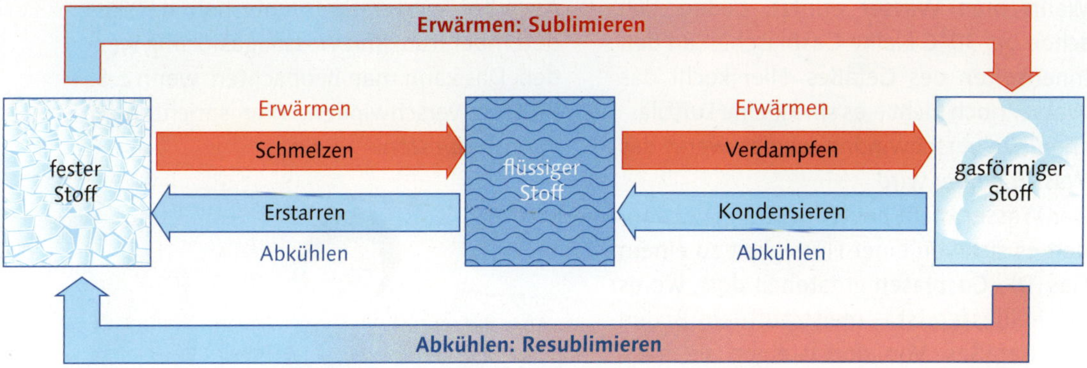


**5** Aggregatzustände und Aggregatzustandsänderungen

Wasser kann in 3 Zuständen vorliegen: flüssig als Wasser, fest als Eis und als Gas in der Luft. Diese drei Zustände nennt man *Aggregatzustände*. Jeder Stoff kann alle drei Aggregatzustände annehmen.
Stoffe können den Aggregatzustand wechseln. Diese Vorgänge haben dann besondere Namen. Einige davon wie *Schmelzen* oder *Sieden* kennst du sicher ▶ Bild 5.
Es gibt allerdings auch zwei besondere Vorgänge: Es kann passieren, dass Wasser direkt vom Eis aus gasförmig wird. Das kann man z. B. beobachten, wenn im Winter gefrorene Pfützen verschwinden. Diesen Vorgang nennt man *Sublimieren*. Wenn gasförmiges Wasser direkt gefriert, spricht man von *Resublimieren*. Das passiert z. B, wenn sich im Winter auf Wiesen Raureif bildet oder Autoscheiben vereisen ▶ Bilder 6 und 7.

**1** Nenne weitere Vorgänge im Haushalt, bei denen du den Wechsel von Aggregatzuständen beobachten kannst.

**2** Kratze ein winziges Stück von einem Eiswürfel. Lege es auf die Hand und beobachte. Wo bleibt das Wasser?

**3** Wäsche kann man auch im Winter draußen trocknen, wenn es friert. Erkläre.

**4** In einigen Supermärkten kann man Trockeneis (gefrorenes Kohlenstoffdioxid) in der Tiefkühlabteilung erhalten.
(Bitte einen Erwachsenen um Hilfe. Achtung: Fasse es nur mit einer Zange an! Es ist extrem kalt. Setze eine Schutzbrille auf!)
Beobachte genau, was passiert, wenn du ein Stückchen auf einen Teller legst. Du kannst das Stückchen Trockeneis auch in Wasser legen. Beobachte.

**6** Pfützen können bei Sonne und Wind auch im Winter verschwinden.

**7** Wenn sich Raureif bildet, gefriert gasförmiges Wasser.

# Wasser – als Flüssigkeit und als Gas

Wenn man Wasser erhitzt, bilden sich schon bei 30 °C kleine Gasbläschen an den Innenseiten des Gefäßes. Hier kocht das Wasser noch nicht – es sind kleine Luftbläschen. Sie verschwinden wieder, wenn das Wasser heißer wird.
Das Wasser kocht bei 100 °C. Dann verwandelt es sich von einer Flüssigkeit zu einem Gas. Die Gasblasen entstehen dort, wo es am heißesten ist – meist auf dem Boden des Gefäßes. Von dort steigen sie nach oben. Die Flüssigkeit *siedet* nun. Beim Wasser spricht man auch vom Kochen ▶ Bild 2.
Die Temperatur, bei der ein Stoff siedet, ist die *Siedetemperatur*. Sie ist je nach Stoff unterschiedlich. Brennspiritus siedet z. B. schon bei 78 °C.

**2** Hier siehst du einen Nebel. Das gasförmige Wasser ist nur direkt hinter der Tülle – dort, wo man nichts sieht.

Auch bei Temperaturen unterhalb der Siedetemperatur kann Wasser gasförmig werden. Das kann man beobachten, wenn z. B. Pfützen verschwinden. Hier spricht man vom *Verdunsten*.

**1** Wer hat recht – Tom oder Lisa?

**1** Tom und Lisa unterhalten sich über kochendes Wasser. Erläutere ihre Aussagen und entscheide, wer recht hat ▶ Bild 1.

**2** Plane ein Experiment, mit dem du herausfinden kannst, bei welcher Temperatur Eis schmilzt.

**Material Methode Praxis**

# Experimente – Wasser und seine Aggregatzustände

**1 Erwärmen von Wasser**

**A** Nimm einen Erlenmeyerkolben und fülle ihn zu 1/3 mit kaltem Wasser. Stelle den Kolben auf ein Drahtnetz auf einem Dreifuß. Montiere am Stativ ein Thermometer so, dass es mit der Spitze in die Flüssigkeit ragt ▶ Bild 3.

**B** Erhitze mit dem Brenner. Lies alle 30 Sekunden die Temperatur ab. Fertige eine Tabelle an, in der du Zeit und Temperatur gegenüberstellst. Zeichne ein Temperatur-Zeit-Diagramm.

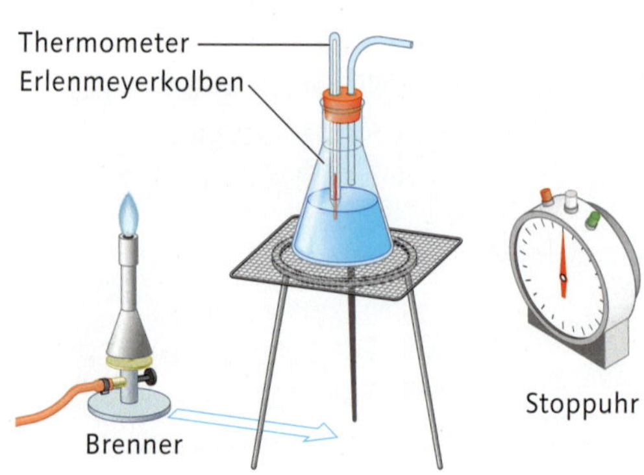


**3** Experiment zur Bestimmung des Temperaturverlaufs

# Mischungen

Die meisten Speisen und Getränke enthalten Wasser. Sie sind also Mischungen aus Wasser und mindestens einem weiteren Stoff. Um einen Überblick über die vielen Mischungen zu erhalten, kann man Gruppen bilden. Am einfachsten bildet man Gruppen, indem man die Aggregatzustände der Mischungsbestandteile betrachtet.

**Lösung** Wenn sich feste Stoffe wie z. B. Salz oder Zucker lösen und man keine kleinen Teilchen mehr sieht, spricht man von einer Lösung. Auch Flüssigkeiten wie Alkohol oder Gase z. B. das Kohlenstoffdioxid beim Sprudel, bilden in Wasser eine Lösung ▶ Bilder 4 und 5.

**Dispersion** Wenn kleine Festkörper in einer Flüssigkeit verteilt sind, z. B. Sand in Wasser, spricht man von einer Dispersion bzw. von einer Aufschlämmung. Im Kakao erkennt man, dass kleine Bestandteile nach unten sinken. Deshalb muss man Kakao ab und zu umrühren ▶ Bild 6.

**Emulsion** Wenn du eine Salatsauce machst, mischst du z. B. Öl, Zitronensaft und Essig. Hier verteilst du kleine Öltröpfchen in einer wässrigen Lösung. Solche Mischungen nennt man eine Emulsion. Die meisten Cremes, Mayonnaise oder Milch sind Emulsionen ▶ Bild 7.

**4** Salz in Wasser – eine Lösung

**5** Sprudel – Lösung von Gas in einer Flüssigkeit

**6** Kakao – eine Dispersion

**7** Salatsauce – eine Emulsion

# Trennverfahren

Zum Kochen braucht man Wasser. Aber Nudeln oder Kartoffeln kommen ohne Wasser auf den Tisch. Verfahren, mit denen man Mischungen wieder entmischt, nennt man *Trennverfahren*. Auch beim naturwissenschaftlichen Experimentieren braucht man sie oft. Daher haben sie spezielle Namen.

Gießt man das Wasser über einem Bodensatz ab, spricht man vom *Dekantieren*. Das geht auch bei zwei Flüssigkeiten, die sich nicht mischen. Rührt man z. B. selbst eine Bratensauce an, ist diese oft zu fettig. Aber das Fett schwimmt oben. Daher kann man es abschöpfen oder abgießen.

Verwendet man einen Filter, um ungelöste Stoffe und eine Flüssigkeit zu trennen, spricht man vom *Filtrieren*. Am häufigsten benutzt man dieses Trennverfahren beim Kaffee- oder Teekochen.

Wenn die Stoffe, die man abtrennen will, nicht fest sind, hilft ein Filter nicht weiter. Hier kann man das Wasser so lange erhitzen, bis es verdampft ist. Diesen Vorgang nennt man *Eindampfen*.

**8** Dekantieren – man trennt das Fett von der Soße.

**9** Filtrieren – Teeblätter und Teewasser werden getrennt.

# Aus der Technik – Die Kaffeemaschine

Eine Kaffeemaschine kennt jeder. Aber was passiert zwischen dem Wassertank und dem Filter ▶ Bild 1?

Das Wasser läuft aus dem Behälter nach unten in ein Rohr, in dem es erhitzt wird. Es bilden sich Dampfblasen. Das Wasser kann aber wegen des Ventils nicht wieder zurück. Der Dampf drückt es also weiter durch ein Rohr in den Filter.

Hier löst das Wasser Farb- und Geschmacksstoffe aus dem Kaffeepulver. Das Pulver wird abfiltriert und der Kaffee läuft in die Kanne.

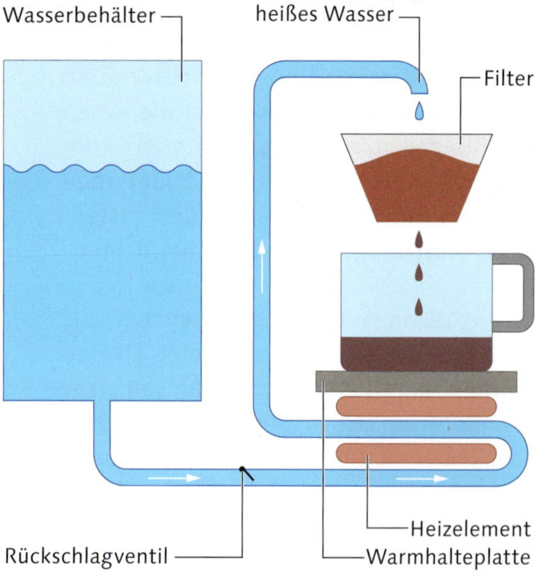


**1** Schematischer Aufbau eine Kaffeemaschine

**1** Zeichne das Schnittbild der Kaffeemaschine ab. Ordne die folgenden Begriffe zu: Aufschlämmung, Verdampfen, Kondensieren, Lösen, Filtration.

**2** Recherchiere, wie eine Espressomaschine oder ein Dampfentsafter funktionieren.



# Aus der Technik – Trinkwassersprudler

Mit einem Trinkwassersprudler kann man sich Sprudelwasser selbst herstellen. Wie funktioniert das ▶ Bild 2?

Hinten im Gerät ist eine Flasche, in der sich Kohlenstoffdioxid-Gas unter hohem Druck befindet. Hat man die Flasche eingeschraubt und drückt auf den Knopf, schießt das Gas ins Wasser. Der Druck in der Gasflasche reicht aus, um das Gas ins Wasser zu drücken.

Ist ausreichend Gas im Wasser, hörst du ein knarrendes Geräusch. Dann wird ein Überdruckventil ausgelöst. Nun kann überschüssiges Gas ausströmen.

**2** Gas und Wasser werden gemischt.

**3** Lukas vermutet, dass die Wasserflasche mit dem sprudelnden Wasser leichter werden müsste als vorher – schließlich ist das Gas darin. Was meinst du dazu?

**4** Bestimme, wie viel Kohlenstoffdioxid in eine Flasche Wasser hineinpasst. Wiege dazu die Flasche vor und nach dem Begasen auf einer Präzisionswaage. Die Waage muss auf 10 mg genau anzeigen.

# Selbst erforscht – Lebensräume

**1 Ein Garten im Glas**

Du kannst dir einen Garten basteln, den du niemals gießen musst. Er hat seinen eigenen, kleinen Wasserkreislauf ▶ Bild 3.
Du brauchst: großes Glas (z. B. von sauren Gurken), Löffel, Gabel, zerkleinerte Holzkohle, Gartenkompost, Torfersatz, Sand, Setzlinge (z. B. Usambaraveilchen, Farn, Efeu, Grünlilie ...).
Startet einen Wettbewerb: Wessen Garten hält am längsten?

- Reinige das Glas sorgfältig.
- Mische Gartenkompost, Torf und Sand zu gleichen Anteilen.
- Fülle erst ca. 5 cm hoch Holzkohle in das Glas. Die Kohle reguliert die Feuchtigkeit. Gib nun 5–8 cm Erdgemisch auf die Kohle.
- Pflanze vorsichtig die Setzlinge ein. Hebe hierfür mit dem Löffel ein kleines Loch aus und setze die Pflanze hinein. Fülle das Loch mit Erde und drücke die Erde leicht an.
- Gib nun vorsichtig so viel Wasser in das Glas, dass die Erde feucht ist. Verschließe das Glas.
- *Tipp:* Wenn die Wände dauerhaft sehr nass sind, öffne den Garten einige Stunden.

**3** Minigarten mit Wasserkreislauf

**2 Leben auf dem Mars**

Die Organisation *Mars One* hat folgenden Plan: Bis spätestens 2025 sollen Menschen auf den Mars geschickt werden. Dort sollen sie dann dauerhaft leben – Rückkehr ausgeschlossen ▶ Bild 4.
Dafür müssen sie alles, was dort benötigt wird, mitnehmen – insbesondere Wasser. Nahrung soll auf dem Mars angebaut werden.

- Begründe, warum Wasser mitgenommen werden muss.
- Entwickle einen Plan für einen guten Wasserkreislauf in der Wohnanlage auf dem Mars.
- Recherchiere zum Projekt *Biosphäre 2*. Überlege, welche der Probleme von *Biosphäre 2* sich auch auf dem Mars einstellen können und wie man sie lösen könnte.

**3 Das Wasser in deiner Stadt**

Finde heraus, wo das Wasser in deiner Stadt herstammt. Suche nach Brunnen, dem Wasserwerk, Speichern und Wassertürmen.
Finde heraus, wo das nächste Klärwerk ist und wie es arbeitet.
Wo werden die sauberen Abwässer eingeleitet?
Präsentiere die Ergebnisse deiner Recherche.

**4** Modell einer Containersiedlung auf dem Mars

# Zusammenfassung

1 Hier wird Trinkwasser im Wasserwerk gespeichert.

2 Im Klärwerk wird verschmutztes Wasser gereinigt.

3 Zu viel Dünger kann zur Algenblüte im Wasser führen.

4 Karpfen

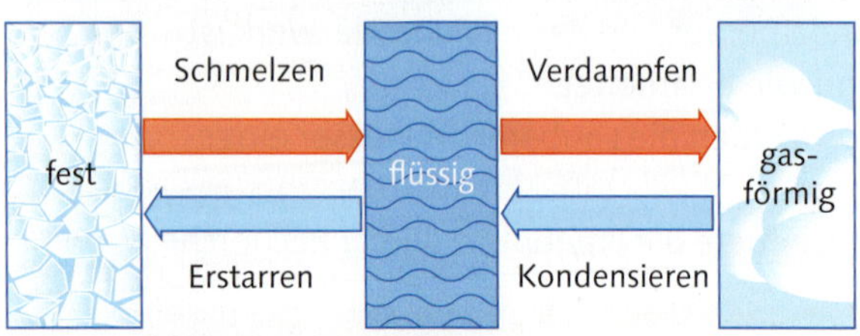


5 Die Aggregatzustände des Wassers

6 Schlamm ist eine Dispersion – feste Teilchen in einer Flüssigkeit

7 Filtrieren – ein Verfahren zur Stofftrennung

**Wasser wird gereinigt** Im Wasserwerk wird meistens sauberes Grundwasser so aufbereitet, dass wir es als Trinkwasser nutzen können ▶ Bild 1.
Das Abwasser muss hingegen deutlich aufwendiger gereinigt werden. Hierfür durchläuft es im Klärwerk mehrere Reinigungsstufen ▶ Bild 2.
Gelangen verschmutzte Abwässer in die Flüsse, Seen und Meere, kommt es zu Algenblüten oder schlimmeren Folgen ▶ Bild 3.

**Fische** Sie sind durch ihren stromlinienförmigen Körperbau an die schwimmende Fortbewegung im Wasser angepasst. (biologische Prinzipien Variabilität und Angepasstheit)
Wie alle Wirbeltiere pflanzen sie sich geschlechtlich fort. Fische pflanzen sich mit einer äußeren Befruchtung fort. Sie betreiben meist keine Brutpflege ▶ Bild 4. (biologisches Prinzip Reproduktion und Entwicklung).

**Aggregatzustände** Wasser liegt in drei Aggregatzuständen vor. Es ist hierbei manchmal fest, manchmal flüssig und manchmal gasförmig. Diese drei Zustände nennt man die Aggregatzustände ▶ Bild 5.

**Mischungen herstellen** Wasser kann sich mit verschiedenen Stoffen mischen. Je nach Aggregatzustand der Bestandteile spricht man von einer Dispersion oder von Lösungen. Bei einer Lösung sieht man keine kleinen Teilchen mehr. In Wasser können sich feste Stoffe, Flüssigkeiten und Gase lösen ▶ Bild 6.

**Mischungen kann man wieder trennen** Um die Bestandteile von Mischungen wieder zu gewinnen, kann man Trennverfahren anwenden. Wichtige Trennverfahren sind Dekantieren, Filtrieren und Eindampfen ▶ Bild 7.

# Teste dich!

1. „Wenn 71 % der Erde mit Wasser bedeckt sind, warum soll ich dann Wasser sparen“, fragt sich Tom. Was könntest du ihm antworten?

2. Warum ist es notwendig, Abwässer aufwendig in einer Kläranlage zu reinigen?

3. „Wenn ich ein bisschen mehr Dünger nehme als nötig, wird das ja nicht so schlimm sein. Dünger ist ja kein Gift“, meint Bauer Hansen. Was meinst du dazu?

4. Warum verwenden die meisten Wasserwerke Brunnenwasser aus tiefen Grundwasserschichten und nicht einfach Flusswasser? Begründe.

5. Wie kannst du herausfinden, ob in Lebensmitteln Wasser enthalten ist? Beschreibe, wie du vorgehst.

6. Welche der folgenden Verfahren sind Trennverfahren für Stoffgemische? Abstauben, dekantieren, detektieren, abdampfen, sedimentieren, sedieren, filtrieren, sieben?

7. Welche der folgenden Begriffe nennen Aggregatzustände: fest, hart, leicht, flüssig, Eis, dampfförmig, gasförmig, sublimieren?

8. Beim Duschen wird die Luft im Bad sehr feucht. Warum eigentlich? Das Wasser kocht ja nicht!
Erkläre, woher das Wasser kommt, das man nach dem Duschen oft am Fenster findet.

9. Auf einigen Wandfarben steht „Dispersionsfarbe“. Was könnte das sein ▶ Bild 8?

10. Ein Rezept für Hühnersuppe geht so: Nimm ein Huhn, wasche es und gib es mit viel Gemüse wie Sellerie, Möhren, einer Zwiebel und einem Lorbeerblatt in kaltes Wasser. Lass die Suppe langsam aufkochen und einige Stunden bei halb offenem Deckel köcheln, bis die Flüssigkeit deutlich weniger geworden ist.
Gieße dann die Brühe ab. Schmecke die Brühe mit Salz, Pfeffer und etwas Zitronensaft ab.
Schneide das Fleisch klein und lege es mit neuem Gemüse in die Suppe ▶ Bild 9.
Erläutere, welche Stofftrennverfahren in diesem Rezept zur Anwendung kommen.

11. Beschreibe den Weg des Sauerstoffs vom Wasser in die Blutbahn des Fisches.

**8** Verpackungen von Dispersionsfarben

**9** Hühnersuppe kochen

▶ Die Lösungen zu den Aufgaben findest du im Anhang.

# Amphibien und Reptilien

Amphibien und Reptilien sind an die Besonderheiten ihres jeweiligen Lebensraums angepasst. Dies zeigt sich im Bau ihres Körpers, in ihrem Verhalten und auch in der Art und Weise, wie sie sich fortpflanzen. Amphibien können sowohl im Wasser als auch auf dem Land leben. Ihre Entwicklung ist ans Wasser gebunden. Der Feuersalamander, der Grasfrosch und die Erdkröte sind bekannte einheimische Amphibien. Reptilien sind dagegen reine Landtiere. Sie bevorzugen warme und sonnige Lebensräume. Beispiele für einheimische Reptilien sind die Zauneidechse, die Kreuzotter und die Ringelnatter.

# Zwischen Wasser und Land – Amphibien

1 Feuersalamander

Salamander gehören zusammen mit Molchen, Fröschen, Kröten und Unken zu den *Amphibien*, den *Lurchen*. Amphibien leben sowohl im Wasser als auch an Land. Ihr wissenschaftlicher Name lautet *Amphibia*. Er leitet sich von den griechischen Wörtern *„amphi"* und *„bios"* ab und bedeutet „beidseitig lebend". Amphibien sind durch ihren Körperbau und Stoffwechsel an das „Doppelleben" angepasst.

**Amphibien sind Feuchtlufttiere** Der Feuersalamander (▶ Bild 1) bewohnt heimische Laubwälder mit Bächen. Er bevorzugt schattige, kühle Plätze. Erst am Abend, sobald die Luftfeuchtigkeit etwas angestiegen ist, verlässt er sein feuchtes Versteck. Seine Haut ist von einer Schleimschicht überzogen, die stets feucht gehalten werden muss. Amphibien sind *Feuchtlufttiere* und wechselwarm. Bei kaltem Wetter sinkt ihre Körpertemperatur, ihr Blut kühlt ab und die Tiere verlieren ihre Beweglichkeit. Im Winter fallen Amphibien in die *Kältestarre*. Dabei bleibt ihre Körpertemperatur niedrig und sie nehmen keine Nahrung auf.

**Körperbau der Schwanzlurche** Aufgrund der Unterschiede im Körperbau und der Fortbewegung unterscheidet man *Frosch-* und *Schwanzlurche*. Der Körper der Schwanzlurche ist in Kopf, Rumpf, zwei Paar Gliedmaßen und einen Schwanz gegliedert ▶ Bild 2. Der Rumpf des Feuersalamanders ist gestreckt. Seine lange, bewegliche Wirbelsäule ermöglicht ihm Bewegungen der Vorder- und Hintergliedmaßen an Land ▶ Bild 4. Im Wasser dient alleine der Schwanz der Fortbewegung. Die Arme und Beine werden an den Körper herangezogen.

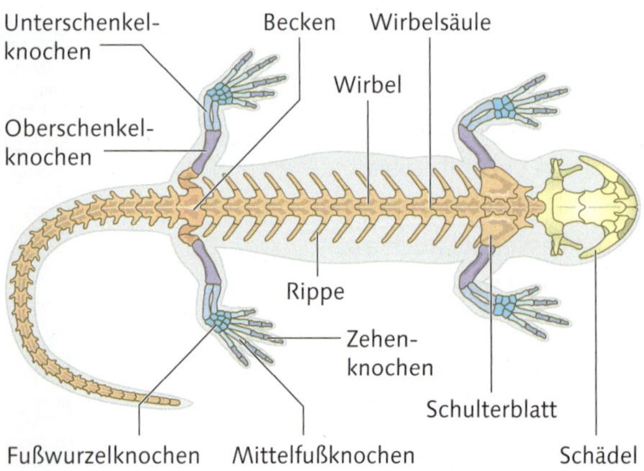


2 Skelett des Feuersalamanders

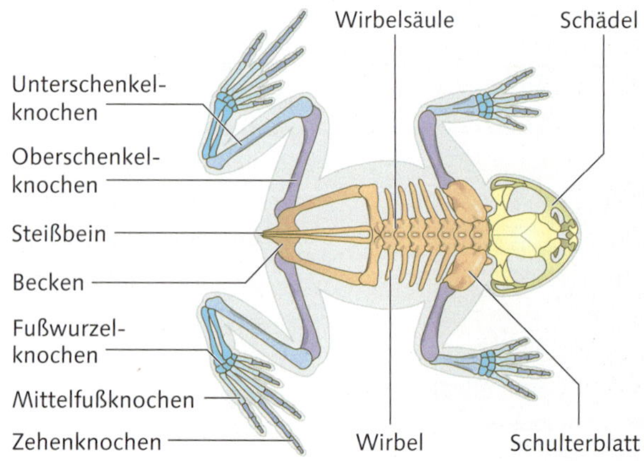


3 Skelett des Grasfroschs

**4** Fortbewegung eines Feuersalamanders an Land (oben) und eines Froschlurchs im Wasser (unten)

**Körperbau der Froschlurche** Froschlurche besitzen als ausgewachsene Tiere keinen Schwanz. Ihre hinteren Gliedmaßen sind bedeutend länger als die vorderen. Die langen Beine ermöglichen ihnen weite Sprünge bis zu 2 m. Die Vordergliedmaßen sind vor allem bei der Landung belastet. Durch die Verwachsung von Elle und Speiche besitzen Froschlurche ein stabiles Stützelement ▶ Bild 3. Im Wasser schwimmen sie mit kräftigen Bewegungen der Hinterbeine ▶ Bild 4. Beim Schwimmen spannen sich die Schwimmhäute zwischen den 5 Zehen und verdrängen dabei viel Wasser. Die Arme werden an den Körper angelegt, um den Widerstand zu verringern.

**5** Beutefang eines Frosches

**Nahrung und Nahrungserwerb** Amphibien ernähren sich hauptsächlich von Insekten, Spinnen, Asseln und Würmern. Für den Beutefang ist entscheidend, dass sie die sich bewegende Beute schnell erkennen. Frösche haben eine besondere Fangtechnik: Sie fangen Insekten mit ihrer spezialisierten Zunge. Diese ist vorn im breiten Maul angewachsen und klebrig. Beim Fang schnellt die Zunge blitzartig heraus und klappt über die Beute. Diese wird durch das klebrige Sekret und das Einfalten der Zunge festgehalten, zurückgezogen und unzerkaut verschluckt. Während sie die Nahrung in die Speiseröhre schieben, ziehen Amphibien die Augäpfel ein ▶ Bild 5. Unter Wasser schnappen sie nach Kleinkrebsen und Insektenlarven.

**1** Erläutere, wie Amphibien sowohl an das Land als auch ans Wasser angepasst sind.

**2** Erkläre den Begriff Feuchtlufttier.

**3** Vergleiche Frosch- und Schwanzlurche anhand der ▶ Bilder 2 und 3.

**4** **A** Ordne Feuersalamander, Erdkröte, Grasfrosch und Gelbbauchunke den Schwanz- oder Froschlurchen zu. Nutze dazu auch die Bilder auf den nachfolgenden Seiten.
**B** Begründe deine Zuordnung.
**C** Erweitere deine Liste um zwei weitere Beispiele.

**5** Erläutere die Struktur der Froschzunge. Nutze dazu ▶ Bild 5.

# Arbeiten mit einem Bestimmungsschlüssel

**Um Tier- oder Pflanzenarten benennen zu können, wurden Bestimmungsschlüssel entwickelt. Hierbei werden durch Vergleichen von Merkmalen die jeweiligen Arten bestimmt. Bei Bildbestimmungsschlüsseln muss man die zu bestimmende Art mit vorgegebenen Bildern vergleichen. Anspruchsvoller sind Textbestimmungsschlüssel wie rechts abgebildet. Das bedeutet, dass die Merkmale, auf die geachtet werden muss, beschrieben werden.**

| So gehst du vor | *Beispiel Feuersalamander ▶ Bild 1* |
| --- | --- |
| **Schritt 1** Untersuche das dir unbekannte Tier auf das erste im Bestimmungsschlüssel beschriebene Merkmal. | Stelle fest, ob das Tier einen Schwanz hat. |
| **Schritt 2** Entscheide dich für eine der beiden Möglichkeiten, 1 oder 1′. Folge nun dem entsprechenden Pfad. Entscheide dich auch bei den weiteren Merkmalen jeweils für nur eine der beiden Möglichkeiten. | Das Tier hat einen Schwanz. Gehe weiter zu Merkmal 7. |
| **Schritt 3** Verfahre auf diese Weise so lange, bis ein Artname genannt wird. Wurden bei allen Merkmalen die richtigen Pfade gewählt, so hast du dein Tier bestimmt. | Sein Schwanz ist auf ganzer Länge nahezu rund. Gehe weiter zu Merkmal 9. Sein Körper ist schwarz mit gelben Flecken. Es handelt sich um die Art Feuersalamander. |

**1** Feuersalamander

**2** Tier A (Männchen und Weibchen)

**3** Tier B (Rücken- und Bauchansicht)

**4** Tier C

**5** Tier D

| **Bestimmungsschlüssel** | | |
|---|---|---|
| Merkmal 1: **Schwanz** | | |
| 1 Tier ohne Schwanz<br>1' Tier mit Schwanz | →<br>→ | weiter mit Merkmal 2<br>weiter mit Merkmal 7 |
| Merkmal 2: **Rückenoberfläche** | | |
| 2 Rücken glatt<br>2' Rücken warzig | →<br>→ | weiter mit Merkmal 3<br>weiter mit Merkmal 4 |
| Merkmal 3: **Kopffärbung** | | |
| 3 Kopf seitlich mit dunkelbraunem Schläfenfleck<br>3' Kopf ohne Schläfenfleck | →<br>→ | Braunfrösche<br>Wasserfrösche |
| Merkmal 4: **Ohrdrüsen** | | |
| 4 mit deutlicher Aufwölbung (Ohrdrüse) hinter dem Auge<br>4' ohne Aufwölbung (Ohrdrüse) hinter dem Auge | →<br>→ | weiter mit Merkmal 5<br>weiter mit Merkmal 6 |
| Merkmal 5: **Rückenfärbung** | | |
| 5 Rücken einheitlich bräunlich, ohne Rückenlinie<br>5' Rücken bräunlich bis grünbraun, mit dünner, heller Rückenlinie | →<br>→ | **Erdkröte**<br>**Kreuzkröte** |
| Merkmal 6: **Bauchfärbung** | | |
| 6 Bauch schwarz, mit orangeroten Flecken<br>6' Bauch gelb, mit schwarzen Flecken | →<br>→ | **Rotbauchunke**<br>**Gelbbauchunke** |
| Merkmal 7: **Schwanzform** | | |
| 7 Schwanz auf ganzer Länge nahezu rund<br>7' Schwanz seitlich deutlich abgeflacht | →<br>→ | weiter mit Merkmal 9<br>weiter mit Merkmal 8 |
| Merkmal 8: **Bauchfärbung** | | |
| 8 Bauch orangerot, mit schwarzen Flecken<br>8' Bauch orangerot, ohne Flecken | →<br>→ | **Kammmolch**<br>**Bergmolch** |
| Merkmal 9: **Körperfärbung** | | |
| 9 Körper schwarz-gelb<br>9' Körper schwarz | →<br>→ | **Feuersalamander**<br>**Alpensalamander** |

**1** Bestimme mithilfe des Bestimmungsschlüssels die 4 abgebildeten Amphibienarten (A–D).

# Wie Amphibien atmen

Ausgewachsene Amphibien atmen mit Lungen und über die Haut. Unter Wasser können sie nicht mit Lungen atmen, sondern nur über die Haut. Über die feinen Blutgefäße in ihrer dünnen, schleimigen Haut nehmen sie Sauerstoff aus dem Wasser direkt ins Blut auf. Der Sauerstoff gelangt über die Blutbahn zu den einzelnen Organen, beispielsweise den Muskeln. Diese Form der Atmung nennt man *Hautatmung*. An Land nehmen Amphibien Sauerstoff zusätzlich über ihre Lungen auf. Diese Form der Atmung bezeichnet man als *Lungenatmung*. Beim Einatmen füllt sich das Maul mit Luft. Danach werden Maul und Nasenlöcher geschlossen und die sauerstoffreiche Luft wird in die Lunge gedrückt. Manche Amphibien haben glatte, faltenlose Lungenwände. Die Lungenwände anderer Amphibien sind leicht gefaltet. Dadurch ist die innere Oberfläche vergrößert und es kann mehr Sauerstoff ausgetauscht werden ▶ Bild 1.

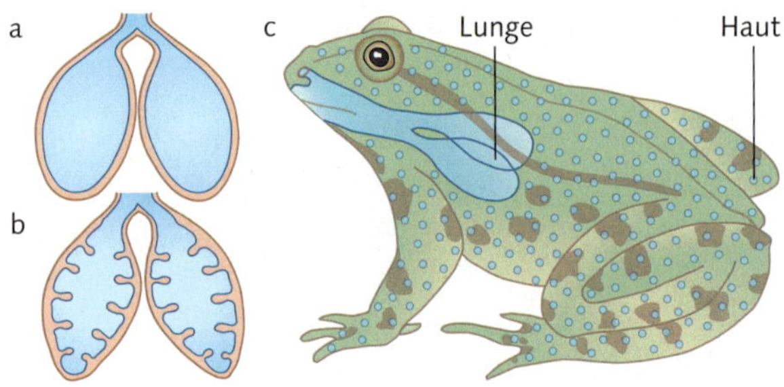


**1** **a** Lunge des Feuersalamanders; **b** Lunge der Erdkröte; **c** Lage der Lunge bei Froschlurchen

**2** Erdkröte

**Material Methode Praxis**

# Die Atmung der Amphibien

Erwachsene Amphibien atmen auf zwei unterschiedliche Arten: mit den Lungen und über die Haut.

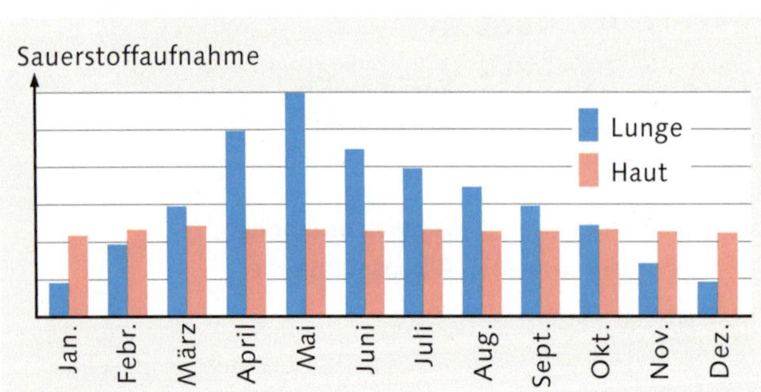


**3** Sauerstoffaufnahme eines Frosches

**1** **A** Beschreibe das Säulendiagramm ▶ Bild 3.
**B** Deute die Messergebnisse.

**2** **A** Werte die Tabelle aus ▶ Bild 4.
**B** Erläutere die Messwerte im Zusammenhang mit dem Bau der Lungen ▶ Bild 1.

| Sauerstoffaufnahme | Erdkröte | Feuersalamander |
|---|---|---|
| durch die Lunge | 3/4 | 1/2 |
| durch die Haut | 1/4 | 1/2 |

**4** Sauerstoffaufnahme bei Erdkröte und Feuersalamander

# Die Haut der Amphibien

Die dünne, feuchte Haut der Amphibien ermöglicht ihnen die Atmung und Wasseraufnahme über die Körperoberfläche. Amphibien können sich schleimig anfühlen. Manche besitzen auffällige Farben. Einige sind sogar giftig. All diese Merkmale hängen mit dem Aufbau der Amphibienhaut zusammen. Man unterteilt sie in Oberhaut, Lederhaut und Unterhaut ▶ Bild 5.
Die Amphibienhaut ist drüsenreicher als die aller anderen Wirbeltiere. Die Oberhaut verfügt über Schleimdrüsen. Sie produzieren Schleim, der als Schleimschicht die Haut überzieht. Andere Drüsen produzieren Gift. Bei manchen Arten ist dies ein Schutz vor Fressfeinden. Bei den meisten unserer einheimischen Amphibien dient das giftige Sekret jedoch nur dem Schutz vor Infektionen. Die empfindliche Amphibienhaut wird sonst leicht von Krankheitserregern befallen. Spezielle Zellen mit Farbstoffen geben der Haut ihre Farbe.

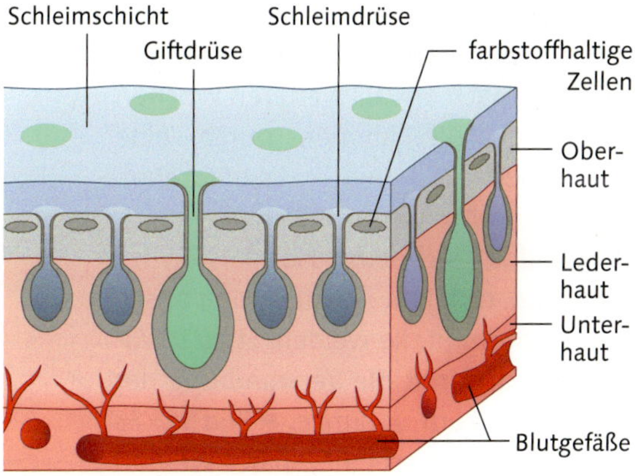


**5** Aufbau der Amphibienhaut

**6** Gelbbauchunke

**7** Wechselkröte

**8** Moorfrösche bei der Paarung

**1** Die Haut verschiedener Amphibien unterscheidet sich im Aussehen.
- **A** Beschreibe die Unterschiede der Amphibienhaut anhand der ▶ Bilder 6–8.
- **B** Erläutere diese.
- **C** Nenne mithilfe des Textes weitere Aufgaben der Haut.
- **D** Erläutere die Funktion der Hautbestandteile ▶ Bild 5.

**2** Beschreibe Lebensbedingungen, die für Amphibien aufgrund ihrer Haut lebensfeindlich sind.

**3** Begründe, ob es sinnvoll ist, sich nach dem Anfassen von Kröten und Unken die Hände zu waschen.

# Die Entwicklung der Amphibien

**Fortpflanzung des Feuersalamanders** Die Paarung der Feuersalamander findet an Land, im Zeitraum von Juli bis Oktober, statt. Hierbei nimmt das Weibchen das Spermienpaket des Männchens auf. Anders als bei fast allen anderen einheimischen Amphibien findet beim Feuersalamander eine innere Befruchtung statt. Nach 10 Monaten bringt das Weibchen die Jungen in einem Waldbach zur Welt. Salamander sind *lebend gebärend*.

**1** Laichschnüre der Erdkröte

**2** Laichballen des Grasfroschs

**Fortpflanzung der Froschlurche** Die Fortpflanzung der Froschlurche findet im Wasser statt. Sie suchen dazu ihr *Laichgewässer* auf, oft das Gewässer, in dem sie aufgewachsen sind. Während das Männchen das Weibchen umklammert, wird beim Weibchen die Eiablage ausgelöst. Die schalenlosen, gallertartigen Eier werden als *Laich* bezeichnet. Die etwa 3000 Erdkröteneier reihen sich zu teils 3 m langen Schnüren auf ▶ Bild 1. Das Froschweibchen legt den Laich hingegen als Ballen an flachen Stellen im Wasser ab ▶ Bild 2. Dann stößt das Männchen seine Spermienflüssigkeit darüber aus. Da die Spermien außerhalb des Körpers in die Eizelle eindringen, spricht man hier von einer *äußeren Befruchtung*.

**Entwicklung der Froschlurche** Nach zwei Wochen schlüpfen die etwa 6 mm langen *Larven* aus der schützenden Eihülle. Sie werden *Kaulquappen* genannt ▶ Bild 3a. Diese unterscheiden sich deutlich von den erwachsenen Tieren: Sie bewegen sich mithilfe ihres Ruderschwanzes frei unter Wasser fort. Sie zehren zunächst vom Eidottervorrat. Wenn dieser nach wenigen Tagen aufgebraucht ist, ernähren sie sich von Schwebeteilchen. Kaulquappen sind an das Leben im Wasser gebunden. Sie atmen mit Kiemen, das sind stark durchblutete Atmungsorgane. Liegen diese in Form von büschelartigen Auswüchsen an den Seiten des Kopfes, bezeichnet man sie als *Außenkiemen*. Erst nach etwa 3 weiteren Wochen werden die Außenkiemen durch eine Hautfalte bedeckt ▶ Bild 3b. Es entstehen *Innenkiemen*. An der rundlichen Mundöffnung bildet sich eine Hornleiste, der Raspelmund, mit dem sie Algen und abgestorbene Pflanzenteile weiden. Etwa 5 Wochen später beginnt die Verwandlung der Kaulquappen zum *Jungtier* ▶ Bild 3c. Es bilden sich die Hinterbeine, später werden die Vorderbeine sichtbar. Die Jungfrösche atmen nicht mehr mit Kiemen, sondern

**3** Metamorphose beim Grasfrosch

mit Lungen. Der Übergang vom Wasser zum Landleben ist ihnen damit ermöglicht ▶ Bild 3d. Auch der Verdauungstrakt wandelt sich. Ab jetzt fressen die Frösche nur noch tierische Nahrung. Der Schwanz bildet sich zurück, Augenlider werden sichtbar, eine Zunge wächst und das Maul verbreitert sich. Die Umwandlung der Larve zum erwachsenen Tier ist nach 70 Tagen abgeschlossen. Diesen Gestaltwandel nennt man *Metamorphose*.

1. Zeichne einen Zeitstrahl. Trage die Entwicklung eines Grasfroschs vom 1. bis zum 70. Tag ein.
2. Beschreibe Angepasstheiten von Kaulquappe und Frosch an ihren Lebensraum. Berücksichtige Atmung, Ernährung und Fortpflanzung.
3. Erkläre die Begriffe äußere Befruchtung, Metamorphose und Kaulquappe.
4. Nenne die Besonderheit in der Entwicklung des Feuersalamanders.



# Überlebensstrategien

Das Überleben des Nachwuchses ist eine Voraussetzung für den Fortbestand von Tieren. Der Nachwuchs von Amphibien lebt gefährlich. Einige Amphibien haben besondere Strategien, um den Gefahren zu entkommen.

5. **A** Vergleiche die Anzahl der Eier von Geburtshelferkröte (▶ Bild 4) und Grasfrosch (Tabelle unten rechts).
   **B** Erläutere die Strategie der Geburtshelferkröte, die es ermöglicht, dass ausreichend fortpflanzungsfähige Tiere überdauern.
6. **A** Berechne mithilfe des Textes in der Tabelle, wie viele erwachsene Grasfrösche zur Paarungszeit im 3. Frühjahr an ihrem Geburtsgewässer eintreffen.
   **B** Nenne die Gefahren der Frösche während ihrer Entwicklung.
   **C** Erläutere die Überlebensstrategie der Grasfrösche.
7. Nenne den Zusammenhang zwischen der Anzahl gelegter Eier und dem betriebenen Aufwand der Eltern nach der Eiablage.

### Geburtshelferkröte

**Fortpflanzung:**
2–4 Laichschnüre mit jeweils etwa 20 Eiern
Männchen wickelt die Laichschnüre bei der Paarung um die Hinterbeine und trägt sie bis zum Schlüpfen der Larven. Dann werden die Kaulquappen ins Wasser abgesetzt.

**4** Auszug aus einem Steckbrief

| | |
|---|---|
| **3500** | Eier legt ein Grasfroschweibchen. |
| **200** | Eier werden nicht befruchtet. |
| **500** | Eier erfrieren bei einem plötzlichen Kälteeinbruch. |
| **600** | Eier werden von Teichmolchen und Enten gefressen. Die übrigen Eier entwickeln sich zu Kaulquappen. |
| **1200** | Kaulquappen werden von Fischen, Enten oder räuberischen Wasserinsekten gefressen. Die übrigen Kaulquappen entwickeln sich zu Jungfröschen. |
| **300** | Jungfrösche werden von erwachsenen Fröschen, Krähen und anderen Feinden gefressen. |
| **500** | erwachsene Frösche sterben in den ersten 2 Lebensjahren aufgrund der überall lauernden Gefahren. |

# Amphibien brauchen unseren Schutz

**Frühjahrswanderung** Amphibien leben sowohl am Wasser als auch an Land, so auch Erdkröten. Sie wechseln ihren Lebensraum im Jahresverlauf: Erdkröten verbringen den Winter in frostsicheren Verstecken. Erst mit steigenden Temperaturen kommen sie aus den Erdlöchern der Laubmischwälder und machen sich auf den Weg zu ihrem Laichgewässer. Auf der Frühjahrswanderung legen sie zusammen mit vielen anderen Erdkröten bis zu 3 km zurück. Die Männchen warten in einigem Abstand zum Laichgewässer auf den umgebenden Wiesen schon auf die Weibchen. Treffen sie aufeinander, so setzt sich das kleinere Männchen auf das Weibchen und lässt sich zum Laichgewässer tragen. Hier findet die Fortpflanzung statt. Einige Tage verbringen die Tiere im Boden vergraben in der Nähe des Laichgewässers. Nach einer Ruhepause wandern die Tiere getrennt zu ihrem Sommerquartier in den Wäldern ▶ Bild 2.

**2** Lebensräume der Erdkröte im Jahresgang

**Hochzeitsreise im Eimer?** Erdkröten sind auf ihrer Wanderung vielen Gefahren ausgesetzt. Die größte Gefahr stellen die zu überquerenden Straßen dar. Diese durchschneiden oft die Lebensräume der Amphibien. Nahezu die Hälfte aller Kröten wird bei ihrer Wanderung von Fahrzeugen getötet. Krötenwarnschilder sollen Autofahrer auf die Tiere aufmerksam machen. Manchmal werden Straßen für den Zeitraum der Krötenwanderung gesperrt. Woanders errichten Naturschützer Folienzäune ▶ Bild 1. Diese können die Kröten nicht überwinden. Sie fallen in die Eimer, die am Zaun vergraben wurden. Mehrmals täglich tragen freiwillige Helfer die Kröten in den Eimern auf die andere Straßenseite, wo die Tiere ihre Wanderung fortsetzen können.

**1** Schüler helfen beim Amphibienschutz.

**Weitere Gefahren** Jährlich vertrocknen und verhungern unzählige Kröten und andere Lurche in Straßengullys und Lichtschächten von Häusern. Darüber hinaus wird vielen Amphibien ihr Laichplatz genommen, weil Gewässer trockengelegt werden.

**1** **A** Beschreibe anhand von ▶ Bild 2 und des Textes das Leben der Erdkröte im Jahresgang.
**B** Erläutere die Bedeutung der Frühjahrswanderung.
**C** Begründe, warum nicht alle Kröten an ihr Laichgewässer zurückkehren.

**2** Gestalte ein Verkehrsschild, das Autofahrer auf die Krötenwanderung aufmerksam macht.

**3** Informiere dich über Naturschutzorganisationen in deiner Region. Nenne deren Aktivitäten im Bereich Amphibienschutz.

# Mehr Laichgewässer für Amphibien

**3** Der Weiher als Lebensraum für Amphibien

**Veränderung der Landschaft** Früher gab es eine Fülle von Wiesen, Äckern, Hecken und Kleingewässern. Die Gewässer waren Lebensraum für viele Amphibien. Trocknete ein Gewässer aus, so bot ein benachbartes die Chance zum weiteren Überleben. Heute sind die meisten Kleingewässer aufgrund von Straßen- oder Siedlungsbau zugeschüttet. Dort, wo keine Häuser stehen, werden die Flächen für den Ackerbau mit großen Anbauflächen genutzt. Verwendete Dünge- und Spritzmittel können Amphibien schädigen. In den wenigen verbleibenden Gewässern verdrängen oft ausgesetzte Zierfische wie zum Beispiel Sonnenbarsche (▶ Bild 3) die ursprünglichen Bewohner.

**Laichgewässer der Amphibien** Insbesondere heimische Amphibien benötigen den Weiher oder Teich ▶ Bild 1. Weiher sind natürliche, flache Kleingewässer. Teiche sind vom Menschen angelegte Kleingewässer. Während einige Amphibien ganzjährig dort leben, begeben sich andere nur zur Laichzeit zum Gewässer. Algen dienen den Amphibienlarven als Nahrung. Jungfrösche jagen nach Wasserinsekten. Erwachsene Frösche halten am Ufer oder auf Seerosenblättern sitzend nach Insekten Ausschau. Der Uferbewuchs des Gewässers schützt die Amphibien vor Fressfeinden. Da manche Amphibienarten zwischen verschiedenen Lebensräumen wechseln, dürfen diese nicht mehr als 3 km voneinander entfernt liegen.
Auf ihrer Wanderschaft suchen Amphibien häufig Tümpel auf, um sich zu befeuchten. Tümpel sind kleine Gewässer, die zeitweise austrocknen. Gelbbauchunken und Kreuzkröten pflanzen sich ausschließlich in Tümpeln oder Pfützen fort.

**1** **A** Beschreibe ▶ Bild 3.
**B** Erkläre die Bedeutung der Kleingewässer für Amphibien. Nimm den Text zu Hilfe.

**2** Beschreibe mithilfe von ▶ Bild 3 die Beziehungen zwischen Libellenlarven, Amphibienlarven und Raubfischen.

**3** Nenne Ursachen für die Gefährdung des Lebensraums Weiher.

# Die Zauneidechse – ein heimisches Reptil

**1** Männliche Zauneidechse beim Sonnenbad

Die Zauneidechse ist ein heimisches Reptil. Man kann sie zum Beispiel an Weg- und Heckenrändern, Straßenböschungen, auf Obstwiesen oder in Steinbrüchen beobachten. Sie hat einen mittelgroßen, gedrungenen, 9–11 cm langen Körper mit kurzen Beinen. Ihr Schwanz ist länger als der restliche Körper. Zauneidechsen sind braun gefärbt mit einer typischen Zeichnung auf dem Rücken. Die Männchen (▶ Bild 1) weisen an den Körperseiten eine grüne Färbung auf, die in der Paarungszeit noch leuchtender ist.

**Reptilien sind wechselwarm** Man sieht Zauneidechsen im Sommerhalbjahr, wenn sie morgens bewegungslos auf Steinen sitzen und sich sonnen. Kommt man ihnen zu nahe, verschwinden sie flink in Ritzen und Spalten.

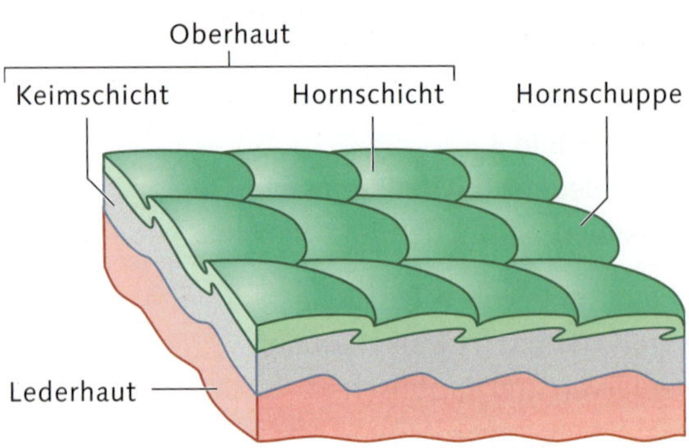


**2** Hornschuppen

Zauneidechsen gehören wie alle Reptilien zu den *wechselwarmen* Tieren. Anders als gleichwarme Tiere sind wechselwarme in ihrer Aktivität von den Umgebungstemperaturen abhängig. Bei zunehmenden Temperaturen steigt ihre Körpertemperatur an und ihr Herzschlag und ihre Atmung werden schneller. Die Tiere sind nun lebhafter. Sinken die Umgebungstemperaturen, fällt auch ihre Körpertemperatur ab, die Atmung und der Herzschlag verlangsamen sich. Die Tiere werden schwerfälliger. Eine Beutejagd ist ihnen nicht mehr möglich. Fallen die Temperaturen unter einen kritischen Wert, werden Reptilien regungslos: Sie verfallen in Kältestarre. Im Spätherbst suchen sich Zauneidechsen einen frostsicheren Unterschlupf zwischen Steinen oder in verlassenen Bauen kleiner Säugetiere. Hier überdauern sie den Winter.

**Hornschuppen** Zauneidechsen besitzen wie alle Reptilien eine Körperbedeckung aus *Hornschuppen* ▶ Bild 2. Außer am Kopf überlappen sich diese wie Dachziegel. Hornschuppen sind Teil der äußeren Hautschicht, der Hornhaut. Dank dieses Schuppenkleids können sich Zauneidechsen der Sonne aussetzen, ohne auszutrocknen. Zugleich schützen die Hornschuppen vor Verletzungen.

Das Schuppenkleid kann nicht mitwachsen. Die Tiere *häuten* sich deshalb regelmäßig. Dabei platzt das Schuppenkleid auf und wird in Fetzen abgeworfen. Darunter kommen neue Hornschuppen zum Vorschein. Sie werden in der Keimschicht (▶ Bild 2) ständig neu gebildet. Insbesondere Jungtiere häuten sich sehr häufig, da sie in den ersten Lebenswochen besonders schnell wachsen.

Die trockenen Hornschuppen machen eine Hautatmung unmöglich. Reptilien atmen mit Lungen.

**Spezielle Körpermerkmale** Wie alle Eidechsen besitzen Zauneidechsen an jeder Gliedmaße fünf Finger beziehungsweise Zehen mit Krallen, mit denen sie sich an glatten Felswänden oder Mauern fortbewegen können. Droht Lebensgefahr durch einen Fressfeind, kann die Zauneidechse ihren Schwanz abwerfen. Dieser zuckt noch eine Weile, sodass der Feind abgelenkt wird und die Eidechse leichter entkommt. Der Schwanz wächst wieder nach, kann aber kein weiteres Mal abgeworfen werden.

**Heimische Reptilien** In Deutschland leben nur 14 verschiedene Reptilienarten. Dabei handelt es sich um Eidechsen, Schlangen und eine Schildkrötenart. Am häufigsten kommen Zauneidechse, Waldeidechse, Blindschleiche und Ringelnatter vor. Obwohl den Blindschleichen äußere Gliedmaßen fehlen, gehören sie zu den Echsen. Ihr Skelett weist im Gegensatz zum Skelett von Schlangen noch Reste von Schulter- und Beckenknochen auf. Blindschleichen sind nicht blind. Ihr Name bezieht sich auf das Glänzen ihrer Schuppen und bedeutet „blendender Schleicher“ ▶ Bild 3.

**3** Blindschleiche

1. Beschreibe den Aufbau der Reptilienhaut anhand von ▶ Bild 2.
2. Erkläre den Begriff wechselwarm.
3. Vergleiche Kältestarre und Winterschlaf.
4. Zauneidechsen ziehen sich bei übermäßiger Hitze in Felsspalten zurück. Stelle Vermutungen über die Gründe auf.

**Material Methode Praxis**

# Gleichwarme und wechselwarme Tiere

### Körpertemperatur

In einem Versuch wurde die Körpertemperatur von Zauneidechse und Reh in Abhängigkeit von der Außentemperatur gemessen ▶ Bild 4. Leider sind die Messwerte von 0 bis 10 °C verschwunden.

5. Notiere die Körpertemperatur des Rehs und der Zauneidechse, die du für Außentemperaturen von 0 bis 10 °C erwartest. Begründe.

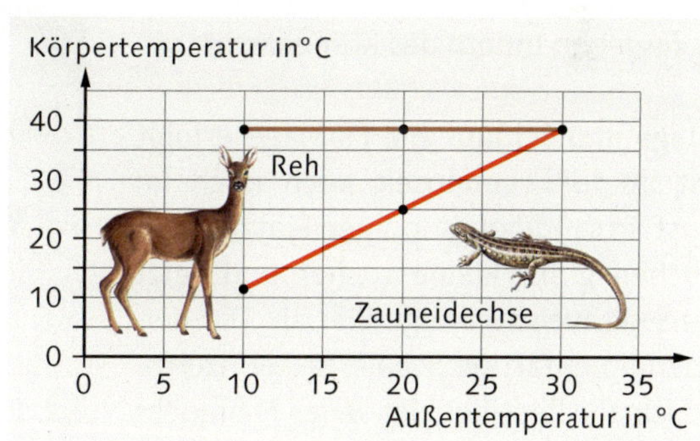

**4** Versuchsbeobachtung

### Nahrungsbedarf

Ein Hundebesitzer füttert seinen 20 kg schweren Hund täglich mit 400 g Fleisch. Erfahrene Schlangenbesitzer füttern ihre 20 kg schweren Tiere hingegen einmal wöchentlich mit einer 300 g schweren Ratte.

6. **A** Berechne den wöchentlichen Nahrungsbedarf des Hundes.
   **B** Vergleiche mit der benötigten Futtermenge der Schlange.
   **C** Erläutere das Ergebnis.

# Die Fortpflanzung der Reptilien

**Partnersuche und Paarung** Die Männchen unserer heimischen Reptilien, wie auch das der Zauneidechse, begeben sich erst an wärmeren Tagen im Mai, lange nachdem sie ihr Winterquartier verlassen haben, auf die Suche nach einem paarungswilligen Weibchen. Sie finden ihren Geschlechtspartner anhand von chemischen Duftspuren.

**1** Zauneidechsenpärchen

Das Männchen verbeißt sich bei der Paarung in die Seite des Weibchens. Beim Geschlechtsakt umschlingt es das Weibchen und presst seine Geschlechtsöffnung auf die des Weibchens ▶ Bild 2. Die Befruchtung findet im Innern des Körpers statt.

**Eiablage und Schlupf** Die Eiablage erfolgt meist im Juni, vereinzelt auch noch im August an sandigen, sonnigen Plätzen. Das Weibchen gräbt kleine Löcher und setzt darin 5–14 weichschalige Eier ab. Die derbe, pergamentartige Schale ist kennzeichnend für alle Reptilieneier. Jedes Ei braucht Wärme. Bei Reptilien brütet nicht das Muttertier die Eier aus, sondern die Umgebungstemperatur sorgt für die Entwicklung der Embryonen im Ei. Mithilfe seines Eizahns durchbohrt das fertig entwickelte, selbstständige Jungtier das Ei und schlüpft ▶ Bild 3. Wie die Zauneidechsen legen fast alle heimischen Reptilien Eier. Das Wald- oder Bergeidechsen-Weibchen hingegen behält die befruchteten Eier im Körper. Der Nachwuchs entwickelt sich in den Eiern im Körper der Mutter. Häufig schlüpfen die Jungen noch im Mutterleib und es scheint, als ob sie geboren würden.

**2** Paarung zweier Zauneidechsen

**3** Schlüpfende Zauneidechsen

1. Erläutere, inwiefern die Partnersuche der heimischen Zauneidechse eine Angepasstheit an die hier herrschenden Temperaturen darstellt.
2. Erkläre, warum Reptilien ihre Eier nicht wie Vögel ausbrüten können.
3. Begründe, warum ein hiesiger Reptilienzüchter nicht ohne Brutkasten auskommt.

# Reptilien mögen es warm

**Beobachtungen und Messungen werden häufig in Tabellen und Diagrammen festgehalten. Um ein Ergebnis zu bekommen, werden diese ausgewertet. Übe diese Arbeitsweise und finde heraus, welchen Einfluss die Umgebungstemperatur auf die Aktivität einheimischer und tropischer Reptilien hat.**

## Auswertung der Tabelle

Bei manchen Aufgaben in diesem Buch findest du einen Gecko. Geckos sind Reptilien, die in den tropischen und subtropischen Regionen der Erde leben. So kommt der Leopardgecko (▶ Bild 5) vor allem in Indien, Iran und Irak vor.

**1** **A** Beschreibe das Temperaturdiagramm ▶ Bild 5.
**B** Zeichne aus den Angaben der Tabelle (▶ Bild 4) ein Temperaturdiagramm für Baden-Württemberg.
**C** Vergleiche die beiden Temperaturdiagramme.

**2** **A** Beschreibe das Diagramm in ▶ Bild 7.
**B** Erkläre die Aktivität von Zauneidechse und Leopardgecko im Jahresverlauf.
**C** Stelle Vermutungen auf, warum die Aktivität der Zauneidechse im Juni nur gering ist.

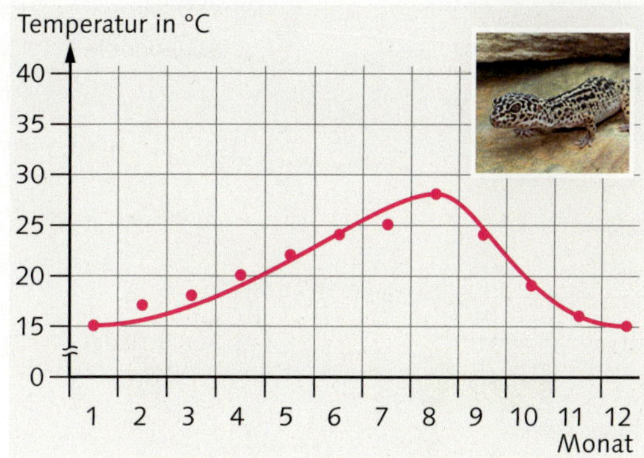


**5** Temperaturdiagramm zum Verbreitungsgebiet des Leopardgeckos

## Tagesaktivität der Blindschleiche

Die Aktivität im Laufe des Tages ist bei Reptilien unterschiedlich.

**3** **A** Beschreibe das Diagramm in ▶ Bild 6.
**B** Blindschleichen ernähren sich hauptsächlich von Nacktschnecken. Diese sind in den Morgen- und Dämmerungsstunden aktiv. Erkläre den Verlauf der Tagesaktivität der Blindschleiche.

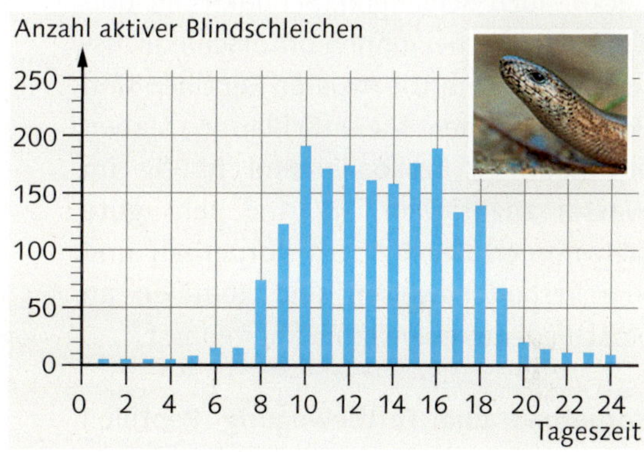


**6** Diagramm zur Tagesaktivität der Blindschleiche

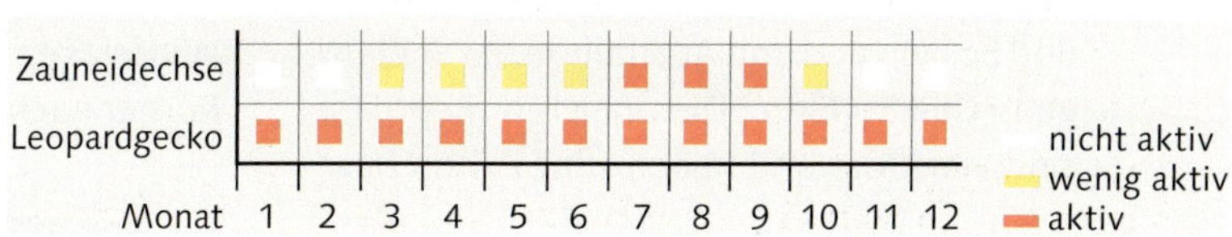


**7** Aktivität im Jahresverlauf

| Monat | 1 | 2 | 3 | 4 | 5 | 6 | 7 | 8 | 9 | 10 | 11 | 12 |
|---|---|---|---|---|---|---|---|---|---|---|---|---|
| Temperatur in °C | 3,4 | 4,6 | 7,9 | 11,6 | 13,2 | 17,9 | 19,4 | 16,6 | 15,3 | 12,3 | 6,8 | 2,8 |

**4** Monatsdurchschnittstemperatur in Baden-Württemberg

# Reptilien sind Kriechtiere

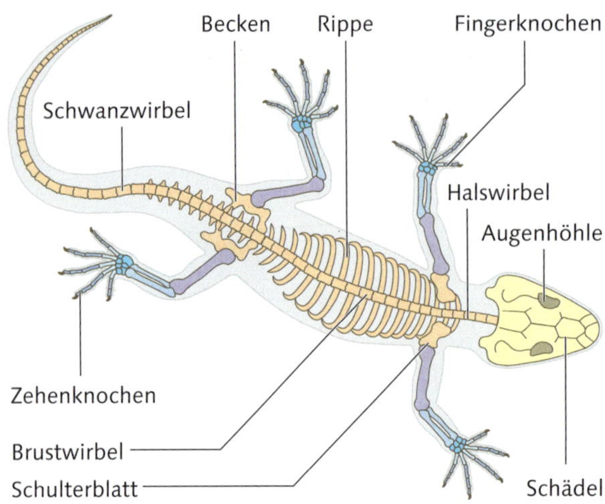


**1** Skelett eines Geckos

**Lebensraum** Zu den Reptilien gehören neben Echsen, wie Zauneidechse und Gecko, auch Schlangen, Schildkröten und Krokodile. Sie bewohnen unterschiedlichste Lebensräume. Die meisten Reptilien sind Bodenbewohner. Viele Schlangen leben auf Bäumen. Krokodile sind häufig im Wasser anzutreffen. Sie sind sehr gute Schwimmer. Durch ihren Körperbau und ihre Verhaltensweisen sind Reptilien an verschiedene Lebensräume angepasst.

**Körperbau und Fortbewegung** Reptilien gehören aufgrund ihres Skeletts eindeutig zu den *Wirbeltieren*. Es besteht aus Schädel, Wirbelsäule, Rippen, Schulterknochen und Becken und, mit Ausnahme der Schlangen, Gliedmaßen. Die meisten Reptilien sind vierfüßig und haben fünf Zehen bzw. Finger mit Krallen. Sie besitzen vom Körper seitlich abgespreizte Beine. Der Großteil des Körpers liegt auf dem Erdboden auf. Hüft- und Schultergelenke sind nur wenig beweglich. Um sich fortzubewegen, müssen die Tiere ihren gesamten Körper wechselweise von links nach rechts und von rechts nach links wenden. Dadurch bringen sie gleichzeitig das linke Vorderbein und das rechte Hinterbein oder das rechte Vorderbein und das linke Hinterbein nach vorne ▶ Bild 2. Diese Fortbewegungsart verleiht den Reptilien (lat. *reptilis* = kriechen) ihren deutschen Namen Kriechtier.

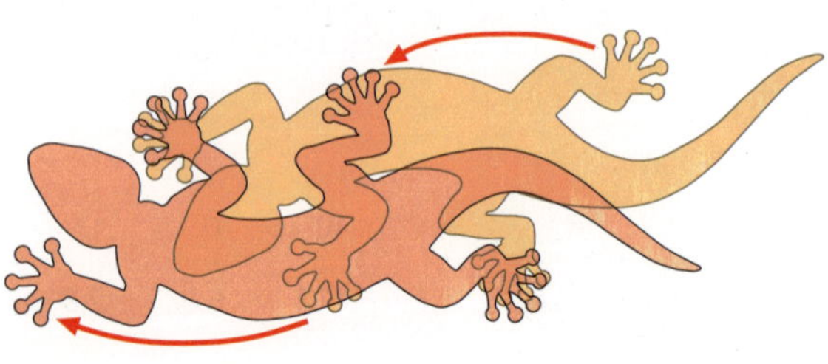

**2** Fortbewegung eines Geckos

**Fortbewegung der Schlangen** Schlangen besitzen keine Beine und, bis auf wenige Ausnahmen, weder Schulter- noch Beckenknochen. Ihr Bewegungsapparat besteht aus zahlreichen Wirbeln, beweglichen Rippenpaaren und kräftigen Muskeln. Die meisten Schlangen bewegen sich durch seitliches Schlängeln vorwärts. Dabei nutzen sie Unebenheiten wie Steinchen oder Wurzeln als Widerlager und drücken den Körper seitlich dagegen ▶ Bild 3a.
Bei manchen Schlangen wie den Boas werden die Rippenpaare einzeln nacheinander nach vorne bewegt. Zugleich richten sich die Bauchschuppen auf und verankern sich in den Unebenheiten des Untergrunds, die als Widerlager dienen. So kann sich der Körper nach vorne schieben ▶ Bild 3b.

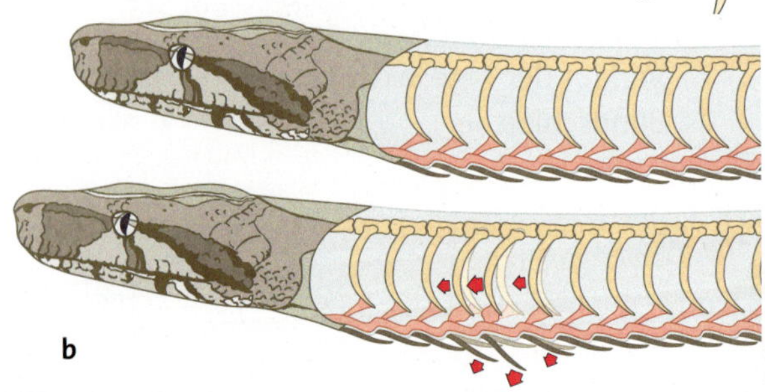


**3** Schlängeln (a) und Kriechen (b) bei Schlangen

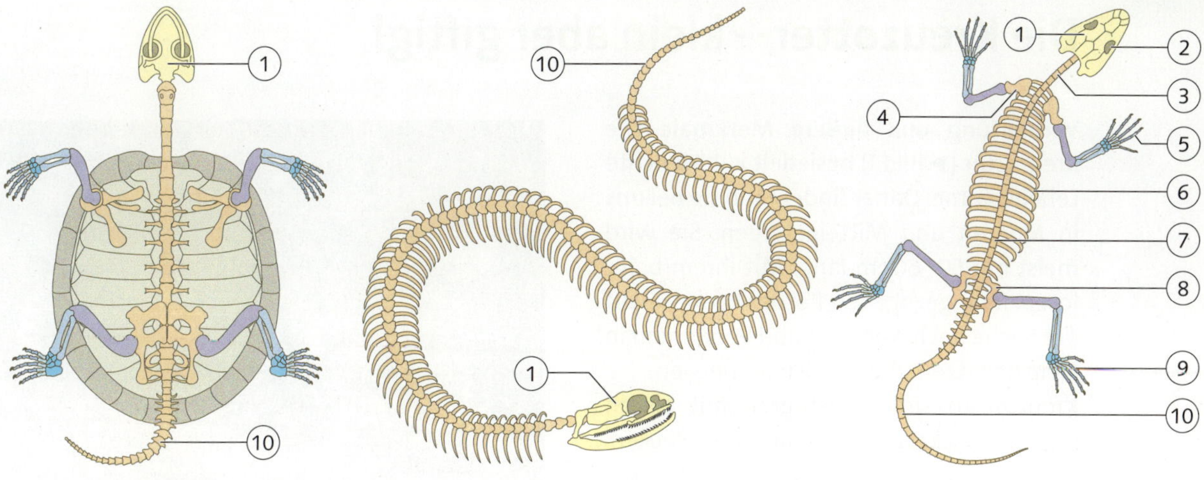


**4** Skelette von Reptilien

**Sinne der Reptilien** Reptilien besitzen im Gegensatz zu den Säugetieren keine Ohrmuscheln. Nur wenige Reptilien verständigen sich über Lautäußerungen, sodass das Gehör in ihrer Sinneswelt eine eher untergeordnete Rolle spielt. Die wichtigsten Sinne sind der Seh- und der Geruchssinn. Für Geckos ist das Auge das wichtigste Sinnesorgan. Sie reagieren auf bewegte Objekte besser als auf unbewegte. Daher sind Beutetiere vor Geckos sicher, solange sie unbewegt sind.

Die meisten Reptilien verlassen sich bei der Beutesuche auf ihren Geruchssinn. Manche Reptilien *züngeln*, wobei sie ihre Zunge durch eine Lücke im sonst geschlossenen Maul wiederholt blitzschnell herausstrecken und einziehen ▶ Bild 5. Dabei sammeln sie Geruchsstoffe und führen sie einem höchst sensiblen Organ am Gaumen zu, dem Jacobson-Organ.

Den Krokodilen fehlt dieses Organ. Sie besitzen aber ein Sinnesorgan, mit dem sie Druckwellen unter Wasser wahrnehmen. So können sie die Entfernung ihrer Beutetiere einschätzen. Der Python verfügt wie einige andere Schlangen über ein Wärmesinnesorgan, das Grubenorgan. Mit diesem ist er in der Lage, die Körperwärme möglicher Beutetiere wahrzunehmen. So kann er Beute auch in völliger Finsternis orten oder versteckte Beutetiere auffinden.

**1** Betrachte ▶ Bild 4.
**A** Benenne die bezifferten Knochen.
**B** Nenne Gemeinsamkeiten und Unterschiede.

**2** Erläutere die Angepasstheit verschiedener Reptilien an ihren jeweiligen Lebensraum.

**3** Beurteile folgende Aussagen:
**A** „Schlangen laufen auf den Rippen."
**B** „Der indische Schlangenbeschwörer lässt sein Tier zur Flötenmusik tanzen."

**4** ▶ Bild 6a gibt die Wahrnehmung des Menschen und ▶ Bild 6b die Sicht des Pythons in der gleichen Situation wieder.
**A** Beschreibe die beiden Bilder.
**B** Erläutere die Unterschiede der Wahrnehmungen.
**C** Nenne die Vorteile der Sinnesleistung des Pythons.

**5** Züngelnde Schlange

**6a**

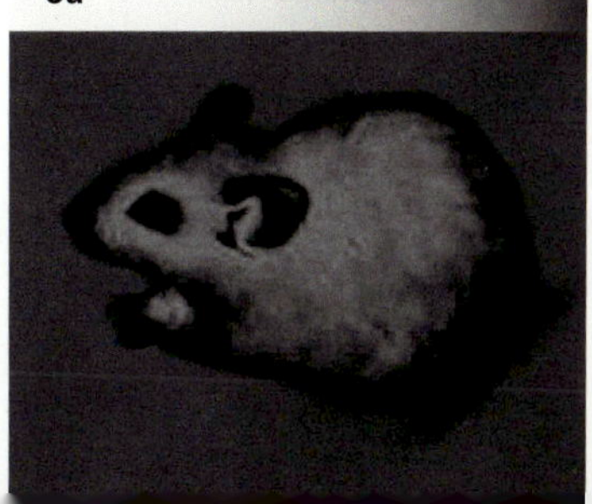

**6b**

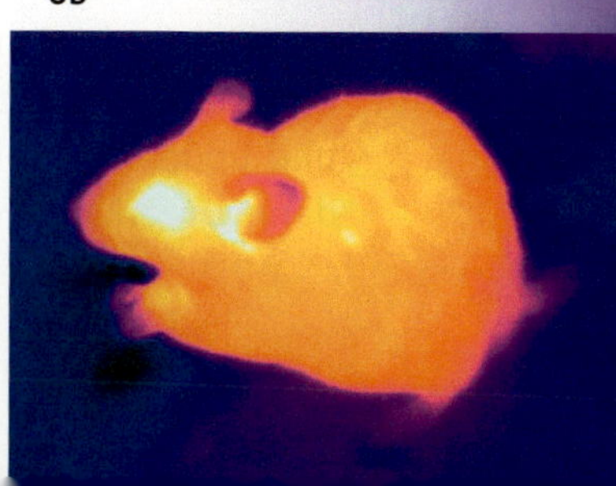

# Die Kreuzotter – klein aber giftig!

**Verbreitung und äußere Merkmale** Die Kreuzotter (▶ Bild 1) besiedelt kühl-feuchte Lebensräume. Daher findet man sie bei uns in Mooren und Mittelgebirgen. Sie wird meist nur 50–60 cm lang. Mit ihrem beinlosen, lang gezogenen Körper kann sie auf der Suche nach Nahrung und Verstecken in kleinste Ritzen und Erdlöcher kriechen.

Kreuzottern sind meist grau mit einem dunklen Zickzackband auf dem Rücken. Dieses Muster dient der Tarnung, indem die Körpergrenzen schwerer zu erkennen sind. Je kälter die Lebensräume, desto häufiger kommen auch völlig schwarze Kreuzottern, sogenannte „Höllenottern", vor ▶ Bild 1. Diese Tiere sind zwar schlecht getarnt, können sich als wechselwarme Tiere aber in der Sonne schneller aufwärmen und trotz der kühlen Umgebung auf Nahrungssuche gehen oder sich an der Paarung beteiligen.

**Fortpflanzung** Im Gegensatz zu den meisten Reptilien legen Kreuzotterweibchen keine Eier, sondern halten diese in ihrem Körper zurück. Dadurch können sie mit ihren Eiern stets dahin kriechen, wo sie gerade die geeignete Temperatur für deren Entwicklung vorfinden. Im Herbst, etwa 6 Monate nach der Paarung, kommen die rund 10 Jungtiere zur Welt, die sich noch während der Geburt aus ihren dünnen Eihäuten befreien.

**Giftzähne** Hat eine Kreuzotter zum Beispiel eine Maus entdeckt, stößt sie mit weit aufgerissenem Maul auf diese zu. Beim Öffnen des Mauls richten sich die ansonsten eingeklappten Giftzähne nach vorne auf ▶ Bild 2. Während des kurzen Bisses wird der Maus das Schlangengift verabreicht. Meist flüchten die gebissenen Mäuse noch, verenden aber binnen weniger Minuten. Die Kreuzotter folgt der Duftspur und findet so zur toten Maus. Diese wird dann unzerkaut verschluckt. Kreuzottern setzen ihr Gift auch zur Verteidigung ein. Selbst wenn es beim Menschen nur sehr selten zum Tod führt, so verursacht es doch in jedem Fall sehr starke Schmerzen. Der Gebissene muss umgehend von einem Arzt behandelt werden.

**1** Zwei normal gefärbte Männchen und ein schwarz gefärbtes Weibchen in der Paarungszeit

**1** Die Kreuzotter ist sehr gut an ihren Lebensraum und ihre Lebensweise angepasst.
- **A** Beschreibe 5 Angepasstheiten der Kreuzotter.
- **B** Ordne sie in einer Tabelle den Kriterien Nahrungserwerb, Fortpflanzung und Feindvermeidung zu.

**2** Beschreibe mithilfe von ▶ Bild 2 den Mechanismus, der beim Öffnen des Mauls zum Aufrichten der Giftzähne führt.

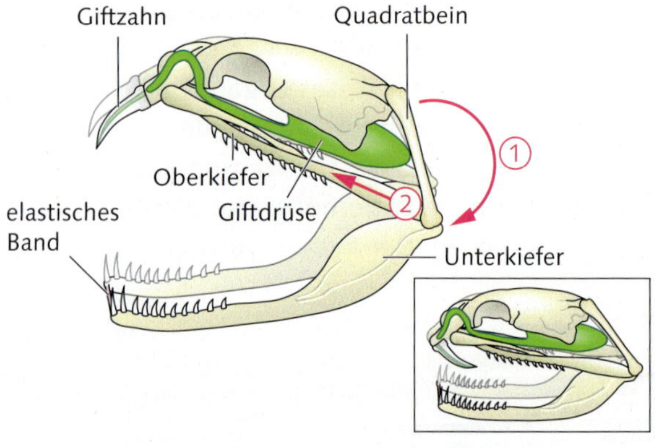


**2** Schädel einer Kreuzotter

# Reptilien sind gefährdet

**Kreuzotter und Sumpfschildkröte** Die Kreuzotter ist in Deutschland stark gefährdet. Aufforstungen von Waldlichtungen führen zum Verlust von Freiflächen in unseren Wäldern, die die Kreuzotter für ihr Sonnenbad nutzt. Darüber hinaus wird die Kreuzotter oftmals getötet, da der Mensch ihr Gift grundlos fürchtet.
Die Europäische Sumpfschildkröte ist in Deutschland vom Aussterben bedroht ▶ Bild 3. Ihr Lebensraum sind stehende und langsam fließende Gewässer. Um Baugebiete zu gewinnen, wurden viele solcher Feuchtgebiete trockengelegt. Dies zerstörte den Lebensraum und die Eiablageplätze der Schildkröten. Da Reptilien nur geringe Entfernungen überwinden, können sie nicht auf andere Gebiete ausweichen.

**Rote Liste** Die meisten der 13 heimischen Reptilien zählen zu den gefährdeten Tierarten Deutschlands und stehen auf der *Roten Liste* ▶ Bild 4. In ihr werden alle gefährdeten Tier- und Pflanzenarten Deutschlands geführt. Dazu wird der Grad ihrer Gefährdung genannt. Die Rote Liste wird ständig aktualisiert.

**Gefahren für Exoten** Für exotische Reptilien stellt neben der Zerstörung ihrer natürlichen Lebensräume auch der Handel eine große Gefahr dar: Touristen bringen beispielsweise Reptilienhäute in Form von Handtaschen als Souvenir aus den Ferien mit. Andere schmuggeln sogar lebende Tiere nach Deutschland.

**3** Europäische Sumpfschildkröte

| | |
|---|---|
| Blindschleiche | * |
| Zauneidechse | V |
| Westliche Smaragdeidechse | 2 |
| Östliche Smaragdeidechse | 1 |
| Schlingnatter | 3 |
| Ringelnatter | V |
| Würfelnatter | 1 |
| Aspisviper | 1 |
| Kreuzotter | 2 |
| Äskulapnatter | 2 |
| Europäische Sumpfschildkröte | 1 |
| Mauereidechse | V |
| Waldeidechse | * |

**Legende:** 0 – ausgestorben; 1 – vom Aussterben bedroht; 2 – stark gefährdet; 3 – gefährdet; V – Vorwarnliste; * – ungefährdet

**4** Reptilienarten der Roten Liste der Kriechtiere Deutschlands

**1** Beschreibe die Ursachen der Gefährdung von Reptilien.

**2** **A** Informiere dich über den Lebensraum der ersten 5 in der Tabelle genannten Reptilien ▶ Bild 4. Notiere die Informationen.
**B** Erstelle einen Steckbrief zu einer der gefährdeten Arten aus der Tabelle.
**C** Erläutere, warum diese Art in Deutschland gefährdet ist.
**D** Leite sinnvolle Maßnahmen zum Schutz dieser Tierart ab.

**3** Nenne Möglichkeiten, wie du dich im Reptilienschutz aktiv einbringen kannst.

**4** Heute gehen die Bedrohungen für die Reptilien meist vom Menschen aus. Vor ungefähr 65 Millionen Jahren, lange bevor es Menschen auf der Erde gab, ist bereits eine große Reptiliengruppe ausgestorben, die Saurier.
Sammle mögliche Gründe für das Sauriersterben, die Wissenschaftler derzeit diskutieren. Nutze Fachbücher, Lexika und das Internet oder besuche ein Naturkundemuseum mit Saurierabteilung.

# Zusammenfassung

### Angepasstheit

Auch Amphibien und Reptilien zeigen in ihren Körpermerkmalen und ihrem Verhalten Angepasstheiten an ihre Lebensweise. Den Schwanzlurchen dient der Schwanz zur Fortbewegung im Wasser. Froschlurche schwimmen mit kräftigen Bewegungen der Hinterbeine. An Land ermöglichen diese ihnen weite Sprünge. Lurche sind an ein Leben im Wasser und an Land angepasst.
Der Körper der wechselwarmen Reptilien ist mit Schuppen bedeckt. Die Tiere sind so beim Sonnenbaden vor Austrocknung und vor Verletzungen geschützt.
Diese Zusammenhänge werden im biologischen Prinzip *Angepasstheit* zusammengefasst.

### Struktur und Funktion

Die Haut von Amphibien ist dünn, feucht und gut durchblutet. Amphibien können mithilfe der Hautatmung aus der Luft oder dem Wasser Sauerstoff aufnehmen. Der Bau der Haut ist an die Aufgabe Hautatmung angepasst.
Die herausschleuderbare Zunge der Frösche ist lang, klebrig und die Oberfläche besonders beschaffen. Aufgrund dieser Strukturen bleiben Beutetiere daran haften und können durch Einfalten und Zurückziehen der Zunge ins Maul des Frosches befördert werden.
Diese Zusammenhänge beschreibt das biologische Prinzip *Struktur und Funktion*.

### Stoff- und Energieumwandlung

Gleichwarme Tiere wandeln die Energie, die sie über die Nahrung aufnehmen, zum Teil in Wärmeenergie um. Amphibien und Reptilien sind wechselwarm und können ihre Körpertemperatur nicht konstant halten. Ihrer Aktivität ist daher von den Außentemperaturen abhängig.
Auf solche Vorgänge bezieht sich das biologische Prinzip *Stoff- und Energieumwandlung*.

### Reproduktion und Entwicklung

Alle Wirbeltiere pflanzen sich geschlechtlich fort. Das heißt, dass Eizelle und Spermium bei der Befruchtung miteinander verschmelzen. Da die Befruchtung bei Froschlurchen außerhalb des Körpers stattfindet, spricht man von einer äußeren Befruchtung. Aus dem befruchteten Amphibienei schlüpft eine an das Leben im Wasser gebundene Larve, die sich zum Jungtier entwickelt. Der Übergang vom Wasser- zum Landleben ist den Froschlurchen nach der Metamorphose zum Jungfrosch möglich.
Reptilien haben eine innere Befruchtung. Die Ablage der Eier mit derber, pergamentartiger Hülle erfolgt häufig an sonnigen Plätzen. Mithilfe seines Eizahns befreit sich das fertig entwickelte, selbstständige Jungtier aus dem Ei.
Dies beschreibt das biologische Prinzip *Reproduktion und Entwicklung*.

**1** Beutefang eines Frosches

**2** Zauneidechsen schlüpfen aus dem Ei.

# Teste dich!

**1** Bestimme den Lurch auf ▶ Bild 3 mithilfe des Bestimmungsschlüssels ▶ Bild 4. Notiere den Bestimmungsweg.

**3** Lurch

| | |
|---|---|
| 1 Tier ohne Schwanz<br>1' Tier mit Schwanz | weiter mit 3<br>weiter mit 2 |
| 2 Schwanzquerschnitt rund<br>2' Schwanz seitlich abgeplattet | **Salamander**<br>**Wassermolche** |
| 3 Bauch mit dunklen Flecken<br>3' Bauch ohne oder mit hellen Flecken | **Unken**<br>weiter mit 4 |
| 4 Haut warzig<br>4' Haut glatt | weiter mit 6<br>weiter mit 5 |
| 5 Zehen mit Haftscheiben<br>5' Zehen ohne Haftscheiben | **Laubfrosch**<br>weiter mit 7 |
| 6 Rücken mit hellen Streifen<br>6' Rücken ohne Streifen | **Kreuzkröte**<br>**Erdkröte** |
| 7 Schwimmhäute bis zu den Zehenspitzen<br>7' Schwimmhäute schwach entwickelt | **Wasserfrosch**<br>**Grasfrosch** |

**4** Bestimmungsschlüssel

**2** Skizziere die Entwicklung eines Grasfroschs in einer beschrifteten Bilderfolge.

**3** Der Alpensalamander (▶ Bild 5) lebt oberhalb von 1000 m Höhe in den Alpen. Seine Jungen scheinen im Gegensatz zu vielen anderen Amphibien „geboren" zu werden.

**5** Alpensalamander

Erkläre diese Überlebensstrategie der Alpensalamander. Unter einer Überlebensstrategie versteht man die Angepasstheiten von Lebewesen an ungünstige Umweltbedingungen.

**4** Fische und Amphibien legen ihre Eier im Wasser ab, Reptilien an Land. Beschreibe die Angepasstheiten, die eine Fortpflanzung an Land erfordert.

**5** In der Tabelle sind Messwerte angegeben, die die Körpertemperatur eines Eichhörnchens und einer Zauneidechse bei unterschiedlichen Umgebungstemperaturen wiedergeben ▶ Bild 6.

| Umgebungstemperatur | Körpertemp. Eichhörnchen | Körpertemp. Zauneidechse |
|---|---|---|
| 26 °C | 37 °C | 26 °C |
| 15 °C | 37 °C | 15 °C |
| 4 °C | 37 °C | 4 °C |
| 0 °C | 37 °C | 0 °C |

**6** Körpertemperatur von Eichhörnchen und Zauneidechse

**A** Stelle die Werte aus der Tabelle in einem beschrifteten Liniendiagramm dar.
**B** Ordne die Tiere begründet der Gruppe der gleich- bzw. wechselwarmen Tiere zu.

**6** Die Körpertemperatur der Zauneidechse ist abhängig von der Umgebungstemperatur. Die Verhaltensweise der Zauneidechse ist daran angepasst. Erläutere.

▶ Die Lösungen zu den Aufgaben findest du im Anhang.

# Wirbellose Tiere

Mehr als 90 Prozent aller bekannten Tierarten gehören zu den Wirbellosen. Ganz unterschiedliche Tiergruppen wie Insekten, Krebse, Spinnentiere und Weichtiere zählt man dazu. Ihr einziges gemeinsames Merkmal ist, dass sie keine Wirbelsäule besitzen. Die Insekten bilden die größte Gruppe innerhalb der Wirbellosen. Sie sind sehr vielfältig. Manche sind nur Bruchteile eines Millimeters groß, andere dagegen bis zu 30 cm lang. Käfer, Schmetterlinge und Libellen sind bekannte Insektengruppen. Für den Menschen hat die Honigbiene eine ganz besondere Bedeutung.

# Untersuchung am Mehlkäfer

**Mehlkäfer lassen sich leicht in Zuchtgefäßen halten. An ihnen kann man Körperbau, Fortbewegung, Nahrungsaufnahme und andere Verhaltensweisen untersuchen.**

**Material:** lebende und tote Mehlkäfer, Petrischalen, feuchte Papiertücher, Federstahlpinzette, Lupe, Holzstäbchen, Wattebausch, Nahrungsmittel (Brot, Salat, Apfel, Ei)

### Wichtige Hinweise:

Da lebende Tiere untersucht werden, musst du folgende Regeln berücksichtigen:
Verletze oder quäle die Tiere nicht. Setze sie sofort nach Beendigung des Versuchs wieder in das Zuchtgefäß zurück.
Fasse die Tiere beim Umsetzen mit einer Federstahlpinzette vorsichtig seitlich an. Drücke dabei nicht zu stark.
Mehlkäfer fühlen sich wohler, wenn der Untergrund nicht zu glatt und etwas feucht ist. Gib deshalb leicht angefeuchtete Papiertücher in die Petrischale.

### Untersuchung am toten Tier

1. Betrachte den Käfer von oben.
   **A** Fertige eine Skizze an.
   **B** Beschrifte deine Skizze mithilfe von ▶ Bild 4.

2. Entferne vorsichtig einen Flügel. Beschreibe deine Beobachtungen.

3. Betrachte das Tier von unten.
   **A** Gib die Zahl der Beine an.
   **B** Beschreibe, an welchem Körperabschnitt die Beine angewachsen sind.

4. Entferne vorsichtig ein Bein und betrachte es mit der Lupe.
   **A** Skizziere das Bein.
   **B** Beschrifte es mithilfe von ▶ Bild 4.

### Untersuchung an den lebenden Tieren

Entnimm vorsichtig drei Mehlkäfer aus dem Zuchtgefäß und setze sie in die Petrischale.

5. Beobachte und beschreibe die Bewegung der Tiere.

6. Berühre die Tiere mit dem Holzstab an verschiedenen Körperstellen. Beschreibe die Reaktionen.

7. Lege ein Tier auf den Rücken.
   **A** Beschreibe sein Verhalten.
   **B** Gib einen Wattebausch zwischen die Beine. Beschreibe deine Beobachtung.

### Untersuchung anderer Entwicklungsstadien

Im Zuchtgefäß findet man neben den erwachsenen Mehlkäfern noch andere Entwicklungsstadien ▶ Bilder 1 und 2.

8. **A** Skizziere eine Mehlkäferlarve.
   **B** Ordne folgende Begriffe zu: Kopf, Beine, Brust, Hinterleib, Segment, Kiefertaster, Fühler.

9. Vergleiche den Mehlkäfer und die Mehlkäferlarve. Erstelle dazu eine Tabelle.

10. Neben verschieden großen Mehlkäferlarven findest du noch ein drittes Entwicklungsstadium des Mehlkäfers, die Puppe.
   **A** Vergleiche sie mit der Larve.
   **B** Vergleiche sie mit dem erwachsenen Tier.

**1** Larve

**2** Puppe

**3** Käfer

# Der äußere Körperbau der Insekten

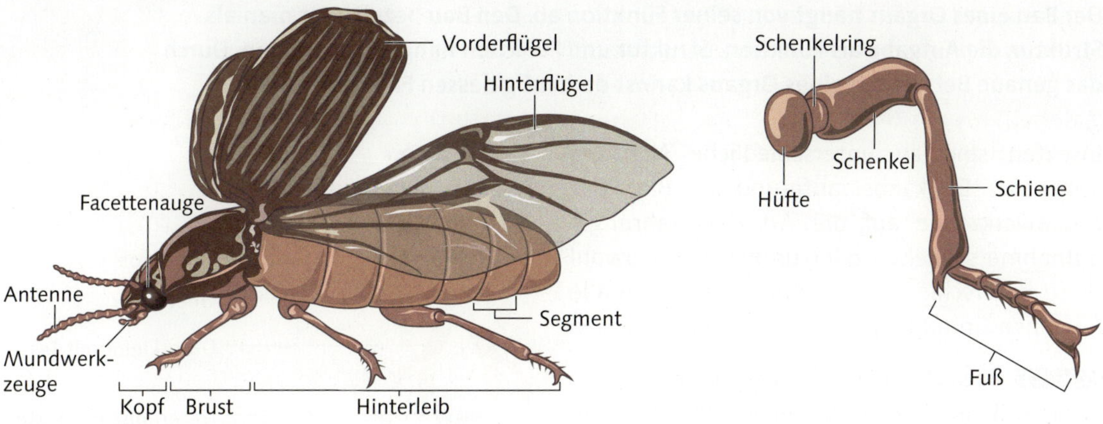


**4** Bau eines Insekts (Mehlkäfer)

**Dreiteiliger Körper** Alle Insekten haben einen gemeinsamen Grundbauplan, den man auch am Mehlkäfer erkennen kann. Ihr Körper ist in Kopf, Brust und Hinterleib gegliedert. Die Glieder sind durch Einschnitte voneinander abgegrenzt. Diesen Einschnitten verdanken die Insekten ihren Namen (lat. *insectare* = einschneiden).

**Kopf** Am Kopf des Insekts findet man zwei Fühler oder *Antennen*. Sie dienen dem Tasten und der Wahrnehmung von Duftstoffen. Zwei aus vielen Einzelaugen zusammengesetzte *Facettenaugen* ermöglichen Farb- und Bewegungssehen. Die Zahl der Einzelaugen reicht von wenigen Hundert bei manchen Käferarten bis zu 30 000 bei Libellen. Die je nach Nahrung unterschiedlich ausgeprägten Mundwerkzeuge sind ebenfalls am Kopf zu finden.

**Brust** Die Brust besteht aus drei Abschnitten, den *Segmenten*. Hier setzen die 3 Beinpaare sowie die 2 Flügelpaare an. Die Beine sind in verschiedene Abschnitte gegliedert ▶ Bild 4. Die beiden Flügelpaare unterscheiden sich beim Mehlkäfer und allen anderen Käfern stark voneinander. Die Vorderflügel sind hart und starr und haben eine Schutzfunktion. Sie werden auch als Deckflügel bezeichnet. Die Hinterflügel sind häutig und weich und dienen dem Fliegen. Das Aussehen der Flügel variiert bei den verschiedenen Insektengruppen. Bei manchen Insektenarten wie den Kopfläusen fehlen die Flügel ganz.

**Hinterleib** Der Hinterleib besteht aus 11 Segmenten, die nicht unbedingt alle äußerlich sichtbar sind. Bei vielen Insekten wird der Hinterleib durch die Flügel bedeckt.

**Außenskelett** Der Mehlkäfer besitzt wie alle Insekten ein Außenskelett aus Chitin. Dies ist ein besonders stabiles, aber leichtes, wasserundurchlässiges und elastisches Material. Das Außenskelett schützt die inneren Organe und verleiht Stabilität. Die Körperabschnitte sind beweglich miteinander verbunden.

1. Beschreibe den Grundbauplan der Insekten.
2. Insekten gehören in die Gruppe der Gliederfüßer. Erkläre dies mithilfe von ▶ Bild 4.
3. Nenne einen Vorteil und einen Nachteil des Außenskeletts.
4. Stelle Vermutungen auf, warum für viele Insekten ein gutes Bewegungssehen lebensnotwendig ist.

METHODE

# Arbeiten mit dem Prinzip Struktur und Funktion

**Der Bau eines Organs hängt von seiner Funktion ab. Den Bau bezeichnet man als Struktur, die Aufgabe als Funktion. Struktur und Funktion hängen zusammen. Durch das genaue Betrachten eines Organs kannst du häufig dessen Funktion ableiten.**

Insekten sind an unterschiedliche Nahrung angepasst. Du kannst aufgrund des Baus der Mundwerkzeuge auf die Art der Nahrungsaufnahme schließen oder umgekehrt. Obwohl diese unterschiedlich aussehen, gehen sie alle auf einen Grundbauplan zurück ▶ Bild 3.

**Schritt 1** Betrachte den Grundbauplan.
Die Mundwerkzeuge der Insekten sind immer in 4 Teile gegliedert: Oberkiefer, Unterkiefer, Oberlippe und Unterlippe. Oberkiefer und Unterkiefer sind paarig, also doppelt vorhanden. Oberlippe und Unterlippe sind einfach vorhanden ▶ Bild 3. Am Unterkiefer und an der Unterlippe befinden sich jeweils kleine Anhänge, die Taster. Sie dienen zur Prüfung der Nahrung.

**Schritt 2** Vergleiche mit dem Grundbauplan.
**Ameise:** Die Oberkiefer der Ameise sind sehr kräftig und mit vielen scharfen, zueinander gerichteten Spitzen ausgerüstet ▶ Bild 1. Die anderen Mundwerkzeuge sind nicht sichtbar.
**Honigbiene:** Die Unterlippe der Honigbiene bildet zusammen mit den Lippentastern eine Röhre. Das untere Ende ist ähnlich geformt wie ein Löffel ▶ Bild 2.

**Schritt 3** Leite die Funktion des Organs von der Struktur ab.
**Ameise:** Mit den kräftigen, scharfen Kieferteilen zerkleinern Ameisen pflanzliche und tierliche Nahrung. Ihre Mundwerkzeuge werden daher als beißend-kauende Mundwerkzeuge bezeichnet. Die Unterlippe verhindert, dass beim Fressen Nahrung zwischen den Mundwerkzeugen herausfällt.
**Honigbiene:** Die von Unterlippe und Lippentastern gebildete Röhre dient als Rüssel. Mit ihm gelangt die Biene an den Blütenboden. Dort löst sie den Nektar mit dem löffelähnlichen Ende und saugt ihn durch den Rüssel wie mit einem Strohhalm auf. Man spricht hier von einem leckend-saugenden Mundwerkzeug.

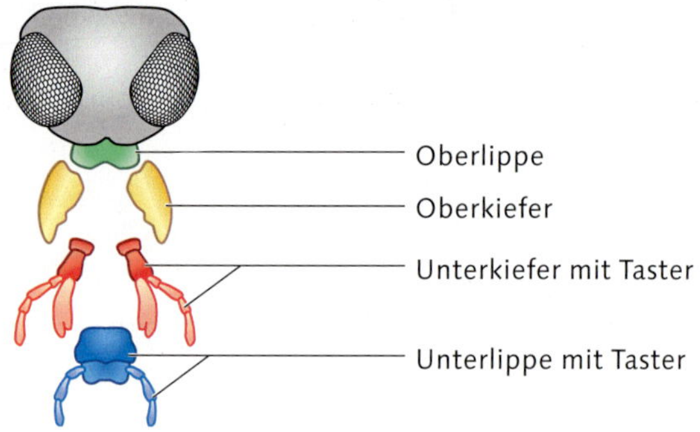


**3** Grundbauplan der Mundwerkzeuge eines Insekts

**1** **A** Vergleiche die Mundwerkzeuge in ▶ Bild 4 mit dem Grundbauplan ▶ Bild 3.
**B** Leite die Art der Nahrungsaufnahme von Schmetterling und Heuschrecke ab.

**1** Mundwerkzeuge einer Ameise

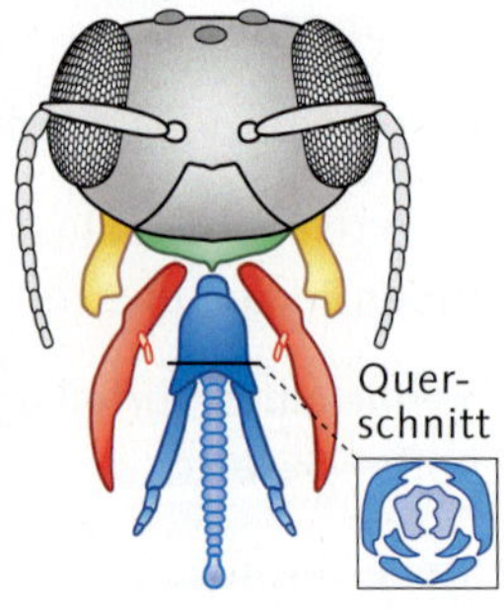


**2** Mundwerkzeuge der Honigbiene

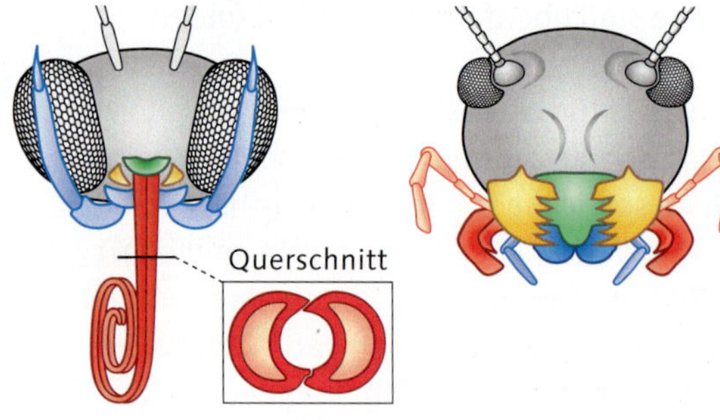


**4** Mundwerkzeuge von Schmetterling und Heuschrecke

# Insektenbeine

**Die Beine der Insekten sind entsprechend ihrer Funktion geformt. Auch bei den Insektenbeinen kann man vom Aufbau auf die Funktion schließen.**

Alle Insekten besitzen 3 Beinpaare. So unterschiedlich diese sind, lassen sie sich dennoch auf einen Grundbauplan zurückführen: Insektenbeine sind in 5 Teile gegliedert: Hüfte, Schenkelring, Schenkel, Schiene und Fuß mit Kralle ▶ Bild 6.

**1** **A** Beschreibe den Grundbauplan des Insektenbeins ▶ Bild 6.
**B** Zeichne den Grundbauplan des Insektenbeins in dein Heft und beschrifte ihn.

**2** **A** Beschreibe die Insektenbeine in ▶ Bild 5 a–d.
**B** Vergleiche sie mit dem Grundbauplan.
**C** Leite vom Bau der Insektenbeine die jeweilige Funktion ab.

**3** **A** Ordne den Insekten in ▶ Bild 7 a–d die passenden Insektenbeine aus ▶ Bild 5 zu.
**B** Beschreibe die Lebensweise und den Lebensraum dieser Insekten.
**C** Erkläre die Angepasstheit der Insekten an ihre Lebensweise am Beispiel der Beine.

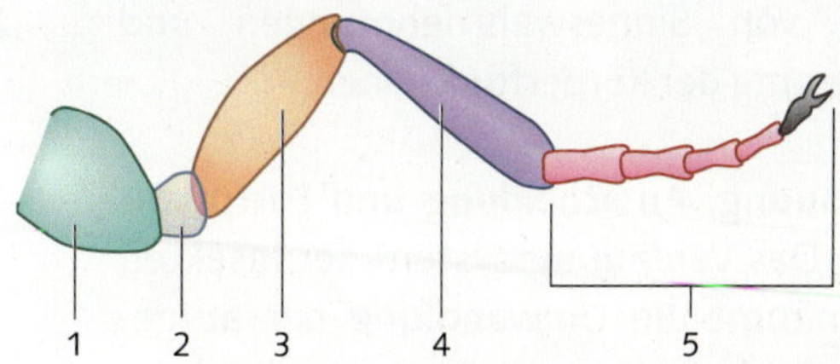


**6** Grundbauplan des Insektenbeins

**7** Gottesanbeterin (**a**), Gelbrandkäfer (**b**), Maulwurfsgrille (**c**) und Kopflaus (**d**)

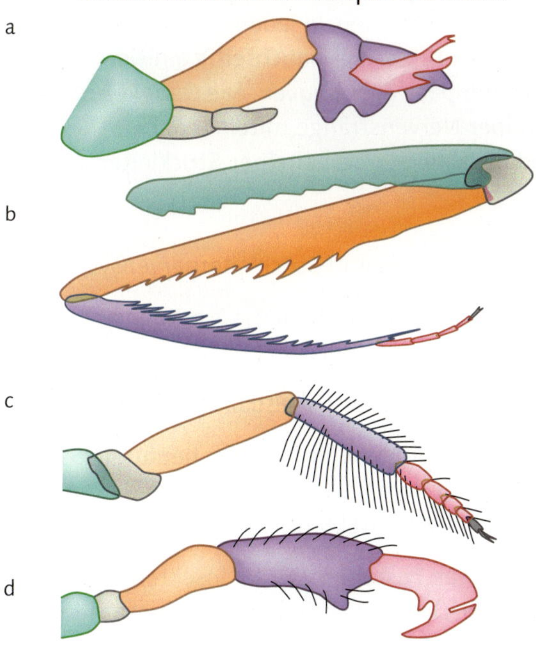


**5** Insektenbeine

# Der innere Körperbau der Insekten

**Innerer Körperbau** Die inneren Organe der Insekten dienen der Verdauung, Atmung, Fortpflanzung, Ausscheidung, Verarbeitung von Sinneswahrnehmungen und Steuerung der Körperfunktionen.

**Verdauung, Ausscheidung und Fortpflanzung** Das Verdauungssystem der Insekten übernimmt die Umwandlung der aufgenommenen Nahrung in für das Insekt nutzbare Stoffe. Es durchzieht alle drei Körperabschnitte und lässt sich in Mundöffnung, Speiseröhre, Magen und Darm unterteilen. Abfallstoffe werden über Ausscheidungsorgane nach außen befördert. Die weiblichen und männlichen Geschlechtsorgane befinden sich im Hinterleib ▶ Bild 2.

**Blutkreislauf** Insekten besitzen einen *offenen Blutkreislauf*. Das röhrenförmige Herz pumpt eine farblose Flüssigkeit, die Hämolymphe, von hinten zum Kopf, wo sie aus dem Herzen austritt und frei durch den Insektenkörper strömt. Nährstoffe und andere wichtige Stoffe werden aus dem Verdauungssystem in die Hämolymphe aufgenommen und mit ihr verteilt.

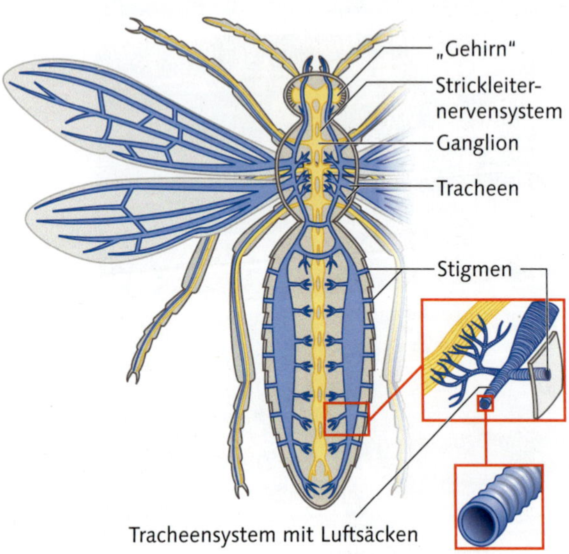


**1** Tracheen- und Strickleiternervensystem eines Insekts

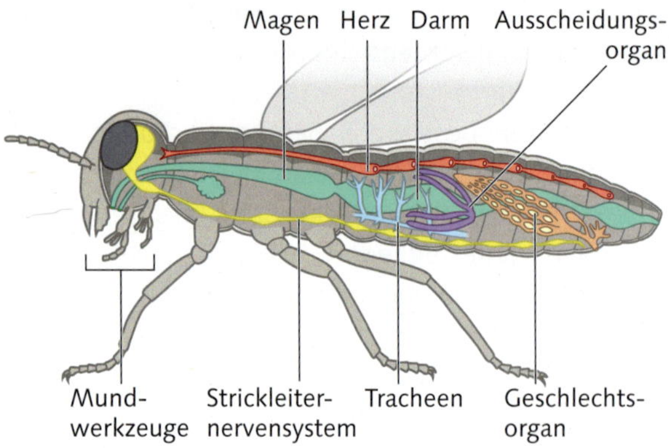


**2** Innerer Körperbau eines Insekts

**Atmung** Die Atemluft gelangt über schlitzförmige Atemöffnungen im Chitinpanzer, die *Stigmen*, in den Körper. Hier setzt ein stark verzweigtes System aus Atemröhren, den *Tracheen*, an. So erreicht die Luft alle Teile des Insektenkörpers ▶ Bild 1. Dadurch wird er mit Sauerstoff versorgt.

**Strickleiternervensystem** Das Nervensystem dient der Verarbeitung von Sinneswahrnehmungen. Außerdem steuert es die Körperfunktionen. In jedem Körpersegment des Insekts liegt bauchseitig ein Nervenknotenpaar, die *Ganglien*. Alle Ganglien sind über Nervenstränge miteinander verbunden, ähnlich wie bei einer Strickleiter ▶ Bild 1.

1. Erkläre den Begriff Strickleiternervensystem.
2. Beschreibe den Aufbau des Tracheensystems mithilfe von ▶ Bild 1.
3. Stigmen sind verschließbar. Nenne die Vorteile.
4. Bei den Wirbeltieren wird der benötigte Sauerstoff mit dem Blut transportiert. Erkläre, wie es sich bei den Insekten verhält.
5. Tracheen bestehen wie der Insektenpanzer aus Chitin. Die Wände sind wie bei einem Staubsaugerschlauch gebaut ▶ Bild 1. Erläutere den Zusammenhang von Struktur und Funktion.

# Zwei Formen der Insektenentwicklung

**Vollkommene Verwandlung** Im Frühjahr kann man beobachten, dass über Nacht Stängel der Erdbeer- oder Himbeerpflanzen kreisförmig von Eiern überzogen sind. Die Eier stammen vom Kleinen Nachtpfauenauge, einem farbenprächtigen Nachtfalter. Die Pflanzen dienen der Larve des Schmetterlings als Nahrung. *Larven* sind die Jungendstadien der Insekten. Ihr Körper ist dreigliedrig. Am Brustabschnitt setzen die 3 Beinpaare an. Außerdem besitzen die Larven Stummelfüße. Dies sind Ausstülpungen der Chitinhülle. Am Kopf sitzen beißende Mundwerkzeuge. Die Larve nimmt mit ihnen fortwährend Nahrung auf. Sie wächst dadurch schnell. Da ihre Chitinhülle nicht mitwächst, muss sich die Larve häuten. Sie häutet sich bis zu 5-mal und wechselt mit jeder Häutung ihre Färbung ▶ Bild 3a.

Die ausgewachsene Larve sucht sich einen Platz zur Verpuppung. Im *Puppenstadium* erfolgt ein vollständiger Umbau aller inneren und äußeren Organe. Erst nach einiger Zeit schlüpft das entwickelte und geschlechtsreife Insekt, die *Imago*. Diese Form der Entwicklung, die ein Puppenstadium beinhaltet, nennt man *vollkommene Verwandlung*. Das Puppenstadium des Kleinen Nachtpfauenauges dauert 10 Monate, seine Lebenszeit als Falter nur eine Woche.

**Unvollkommene Verwandlung** Die frisch aus dem Ei geschlüpften Heuschreckenlarven sehen den erwachsenen Heuschreckenlarven bereits ähnlich (▶ Bild 3b) und zeigen eine entsprechende Lebensweise. Sie sind jedoch um ein Vielfaches kleiner als die Imago und besitzen noch keine Flügel und keine Geschlechtsorgane. Die Entwicklung der Heuschrecken verläuft ohne Puppenstadium. Diese Form der Entwicklung bei Insekten nennt man *unvollkommene Verwandlung*.

1. Vergleiche die vollkommene mit der unvollkommenen Verwandlung.
2. Das Larvenstadium heißt manchmal auch Fress- und Wachstumsstadium. Erkläre.
3. Den Gestaltwandel bezeichnet man als Metamorphose. Nenne ein weiteres Beispiel für Metamorphose aus dem Tierreich.

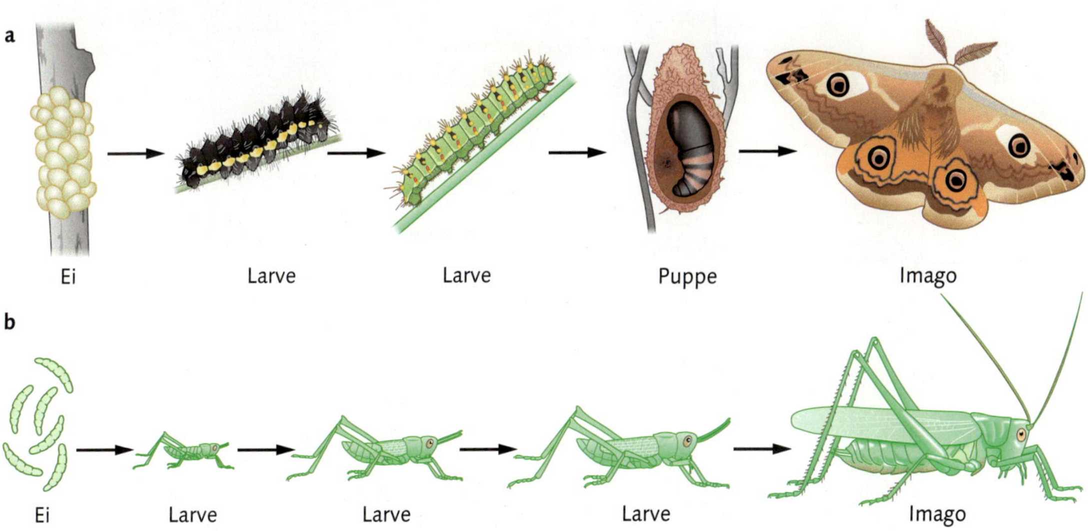


**3** Vollkommene Verwandlung beim Schmetterling (Kleines Nachtpfauenauge, a) und unvollkommene Verwandlung bei der Heuschrecke (Heupferd, b)

# Die Rote Waldameise – Leben im Staat

**Nest der Roten Waldameise** Bei einem Waldspaziergang kann man die riesigen Bauten der Roten Waldameise entdecken. Sie haben einem Durchmesser von bis zu 5 m und ragen bis zu 2,5 m über den Boden. Ein großer Teil des Nestes liegt unter der Erde ▶ Bild 1. Den Mittelpunkt des Nestes bildet meist ein Baumstumpf. Der oberirdische Teil, die Nestkuppe, wird aus Holzstückchen und Nadelblättern gebaut. Im Innern des Baus befinden sich zahlreiche Kammern, in denen Eier, Larven und Puppen untergebracht sind.

**Einer für alle** Ameisen sind *soziale Insekten*. Das heißt, sie leben in einem Staat zusammen, in dem jedes Tier eine spezielle Aufgabe hat und alle Tätigkeiten dem Überleben des Staates gelten. Einzelne Tiere können auf Dauer nicht überleben. In einem Nest der Roten Waldameise findet man bis zu 500 000 Tiere.

**Königin** Bei der Roten Waldameise lebt oft nur eine Königin im Nest. Man erkennt sie an ihrer Größe und dem stark ausgebildeten Hinterleib. Sie legt von Frühsommer bis Spätherbst täglich etwa 300 Eier. Aus befruchteten Eiern schlüpfen flügellose Arbeiterinnen oder, besonders im Frühsommer, geflügelte Weibchen, die Jungköniginnen.

**Hochzeitsflug** Aus unbefruchteten Eiern entwickeln sich geflügelte Männchen. Diese paaren sich im Frühsommer während des Hochzeitsflugs mit den Jungköniginnen. Danach werfen die Königinnen ihre Flügel ab und gründen nun neue Nester oder kommen in bereits bestehenden Nestern unter. Die bei der Paarung übertragenen Spermien werden in Spermientaschen gespeichert und reichen das ganze Königinnenleben, das bis zu 25 Jahre lang sein kann.

**Arbeiterinnen** Die Arbeiterinnen sind mit 7–11 mm Körperlänge sehr klein. Sie sind zuständig für den Bau und die Reparatur des Nestes, die Verpflegung der Brut und

1 Rote Waldameise

der Königin sowie die Verteidigung des Nestes. Sie schaffen auch Nahrung und Baumaterial heran. Durch Vergrößern oder Verkleinern der Eingänge regulieren sie die Temperatur und Feuchtigkeit im Nest.

**Männchen** Die schwarz gefärbten und geflügelten Männchen sind nur während des Hochzeitsflugs zu beobachten. Ihre einzige Aufgabe ist es, sich mit der Königin zu paaren. Danach sterben sie.

**Kommunikation** Das chaotisch wirkende Gewusel in einem Ameisenhaufen ist in Wirklichkeit gut organisiert. Dazu ist es notwendig, dass sich die vielen Tausend Tiere verständigen können. Ameisen können mit ihren Antennen Duftstoffe wahrnehmen und dadurch Nestgenossinnen erkennen ▶ Bild 2. Beute und Ameisenstraßen werden durch Duftstoffe markiert. Mit ihren Facettenaugen können Ameisen gut sehen.

**2** Ameisen erkennen Nestgenossinnen.

**Bedeutung für den Wald** Die Rote Waldameise ernährt sich von anderen Insekten, Spinnen und Würmern. Sie erbeutet dabei viele pflanzenfressende, für Bäume schädliche Insekten und verhindert deren übermäßige Vermehrung. Ein Ameisenvolk vertilgt bis zu 100 000 Insekten am Tag. Die Rote Waldameise frisst außerdem nahrhafte Anhängsel an Pflanzensamen wie von Veilchen und Schneeglöckchen (▶ Bild 3) und trägt dadurch zur Ausbreitung von mehr als 150 Pflanzenarten im Wald bei. Dadurch erhält sie eine artenreiche Krautschicht im Wald. Die Rote Waldameise frisst auch Aas. So bezeichnet man tote Tiere. Sie verhindert damit die Ausbreitung von Krankheiten. Durch den Bau des Nestes sorgen die Ameisen für die Auflockerung des Bodens. Zusammen mit dem Ameisenkot wird zudem die Bodenfruchtbarkeit verbessert.

**3** Samen mit ölhaltigen Anhängseln.

**Natürliche Feinde** Viele Vögel, zum Beispiel Spechte, ernähren sich von der Brut der Ameisen. Gegen sie und andere Feinde kann sich die Rote Waldameise schützen, indem sie eine ätzende Flüssigkeit, die Ameisensäure, verspritzt.

**Rote Waldameisen sind schützenswert** Durch mutwilliges Öffnen der Ameisennester greift der Mensch in das Leben der Ameisen ein. So kann durch eindringendes Regenwasser die Brut geschädigt werden und das Leben im Nest kommt zum Erliegen. Die Rote Waldameise steht unter Naturschutz.

**1** Ameisen sind Insekten. Begründe.

**2** Ameisen machen eine vollkommene Verwandlung durch. Erkläre anhand von ▶ Bild 1.

**3** **A** Beschreibe die Arbeitsaufteilung im Ameisenstaat.
**B** Erkläre, wodurch diese Zusammenarbeit möglich ist.

**4** Beschreibe die Bedeutung der Roten Waldameise für Pflanzen und Tiere des Waldes.

**5** Förster schützen Waldameisennester oft mit Drahtkäfigen. Begründe.

# Honigbienen – wichtige Bestäuber

**1** Bienenarbeiterin mit Pollenhöschen

**Leben im Bienenstock** In einem Bienenstock können 40 000–80 000 Tiere zusammenleben und einen Bienenstaat bilden. Es gibt drei Formen von erwachsenen Honigbienen in einem Bienenstock: die Königin, den Drohn und die Arbeiterin ▶ Bild 2.

Das Leben einer Honigbiene gliedert sich in vier Lebensabschnitte: Ei, Larve, Puppe und Imago. Die vollkommene Verwandlung der Larve über die Puppe zum erwachsenen Insekt dauert je nach Geschlecht des Tieres zwischen 16 und 24 Tage.

Über 98 Prozent der Honigbienen in einem Stock sind unfruchtbare weibliche *Arbeiterinnen*. Sie sind die kleinste Form und werden etwa 50–60 Tage alt. Im Laufe ihres Lebens übernehmen sie verschiedene Funktionen im Stock: Reinigung, Brutpflege, Wachsproduktion, Produktion von Honig und Bewachung des Bienenstocks. Den letzten Lebensabschnitt verbringen sie als Sammelbienen mit der Futtersuche. Männliche Honigbienen werden Drohnen genannt. Sie sind stachellos, etwas größer und breiter als die Arbeiterinnen. Sie haben größere Augen und kräftigere Flügel. Man findet sie nur im Frühjahr bis Anfang des Sommers in einer Anzahl von ca. 500–1000 Tieren im Bienenstock. Ihre Aufgabe ist es, sich mit jungen Königinnen zu paaren. Danach werden sie von den Arbeiterinnen nicht mehr versorgt und aus dem Stock gedrängt oder getötet. Das einzige fortpflanzungsfähige Weibchen im Bienenstock ist die Königin. Sie ist die größte Honigbiene und zeichnet sich durch einen langen, schlanken Hinterleib aus. Auch sie besitzt einen Stachel. Sie lebt 4–5 Jahre und kann bis zu 2 000 Eier am Tag legen.

**Sammeln von Nektar und Blütenpollen** Honigbienen sammeln neben Nektar auch Pollen. Aus dem Nektar stellen sie Honig her, der als Wintervorrat dient. Der Blütenpollen wird als hochwertige Nahrung für die Larven im Bienenstock verwendet. Das Sammeln erledigen die Arbeiterinnen. Dabei übernehmen ihre Beine besondere Funktionen. Mit den Borsten am vorderen und mittleren Beinpaar kämmt die Honigbiene den Pollen aus, der sich in ihrem „Pelz“ verfangen hat. Die Pollen werden in einer Körbchenstruktur am hinteren Beinpaar, den Sammelbeinen, festgedrückt. Dabei entsteht ein Pollenhöschen (▶ Bild 1), das in den Stock transportiert wird.

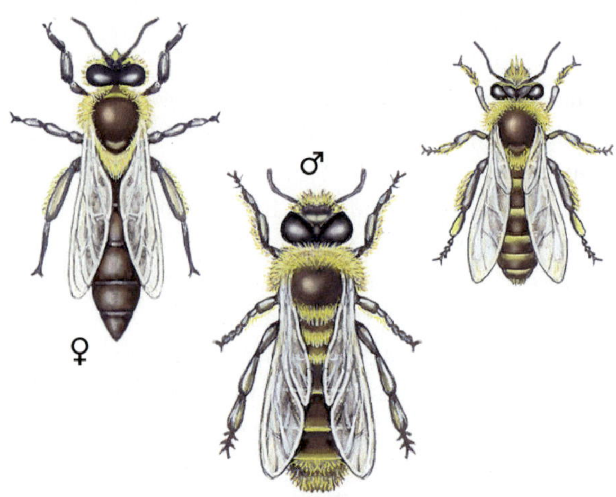


**2** Formen der Honigbiene: Königin, Drohn, Arbeiterin

**Honigbienen sind Pollenüberträger** Bei der Nahrungssuche werden die Arbeiterinnen unabsichtlich zu Pollenüberträgerinnen. Wenn sie an die tief in der Blüte liegenden Nektardrüsen gelangen wollen, müssen sie an Staubblättern und Griffel vorbei: Pollen bleibt im Pelz hängen und gelangt beim nächsten Blütenbesuch auf die Narbe einer anderen Blüte. Handelt es sich um eine Blüte derselben Art, kann die Blüte befruchtet werden.

**Nutztier Honigbiene** Die Honigbiene ist in Deutschland eines der wichtigsten Nutztiere. Die Bedeutung von Honigbienen liegt nicht nur in der Honigproduktion, sondern vielmehr in ihrem Nutzen als blütenbestäubendes Insekt. Manche Pflanzen wie die Erbse sind fähig, sich selbst zu bestäuben oder werden wie das Getreide vom Wind bestäubt. Viele andere Pflanzenarten, besonders Obstpflanzen wie Apfel und Kirsche, sind auf Tiere als Pollenüberträger angewiesen, um Samen und Früchte bilden zu können. Auch Hummeln und Wildbienen verhelfen den Pflanzen zur Fruchtbildung.
Honigbienen sind *blütenstet*. Das bedeutet, dass Arbeiterinnen so lange eine Pflanzenart anfliegen, bis diese verblüht ist. Diese Blütenstetigkeit führt zu einer besonders erfolgreichen Bestäubung der Pflanzen.

**Gefahren für die Bestäuber** Honigbienen sind durch den Einsatz von Pflanzenschutzmitteln in Landwirtschaft und Kleingärten, durch Krankheiten und durch den Klimawandel bedroht.
Kalte Außentemperaturen schaden den Bienen an sich nicht. Honigbienen sind auch im Winter aktiv. Um Wärmeverluste zu vermeiden, schließen sie sich zur „Wintertraube“ zusammen. Dabei sitzen sie dicht an dicht auf und zwischen den Waben und bilden eine Kugelform ▶ Bild 3. Durch Bewegungen erzeugen sie Wärme. Honigbienen und ihre Nachzucht sind eher durch einen milden Winter mit plötzlichem Kälteeinbruch gefährdet: Sie setzen in milden Wintern oft verfrüht ihre Brut an. Wenn es dann erneut kalt wird, müssen die Eier warm gehalten werden, damit sie sich gut entwickeln. Die Honigbienen weichen dann nicht von ihren Eiern, noch nicht einmal, um Futter zu holen. Sie setzen sich der Gefahr aus zu verhungern.
Der Rückgang der Honigbiene bedeutet nicht nur, dass wir Menschen weniger Honig bekommen, sondern vor allem, dass unsere Obsternten geringer ausfallen. Wenn die Honigbiene ganz fehlte, müssten Menschen von Hand mit dem Pinsel die Blüten bestäuben. Früchte würden dadurch sehr viel teurer.

**3** „Wintertraube“

**1** Vergleiche die drei Formen der Honigbiene hinsichtlich ihres Körperbaus und ihrer Aufgaben. Lege eine Tabelle an.

**2** Bei einem Imker vor Ort kann man tote Honigbienen erhalten. Untersuche mit einer Lupe ein Sammelbein einer Arbeiterbiene und fertige eine Zeichnung an.

**3** **A** Erkläre die besondere Bedeutung der Honigbiene.
**B** Beschreibe Gefahren für die Honigbiene.
**C** Beschreibe, was passieren würde, wenn es keine Honigbienen mehr gäbe.

**4** Leite aus dem Text mögliche Maßnahmen zum Bienenschutz ab.

# Die Tanzsprache der Honigbiene

**Informationsübermittlung** Wenn eine Honigbiene eine Blumenwiese oder einen blühenden Baum entdeckt hat, dauert es nicht lange und schon finden sich zahlreiche weitere Honigbienen ein, um Pollen oder Nektar zu sammeln. Sie müssen offensichtlich über die Futterquelle informiert worden sein. Wie können Honigbienen untereinander Informationen austauschen?
Nachdem eine Honigbiene eine Futterquelle gefunden hat, fliegt sie zurück in den Bienenstock. Dort führt sie auf der senkrechten Bienenwabe ganz bestimmte Bewegungsabläufe, die Tänze, aus. Je nachdem, ob das Futter in Stocknähe oder weiter entfernt ist, werden unterschiedliche Tänze durchgeführt. Im dunklen Bienenstock können die anderen Honigbienen nur mit ihren empfindlichen Antennen und Beinen einen Kontakt zur tanzenden Biene aufnehmen. So lernen sie, wo die Futterquelle zu finden ist. Über Geruch und Geschmack von Pollen- oder Nektarproben können die Arbeiterinnen weitere Informationen über die Futterquelle erlangen.

**Rundtanz und Schwänzeltanz** Am häufigsten werden zwei Bienentänze durchgeführt: Rundtanz und Schwänzeltanz. Der Rundtanz erfolgt, wenn die Futterquelle in unmittelbarer Nähe des Bienenstocks liegt. Dabei läuft die Sammlerin einen Kreis und wechselt dann die Laufrichtung ▶ Bild 2. Die Arbeiterinnen im Stock werden durch dieses Verhalten aufmerksam und finden durch Umherfliegen in verschiedenen Richtungen die Futterquelle.
Ist die Futterquelle über 100 m entfernt, führt die Biene einen Schwänzeltanz durch. Die Tanzfigur ähnelt einer Acht. Auf der Mittelachse bewegt die Sammlerin ihren Hinterleib hin und her, sie schwänzelt. ▶ Bild 3. Wenn die Futterquelle vom Stock

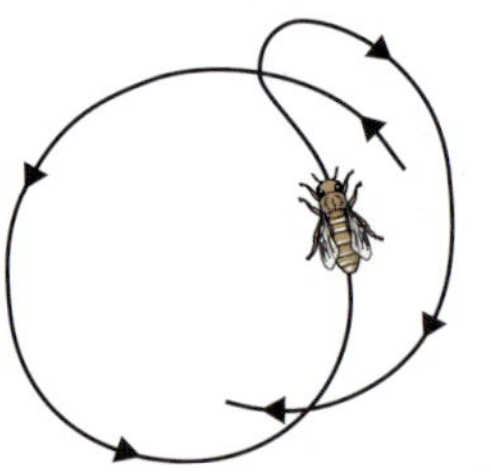

**2** Rundtanz

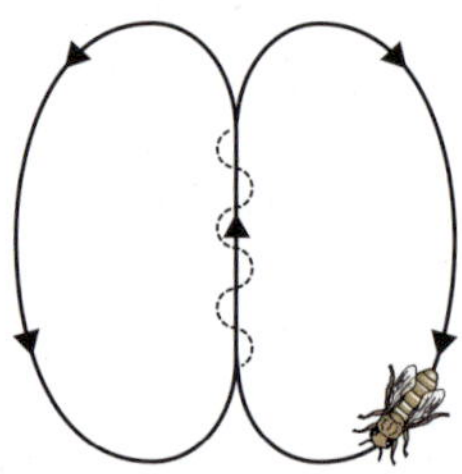

**3** Schwänzeltanz

**1** Kontaktaufnahme im Bienenstock

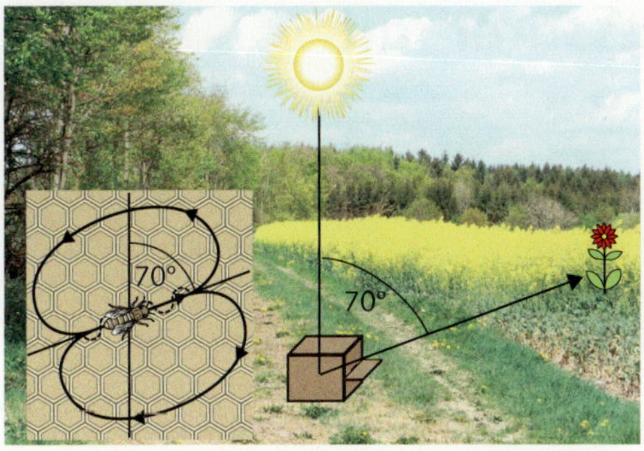


**4** Schwänzeltanz und Lage der Futterquelle in Bezug zum Sonnenstand

aus betrachtet in derselben Himmelsrichtung wie die Sonne liegt, beschreibt der Weg der Sammlerin eine liegende Acht. Dabei läuft sie die Mittelachse mit wackelndem Hinterleib immer senkrecht nach oben ▶ Bild 3. Dies ist die entscheidende Richtungsinformation: Für die Stockbienen liegt die Sonne als Bezugspunkt immer oben, im Vergleich zum Zifferblatt einer Uhr bei 12 Uhr. Schwänzelt die Honigbiene senkrecht nach oben, müssen die Arbeiterinnen also in Richtung des Sonnenstands zur Futterquelle fliegen. Schwänzelt die Biene abweichend davon 70° nach rechts (also Richtung 14 Uhr), müssen die Arbeiterinnen entsprechend in einem 70°-Winkel zur Sonne nach rechts fliegen ▶ Bild 4. Je weiter die Futterquelle entfernt liegt, desto heftiger wird geschwänzelt.

**1** Fasse zusammen, wie Honigbienen kommunizieren. Übertrage dazu die Tabelle in dein Heft und ergänze sie.

| | **Wie werden die Stockbienen informiert über ...** | **Mit welchem Sinn erfassen die Stockbienen ...** |
|---|---|---|
| ... die Entfernung zur Futterquelle? | | |
| ... die Art der Futterquelle? | | |
| ... die Richtung der Futterquelle? | | |



# Bienentänze

**2** **A** Ordne den abgebildeten Bienentanzfiguren (▶ Bilder 5 und 6) die Futterquellen A und B in ▶ Bild 7 zu. Begründe deine Zuordnung.

**B** Zeichne eine Bienentanzfigur für die Futterquelle C.

**5**

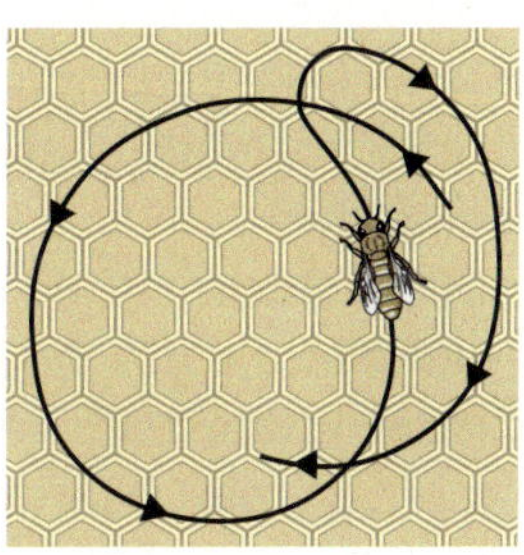

**6**

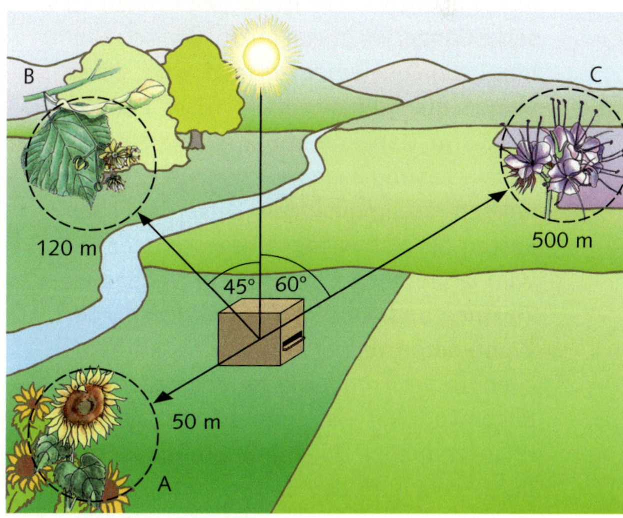


**7**

# Der Regenwurm – Bodenverbesserer mit elf Herzen

**1** Gewöhnlicher Regenwurm

In Deutschland gibt es etwa 40 verschiedene Regenwurmarten. Die bekannteste ist der Gewöhnliche Regenwurm oder Tauwurm ▶ Bild 1. Dieser ist gemeint, wenn wir von „dem“ Regenwurm sprechen.

**Lebensraum und Ernährung** Der Regenwurm gräbt im Boden Wohnröhren bis in 2 m Tiefe. Nachts kommt er an die Erdoberfläche und zieht mit dem muskulösen Mund pflanzliches Material wie Falllaub in seine Gänge, wo es von mikroskopisch kleinen Bodenlebewesen zersetzt wird. Diese verrottenden Pflanzenteile frisst der Regenwurm. Dabei nimmt er auch die Kleinlebewesen und Bodenteilchen auf. Letztere werden zusammen mit unverdaulichen Resten als Kot wieder ausgeschieden. Er wird als eine Art Mörtel zur Innenauskleidung und somit zur Stabilisierung der Wohnröhren verwendet oder als Kothäufchen an der Erdoberfläche abgesetzt. Der Regenwurmkot ist ein hervorragender Pflanzendünger. Durch sein Graben lockert der Regenwurm den Boden, sodass Pflanzenwurzeln und Wasser leichter eindringen können.

**Äußerer Körperbau** Der Regenwurm kann eine Länge von 30 cm erreichen. Er ist in bis zu 180 äußerlich erkennbare Glieder, die Segmente, unterteilt. Regenwürmer gehören zu den *Ringelwürmern*. Der Körper ist mit 4 Doppelreihen Chitinborsten besetzt, die die Fortbewegung in den Wurmgängen wie Spikes unterstützen. Im vorderen Körperdrittel tragen erwachsene Regenwürmer in der Fortpflanzungszeit (von Februar bis August) eine Hautanschwellung, den *Gürtel* ▶ Bild 1. Über den gesamten Körper sind Lichtsinneszellen verteilt. Mithilfe dieser Lichtsinneszellen kann der Regenwurm nur Hell und Dunkel unterscheiden. Regenwürmer erscheinen glänzend. Das liegt daran, dass sie Hautatmung betreiben und ihre Haut daher stets feucht bleiben muss. Sie sind „Feuchtlufttiere“. Trocknet ihre Haut aus, ersticken sie.

**Innerer Körperbau** Nach außen hin wird der Wurmkörper von einem kräftigen *Hautmuskelschlauch* abgeschlossen. Er besteht aus einer Längs- und einer Ringmuskelschicht. Letztere ist mit der Haut verwachsen. Der äußeren Segmentierung entspricht eine innere. In nahezu jedem Segment finden sich ein Paar Ausscheidungsorgane, die den Harn nach außen abführen, und ein Paar Nervenknoten, die *Ganglien*. Diese sind miteinander zu einem *Strickleiternervensystem* verbunden. Da es auf der Bauchseite verläuft, spricht man auch von einem Bauchmark. Mehrere Ganglien im Vorderende bilden zusammen ein sehr einfaches Gehirn.

Der Darm durchzieht den gesamten Körper und gibt die mit der Nahrung aufgenommenen Nährstoffe an das Blut ab. Es transportiert die Nährstoffe zusammen mit dem Sauerstoff zu den einzelnen Organen. Das Herz, in Form eines pulsieren-

2 Paarung bei Regenwürmern. Die weiße Flüssigkeit enthält die Spermienzellen.

4 Eikokons des Regenwurms

den Rückengefäßes, und die 5 Paar Seitenherzen im Vorderende pumpen das Blut durch den Körper. Weil das Blut stets in Blutgefäßen fließt, spricht man von einem *geschlossenen Blutkreislauf*.

**Fortpflanzung** Regenwürmer sind *Zwitter*. Das heißt, jedes Tier bildet Eizellen und Spermienzellen. Dennoch befruchten sie sich nicht selbst, sondern tauschen ihre Spermienzellen bei der Paarung untereinander aus (▶ Bild 2) und speichern sie in den Spermientaschen ▶ Bild 3. Einige Tage nach der Paarung sondert der Gürtel mehrmals zähen Schleim ab, in den der Regenwurm jeweils eine Eizelle und fremde Spermienzellen abgibt. Der Wurm streift den Schleimring ab und dieser erhärtet zum schützenden Eikokon ▶ Bild 4. In diesem findet die Befruchtung der Eizelle statt. Der junge Regenwurm verlässt den Kokon erst nach 3–4 Monaten. Regenwürmer werden 6–8 Jahre alt.

**Regeneration** Wird ein Regenwurm in zwei Teile getrennt, so hat nur die Vorderhälfte eine Überlebenschance, wenn sie nicht zu kurz ist. Dann kann das abgetrennte Hinterstück vom Regenwurm wieder ersetzt werden. Die Fähigkeit, verloren gegangene Körperteile zu ersetzen, nennt man *Regeneration*.

1. Regenwürmer können als „Bodenverbesserer" bezeichnet werden. Erkläre.
2. Nenne die Funktion des Gürtels.
3. Erkläre die Angepasstheiten des Regenwurms an seinen Lebensraum.
4. Will man einen Regenwurm aus seinem Gang ziehen, löst sich sein Hinterende leicht vom Rest des Körpers und zappelt noch einige Minuten heftig.
   **A** Stelle Vermutungen über den Zweck des Zappelns auf.
   **B** Nenne ein weiteres Tier, das diese Angepasstheit zeigt.

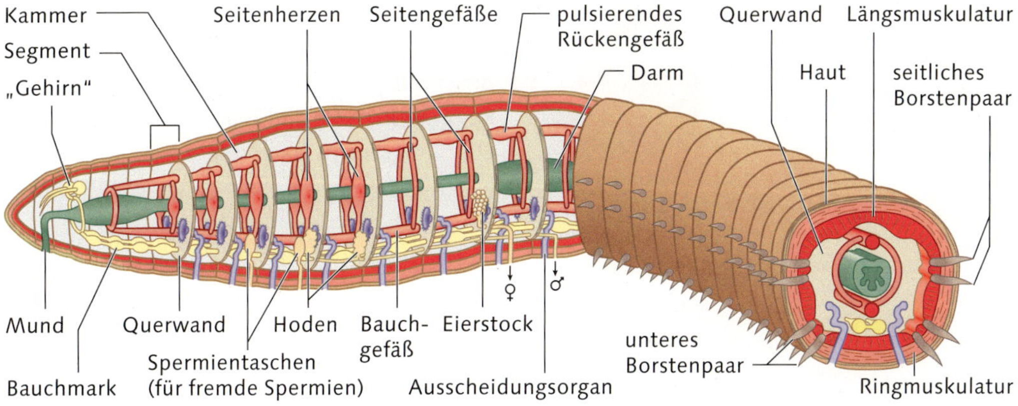



3 Bau des Regenwurms

# Beobachtungen an lebenden Regenwürmern

**Will man kleine Objekte beobachten, ist man häufig auf die Verwendung von Hilfsmitteln wie etwa Lupen und Mikroskope angewiesen. Mit Messgeräten, zum Beispiel einem Lineal, können der Beobachtung genaue Zahlenwerte zugeordnet werden.**

**Tierschutz und Hygiene:** Denke bei deiner Arbeit daran, dass es sich um ein lebendes Tier handelt. Vermeide alles, was es quälen könnte. Achte auch darauf, dass der Regenwurm nicht austrocknet. Befeuchte ihn daher gelegentlich mit etwas Wasser. Wasche dir nach dem Praktikum gründlich die Hände mit Seife. Reinige auch die verwendeten Materialien und deinen Arbeitsplatz.

**Material:** Petrischale, Lupe, Lineal, Uhr (mit Sekundenanzeige), Pinsel, Haushaltsessig, starke Taschenlampe, Glasrohr (ca. 1 cm Innendurchmesser), Tonpapier, große Schüssel oder Präparierschale, Bastelschere, Klebefilm.

**Durchführung:**

**1** Lege den Regenwurm in eine Petrischale und beobachte ihn mithilfe einer Lupe.
- **A** Beschreibe sein Aussehen hinsichtlich Farbe, Gestalt, Gliederung.
- **B** Bestimme Länge und Dicke deines Regenwurms.
- **C** Nenne Unterschiede zwischen Vorder- und Hinterende.
- **D** Ist dein Tier geschlechtsreif? Begründe.

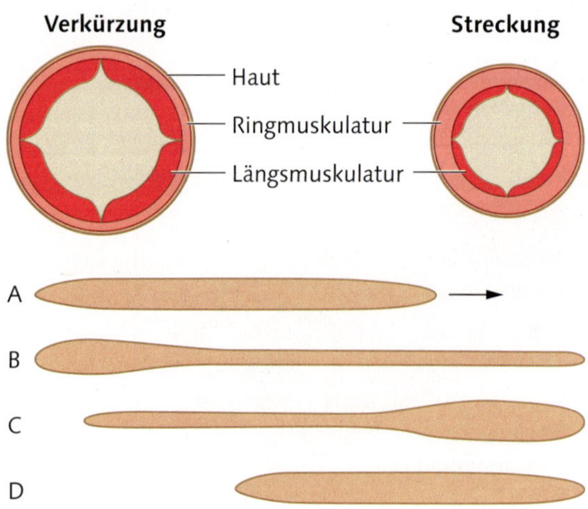


**1** Fortbewegung beim Regenwurm

**2**
- **A** Streiche mit Daumen und Zeigefinger von vorn nach hinten und von hinten nach vorn über den Wurmkörper. Beschreibe den Unterschied.
- **B** Betrachte die Körperseiten mit der Lupe.
- **C** Erkläre die gefühlten Unterschiede.

**3** Welche Veränderungen zeigt der Regenwurmkörper bei der Fortbewegung? Beschreibe.

**4**
- **A** Überlege dir eine Methode zur Bestimmung der Fortbewegungsgeschwindigkeit von Regenwürmern.
- **B** Bestimme die Geschwindigkeit deines Regenwurms (in cm pro min) mithilfe deiner Messmethode.

**5** Tauche einen Pinsel in Essig und ziehe einen Kreis um den Regenwurm.
- **A** Notiere deine Beobachtung.
- **B** Erkläre den Sinn dieser Reaktion.

**6**
- **A** Plane ein Experiment, mit dem man das lichtempfindlichste Körperteil des Regenwurms nachweisen kann.
- **B** Stelle Vermutungen an, wozu der Regenwurm Hell und Dunkel unterscheiden kann.

**Fließdiagramm zur Fortbewegung**

**7** Beschreibe die Fortbewegung des Regenwurms (► Bild 1) anhand eines Fließdiagramms nach folgendem Muster:

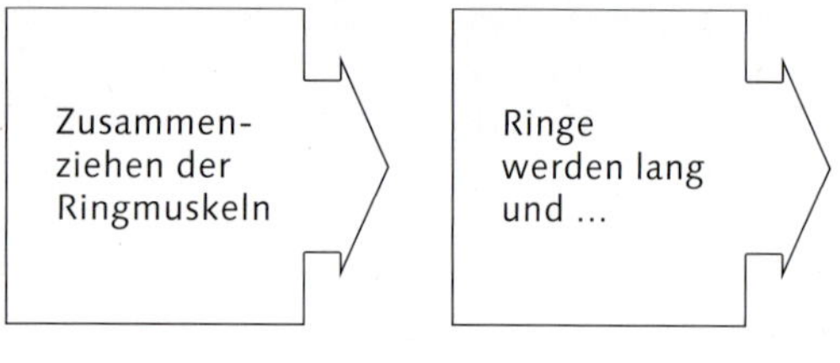

# Die Kreuzspinne – gefräßiger Räuber mit winzigem Mund

In Deutschland gibt es rund 10 Kreuzspinnenarten. Die Gartenkreuzspinne (▶ Bild 3) ist die häufigste. Man findet sie an Hecken und Waldrändern sowie in Gärten.

**3** Gartenkreuzspinne

**Körperbau und Sinnesleistungen** Wie alle Spinnentiere besitzt auch die Gartenkreuzspinne einen zweigliedrigen Körper, der sich aus *Kopfbruststück* und *Hinterleib* zusammensetzt. Am Kopfbruststück sitzen die 8 Punktaugen, mit denen sie nur sehr schlecht sieht. Hier setzen auch die Kieferzangen mit den Giftklauen, die Kiefertaster und die 4 gegliederten Laufbeinpaare an. Sinneshaare an Kiefertaster und Laufbeinen dienen dem Tasten, Riechen, Schmecken und sogar Hören. Am Hinterleib befinden sich 6 Spinnwarzen ▶ Bild 2. Hier münden die Spinndrüsen nach außen. Sie bilden eine Flüssigkeit, die beim Austritt sofort zum Spinnfaden erhärtet.

Der Hinterleib des bis 17 mm langen Weibchens ist aufgrund der paarigen Eierstöcke sehr groß. Die nur etwa halb so großen Männchen sind deutlich schlanker. Der offene Blutkreislauf wird durch das röhrenförmige Herz angetrieben. Die Hämolymphe durchströmt frei den Körper und wird im Bereich der paarigen Fächerlungen mit Sauerstoff angereichert. Als zusätzliche Atmungsorgane dienen röhrenförmige Tracheen. Die Segmente des Spinnenkörpers sind miteinander verwachsen und daher nicht mehr zu sehen. Die einzelnen Ganglien des Strickleiternervensystems sind zusammengewachsen und bilden im Kopfbruststück ein Bauchmark.

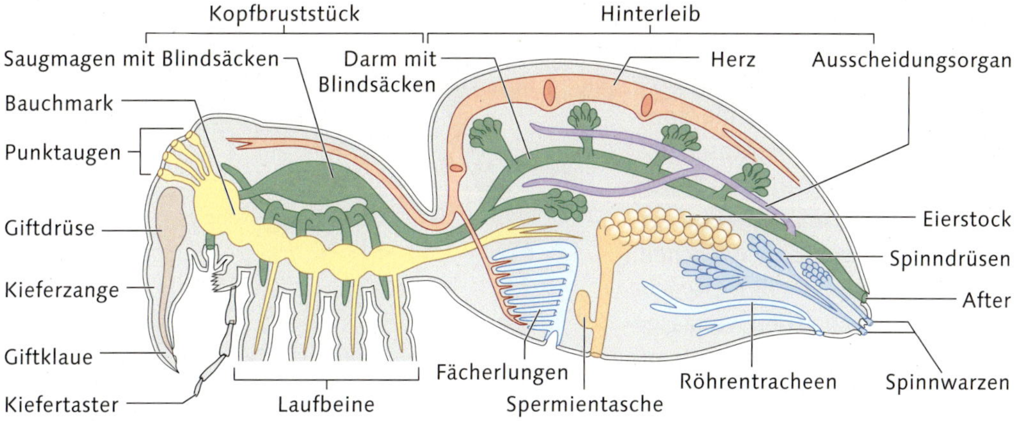


**2** Innere Organe einer weiblichen Kreuzspinne

**Beutefang und Ernährung** Die Gartenkreuzspinne baut fast jede Nacht ein neues Radnetz. Es besteht aus Rahmen- und Speichenfäden ▶ Bild 2. Auf Letztere wird ein Fangfaden spiralförmig aufgebracht. Dieser als Fangfadenzone bezeichnete Netzbereich wird mit Klebtröpfchen versehen und hält die Beutetiere fest. Die Spinne hält sich meist kopfüber in der Netzmitte auf oder versteckt sich neben ihrem Netz. In diesem Fall hält sie über einen Signalfaden Kontakt zu ihrem Radnetz. Vom Beutetier ausgelöste Erschütterungen werden dadurch in ihr Versteck übertragen. Sie wickelt daraufhin die Beute mit Spinnfäden ein ▶ Bild 1. Mithilfe der Giftklaue tötet sie das Insekt. Auch gibt sie zusätzlich aus ihrem Mund Verdauungssäfte in das Tier, die es zersetzen. Man nennt diesen Vorgang *Außenverdauung*. Nun saugt sie die nährstoffreiche Flüssigkeit durch ihren winzigen Mund wieder ein. Zurück bleibt nur die leere Insektenhülle.

**Fortpflanzung und Entwicklung** Im Spätsommer gibt das Kreuzspinnenmännchen einen Tropfen mit Spermienzellen auf ein eigens dafür hergestelltes Gespinst. Mit den Kiefertastern nimmt es die Spermienzellen auf und überträgt sie auf ein paarungsbereites Weibchen. Dabei sind Kiefertaster und weibliche Geschlechtsöffnung so aufeinander abgestimmt, dass nur artgleiche Spinnen sich miteinander paaren können. Die Strukturen passen wie Schlüssel und Schloss zusammen. Man spricht daher auch vom *Schlüssel-Schloss-Prinzip*. Das Weibchen sammelt die Spermienzellen in paarigen Spermientaschen. Im Herbst werden die befruchteten Eier in mehrere Kokons aus Spinnfäden abgelegt. Nach der Eiablage stirbt das Weibchen. Die kleinen Jungspinnen, die den Erwachsenen schon sehr ähnlich sehen, verlassen den schützenden Kokon im darauffolgenden Frühling, erklimmen eine etwas erhöhte Position, bilden einen langen Flugfaden und lassen sich vom Wind in neue Lebensräume tragen. Erst etwa 15 Monate später werden sie geschlechtsreif. Bis dahin müssen sie sich mehrmals häuten, denn sie besitzen ein nicht mitwachsendes Außenskelett aus Chitin.

**1** Die Beute wird mit Spinnfäden eingewickelt.

1. Beschreibe, wie sich Gartenkreuzspinnen ernähren.
2. Spinnfäden werden von Webspinnen vielseitig eingesetzt. Beschreibe 3 verschiedene Aufgaben, die Spinnfäden bei der Gartenkreuzspinne übernehmen.
3. Webspinnen unterscheiden sich deutlich von Insekten, beide haben aber auch einige Gemeinsamkeiten. Nenne je 5 Unterschiede und Gemeinsamkeiten im Körperbau der beiden Tiergruppen. Lege eine Tabelle an.
4. Erkläre mit eigenen Worten, was man unter dem Schlüssel-Schloss-Prinzip versteht.

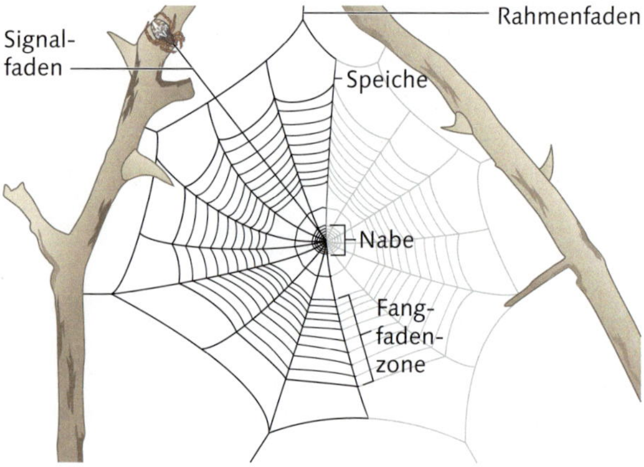


**2** Radnetz der Kreuzspinne

# Spinnentiere – je größer, desto gefährlicher?

Einige Spinnentiere haben starke Gifte für den Beutefang und die Verteidigung. Die allermeisten heimischen Webspinnen besitzen viel zu kleine Giftklauen, um unsere Haut zu durchdringen. Eine Ausnahme ist der Dornfinger ▶ Bild 3. Er ist die einzige Giftspinne Deutschlands, wird bis 1,5 cm groß und lebt am Oberrhein. Aber selbst sein Biss ist für Menschen nicht lebensgefährlich.

**3** Dornfinger

**4** Zecke

1. Viele Menschen halten die großen Spinnentiere für die giftigsten. Prüfe diese Aussage mit der Tabelle ▶ Bild 5.
2. Ermittle anhand der Tabelle das gefährlichste der hier genannten Spinnentiere.
3. Prüfe die Behauptung: „Das gefährlichste Spinnentier Deutschlands ist ungiftig."

| Art | Verletzungen | Todesfälle | Allgemeines (Spinnentiergruppe, Verbreitung, Körpergröße, Sonstiges) |
|---|---|---|---|
| **Schwarze Witwe** → Bild 6 | in den USA etwa 120 pro Jahr | 5 % | Webspinnen; Nord- und Südamerika; bis 15 mm; Biss kann Tod durch Atemlähmung verursachen; ist eine der giftigsten Spinnen |
| **Riesenvogelspinne** → Bild 7 | unbekannt | keine bekannt | Webspinnen; Südamerika; bis 12 cm (Beinspannlänge bis 30 cm, größte Webspinne); Biss ist nicht schmerzhafter und gefährlicher als Wespenstich |
| **Weberknecht** | keine | keine | Weberknechte; Europa, häufig in Gärten; bis 7 mm (Beinspannlänge bis 7 cm); für Menschen völlig ungefährlich |
| **Riesenskorpion** | unbekannt | keine bekannt | Skorpione; Afrika und Arabien; bis 25 cm (größter Skorpion); Stich ist nicht schmerzhafter und gefährlicher als Wespenstich, da er nur wenig Gift einsetzt; seine Beute (z. B. Heuschrecken) kann er mit den kräftigen Scheren töten |
| **Gelber Mittelmeerskorpion** → Bild 8 | jährlich mehr als 1000 | Kinder bis 25 %, Erwachsene etwa 1 % | Skorpione; östliches Mittelmeergebiet und Nordafrika; bis 12 cm; Stich kann zum Tod durch Atemlähmung führen; gilt als einer der giftigsten Skorpione |
| **Zecke** (= Holzbock) → Bild 4 | in Deutschland jährlich rund 300 Hirnhautentzündungen | etwa 1–2 % (durch FSME) | Milben; Europa, Nordafrika; voll gesaugte Zecke bis 1 cm; saugt Blut an Säugetieren und überträgt beim Stich Viren, die Hirnhautentzündung (FSME) auslösen können; Übertragung von Borreliose, einer schwerwiegenden bakteriellen Erkrankung; sie besitzt kein Gift |

**5** Ausgewählte Arten verschiedener Spinnentiergruppen

**6** Schwarze Witwe

**7** Riesenvogelspinne

**8** Gelber Mittelmeerskorpion

# Krebse – Meister der Verwandlung

1 Edelkrebs

**Vielfalt** Von allen Gliederfüßern sind die Krebstiere die vielgestaltigsten. Wasserflöhe (▶ Bild 3) erreichen kaum 3 mm Körperlänge, während die Japanische Riesenkrabbe beinahe 3 m misst. Die Ausbildung von 2 Paar Antennen ist das einzige Merkmal, das bei nahezu allen Krebsen zu finden ist. Diese Tiergruppe hat fast alle Lebensräume erobert: Man findet sie in Bächen und Flüssen, an den tiefsten Stellen der Meere, in extrem salzigen, zeitweilig austrocknenden Wüstenseen, im Grundwasser und sogar an Land, wie etwa die Kellerassel. Weltweit kennt man derzeit über 65 000 Krebsarten.

**Flusskrebse** In Deutschland gibt es 9 Flusskrebsarten, die sich äußerlich sehr ähneln. Davon wurden 6 durch den Menschen hier angesiedelt und lediglich 3 Arten waren ursprünglich bei uns heimisch.

**Edelkrebs** Der früher weit verbreitete und bis zu 20 cm lange Edelkrebs (▶ Bild 1) ist der größte heimische Flusskrebs. Sein Körper besteht aus einem starren Kopfbruststück und einem sehr beweglichen Hinterleib, dessen Segmentierung äußerlich gut zu erkennen ist ▶ Bild 1. Er besitzt am Kopfbruststück 2 Paar Antennen, wobei das kurze Paar als Doppelantenne vorliegt, und 5 Paar Beine, weshalb er auch zur Gruppe der Zehnfußkrebse gehört. Das vorderste Beinpaar dient jedoch nicht dem Schreiten, sondern als große Schere dem Nahrungserwerb und der Verteidigung. Mit den 4 Paar kurzen Hinterleibsbeinen trägt das Weibchen die befruchteten Eier bis zum Schlupf der Jungen. Sie betreibt Brutpflege. Verlieren Flusskrebse mal ein Bein, eine Schere oder eine Antenne, so können diese bei Häutungen ihres Chitin-Außenskeletts allmählich wieder nachgebildet werden. Flusskrebse ernähren sich von Wasserpflanzen und wasserlebenden Kleintieren,

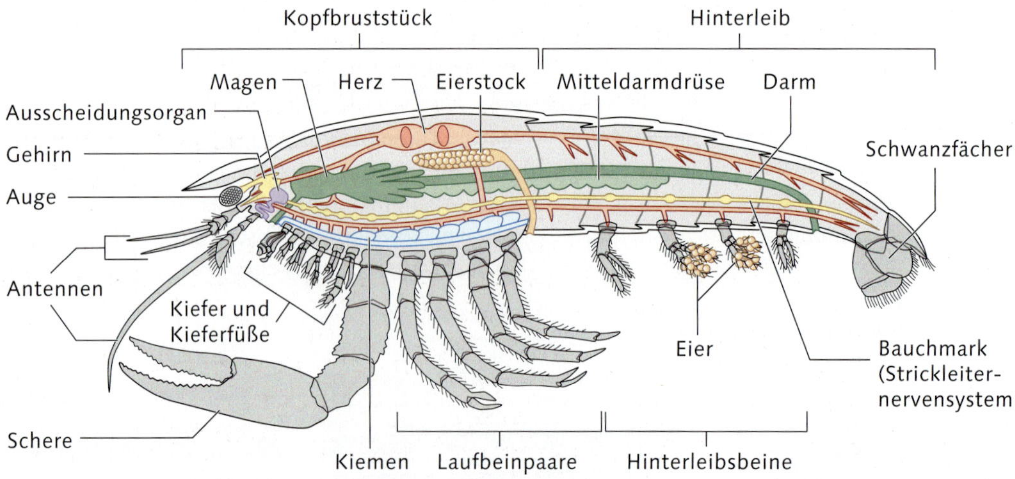


2 Körperbau eines weiblichen Flusskrebses

aber auch von Aas wie etwa toten Fischen. Die mit der Nahrung aufgenommenen Nährstoffe werden durch einen offenen Blutkreislauf im Körper verteilt. Die Hämolymphe wird in den Kiemen mit Sauerstoff aus dem sie umgebenden Wasser angereichert.

Der Edelkrebs benötigt saubere, sauerstoffreiche Gewässer. In Uferböschungen von Bächen und Flüssen bewohnt der nachtaktive Krebs selbst gegrabene Höhlen oder versteckt sich unter Steinen und Wurzeln. Der Edelkrebs war früher eine begehrte Delikatesse und daher eine wichtige Geldeinnahmequelle für die Fischerei.

**Krebspest** Durch die um 1860 aus Nordamerika eingeschleppte „Krebspest", eine Pilzerkrankung, wurden die Edelkrebsbestände in Deutschland binnen weniger Jahre fast vollständig vernichtet. Ab 1890 setzte man daher eine nordamerikanische Flusskrebsart, den Kamberkrebs, in den Gewässern aus. Der sich schnell vermehrende Krebs erkrankt selbst zwar nicht an der Krebspest, überträgt diese aber auf die heimischen Flusskrebse. Hinzu kommt, dass der Kamberkrebs die gleichen Lebensräume und die gleiche Nahrung wie der Edelkrebs bevorzugt. Man sagt, er tritt in *Konkurrenz* mit ihm. Zusammen mit der damals beginnenden Fließgewässerbegradigung und -verschmutzung, die der Kamberkrebs besser verträgt als der Edelkrebs, führte dies dazu, dass sich die Edelkrebsbestände bis heute nicht erholen konnten.

**Weitere Zehnfußkrebse** Die meisten Krebsarten finden wir im Meer. Hier leben ebenfalls Zehnfußkrebse, wobei einige dem Edelkrebs sehr ähnlich sehen, andere sich jedoch deutlich von ihm unterscheiden. Hierzu gehören die Krabben ▶ Bild 4. Sie besitzen keine Hinterleibsbeine und der Hinterleib ist ständig unter das verbreiterte Kopfbruststück geklappt. Sie tragen 2 Paar sehr kurze Antennen. Aber genau wie die Flusskrebse besitzen sie Facettenaugen, mit denen sie gut sehen können. Man findet die Strandkrabbe an allen europäischen Küsten. Sie ernährt sich von Aas, Kleintieren und sogar Artgenossen. Im letzteren Fall spricht man von Kannibalismus.

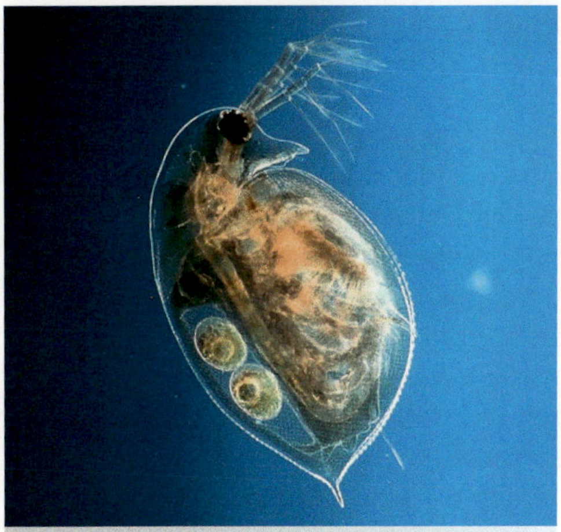

**3** Gewöhnlicher Wasserfloh

1. Vergleiche Mehlkäfer (Insekt) und Edelkrebs (Krebstier) hinsichtlich der Kriterien Außenskelett, Körpergliederung, Flügel, Antennen, Augen, Atmung, Blutkreislauf, Nervensystem. Lege eine Tabelle an.

2. **A** Stelle Vermutungen auf, weshalb der Kamberkrebs in heimische Gewässer eingesetzt wurde.
   **B** Beschreibe die Folgen für den Edelkrebs.

**4** Strandkrabbe

# Kellerasseln – landlebende Krebse

**Körperbau und Lebensweise** Die Kellerassel ist ein Krebs, der ständig an Land lebt. Sie ist fast weltweit verbreitet und ernährt sich von abgestorbenen Pflanzenteilen wie Falllaub. Im Körperbau unterscheiden sich Landasseln stark von den Zehnfußkrebsen ▶ Bild 1. Anstelle der 5 Paar Hinterleibsbeine besitzen sie Hinterleibsplatten, die die Atmungsorgane tragen. Dies sind keine Kiemen, sondern kleine Lungen, die eine Luftatmung ermöglichen.

Dass die Kellerassel von wasserlebenden Asseln abstammt, erkennt man auch daran, dass ihre Eier immer noch Wasser zur Entwicklung benötigen. Hierzu bildet das Weibchen zwischen Bauch und Bauchplatten einen mit Wasser gefüllten Brutraum, in dem sich die Eier wie in einem Miniaquarium entwickeln ▶ Bild 1.

**1** Nenne zwei Angepasstheiten der Kellerasseln an das Landleben.

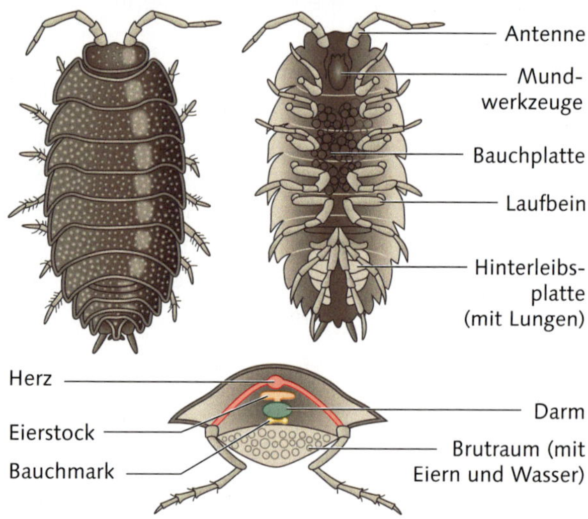


**1** Weibliche Kellerassel von oben und unten sowie im Querschnitt

**Material Methode Praxis**

# Experiment mit Kellerasseln

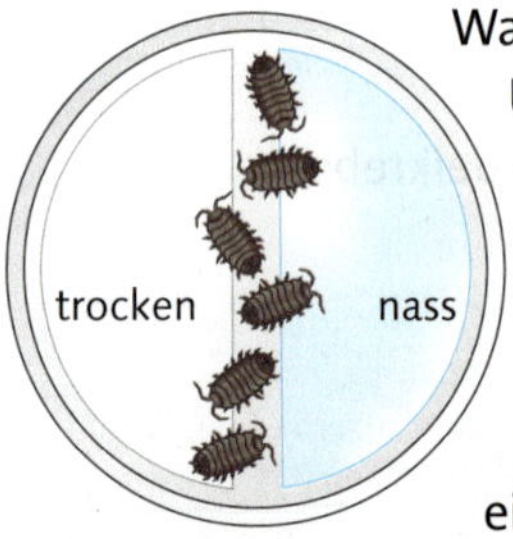


**2** Experiment

Warum leben Kellerasseln im Keller? Um dieser Forscherfrage nachzugehen, wurde ein Experiment durchgeführt ▶ Bild 2: Zunächst legte man eine Petrischale mit trockenem und nassem Filterpapier so aus, dass in der Mitte ein etwa 0,5 cm breiter, „neutraler" Streifen übrig blieb. Auf diesen Streifen setzte man 6 Kellerasseln und notierte alle 60 Sekunden ihren Aufenthaltsort. Die Ergebnisse sind in der Tabelle dargestellt.

| Zeitpunkt der Messung (in Sekunden) | Anzahl der Tiere | |
|---|---|---|
| | feuchte Seite | trockene Seite |
| 60 | 3 | 3 |
| 120 | 5 | 1 |
| 180 | 5 | 1 |
| 240 | 5 | 1 |
| 300 | 5 | 1 |
| 360 | 5 | 1 |

**2** **A** Berechne, wie viele Asseln sich im Experiment durchschnittlich auf der feuchten und wie viele auf der trockenen Seite befanden.

**B** Erkläre die Durchschnittswerte aus Aufgabe 1 A.

**C** Stelle eine Vermutung auf, wie das abweichende Ergebnis nach 60 Sekunden zustande kommen könnte.

**D** Beantworte nun die Forscherfrage.

**E** Prüfe die Ergebnisse mit einem eigenen Experiment. Fertige ein Versuchsprotokoll an.

# Die Verwandtschaft der Gliederfüßer

**Um die Artenvielfalt der Erde besser zu verstehen, ordnen Biologen die einzelnen Arten nach ihrer Verwandtschaft. Dieses Ordnen nennt man auch Systematisieren. Entsprechend heißt das biologische Fachgebiet, das sich mit dem Beschreiben und Ordnen von Lebewesen befasst, Systematik.**

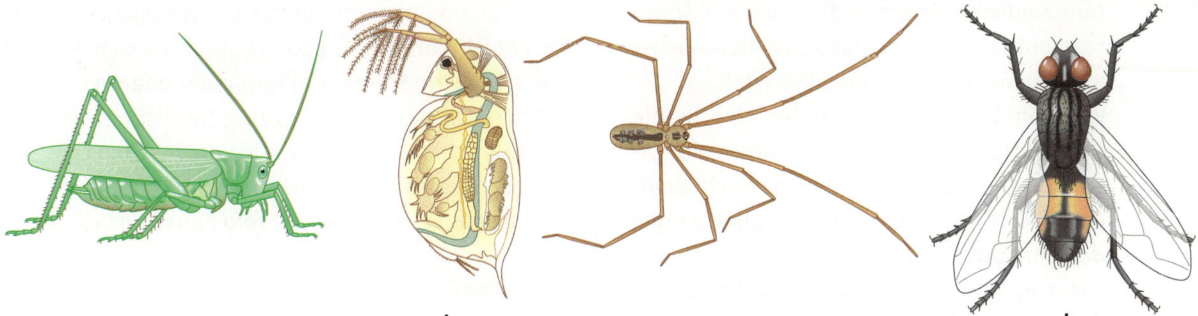

a b c d

**3** Verschiedene Gliederfüßer

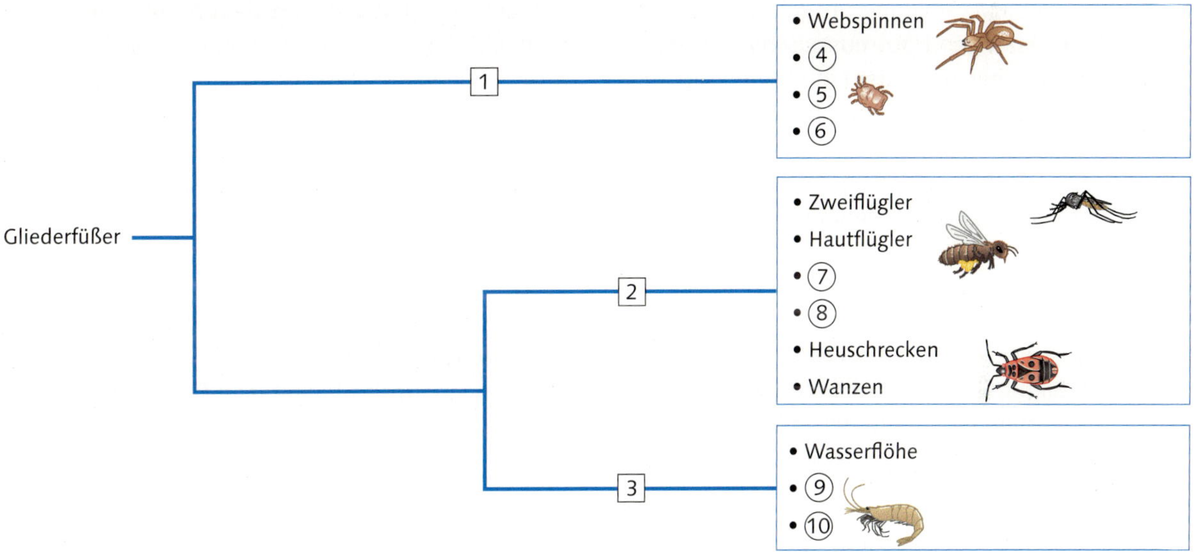


**4** Systematik der Gliederfüßer (jeweils einige ausgewählte Beispiele)

**1** **A** Übertrage das obige Schema (► Bild 4) in dein Heft. Nutze das Blatt im Querformat.

**B** Ordne den Nummern 1–10 folgende Tiergruppen zu (jede Tiergruppe nur einmal einsetzen): Asseln, Weberknechte, Insekten, Spinnentiere, Käfer, Milben, Zehnfußkrebse, Skorpione, Schmetterlinge, Krebse. Nimm die Seiten aus dem Buch zu Hilfe.

**2** Nenne zu den Tiergruppen 1 und 2 je zwei typische Merkmale.

**3** Ordne die oben abgebildeten Tiere (► Bild 3) den Gruppen in ► Bild 4 zu.

**4** Nenne zwei Merkmale, die alle Gliederfüßer gemeinsam haben.

# Zusammenfassung

## Angepasstheit

Die Vielfalt der Wirbellosen ist unvorstellbar groß. Biologen unterscheiden verschiedene Gruppen. Zu den Gliederfüßern gehören Insekten, Spinnentiere und Krebse. Durch unterschiedliche Angepasstheiten in Körperbau und Lebensweise haben Wirbellose fast alle Lebensräume der Erde besiedelt.

Insekten haben einen Körper, der in die Abschnitte Kopf, Brust und Hinterleib gegliedert ist. Sie besitzen 3 gegliederte Beinpaare. Die meisten Insekten haben Flügel und sind daher auch in der Lage zu fliegen. Der Körper ist durch ein Außenskelett aus Chitin geschützt.

Es gibt Wirbellose, denen die Extremitäten fehlen, beispielsweise dem Regenwurm. Durch die Ausbildung des Körpers in Form eines kräftigen Hautmuskelschlauchs ist er an das Leben unter der Erde angepasst. Aufgrund der Fähigkeit zur Hautatmung kann er unter der Erde atmen.

Das biologische Prinzip *Angepasstheit* beschreibt solche Zusammenhänge.

## Struktur und Funktion

Wirbellose ernähren sich unterschiedlich. Die spezielle Struktur der kauend-beißenden (▶ Bild 1), leckenden und stechend-saugenden Mundwerkzeuge der Insekten ermöglicht es, unterschiedliche Nahrung aufzunehmen.

Webspinnen leben räuberisch. Sie besitzen Kieferzangen und Giftklauen, mit denen sie Gift in ihre Beutetiere spritzen und diese töten. Auch bei den Geschlechtsorganen der Spinnentiere stehen Struktur und Funktion im Zusammenhang. Die weibliche Geschlechtsöffnung ist so gebaut, dass sich nur artgleiche Spinnen miteinander paaren können. Diese genaue Passung bezeichnet man als Schlüssel-Schloss-Prinzip.

Solche Zusammenhänge beschreibt das biologische Prinzip *Struktur und Funktion*.

## Reproduktion und Entwicklung

Beim Nachtpfauenauge ist die Lebensdauer als Falter auf 10 Tage begrenzt. Seine wichtigste Aufgabe ist die Fortpflanzung. Die gesamte Entwicklung dauert um ein Vielfaches länger. Im Laufe seiner Entwicklung vollzieht er eine vollkommene Verwandlung ▶ Bild 2. Andere Insekten, zum Beispiel die Heuschrecken, entwickeln sich ohne Puppenstadium. Dies bezeichnet man als unvollkommene Verwandlung. Bis auf wenige Arten sind alle Insekten getrenntgeschlechtig. Unter den weiteren Wirbellosen gibt es vermehrt Zwitter, beispielsweise den Regenwurm.

Dies beschreibt das biologische Prinzip *Reproduktion und Entwicklung*.

**1** Mundwerkzeuge einer Ameise

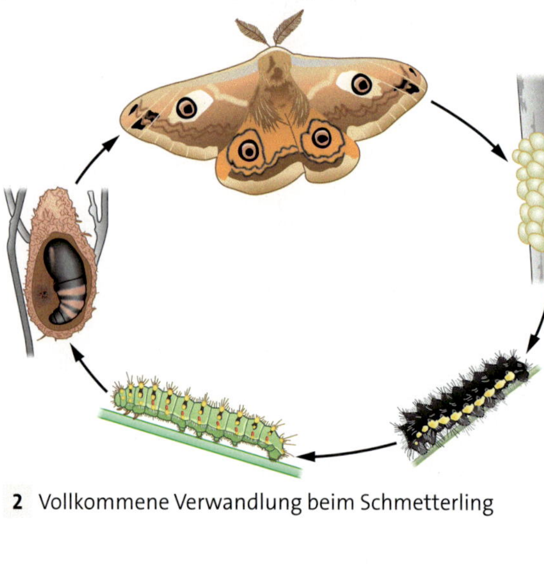

**2** Vollkommene Verwandlung beim Schmetterling

# Teste dich!

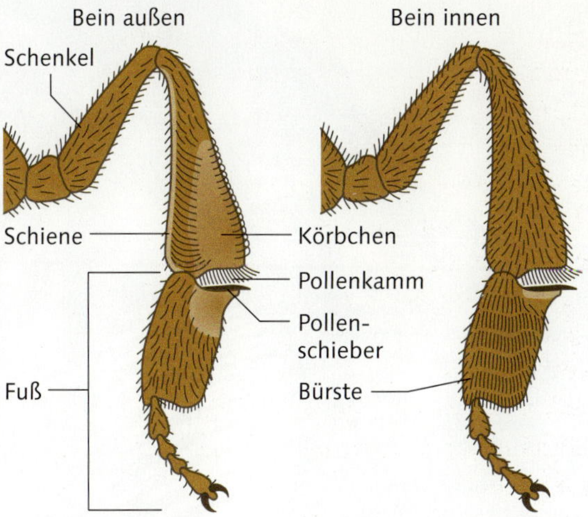


**3** Insektenbein

**1** In ▶ Bild 3 ist ein Insektenbein abgebildet.
- **A** Beschreibe das Insektenbein.
- **B** Vergleiche das Insektenbein mit dem Grundbauplan.
- **C** Leite vom Bau dieses Insektenbeins seine Funktion ab.
- **D** Ordne das Insektenbein begründet einem Insekt zu.

**2** Viele Insekten leben im selben Lebensraum und nutzen unterschiedliche Nahrung.
- **A** Ordne den in ▶ Bild 5 abgebildeten Mundwerkzeugen der Insekten ihre Funktion zu.
- **B** Schließe auf die Nahrung der Insekten.
- **C** Nenne weitere Beispiele für den Zusammenhang von Körperbau und Nahrungserwerb bei Insekten.

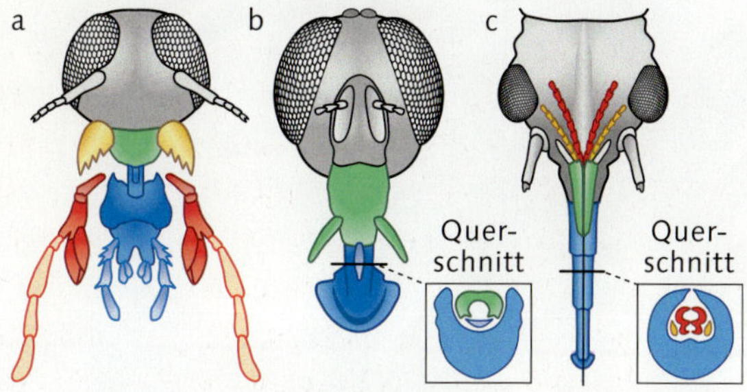


**5** Mundwerkzeuge von Insekten

**3** In ▶ Bild 4 ist die Entwicklung der Stechmücke dargestellt.
- **A** Beschreibe die Entwicklung der Stechmücke. Verwende Fachbegriffe.
- **B** Beschreibe die Angepasstheit der Larve an das Leben im Wasser.

**4** Die Krabbenspinne ist eine häufige einheimische Webspinne ▶ Bild 6.
- **A** Beschreibe ihren Körperbau.
- **B** Vergleiche mit dem Bau von Insekten.
- **C** Nenne 3 Angepasstheiten der Webspinnen an ihre Lebensweise.

**6** Krabbenspinne

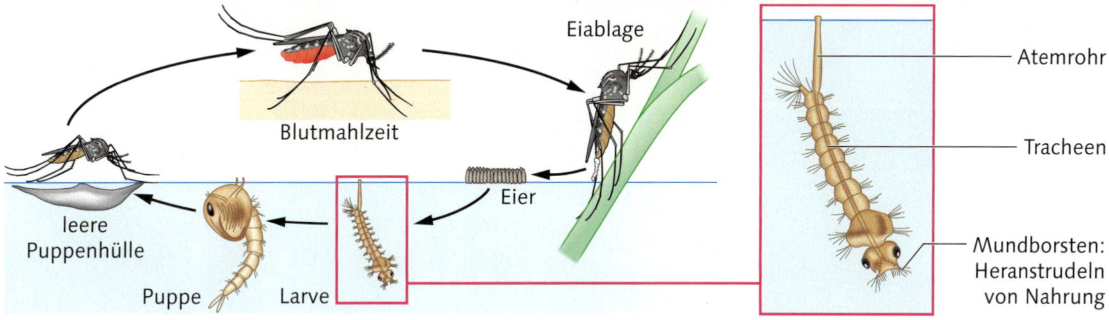


**4** Entwicklung der Stechmücke

▶ Die Lösungen zu den Aufgaben findest du im Anhang.

# Materialien trennen – Umwelt schützen ▶▶

Dinge, die man nicht mehr braucht, gibt es überall: zu Hause, wo sie in der Mülltonne landen, im Wald, wo Bäume im Herbst ihre Blätter abwerfen. Und überall gibt es Tricks, um aus dem Abfall wieder Neues zu machen: Aus Kunststoffflaschen werden Fleecepullis, Biomüll wird zu Kompost und Metall kann man wieder einschmelzen. Aber was macht man mit den Dingen, auf denen eine durchgestrichene Mülltonne zu sehen ist?

# Lernen an Stationen – Abfall trennen

## Trennen durch Luft

**Material:** Abfallmischung aus ganzen Dosen, Tetrapaks, Tüten, Gläsern ..., Föhn oder Ventilator

**Durchführung:** Ein Schüler oder eine Schülerin hält den Föhn fest und schaltet ihn ein. Der andere lässt ein Abfallstück nach dem nächsten durch den Luftstrom fallen.

**Finde heraus:** Welche Verpackungen werden leicht weggeblasen? Welche fallen durch den Luftstrom nach unten?

## Trennen durch Magnete

**Material:** Abfallmischung aus ganzen Dosen, Tetrapaks, Tüten, Gläsern ..., starker Magnet

**Durchführung:** Lege die Abfallmischung auf dem Tisch aus. Führe den Magneten an die verschiedenen Stoffe heran.

**Finde heraus:** Welche Stoffe werden vom Magneten angezogen und welche nicht?

## Trennen durch Schwimmen und Sinken

**Material:** Mischung aus klein geschnittenen Abfällen (Dosen, Tetrapaks, Styropor, Pappe ...), Glas, Steingut, Wanne oder Schüssel, Handtuch

**Durchführung:** Fülle die Wanne mit Wasser und gib ein Stück Abfall nach dem nächsten hinein.

**Finde heraus:** Welche Stoffe sinken im Wasser? Welche Stoffe schwimmen auf dem Wasser?
*Tipp:* Lege den Abfall zum Trocknen auf das Handtuch.

### Trennen anhand der elektrischen Leitfähigkeit

**Material:** Abfallmischung aus ganzen Dosen, Tetrapaks, Tüten, Gläsern ..., 3 Kabel, Batterie, Glühlampe (1,5 V), 2 Klemmen

**Durchführung:** Verbinde die Kabel, die Glühlampe und die Batterie wie in der Abbildung. Klemme dann die Kabel mit einem Abstand von ca. 2 cm an die verschiedenen Abfallstücke. *Tipp:* Die Lampe leuchtet nur, wenn der Stromkreis geschlossen ist. Das bedeutet, dass dann auch das Abfallstück den elektrischen Strom leitet.

**Finde heraus:** Welche Materialien leiten den elektrischen Strom?

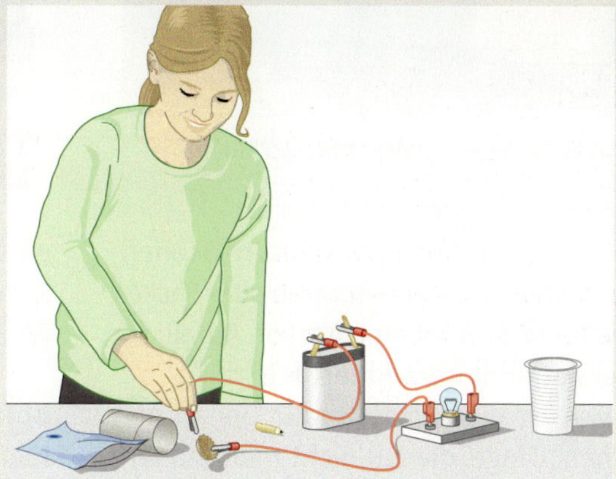

### Trennen durch Auslesen

**Material:** Mischung aus verschiedenen nicht zerkleinerten Plastikabfällen

**Durchführung:** Betrachte die Symbole auf den Verpackungen. Sortiere die Plastikabfälle nach den Symbolen.

**Finde heraus:** Welche Bedeutung haben diese Symbole?

### Trennen durch Lösen

**Material:** Abfallmischung aus Kunststoffen (Styropor u. a.), Aceton (GHS02, GHS07), Becherglas, großes Glas für Abfälle

**Durchführung:** Gib in das Becherglas so viel Aceton, das es ungefähr 1 cm hoch steht. Versuche dann, verschiedene Kunststoffe darin zu lösen.

**Finde heraus:** Welche Stoffe lösen sich gut? Welche lösen sich nicht?
*Tipp:* Gib die Abfälle in das Glas für Abfälle.

# Abfall trennen

**1** Viele Mülltonnen: Welcher Abfall gehört wo hinein?

**3** Der ganze Müll eines Jahres in Deutschland füllt 1,7 Millionen solcher Müllautos.

**Abfall sammeln** Vor den Häusern stehen viele verschiedenfarbige Tonnen oder Säcke. In jede Tonne kommt eine Art von Abfall. So wird er getrennt gesammelt ▶ Bild 1.
Aber was ist eigentlich Abfall? Genau genommen: Dinge, die wir nicht mehr haben wollen und die man auch nicht mehr verkaufen oder verschenken kann.
Auch in der Natur gibt es Abfall: Im Sommer braucht der Baum die Blätter. Im Herbst wirft er sie ab. Der Baum braucht die Blätter nicht mehr. Wir kehren die Blätter dann von der Straße.
Im Wald kehrt niemand. Aber viele Tiere brauchen die Blätter. Sie nutzen sie als Nahrung oder polstern das Nest ▶ Bild 2.
Zurück zu uns Menschen: Jeder Mensch in Deutschland produziert ca. 1,2 kg Abfall am Tag. Das klingt nach wenig. Allerdings sind das jeden Tag 4 800 Müllautos voll Abfall, also über 1,7 Millionen im Jahr. Würde man die hintereinander stellen, ergäbe das eine fast 14 600 km lange Schlange. Das ist ⅓ des Erdumfangs! So viel Müll – will den wirklich niemand haben ▶ Bild 3?

**Abfall ist wertvoll** Anscheinend doch: Immerhin muss jeder Haushalt seinen Abfall sorgsam trennen. Altpapier und Altglas muss man in speziellen Containern entsorgen. Altes Metall kann man auf dem Schrottplatz abgeben. Metallschrott scheint sogar wertvoll zu sein: Gibt man ausreichend Altmetall ab, kann man Geld dafür bekommen.
Besonders wertvoll ist Elektronikschrott: In Handys verstecken sich über 20 verschiedene Stoffe wie Gold, Silber und andere seltene Metalle ▶ Bild 4.

**2** Der Igel braucht Blätter als Polster für sein Nest.

**4** In Handys sind viele wertvolle Metalle enthalten.

**Was passiert mit dem Abfall?** Papier, Glas, Verpackungen, Biomüll und Restmüll werden getrennt gesammelt.
Aus Altpapier wird neues Papier hergestellt. Glas kann man einschmelzen. Daraus macht man dann neue Flaschen und Gläser. Auch verschiedene Arten von Kunststoffen werden getrennt. Man stellt daraus neue Verpackungen her. Der Biomüll wird kompostiert. Nur der Restmüll wird meistens verbrannt oder auf eine Deponie gebracht.

**Gefährliche Abfälle** Dinge mit diesem Symbol dürfen nicht in den Abfall gegeben, sondern müssen gesondert entsorgt werden ▶ Bild 5.
Solche Abfälle sind z. B. Batterien, Energiesparlampen, Reste von Farben und Lacken.

**Verbundmaterialien** Getränkekartons sind sogenannte Verbundmaterialien. Diese sind besonders schwierig zu entsorgen. Getränkekartons bestehen nicht nur aus Pappe: Damit sie wasserdicht werden, sind viele weitere Schichten aufgebracht.
Ganz außen liegt eine Kunststoffschicht. Darunter ist die bedruckte Pappe. Dann folgen eine Kunststoff- und eine Aluminiumfolie, die den Karton lichtdicht machen. Dahinter folgen noch eine oder zwei weitere Kunststoffschichten ▶ Bild 6.

**5** Dinge mit diesem Zeichen dürfen nicht in den Hausmüll entsorgt werden.

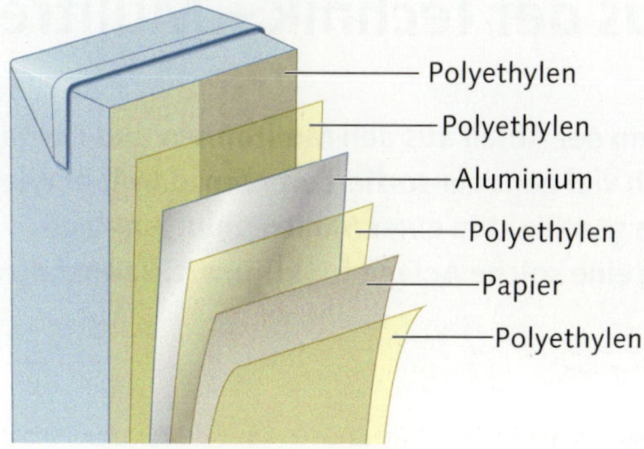


**6** Verbundmaterial

1. Schaue in deiner Schultasche nach, was sich da an Dingen findet, die bald Abfall sein werden. Was sind das alles für Stoffe? Ordne nach Kunststoffen, Papier, Glas, Metallen, Elektronikschrott und Biomüll.
2. Suche zu Hause: Welche Dinge tragen das Symbol mit der durchgestrichenen Mülltonne? Fertige eine Liste an.
3. Beschaffe dir ein kaputtes Handy und öffne es: Was findest du dort alles für Stoffe? (Achtung: Nicht den Akku öffnen!)
4. Schneide einen Getränkekarton in ca. 2 cm × 2 cm große Stücke. Lege die Stücke in heißes Wasser mit Spülmittel. Nach 10 min kannst du versuchen, die Schichten zu trennen. Findest du alle Schichten wie in ▶ Bild 6?
5. Frage beim örtlichen Recyclinghof nach, für welche Abfälle man Geld bekommt.
6. Jana und Tim streiten sich über die beste Getränkeverpackung. Welcher Meinung bist du? Begründe ▶ Bild 7.

**7** Pfandflaschen oder Tetrapaks?

# Aus der Technik – Mülltrennungsanlage

**Wenn der Abfall aus den Mülltonnen und Containern kommt, muss er noch viel genauer sortiert werden, damit er wiederverwertet werden kann. Dies geschieht in einer Mülltrennungsanlage. Wie eine solche Anlage funktioniert, kannst du dem Schaubild entnehmen.**

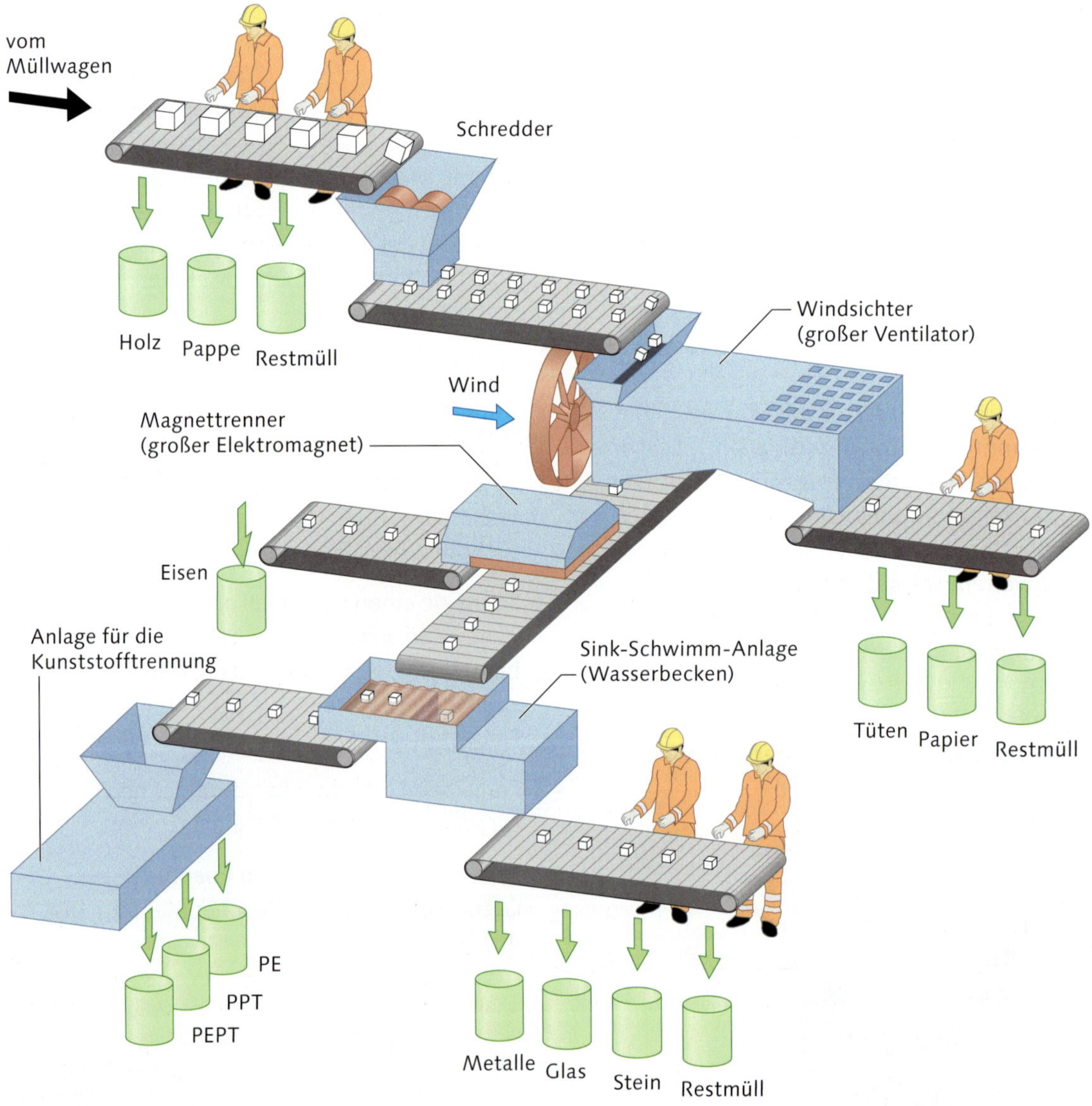


**1** Anlage zur Mülltrennung

1. Beschreibe die verschiedenen Stationen, an denen der Abfall getrennt wird.
2. Erkläre, woran die Maschine „erkennt", welche Art von Abfall vorliegt.
3. An einigen Stellen stehen Menschen an den Förderbändern und sortieren mit den Händen. Begründe, warum hier nicht maschinell getrennt werden kann.

# Aus der Technik – Verpackungen

### Multitalente Verpackungen

Warum bestehen Verpackungen eigentlich aus so vielen unterschiedlichen Stoffen? Verpackungen müssen viele verschiedene Dinge gleichzeitig können. Z. B. muss sich ein Joghurtbecher leicht öffnen lassen. Trotzdem darf er nicht von alleine aufgehen. Er soll leicht sein und dennoch stabil. Dafür ist ein Kunststoffbecher geeignet. Eine Käseverpackung muss sich um den Käse herumwickeln lassen. Eine Brötchentüte aus Plastik würde Brot und Brötchen schnell weich werden lassen. Also muss sie die Feuchtigkeit hindurchlassen. Dafür ist Papier geeignet.

### Was eine Verpackung können muss

Eine gute Verpackung
- sorgt dafür, dass der Inhalt lange haltbar ist.
- ist praktisch beim Verkauf.
- macht Werbung für das Produkt.
- enthält Informationen über den Inhalt.
- sorgt für ein sauberes Produkt.

**1** Schau dir die Verpackungen im ▶ Bild 2 an und ordne ihnen die folgenden Eigenschaften zu:
- leicht
- atmungsaktiv
- kompostierbar
- stapelbar
- stabil
- weich
- bruchfest
- anschmiegsam
- wasserdicht
- wasserdurchlässig

**2** In welche Abfallbehälter musst du die verschiedenen Verpackungen werfen? Fertige eine Tabelle an.

**3** Erläutere, warum einige Verpackungen durchsichtig sind und andere nicht.

**2** Verschiedene Verpackungen

# Giftstoffe

Auf vielen Dingen befinden sich Symbole, die auf Gefahren hinweisen: Kreuze, vergiftete Fische und Bäume oder sogar das Totenkopfsymbol. Auf Energiesparlampen oder elektronischen Geräten ist eine durchgestrichene Mülltonne ▶ S. 143, Bild 5. Diese Gegenstände dürfen nicht in den Hausmüll gegeben werden.

**Gefahrstoffsymbole** Auf allen Stoffen, die für Menschen, Tiere oder Pflanzen gefährlich sind, müssen Zeichen angebracht sein, die auf diese Gefahren hinweisen. Zurzeit sind zwei Arten dieser Symbole in Gebrauch. Die orangefarbenen Symbole sind veraltet und sollen durch die Symbole mit rotem Rahmen ersetzt werden. Allerdings sind noch nicht alle Firmen und Schulen so weit ▶ Bild 2.

Das Kreuz bzw. die Umrisszeichnung des Menschen weisen auf eine Gesundheitsgefahr hin. Solche Stoffe können eventuell Krebs auslösen, die Fortpflanzungsfähigkeit beeinträchtigen oder ein Kind im Mutterleib schädigen.

Umweltgefährliche Stoffe dürfen nicht in die Umwelt gelangen. Sie schädigen Tiere und Pflanzen.

**1** Reinigungsmittel für den Haushalt

**Gifte** Giftige Stoffe erkennt man am Totenkopfsymbol. Von diesen Stoffen geht eine starke bis tödliche Gesundheitsgefahr aus. Batterien oder Akkus, die giftige Stoffe enthalten, sind mit dem Symbol einer durchgekreuzten Mülltonne gekennzeichnet. Meistens ist hier der giftige Stoff genau angegeben: Pb steht für Blei, Hg für Quecksilber, Cd für Cadmium.

**2** Gefahrstoffsymbole neu und alt

1. Suche bei dir zu Hause nach Giftstoffen. Lies dir durch, welche Hinweise zum richtigen Umgang und zur richtigen Entsorgung auf den Etiketten stehen. Fertige eine Liste der Gefahrstoffe an. Notiere die Gefahrstoffsymbole.
2. Im ▶ Bild 1 siehst du verschiedene Produkte, die man zu Hause und im Garten finden kann. Begründe, bei welchen es sogar sinnvoll ist, dass sie giftig sind.
3. Informiere dich über die Giftwirkungen von Blei und Quecksilber.
4. Finde heraus, wo bei dir in der Wohngegend Gefahrstoffe entsorgt werden können.

# Experimente – Giftwirkungen erproben

**Säe für die folgenden Versuche jeweils in zwei kleinen Gefäßen etwas Kresse auf Watte aus. Halte die Samen einige Tage gut feucht, bis sie gekeimt sind. Nun kannst du ausprobieren, welche Stoffe giftig auf die Pflanzen wirken.**

### 1 Kresse und Waschbenzin

Gib auf die einen Pflanzen etwas Waschbenzin (GHS02, GHS08), auf die anderen etwas Wasser. Beobachte nach 2 Tagen, wie sich die Pflanzen mit Wasser und mit Benzin verhalten.

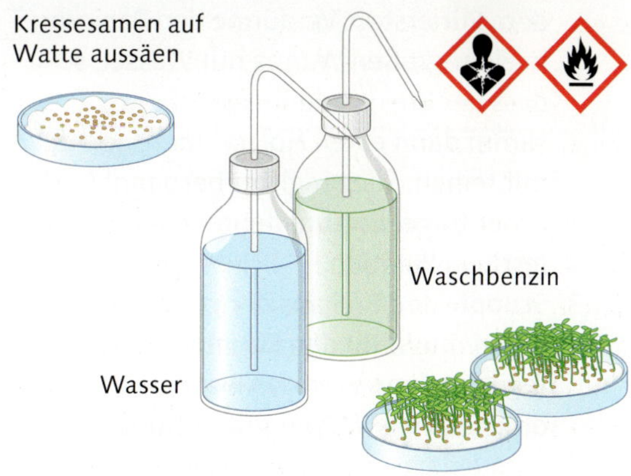


**3** Versuchsdurchführung

### 2 Kresse und Benzindämpfe

Überprüfe, ob auch schon Dämpfe giftig sind. Stelle dazu beide Gefäße mit Kresse in je ein großes Gefäß (z. B. ein Gurkenglas). Gib dann in das eine einen kleinen Becher mit Benzin (GHS02, GHS08). Beobachte nach 2 Tagen, ob schon die Dämpfe auf die Pflanzen wirken.

**4** Versuchsdurchführung

### 3 Kresse und Salz

Um das Eis abzutauen, wird im Winter oft Salz auf die Straßen gestreut. Untersuche, ob Salz für die Pflanzen ein Gift ist.
Gib dazu auf die Pflanzen in einem Gefäß etwas Salz, auf die anderen nur Wasser. Beobachte, wie sich die Pflanzen mit und ohne Salz verhalten.
Du kannst auch mehrere Pflanzen mit unterschiedlich viel Salz bestreuen und so herausfinden, wie viel Salz die Kresse noch verträgt.

**5** Versuchsdurchführung

# Experimente – Recycling

### 1 Papier schöpfen

1. Zerkleinere alte Zeitungen zu kleinen Schnipseln und lass sie in Wasser einweichen. Zerkleinere sie nach 3 Tagen mit dem Pürierstab. Verdünne den Papierbrei in einer großen Wanne mit Wasser, sodass der Brei sehr dünn wird.
2. Nimm dann einen Holzrahmen, den du mit feinem Fliegengitter bespannt hast. (Oder frage die Kunstlehrer nach einem fertigen Rahmen.)
3. Schöpfe den Brei aus der großen Wanne. Dabei musst du den Rahmen gerade halten. Nur dann wird das Blatt gleichmäßig dick. Lass das Wasser gut abtropfen.
4. Lege ein passendes Stück Filz auf den Papierbrei im Rahmen. Drehe den Rahmen um. Löse das Blatt durch vorsichtiges Klopfen so, dass das Blatt auf dem Filz liegt. Lege dann ein weiteres Stück Filz auf das Blatt. Staple jetzt immer Papier und Filz abwechseln aufeinander.
5. Lege ein Brett und schwere Steine auf den Stapel. So presst du das Wasser aus dem Papier.
6. Nimm das Papier später aus dem Stapel und lass es trocknen.

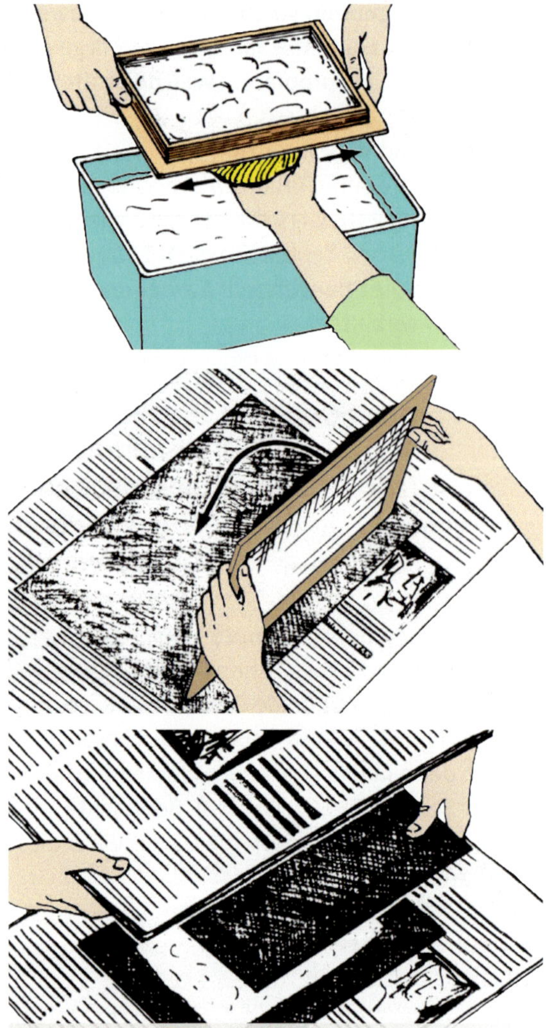
**1** Papier schöpfen

### 2 Plastikplätzchen backen

1. Lege ein metallenes Ausstechförmchen für Plätzchen in eine Schale mit flachem Boden, z. B. eine Glaspetrischale.
2. Fülle in ein Glas ca. 1 cm hoch Aceton (GHS02, GHS07).
3. Gib dann Styropor hinein. Wenn du z. B. Verpackungschips verwendest, nimm ungefähr 30 Stück.
4. Das Styropor bildet bald eine weißliche Masse. Gieße das Aceton vorsichtig ab und fülle die Masse in das Förmchen. Wenn du möchtest, kannst du die Plätzchen jetzt mit Glitzerstreu verzieren. Lass das Plätzchen einige Tage auf der Heizung oder am Fenster trocknen.

**2** Das Plastikplätzchen war vorher eine Styroporverpackung.

# Recycling

**Was ist Recycling?** Recycling bedeutet eigentlich „etwas wieder in den Kreislauf bringen".
Papier, Metalle, wie Eisen, Kupfer oder Aluminium, und Kunststoffe werden nach der Verwendung nicht verbrannt oder deponiert. Sie werden gesammelt, sortiert, gereinigt und wieder aufgearbeitet. Dann kann man etwas Neues daraus machen.

**Papierrecycling** Papier wird aus Holz gemacht. Um neues Papier herzustellen, müssen also Bäume gefällt werden. In Deutschland wurden 2013 über 22 Millionen Tonnen Papier hergestellt. Jeder fünfte Baum, der gefällt wird, wird zu Papier verarbeitet. Damit man nicht so viele Bäume fällen muss, wird Papier recycelt.
Um Recyclingpapier herzustellen, braucht man auch nur 1/3 der Energie und 1/7 des Wassers, als wenn man Papier aus frischem Holz herstellen würde. Zeitungen werden fast ausschließlich auf Recyclingpapier gedruckt. Auch bei Verpackungspapier und Kartons findet man fast nur wiederverwertetes Papier.

**Wie recycelt man Papier?** Zuerst wird Altpapier gesammelt und sortiert. Dann muss die Druckfarbe von den Papieren entfernt werden. Hierzu wird das Papier zerkleinert, eingeweicht und mit einer Art Waschmittel behandelt. Der Papierbrei wird dann auf große Filzbahnen gestrichen. Dort tropft er ab. Dann wird das Papier gepresst, getrocknet und geglättet.
Damit das Papier am Ende weißer aussieht und sich leichter beschreiben lässt, wird oft etwas Kreide zugemischt oder das Papier gebleicht.

1. Nimm einen Bogen Recyclingpapier und einen Bogen neues Papier. Lege deinem Nachbarn beide Bögen zum Beschreiben mit Füller, Kugelschreiber, Bleistift und Filzstift hin. Sag ihm aber nicht, um welche Sorte es sich handelt. Beschreibt dann, welche Unterschiede ihr bemerkt.

2. Nimm einen Packen Papier. Miss, wie hoch er ist, und wiege ihn. Rechne dann aus, wie hoch ein Stapel Papier wäre, der 22 Millionen Tonnen wiegt.

3. Auf einigen Heften steht „holzfrei". Finde heraus, was das bedeutet.

4. Finde heraus, wie Glasflaschen recycelt werden. Achte auch darauf, wie hoch der Energieaufwand und der Rohstoffverbrauch im Vergleich zur Herstellung neuer Flaschen sind.

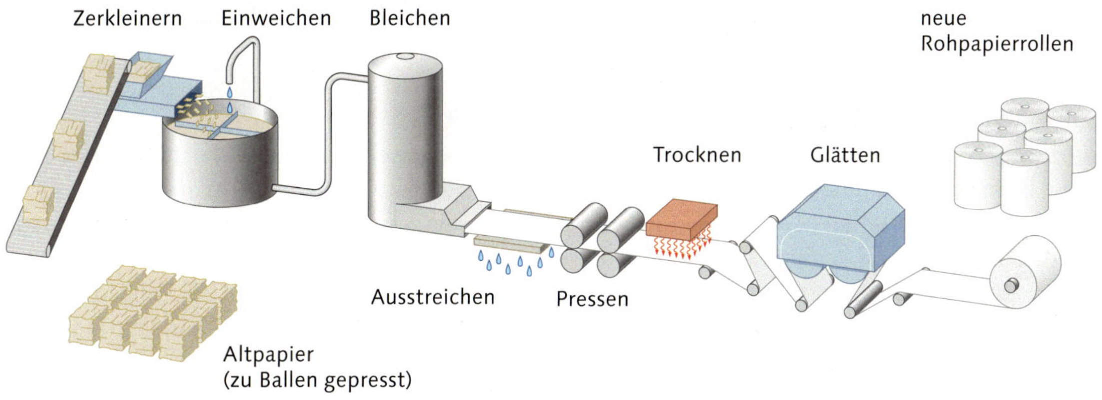


**3** Papierrecycling

# Aus der Technik – Recyclingprodukte

**1** Aus alten Flaschen...

**2** ... werden Fleecepullis

**Fleecepullis aus alten Flaschen** In Supermärkten werden leere Getränkeflaschen aus Plastik gesammelt. Die Flaschen werden in den Sammelautomaten gepresst und gebündelt ▶ Bild 1.
Der Kunststoff wird gereinigt und zu Flocken zerkleinert. Diese kann man dann schmelzen. Drückt man den geschmolzenen Kunststoff durch feine Düsen, entstehen dünne Fäden. Die Fäden kann man dann zu Kleidung verarbeiten. Viele Fleecepullis sind aus solchem Recyclingkunststoff hergestellt ▶ Bild 2.

**Glasrecycling** Glas wird in Containern gesammelt. Dabei gibt es Container für Weißglas, Grünglas und Braunglas. Blaues Glas wird in den Container für Grünglas eingeworfen. Magnete helfen, das Glas von Deckeln zu trennen. Zerkleinert wird es dann eingeschmolzen. Aus der Schmelze kann man neue Flaschen und Gläser herstellen ▶ Bild 3.

**Metallrecycling** Wenn man Eisen, Kupfer oder Aluminium entsorgen will, kann man sie zum Schrottplatz bringen. Je nach Material kann man mehrere Tausend Euro pro Tonne Schrott erhalten. Die Altmetalle werden dort sortiert, gereinigt und gepresst. Die verschiedenen Metalle werden dann zu Stahlwerken transportiert und eingeschmolzen ▶ Bild 4.
Kupfer aus alten Kabeln ist besonders wertvoll. So wertvoll, dass ab und zu Kabel aus Baustellen gestohlen werden.

**3** Flaschen werden aus glühendem flüssigem Glas gepresst.

**4** Auf dem Schrottplatz werden Metalle sortiert.

**1** Stelle in einem Schema (Fließdiagramm) dar, wie Fleecepullis hergestellt werden.

**2** **Zinn schmelzen**
Das Bleigießen zu Silvester ist eigentlich ein Zinngießen. Zinn ist ein Metall, das auch leicht schmilzt, aber nicht so giftig ist wie Blei. Allerdings ist in einigen Packungen noch Blei enthalten.

**A** Reibe etwas Alufolie mit Kerzenwachs ein. Kleide eine Plätzchenform aus Metall mit der Alufolie aus. Lege sie auf eine feuerfeste Unterlage.

**B** Gib etwas Zinn in einen Löffel mit Griff. Erhitze mit dem Bunsenbrenner so lange, bis das Zinn geschmolzen ist.

**C** Gieße das flüssige Metall in die Form. Entnimm das Stück erst, wenn es vollständig erkaltet ist.

# Recycling in der Natur

Pflanzen sind die einzigen Lebewesen, die selbst Energiestoffe bilden. Man bezeichnet sie als *Produzenten*. Tiere, die sich von Pflanzen ernähren, nennt man *Konsumenten*. Die Ausscheidungen dieser Tiere werden z.B. vom Mistkäfer gefressen. Lebewesen (kleine Wirbellose, Pilze und Bakterien), die sich von toten Tieren oder Pflanzen ernähren, bezeichnet man als *Destruenten*. Sie werden auch *Zersetzer* genannt. Was diese dann ausscheiden, wird von Bakterien wieder zu Nährstoffen zersetzt. Nährstoffe sind also das, was im Boden recycelt wird.

**Pflanzenreste werden gebraucht** Pflanzen werfen im Herbst ihre Blätter ab oder sterben. Die Blätter, Stängel und das Holz werden dann gebraucht. Viele Tiere fressen die Pflanzenteile, um daraus Energie zum Leben zu erhalten. Andere Tiere verwenden sie als Baustoffe. Spechte bauen Höhlen in toten Bäumen. Käfer fressen sich Gänge ins Holz. Vögel nutzen Blätter und Moos, um ihr Nest zu polstern ▶ Bild 5.

**5** Wenn im Herbst die Blätter fallen, kann man herrlich durch das Laub toben. Aber wo ist das Laub im nächsten Frühling?

**Pflanzenreste werden gefressen** Der Regenwurm ist das bekannteste Tier, das abgestorbene Pflanzen frisst. Aber auch viele Milben, Springschwänze und Larven ernähren sich von toten Pflanzen. Diese Tiere scheiden dann Kot aus. Aber auch der ist noch kein Abfall: Vom Kot ernähren sich Bakterien, die die Pflanzenreste weiter abbauen. Übrig bleiben nur noch Mineralstoffe, wie sie auch im Pflanzendünger enthalten sind. Diese können wieder von Pflanzen aufgenommen werden ▶ Bild 6.

**6** Pflanzen entnehmen dem Boden nur ganz geringe Mengen an Mineralstoffen.

1. Beschreibe den Stoffkreislauf in der Natur.
2. Finde weitere Beispiele für Tiere im Nahrungskreislauf.
3. Im Herbst kann man oft beobachten, wie in Gärten das Laub aus den Beeten entfernt wird. Nenne Vor- und Nachteile dieser Vorgehensweise.

# Experimente – Recycling in der Natur

1 Querschnitt durch einen Komposthaufen

**1** Beschreibe mit ▶ Bild 1, wie sich Essensreste zu Kompost verwandeln. Begründe, warum in einem Komposthaufen Temperaturen bis zu 60 °C herrschen.

**2** Sammle im Herbst Blätter und presse sie. Bestimme die Bäume, zu denen diese Blätter gehören.

**3** Nimm ein Marmeladenglas und gib etwas feuchte Erde hinein. Lege dann einige Blätter darauf. Beobachte über 2–3 Wochen, wie sich die Blätter zersetzen. Wenn du eine Kamera hast, kannst du regelmäßig Fotos machen. Du kannst auch die Blätter an verschiedenen Stufen der Zersetzung herausnehmen und pressen. Klebe sie dann in der richtigen Reihenfolge auf.

**4** Finde heraus, unter welchen Bedingungen sich Blätter besonders schnell zersetzen. Fülle dazu mehrere Marmeladengläser mit Erde und mit Blättern. Beobachte mindestens 2 Wochen lang:
- **A** bei unterschiedlichen Temperaturen
- **B** bei unterschiedlichen Helligkeiten
- **C** bei unterschiedlich feuchter Erde
- **D** mit oder ohne Luftlöcher im Deckel

**5** Nimm etwas Erde, vermische sie mit Wasser und koche sie 10 Minuten. Gieße dann das Wasser durch einen Kaffeefilter ab. Versuche mit der gekochten Erde, Blätter zum Verrotten zu bringen.

**6** Fasse zusammen, welche Bedingungen Blätter zum Verrotten brauchen.

**7** Nimm ein Marmeladenglas und stelle in die Mitte eine leere Rolle Toilettenpapier hinein. Gib dann feuchte Erde, einige Blätter und einige Regenwürmer zwischen Rolle und Glas. Die Rolle sorgt dafür, dass die Würmer außen sind, wo du sie beobachten kannst. Stelle das Glas an einen dunklen Ort oder umwickle es mit Aluminiumfolie. Beobachte einige Tage, was die Regenwürmer mit den Blättern machen. Lass sie nach ein paar Tagen wieder frei ▶ Bild 2.

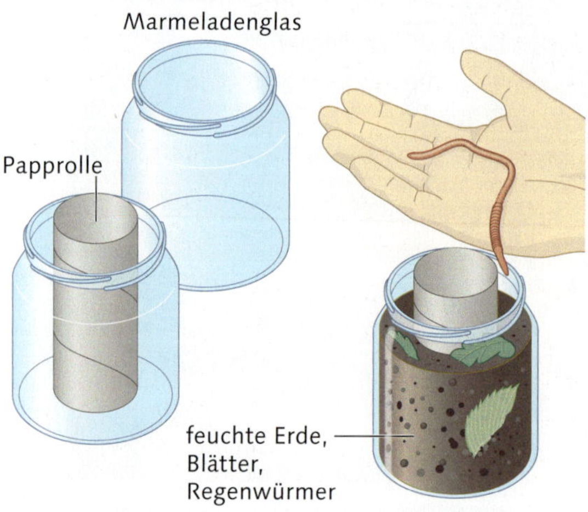


2 In einem leeren Marmeladenglas lassen sich Regenwürmer gut bei ihrer Arbeit beobachten.

# Bestimmen von Wirbellosen in der Laubstreu

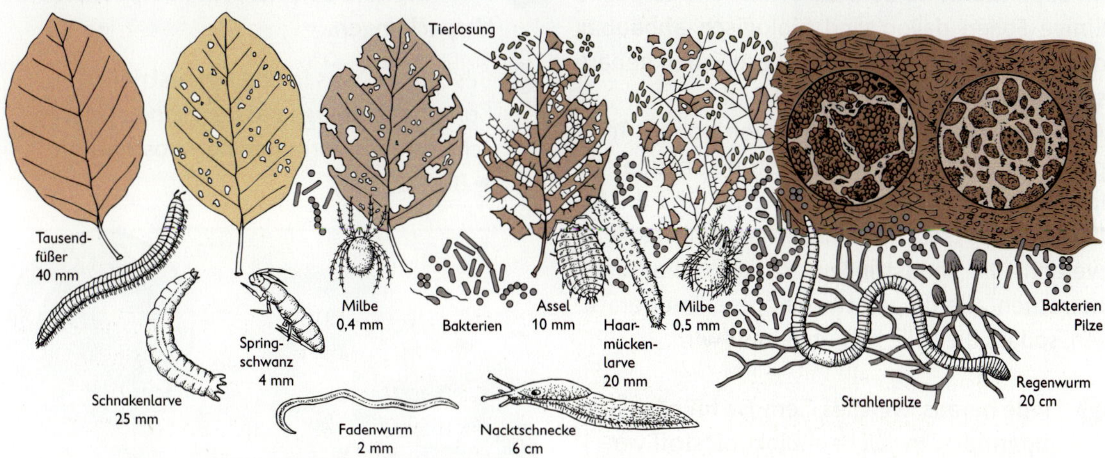


**3** Abbau der Laubstreu und Bildung von Humus

Breite etwas verrottendes Laub und Erde auf Papier aus. Wenn du genau hinschaust, erkennst du ganze Blätter, angefressene Blätter und solche, bei denen man kaum noch erkennt, dass es einmal ein Blatt gewesen ist.
Viele kleine Tiere sind dafür zuständig, heruntergefallenes Laub und andere Pflanzenreste aufzufressen. Die Pflanzenreste werden wieder ausgeschieden. So werden die Blätter langsam wieder zu Erde. In diesem Prozess hat jedes Tier seine Aufgabe ▶ Bild 3.

**4** So kannst du Tiere im Boden finden und bestimmen.

**1** So kannst du Tiere in der Laubstreu finden: Stecke einen Trichter in ein großes Glas, in das du unten ein feuchtes grobmaschiges Tuch legst. Schütte etwas Laub in den Trichter. Beleuchte das Laub von oben mit einer Schreibtischlampe. Die Tiere flüchten vor dem Licht und sammeln sich im Glas. Betrachte die Tiere mit einer Lupe. Wenn du eine gute Handykamera hast, kannst du versuchen, Fotos von den Tieren durch die Lupe zu machen. Schreibe dazu, um welches Tier es sich handelt. Finde mit dem Bild oder einer Bestimmungshilfe heraus, welche Tiere du siehst ▶ Bild 4.

**2** Nimm etwas verrottende Laubstreu und breite sie auf einem DIN-A3-Blatt aus. Nun kannst du die Tiere leicht finden und bestimmen. Nimm eventuell ein Buch und eine Lupe zu Hilfe. Lass die Tiere danach wieder frei.

**3** Betrachte ▶ Bild 3 und beschreibe, welche Tiere welche Aufgaben haben. Ordne den Tieren die entsprechende Aufgabe zu.

| | |
|---|---|
| **Schnecke** | frisst die noch ganzen Blätter an. |
| ... | ... |

# Aus der Technik – Biokunststoffe

Im Supermarkt ist Gemüse oft in Folie verpackt. Einige Folien davon sind biologisch abbaubar, das heißt, Bakterien können diese Folien genauso zersetzen wie alte Blätter ▶ Bild 1. Allerdings brauchen die Bakterien höhere Temperaturen, um diese Biokunststoffe abzubauen. Im Wald oder im Komposthaufen würde die Folie gar nicht oder nur extrem langsam zersetzt werden. In industriellen Kompostieranlagen herrschen allerdings etwas höhere Temperaturen, sodass die Folie hier abgebaut wird.

1. Finde heraus, welches Gemüse im nächsten Supermarkt in solchem Biokunststoff verpackt ist.

2. Fülle 2 Marmeladengläser mit etwas Gartenerde und feuchte sie an. Lege dann in beide Gläser etwas Biokunststoff aus dem Supermarkt und verschließe sie. Stelle ein Glas bei 40 °C in den Wärmeschrank. Das andere Glas bleibt bei Raumtemperatur stehen. Beobachte nach ein paar Tagen.

3. Finde weitere Beispiele für kompostierbare Verpackungen.

4. Beschreibe, was in einer industriellen Kompostieranlage passiert. Finde Unterschiede zum normalen Komposthaufen ▶ Bild 2.

**1** Verpackung aus Biokunststoff

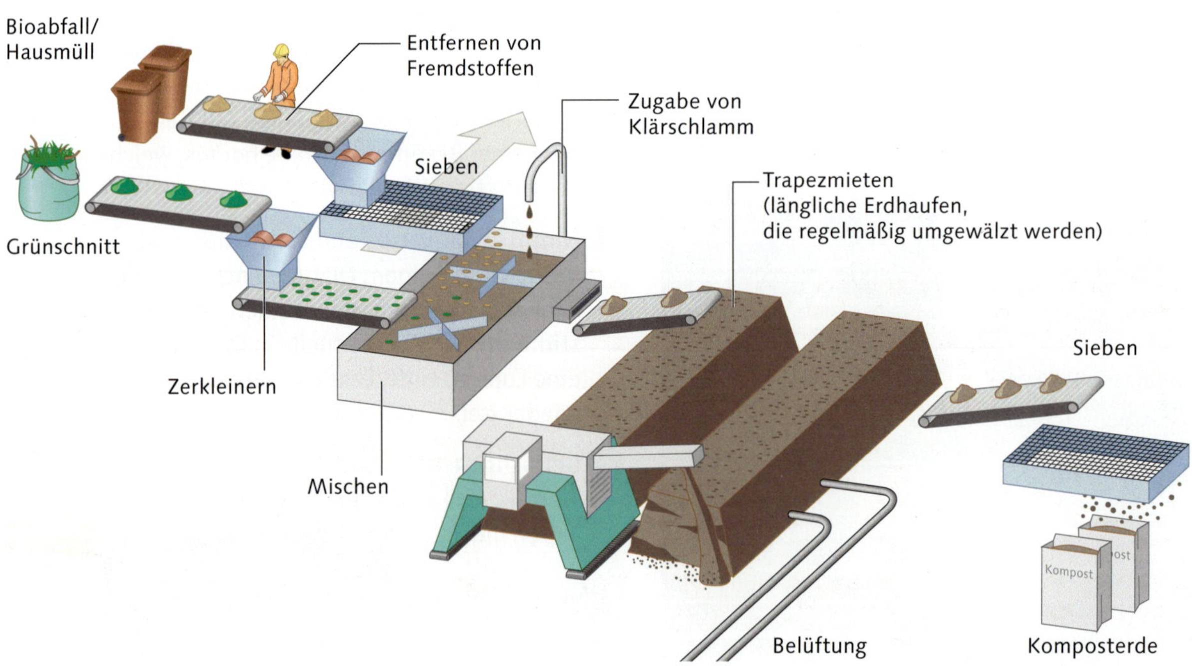


**2** Kompostieranlage

# Selbst erforscht

## Müllvermeidung in der Schule

1. Führt mit eurer Klasse ein Projekt durch: Weniger Müll – die Schule wird sauberer. So könnt ihr auf das Müllproblem aufmerksam machen: Bildet Gruppen und sammelt in der Schule und auf dem Schulhof herumliegenden Müll. Macht Fotos und stellt sie in der Schule aus.

2. Findet heraus, wie viel Müll an eurer Schule entsteht. Wiegt eine Woche lang die Mülleimer in eurer Klasse morgens und nach Schulschluss. Berechnet, wie viel Müll in der ganzen Schule im Jahr entsteht. Wie viel Müll ist das pro Schüler?

3. Überlegt mit der Klasse, wie ihr in der Schule Müll vermeiden könnt. Ihr könnt eure Ideen mit der Schulleitung oder der Schülervertretung besprechen und Vorschläge machen.

## Kompost

1. Beschafft euch aus dem Baumarkt Kompost, Gartenerde und Sand. Betrachtet Proben dieser Stoffe mit der Lupe. Beschreibt eure Beobachtungen ▶ Bilder 3–5.

2. Sät Kresse auf Kompost, Gartenerde und Sand aus. Beobachtet einige Wochen. Auf welchem Boden wachsen die Pflanzen am besten?

3. Einige Gärtner geben nur ungern Rasenschnitt auf den Komposthaufen. Sie meinen, der verrottet viel zu langsam. Stimmt das? Überprüft diese Behauptung mit einem Versuch ▶ Bild 6.
Nehmt etwas Rasenschnitt und legt ihn in einem Marmeladenglas auf Gartenerde. Macht das Gleiche mit ein paar Blättern. Was verrottet schneller?

4. Versucht, normale Orangenschalen und Schalen von Bioorangen in Marmeladengläsern auf Gartenerde verrotten zu lassen. Dokumentiert den Vorgang mit Fotos. Wie erklärt ihr die Ergebnisse ▶ Bild 7?

**3** Kompost

**4** Gartenerde

**5** Sand

**6** Gras auf dem Komposthaufen

**7** Orangenschalen verrotten.

# Zusammenfassung

**1** Abfall wird getrennt und entsorgt.

### Abfalltrennung

Abfall wird getrennt gesammelt. So kann man ihn zu großen Teilen wiederverwerten. Der Abfall wird nach Stoffen und deren typischen Eigenschaften getrennt. Das geschieht in einer Mülltrennungsanlage. Gefahrstoffe müssen gesondert gesammelt werden.

### Recycling in der Technik

Recycling bedeutet, dass man Stoffe wieder verwendet. Papier, Metalle und Glas werden in großen Mengen gesammelt und zu neuen Materialien verarbeitet. Auch Kunststoffe kann man einschmelzen. Dann können aus ihnen z. B. Fleecepullis hergestellt werden.

Es gibt auch Abfall, der nicht recycelt oder kompostiert werden kann. Solche Abfälle werden verbrannt oder auf einer Mülldeponie gelagert.

**2** Metalle werden eingeschmolzen.

**3** Auch Glas wird geschmolzen und zu neuen Flaschen verarbeitet.

### Recycling in der Natur

In der Natur gibt es keinen Abfall. Hier wird alles recycelt. Alle Pflanzen und Tiere sterben irgendwann. Danach werden sie von anderen Tieren gefressen. Die Reste werden von Pilzen und Bakterien zu Mineralstoffen abgebaut. Diese Mineralstoffe nehmen die Pflanzen dann wieder auf. Diese Vorgänge beschreibt das biologische Prinzip Stoff- und Energiewandlung.

**4** Pilze bauen einen toten Baumstamm ab.

### Kompostierung

Auf dem Komposthaufen oder in der Kompostierungsanlage wird Bioabfall abgebaut. Hier nutzt man natürliche Prozesse in der Technik aus.

**5** Eine industrielle Kompostieranlage

# Teste dich!

**1** Nenne alle Arten von Abfall, die du kennst. Gib jeweils mindestens zwei Beispiele an.

**2** Beschreibe, wie du ein Gemisch aus Konservendosen, Papier, alten Kabeln, Glasflaschen und Plastiktüten trennen kannst.

**3** Diese 4 Tiere findest du in der Laubstreu. Benenne sie. Beschreibe, welche Aufgabe sie im Wald haben.

a

b

c

d

**4** Schreibe den Text in dein Heft ab und fülle die Lücken aus. Verwende dabei die folgenden Begriffe:

Gefahrstoffe – Nährstoffen – Recycling – wiederverwertet – Müllverbrennungsanlage – Verbundmaterialien – Destruenten.

Müll wird getrennt gesammelt, damit viel Abfall ______ kann. Bei Papier, Glas und Metallen lohnt sich das ______ besonders. ______ wie z. B. Getränkekartons sind besonders schwierig in ihre Bestandteile aufzutrennen. Stoffe, die nicht recycelt werden können, kommen in die ______. Einige Stoffe sind mit einer durchgestrichenen Mülltonne als ______ gekennzeichnet. Diese Stoffe müssen bei einer Sammelstelle abgegeben werden. In der Natur sorgen die ______ dafür, dass Abfälle von Tieren und Pflanzen verwertet werden. Sie bauen sie zu ______ ab.

**5** Finde die Fehler in den folgenden Sätzen. Schreibe sie dann richtig in deinen Hefter.

In der Mülltrennungsanlage wird Abfall nach seinen Farben getrennt.
Zuerst werden Holzstücke von Hand aussortiert.
Der Windsichter zieht Eisen mit einem Magneten heraus. Eisen ist besonders leicht.
Der Magnettrenner entfernt dann besonders leichte Stoffe, die magnetisch sind. In der Sink-Schwimm-Anlage werden große Teile und Textilien abgetrennt. Sie gehen im Wasser unter.

▸ Die Lösungen zu den Aufgaben findest du im Anhang.

# Blütenpflanzen

Blütenpflanzen sind sehr vielfältig und haben die unterschiedlichsten Lebensräume erobert. Ihr süßer Nektar, die leuchtenden Blütenfarben und besonderen Blütenformen locken Bestäuber wie Bienen, Hummeln und Schmetterlinge an. Diese sorgen bei den meisten Blütenpflanzen dafür, dass Samen und Früchte gebildet werden. Blütenpflanzen spielen auch eine wichtige Rolle für unsere Ernährung. Menschen haben aus Wildpflanzen zahlreiche Nutzpflanzen gezüchtet, zum Beispiel Getreide, Kartoffeln und verschiedene Obstsorten.

# Blütenpflanzen – Bau und Funktion der Organe

**1** Blumenwiese

**Grundorgane der Blütenpflanzen** Pflanzen begegnen uns in vielen verschiedenen Formen und Farben. Die Vielfalt reicht von Obstbäumen über Sträucher bis hin zu Kräutern. Trotz der Vielfalt haben Blütenpflanzen einen gemeinsamen Grundbauplan. Die Grundorgane sind: die *Wurzel*, die *Sprossachse* und das *Blatt*. Blätter unterteilt man in Laub- und Blütenblätter.

Anhand der Sprossachse unterscheidet man zwischen krautigen und holzigen Pflanzen. Krautige Pflanzen wie Wiesenblumen oder Gräser haben eine nicht verholzte Sprossachse. Man spricht auch vom Stängel, der die Blätter und Blüten trägt. Bäume und Sträucher bilden Holz aus, das ihnen Stabilität verleiht. Bäume erkennt man am nach oben wachsenden Stamm, der in die Krone mit kräftigen Ästen übergeht. Die Zweige, die den Ästen entspringen, entwickeln jedes Jahr neue Triebe, an denen sich Blätter und Blüten bilden. Über die Jahre hinweg werden Stamm und Äste immer dicker. Eichen können mehrere Hundert Jahre alt werden und erreichen einen Stammdurchmesser von über 1 m. Sträucher hingegen haben keinen Stamm als Hauptachse. Ihre Sprossachse verzweigt sich meist schon am Boden. Auch Sträucher bilden Blüten aus ▶ Bild 2.

**Wurzel** Die Wurzel verankert die Pflanze im Boden und gibt ihr Halt. Die feinen *Wurzelhaare* bilden oftmals ein weitverzweigtes Netz. Sie nehmen das im Boden gespeicherte Wasser sowie darin gelöste Mineralstoffe auf. *Mineralstoffe* können von der Pflanze nicht selbst hergestellt werden. Sie

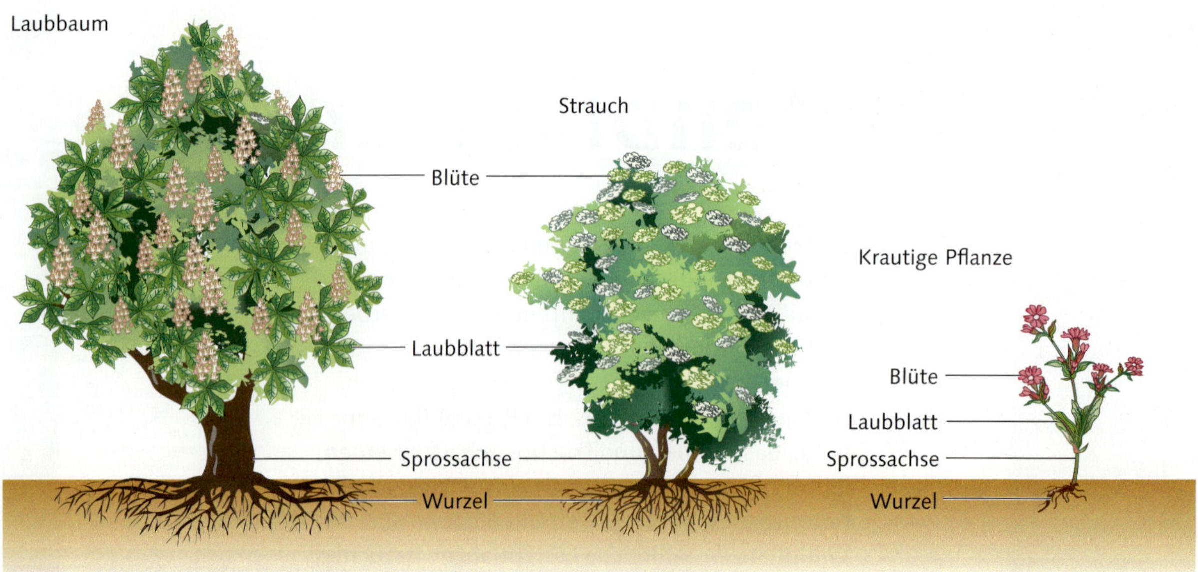


**2** Grundbauplan von Blütenpflanzen

werden für normales Wachstum sowie Vermehrung benötigt. Bei manchen Pflanzen dient die Wurzel auch als Speicher für *Nährstoffe*. Dies sind energiereiche Stoffe wie Traubenzucker oder Stärke, die Pflanzen selbst herstellen können. Pflanzen brauchen sie zum Aufbau des Pflanzenkörpers.

**Sprossachse** Die wesentliche Aufgabe der Sprossachse besteht neben der Stabilisierung der Pflanze in der Weiterleitung einerseits von Wasser und andererseits von Nährstoffen (Traubenzucker). Die Pflanze verfügt innerhalb der Sprossachse über besondere Strukturen, die *Leitbündel*. Dies sind Leitungsbahnen, die aus unterschiedlichen Röhren bestehen. Durch sie wird der Wasser- und Stofftransport von der Wurzel zu den Blättern möglich, ebenso der Transport von in den Blättern gebildeten Nährstoffen zur Wurzel ▶ Bild 3.

**Laubblatt** In den Laubblättern und anderen grünen Pflanzenteilen wird mithilfe von Sonnenlicht energiereicher Traubenzucker hergestellt. Bei diesem Stoffwechselprozess nehmen die Pflanzen Kohlenstoffdioxid aus der Luft auf und geben Sauerstoff ab. Dies geschieht über viele kleine Spaltöffnungen an der Blattunterseite. Das für diesen Vorgang ebenfalls benötigte Wasser gelangt über die Leitungsbahnen in das Blatt. Sie sind im Laubblatt als Blattadern zu erkennen.

**Blüte** Die Blüte ist Teil des Sprosses. Sie setzt sich aus abgewandelten Blättern zusammen und dient der geschlechtlichen Fortpflanzung.

1. Nenne Gemeinsamkeiten und Unterschiede von Blütenpflanzen.
2. Ordne den einzelnen Pflanzenorganen ihre Funktion zu. Lege dazu eine Tabelle an.
3. Beschreibe die Transportvorgänge in einer Pflanze. Nimm ▶ Bild 3 zu Hilfe.

**3** Bau einer Pflanze (Hahnenfuß)

# Funktionen der Pflanzenorgane untersuchen

## Wasserleitung im Spross

**Forschungsfrage:** Welche Aufgabe hat die Sprossachse?

**Vermutung:** In der Sprossachse wird Wasser bis zu den Blättern transportiert.

**Material:** Staudenselleriespross (etwas schlaff), 2 Bechergläser, Karminrot oder rote Tinte, Leitungswasser, Küchenbrettchen, Küchenmesser

**Durchführung:** Schlitze den unteren Teil des Selleriesprosses mit einem Schnitt genau durch die Mitte der Sprossachse ca. 10 cm auf. Fülle in das eine Becherglas Leitungswasser, in das andere gefärbtes Wasser. Die Gläser sollten ca. zu 2/3 gefüllt sein. Stelle die Gläser eng nebeneinander. Stecke den einen geschlitzten Sprossteil in das eine Glas und den anderen Sprossteil in das andere. Achte darauf, dass der Spross nicht nach hinten wegkippt. Eventuell musst du ihn etwas kürzen.
Beobachte über mehrere Stunden, an welchen Teilen der Sprossachse Veränderungen auftreten. Miss stündlich, bis zu welcher Höhe sie auftreten. Notiere deine Beobachtungen in einer Tabelle.

**1** Versuchsaufbau Wasserleitung im Spross

| Zeit in Stunden | 0 | 1 | ... |
|---|---|---|---|
| Stellen mit Verfärbungen | keine | linker Teil vom Stängel | |
| Höhe der Verfärbung in cm | – | 2 | |

**1** Führe den Versuch wie beschrieben durch und protokolliere ihn.

**2** Deute die Beobachtungen mithilfe der Informationen im Grundwissen.

## Funktion der Wurzel

Die folgenden Versuchsaufbauten müssen 3 Tage stehen bleiben. Erst dann kann man ein sicheres Ergebnis erzielen.

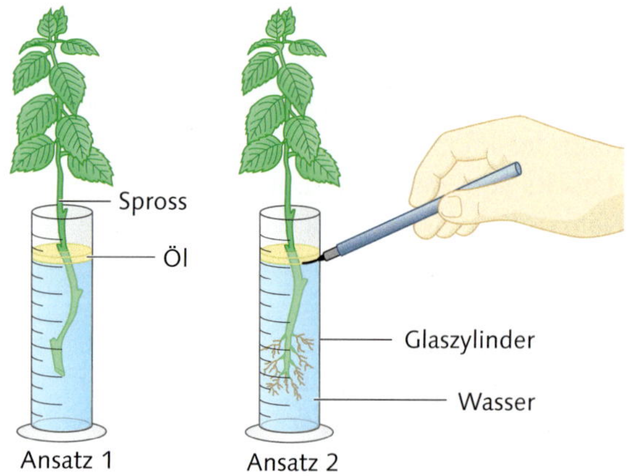


**2** Versuchsaufbau Funktion der Wurzel

**1** Beschreibe den abgebildeten Versuchsaufbau ▶ Bild 2.

**2** Indem man Öl mithilfe einer Pipette auf das Wasser aufschichtet, verhindert man, dass das Wasser verdunstet. Erkläre, warum das hier von Bedeutung ist.

**3** Formuliere eine Forschungsfrage und stelle Vermutungen auf, was passieren wird.

**4** Führe den Versuch durch und vergleiche deine Vermutungen mit dem Ergebnis.

**5** Fülle einen weiteren Glaszylinder bis zur Hälfte mit Wasser. Tauche einen weiteren Spross mit Blättern umgekehrt hinein ▶ Bild 3. Beobachte, was passiert, und ziehe Schlussfolgerungen daraus.

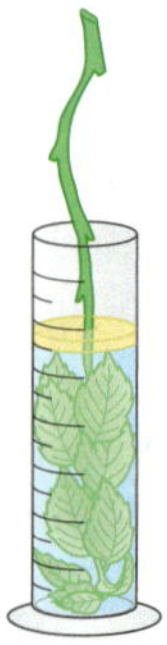

**3** Versuchsaufbau mit umgekehrtem Spross

# Skizzieren und Zeichnen

**Biologen fertigen häufig Zeichnungen von biologischen Objekten an, um deren Aussehen genau darzustellen und festzuhalten. Zeichnen schult deine Beobachtungsgabe und das Vorstellungsvermögen. Skizzen und Zeichnungen bilden das Objekt nicht originalgetreu ab, sondern heben wichtige Merkmale hervor.**

**Material:** weißes DIN-A4-Papier, spitzer, weicher Bleistift, Radiergummi, Buntstifte, Lupe
**Vorbereitung:** Lege das Zeichenmaterial bereit. Beschrifte das Blatt Papier mit deinem Namen und dem Datum. Notiere auch den Namen des Objekts.

## Eine Skizze erstellen

Für einfache Skizzen eignen sich zum Beispiel frische Blätter von Laubbäumen.

**Schritt 1** Lege das Objekt vor dich und skizziere dessen Umrisse mit dem Bleistift. Besonders wichtig ist es dabei, die unterschiedlichen Größen der Blätter sowie die Struktur der Blattränder zu erfassen.

**Schritt 2** Zeichne die groben Strukturen ein, beispielsweise die Blattadern.

**Schritt 3** Weitere Details wie die Verästelungen an den Blättern solltest du an einer ausgewählten Stelle schematisch ergänzen.

**Schritt 4** Beschrifte zum Schluss die Skizze.

**4** Skizzen von Eichen- und Ahornblatt

## Eine Zeichnung erstellen

Als Übungsobjekt eignet sich beispielsweise eine krautige Pflanze. Lege sie auf ein saugfähiges Tuch und betrachte sie genau.

**Schritt 1** Erfasse die Umrisse des Objekts, beispielsweise der Pflanze mit Wurzel. Die Linienführung sollte zart sein, damit du leicht korrigieren kannst.

**Schritt 2** Sobald du mit der Skizze zufrieden bist, ziehst du die Linien nach.

**Schritt 3** Im nächsten Schritt erfasst du die feineren Konturen, zum Beispiel die der Blätter und anderen Pflanzenteile. Nutze dabei eine Lupe. Es ist ratsam, Hilfslinien in den einzelnen Strukturen einzuzeichnen. Bei Bedarf kannst du Buntstifte zum Ausmalen verwenden.

**Schritt 4** Abschließend solltest du die Zeichnung sorgfältig beschriften ► Bild 5.

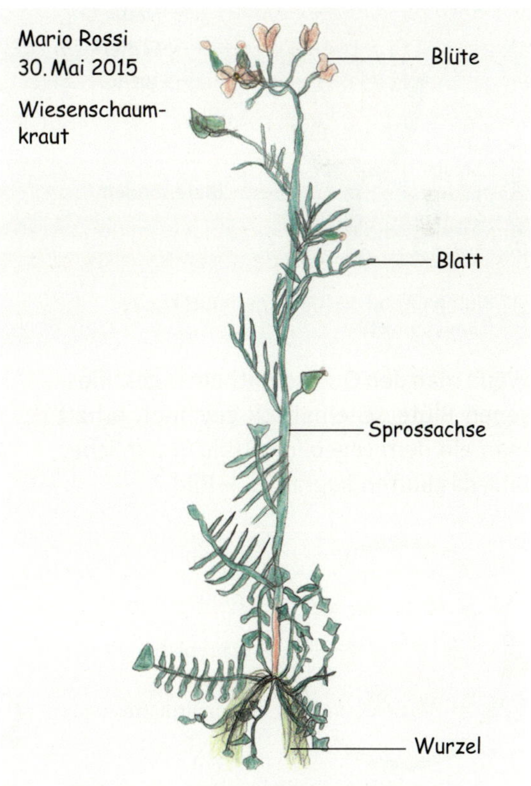


**5** Zeichnung eines Wiesenschaumkrauts

# Krönung der Pflanze – die Blüte

**Die Blüte schmückt die Pflanze** Viele Blüten sind prächtig und außergewöhnlich gestaltet. Sie locken Insekten an. Diese bestäuben die Blüten und tragen so zur Fortpflanzung bei. Für uns Menschen stellt die Blütenpracht eine Augenweide dar.
Blüten sind sehr vielfältig in ihrem Aussehen, haben aber einen gemeinsamen Grundbauplan. Zu den Blütenbestandteilen zählen: Kelchblätter, Kronblätter, Staubblätter und Fruchtblätter.

**Bau der Blüte** Das Wiesenschaumkraut ist eine Wildpflanze mit einfachem Blütenaufbau, die auf Wiesen häufig wächst. Sie besitzt 4 Kelchblätter, 4 Kronblätter, 6 Staubblätter und einen Stempel aus 2 verwachsenen Fruchtblättern.

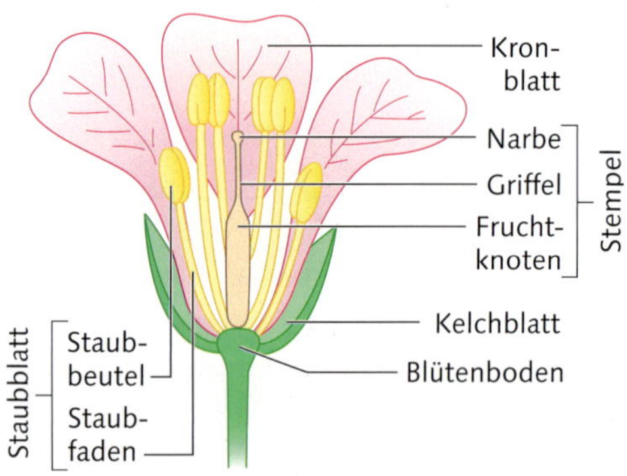


**1** Blütenaufbau des Wiesenschaumkrauts (Längsschnitt)

Wenn man den Querschnitt einer geschlossenen Blüte schematisch zeichnet, erhält man ein dem Legebild (▶ Bild 5) ähnliches Bild, das Blütendiagramm ▶ Bild 2.

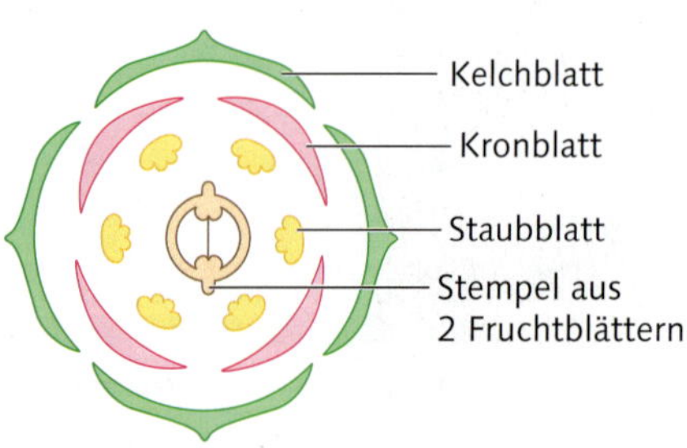


**2** Blütendiagramm des Wiesenschaumkrauts

**3** Blüten des Wiesenschaumkrauts

**Blütenorgane** Die *Kelchblätter* sind an ihrer grünen Farbe zu erkennen. Sie umhüllen die Blüte und schützen sie, bevor sie aufblüht. Nach dem Aufblühen beherrschen die oft farbigen *Kronblätter* das Bild der Blüte. Die Kronblätter locken Insekten an und dienen ihnen als Landeplattform. Weiter innen befinden sich die *Staubblätter*. Sie bestehen jeweils aus einem Staubfaden und einem Staubbeutel. Diese enthalten den *Pollen*, in dem sich die *männlichen Geschlechtszellen* entwickeln. Im Zentrum der Blüte findet man ein oder mehrere Fruchtblätter. Sie können miteinander verwachsen sein und bilden dann den *Stempel*. Er besteht aus Fruchtknoten, Griffel und Narbe. Der Fruchtknoten enthält die Samenanlagen mit der *Eizelle*, der *weiblichen Geschlechtszelle*.

1. Benenne die Bestandteile der Blüte und gib deren wesentliche Funktionen an. Fertige dazu eine Tabelle an.

2. Fasse die Merkmale der Blüte des Wiesenschaumkrauts zusammen.

3. **A** Fertige eine Zeichnung einer Blüte deiner Wahl an und beschrifte sie.
   **B** Vergleiche sie mit der des Wiesenschaumkrauts ▶ Bild 1.

# Untersuchen

**Häufig zerlegen Biologen Objekte, um sie genau zu untersuchen. Man bezeichnet dies als Präparieren. Blüten präpariert man, um ihren genauen Aufbau sowie die Zahl und Anordnung ihrer Bestandteile herauszufinden.**

## Präparation einer Kirschblüte

**Material:** Kirschblüte, Lupe, Pinzette, schwarzer Zeichenkarton oder schwarzer Stoff, Digitalkamera

**Schritt 1** Betrachte zunächst den Bau der Kirschblüte mit der Lupe und ordne die einzelnen Blütenteile zu. Halte dafür die Lupe vor das Auge und schließe das andere. Führe nun die Lupe so lange an das Objekt heran, bis du es scharf siehst. Halte dabei das Präparat mit den Fingerspitzen leicht fest.

**4** Kind betrachtet eine Blüte.

**Schritt 2** Zupfe nun mit der Pinzette die einzelnen Blütenbestandteile der Blüte vorsichtig von außen nach innen ab.

**Schritt 3** Beginne mit den Kelchblättern. Lege sie gemäß ihrer Anordnung an der Blüte ringförmig auf die Pappe oder den Stoff.

**Schritt 4** Verfahre mit den Kronblättern, den Staubblättern und schließlich dem Fruchtblatt ebenso.

**Schritt 5** Fotografiere oder zeichne das Legebild, nachdem du alles gemäß der ursprünglichen Anordnung behutsam zurechtgelegt hast.

1. Beschreibe die Anordnung der einzelnen Blütenteile der Kirschblüte und gib jeweils ihre Anzahl an.
2. Vergleiche das Legebild der Kirschblüte mit dem der Krokusblüte ▶ Bild 6.
3. Präpariere die Blüten von zwei bis drei anderen Pflanzen auf die gleiche Weise. Halte in einer Tabelle fest, wie viele Fruchtblätter, Staubblätter, Kronblätter und Kelchblätter du jeweils findest. Notiere zusätzlich Besonderheiten, die dir auffallen, in einer extra Spalte.
4. Fotografiere dein Legebild oder zeichne es.
5. Erstelle ein Blütendiagramm einer von dir präparierten Blüte.

**5** Legebild einer Kirschblüte

**6** Legebild einer Krokusblüte

# Blüten dienen der Fortpflanzung

**1** Honigbiene beim Besuch einer Kirschblüte

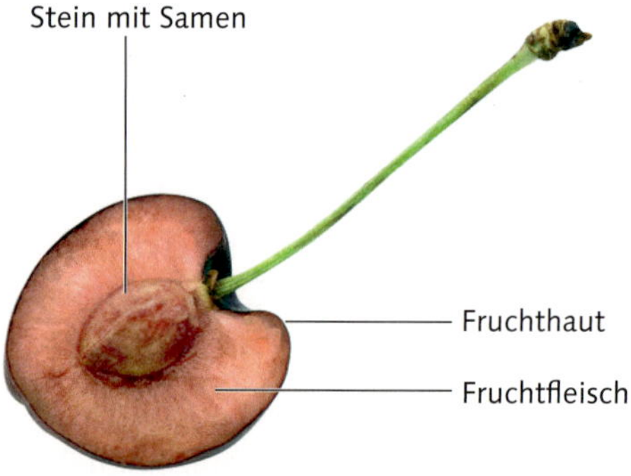


**2** Längsschnitt durch die Steinfrucht der Kirsche

**Insektenbestäubung** Viele Blütenpflanzen wie Rosen, Kirschen oder Tulpen haben auffällige Blüten. Sie locken damit Honigbienen und andere Insekten an ▶ Bild 1. Die Insekten suchen in den Blüten nach Nahrung. Sie saugen mit ihrem Rüssel den *Nektar* auf, eine zuckerhaltige Flüssigkeit, und sammeln den Pollen. Den Nektar stellen die Pflanzen eigens für die Blütenbesucher her. Bienen können diesen zu Honig verarbeiten. Der Pollen dient der Fortpflanzung der Pflanze und als Nahrung für die Insekten. Bei ihrem Blütenbesuch stoßen die Insekten an die Staubbeutel. Dabei bleiben die leichten und klebrigen Pollenkörner an den Tieren hängen. Beim Besuch der nächsten Blüte gelangen einige von diesen Pollenkörnern auf die Narbe des Fruchtblatts. Diese Übertragung von Pollenkörnern auf die Narbe einer anderen Blüte nennt man *Bestäubung*.

**Befruchtung** Auf der Narbe bilden die Pollen kleine Schläuche aus. Diese Pollenschläuche wachsen durch die Narbe und den Griffel bis zum Fruchtknoten. Der Fruchtknoten enthält die *Samenanlage* mit der *Eizelle*, der weiblichen Geschlechtszelle. Die männliche Geschlechtszelle, die sich im Pollenschlauch befindet, verschmilzt mit der Eizelle, wenn er diese erreicht. Diesen Vorgang bezeichnet man als *Befruchtung* ▶ Bild 3. Bei der Befruchtung entsteht ein neues Lebewesen mit Eigenschaften von beiden Elternpflanzen. Pflanzen können sich also ebenso wie Tiere *geschlechtlich fortpflanzen*.

**Samen und Früchte** Nach der Befruchtung der Eizelle kann sich aus Teilen der Blüte eine Frucht entwickeln. Die Kelchblätter, die Kronblätter und die Staubblätter welken und fallen ab. Auch die Narbe vertrocknet. Die Blüte verblüht. Aus der befruchteten Eizelle entwickelt sich ein *Pflanzenembryo*. Er enthält die Anlagen für die Grundorgane der Pflanze: die Wurzel, die Sprossachse und die Blätter. Das Wachstum des Embryos stoppt zunächst, wenn er eine bestimmte Größe erreicht hat ▶ Bild 3. Erst während der Keimung wächst der Embryo weiter. Die dafür benötigten Nährstoffe werden ebenfalls in der Samenanlage gespeichert. Dieser Nährstoffspeicher und der Embryo sind von einer schützenden festen Samenschale umgeben. Sie entwickelt sich aus der Wand der Samenanlage. Der Embryo, der Nährstoffspeicher und die Samenschale bilden zusammen den *Samen*. Bei der Kirsche entstehen aus dem Fruchtknoten außerdem noch eine harte Schicht (Stein), das Fruchtfleisch und die Fruchthaut ▶ Bild 2. Sie bilden zusammen die Frucht, die den Samen umgibt.

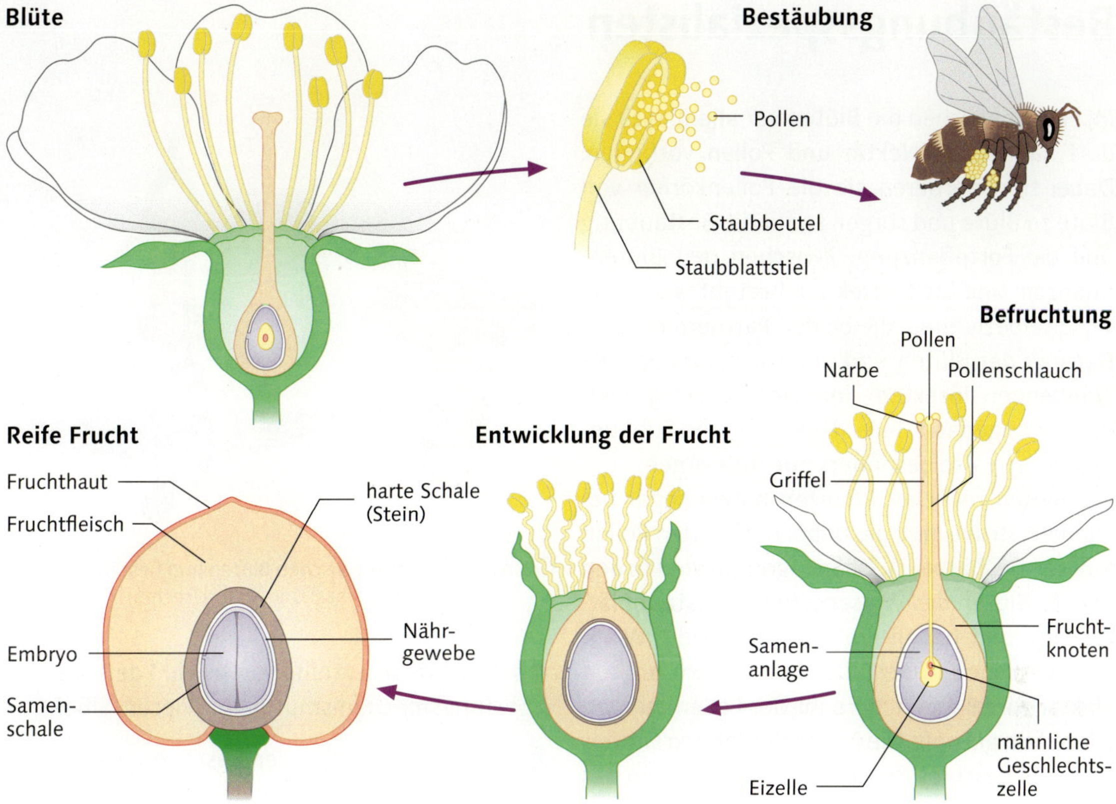


**3** Entwicklung einer Kirsche – Bestäubung, Befruchtung und Bildung der Frucht

**Windbestäubung** Nicht alle Blüten werden durch Bienen oder andere Insekten bestäubt. Einige Bäume wie Kiefer, Birke oder Haselnuss und viele Gräser (▶ Bild 4) bilden riesige Mengen Pollen, die vom Wind mitgerissen und weit verteilt werden. Durch die große Menge an Pollen ist es sehr wahrscheinlich, dass die meisten Narben der weiblichen Blüten dieser Pflanzen bestäubt werden.

**4** Gräser bilden großen Mengen Pollen.

1. Erkläre den Unterschied zwischen Bestäubung und Befruchtung.
2. Vergleiche die Blüten insektenbestäubter und windbestäubter Pflanzen ▶ Bilder 1 und 4.
3. Imker verleihen Bienenvölker an Gärtnereien und Obstbauern. Erkläre den Nutzen für diese und den Imker.
4. Insekten werden nicht nur durch den süßen Nektar zu den Blüten gelockt. Stelle Vermutungen auf, wie Pflanzen Insekten noch anlocken können.
5. Ordne den Teilen einer reifen Kirschfrucht (▶ Bild 2) die Teile der Blüte zu, aus denen sie entstanden sind ▶ Bild 3.
6. Für Pflanzen ist es günstiger, den Insekten Nektar statt Pollen als Nahrung anzubieten. Erkläre.
7. Vergleiche die geschlechtliche Fortpflanzung bei Pflanzen mit der geschlechtlichen Fortpflanzung bei Wirbeltieren.

# Bestäubungsspezialisten

Insekten besuchen die Blüten vor allem, weil sie dort nahrhaften Nektar und Pollen vorfinden. Dabei transportieren sie die Pollenkörner von Blüte zu Blüte und sorgen so für die Bestäubung und die Fortpflanzung. Zwischen den Blütenpflanzen und den Insekten besteht also eine Wechselbeziehung, die beiden Partnern nützt.
Der Bau der Blüten und der Körperbau der bestäubenden Insekten sind wechselseitig aneinander angepasst. Ihre Strukturen und Funktionen passen also besonders gut zusammen.
Die Blüten mancher Pflanzen haben sogar besondere Strukturen, die dabei helfen, den Pollen auf den Bestäuber zu übertragen. So sind in den jungen Blüten des Wiesensalbeis die Staubblätter lang und haben ein Gelenk ▶ Bild 1. Wenn eine Hummel in die Blüte kriecht, um an den Nektar zu gelangen, wird ihr der Pollen auf den Hinterleib getupft. Die Narbe des langen Griffels ist dabei geschlossen. In den älteren Blüten des Wiesensalbeis sind die beiden Staubblätter vertrocknet und die Narbe ist geöffnet.

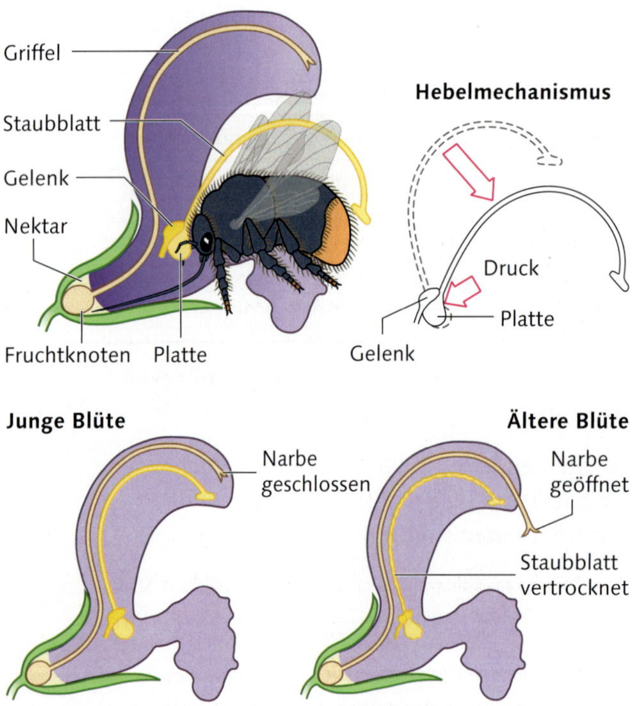


**1** Bestäubungsmechanismus beim Wiesensalbei

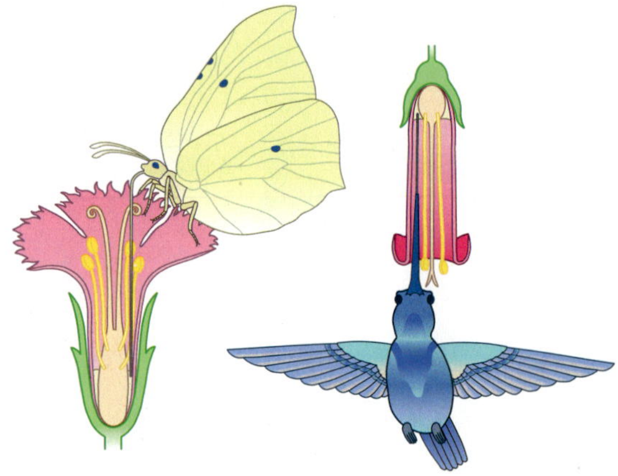

**2** Angepasstheit zwischen Blüten und Bestäuber: Schmetterling (links) und Kolibri (rechts)

**1** Beschreibe mithilfe von ▶ Bild 1 den Bestäubungsmechanismus beim Wiesensalbei.

**2** Untersuche selbst den Bestäubungsmechanismus an einer Blüte des Wiesen- oder Klebrigen Salbeis. Verwende einen spitzen Bleistift, um zu zeigen, was passiert, wenn eine Hummel in die Blüte hineinkriecht.
**A** Untersuche alte und junge Blüten.
**B** Beschreibe deine Beobachtungen.

**3** **A** Erkläre, welchen Vorteil der Bestäubungsmechanismus beim jungen Wiesensalbei hat.
**B** Erkläre, welchen Vorteil der unterschiedliche Bau von jungen und alten Blüten des Wiesensalbeis hat.

**4** In einigen Fällen sind der Bau der Blüte und der Körperbau der Bestäuber besonders stark aneinander angepasst.
**A** Beschreibe die Bestäubung durch Schmetterlinge und Kolibris ▶ Bild 2.
**B** Nenne die Vor- und Nachteile einer solchen Angepasstheit.

**5** Viele Blütenpflanzen werden wegen ihres schönen Aussehens aus der ganzen Welt nach Deutschland gebracht. Erkläre, warum viele dieser nicht einheimischen Pflanzen hier keine Früchte tragen.

# Ausbreitung von Pflanzen durch Samen

**3** Wie kommt die Birke dort hin?

**4** Löwenzahn wächst auf einer Mauer.

**Samen machen Pflanzen beweglich** Ab und zu kann man Pflanzen an Stellen entdecken, an denen man sie kaum vermutet hätte. Sogar zwischen den Pflastersteinen auf dem Schulhof kann man winzige Pflänzchen finden, in der Dachrinne wächst eine kleine Birke (▶ Bild 3) und auf der Friedhofsmauer stehen Löwenzahnpflanzen ▶ Bild 4. Da niemand die Pflanzen dort absichtlich eingepflanzt hat, müssen sie auf anderem Weg an diesen Ort gelangt sein.

**Samen und Früchte** Nach der Befruchtung entwickelt sich im Fruchtknoten ein Samen. Er besteht aus dem Embryo, dem Nährstoffspeicher und der schützenden Samenschale. Bei den Blütenpflanzen entwickelt sich außerdem noch eine Frucht, die den Samen umgibt. Sie entsteht meist aus den Fruchtblättern, kann aber auch noch aus anderen Blütenteilen gebildet werden. Jede Frucht enthält mindestens einen Samen, wie zum Beispiel die Steinfrucht der Kirsche. Bei anderen Pflanzen können es auch viele Hundert Samen sein wie in der Kapsel des Klatschmohns.
Die reifen Früchte fallen häufig einfach auf den Boden. Unter oder direkt neben der Mutterpflanze sind aber nicht die bestmöglichen Bedingungen zum Keimen und Wachsen. Da die Samen sich nicht selbst fortbewegen können, müssen sie transportiert werden. Es gibt verschiedene Möglichkeiten, wie Samen ausgebreitet werden.

**Windausbreitung** Die Samen und Früchte vieler Pflanzen sind sehr klein und leicht, sodass sie vom Wind fortgetragen und so verbreitet werden. Manche haben zusätzlich kleine Propeller. Dadurch kommen sie beim Herabfallen ins Trudeln und können vom Wind weitergetragen werden. Andere Pflanzen haben Schirmchen, mit denen sie leichter durch die Luft getragen werden können. Die Frucht der Zanonia sieht sogar fast aus wie ein kleines Gleitflugzeug ▶ Bild 5.

**Wasserausbreitung** Die Frucht der Kokospalme wird durch das Wasser verbreitet. Mit den Meeresströmungen kann die schwimmfähige Frucht weite Strecken zurücklegen. Wird sie an einer geeigneten Stelle angespült, keimt sie und kann zu einer großen Kokospalme heranwachsen.

**5** Frucht der Zanonia

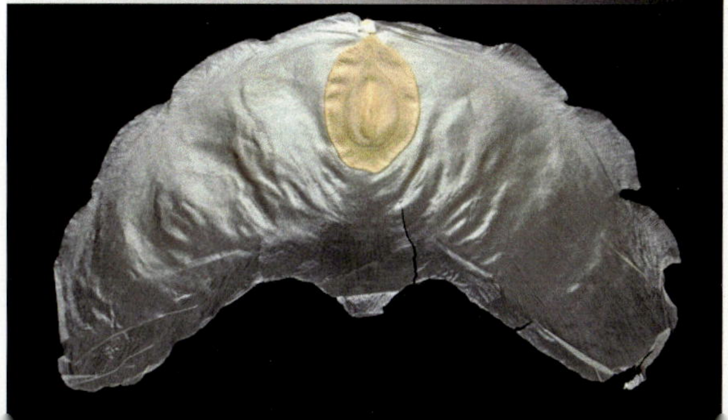

**Tierausbreitung** Die Samen vieler Pflanzen sind von intensiv gefärbten und schmackhaften Früchten umgeben. Dadurch werden Vögel und Säugetiere (z. B. Haselmäuse) angelockt, welche die Früchte dann fressen. Man nennt sie daher auch *Lockfrüchte*. Die unverdauten Samen werden von den Tieren wieder ausgeschieden und so verbreitet.

**1** Waldmaus mit Haselnuss

Andere Tiere wie Waldmäuse (▶ Bild 1) oder Eichhörnchen sammeln Samen und Früchte als Wintervorrat, die *Trockenfrüchte*. Da nicht alle Samen und Früchte gefressen werden und manche verloren gehen, werden sie auf diese Weise auch verbreitet.

Einige Pflanzen haben Früchte mit klebrigen Anhängen oder Widerhaken. Diese nennt man *Klettfrüchte*. Sie bleiben an Tieren oder an der Kleidung von Menschen hängen. Beispielsweise werden die Samen des Breitwegerichs wie eine Briefmarke klebrig, wenn sie nass werden, und bleiben so auch gut an Schuhen oder Reifen hängen. Wenn sie wieder abfallen, können sie schon über weite Strecken transportiert worden sein.

**Selbstverbreitung** Es gibt auch einige Pflanzen, die ihre Samen und Früchte selbst verbreiten. Die Samen des Mohns werden einfach verstreut, wenn seine Samenkapsel vom Wind bewegt wird. Andere Pflanzen nutzen den Druck in den saftigen Früchten oder die Kräfte, die beim Austrocknen entstehen, um die Samen davonzuschleudern. Das Springkraut schießt seine Samen mit einem Katapultmechanismus weg ▶ Bild 6. Bei vielen Hülsenfrüchten reißen hingegen die beiden Hälften der Hülsen beim Trocknen auf, sodass die Samen fortgeschleudert werden.

**2** Mohnkapsel mit ausgestreutem Mohn

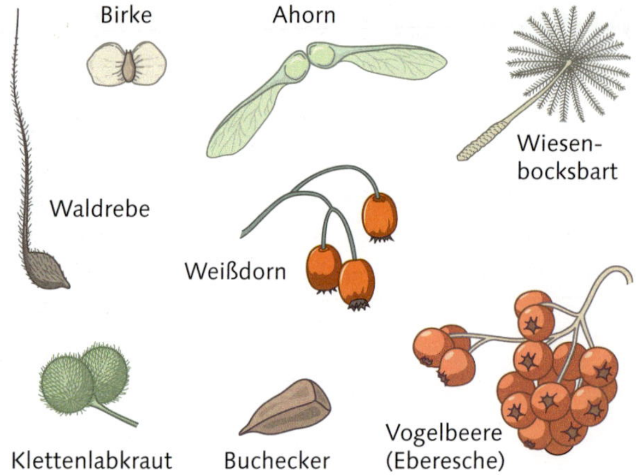


**3** Samen und Früchte einiger einheimischer Pflanzen

**1** Ordne die Samen bzw. Früchte in ▶ Bild 3 den verschiedenen Ausbreitungsformen zu. Begründe deine Entscheidung.

**2** Nenne weitere Samen und Früchte, die durch Tiere verbreitet werden. Beschreibe die Strukturen, die eine Ausbreitung begünstigen.

**3** Wenn ein Eichhörnchen eine Haselnuss frisst, frisst es auch den Embryo auf. Beurteile, ob es für die Pflanze nicht günstiger wäre, wenn die Nussschale so hart wäre, dass sie vom Eichhörnchen nicht mehr geöffnet werden könnte.

**4** Die Mohnkapsel (▶ Bild 2) diente dem Botaniker R. H. FRANCÉ als Vorbild für den Salzstreuer.
**A** Erkläre, wie er auf die Idee gekommen sein könnte.
**B** Auch andere Früchte könnten Menschen bei technischen Entwicklungen als Vorbild gedient haben. Nenne und begründe zwei Beispiele.

**5** Erkläre, warum die Keimungs- und Wachstumsbedingungen für einen Samen unter oder neben der Mutterpflanze nicht so gut sind wie in größerer Entfernung.

# Modelle zur Samenausbreitung

Man verwendet Modelle, um komplizierte Dinge besser zu verstehen oder zu zeigen.
So werden zum Beispiel vor dem Bau von Flugzeugen kleine Modelle angefertigt. Auf diese Weise können die Ingenieure die Eigenschaften des Flugzeugs am Modell untersuchen, ohne ein echtes, teures Flugzeug zu benutzen. Dabei muss man beachten, dass alle Modelle Vereinfachungen der Wirklichkeit sind und nie vollständig mit ihr übereinstimmen.

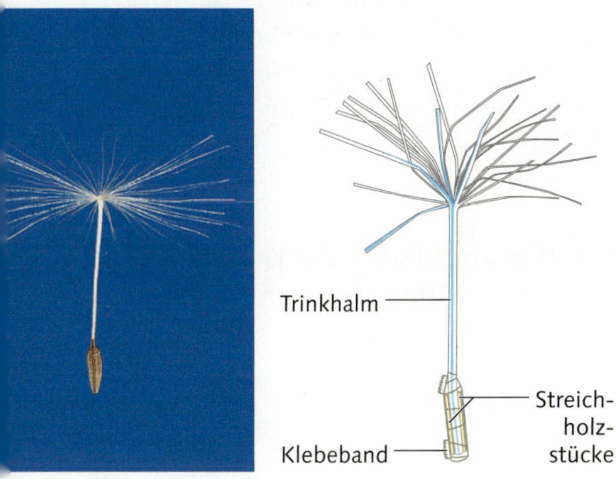


**4** Löwenzahnfrucht und Modell

### Modellbauwettbewerb

Bastelt in einer Kleingruppe das Modell einer Frucht, die durch den Wind ausgebreitet wird. Dabei dient eine Erbse als Samen.
**Material:** Erbsensamen, Papier, Pappe, Klebstoff, Servietten, Büroklammer, Heftzwecke, Strohhalme, Bindfaden, Luftballons usw.
**Durchführung:** Um zu überprüfen, ob das Modell gut fliegt, solltet ihr es ausgiebig testen.
**Auswertung:** Am Schluss werden die Modelle aller Gruppen miteinander verglichen. Dazu wird die Zeit gestoppt, die die verschiedenen Modelle in der Luft bleiben. Alternativ kann auch die Entfernung gemessen werden, die die Modellfrucht zurückgelegt hat. Ein Föhn oder Ventilator kann dabei als Wind dienen.

**1** Nenne Pflanzen, deren Samen oder Früchte durch den Wind verbreitet werden.

**2** Es gibt verschiedene Möglichkeiten, dafür zu sorgen, dass windverbreitete Samen möglichst lange und weit fliegen. Nenne besondere Strukturen, die dabei helfen.

**3** Ordne diese Strukturen euren Modellen und einigen windverbreiteten Samen zu. Gib den verschiedenen „Fliegern" Namen.

**4** Vergleiche die Flugfrucht des Löwenzahns mit dem Modell ▶ Bild 4. Nenne Vor- und Nachteile des Modells.

**5** **A** Beschreibe den Ausbreitungsmechanismus des Springkrauts ▶ Bild 6.
**B** Stelle eine Vermutung auf, warum das Waldspringkraut im Volksmund auch „Rührmichnichtan" genannt wird.

**5** Drüsiges Springkraut: Blüten und Früchte

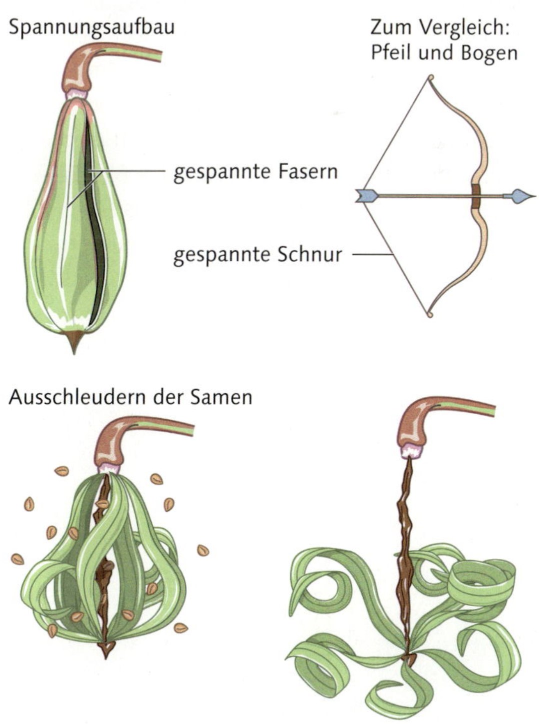


**6** Ausbreitungsmechanismus des Springkrauts

# Keimung und Wachstum

Die Samen und Früchte der Pflanzen werden auf unterschiedliche Weise weit verbreitet. Aber nur aus wenigen der kleinen Samen entstehen große Pflanzen.

**1** Aus kleinen Buchensamen entstehen Jungpflanzen (links) und später große Bäume (rechts).

**Quellung und Keimung** Damit dies möglich ist, müssen bestimmte Bedingungen erfüllt sein. Für die *Keimung* benötigt der Samen Wasser, Sauerstoff und eine geeignete Temperatur. Zunächst nimmt der Samen Wasser auf. Bei diesem Vorgang, der *Quellung*, dehnt sich der Samen aus und die Samenschale platzt auf. Dann schiebt sich die *Keimwurzel* aus dem keimenden Samen heraus. Sie wächst in den Boden und wird später zur Wurzel ▶ Bild 2. Der Keimwurzel folgt die Sprossachse. Sie wächst durch die Erdoberfläche. Bei vielen Pflanzen ist die Sprossachse zunächst hakenförmig gebogen. Dadurch wird ihre empfindliche Spitze mit den Laubblättern beim Durchstoßen der Erdoberfläche geschützt. Wenn die Sprossachse die Erdoberfläche durchbrochen hat, richtet sie sich auf und die Laubblätter entfalten sich.

**Spezielle Keimungsbedingungen** Die genauen Bedingungen für die Keimung unterscheiden sich bei den verschiedenen Pflanzen. Einige Pflanzen benötigen beispielsweise eine Zeit mit Frost, bevor sie keimen können. Andere Pflanzensamen keimen erst nach einem Waldbrand oder nachdem die Frucht von einem Tier verdaut und der Samen wieder ausgeschieden wurde. Manche Samen können nur bei Licht, andere nur im Dunkeln keimen.

**Nährstoffspeicher** Damit die Keimwurzel und die Sprossachse wachsen können, benötigt der Samen Nährstoffe. Er bringt diese im Nährstoffspeicher, zum Beispiel den *Keimblättern*, selbst mit ▶ Bild 3. Sie stammen also von der Mutterpflanze und liefern für das Wachstum Baustoffe und Energie. Für die Bereitstellung der Energie benötigt der Samen außerdem Sauerstoff.

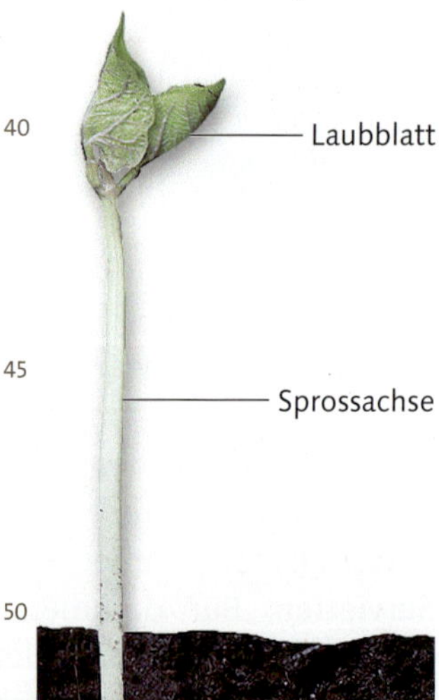

**2** Keimung bei der Feuerbohne

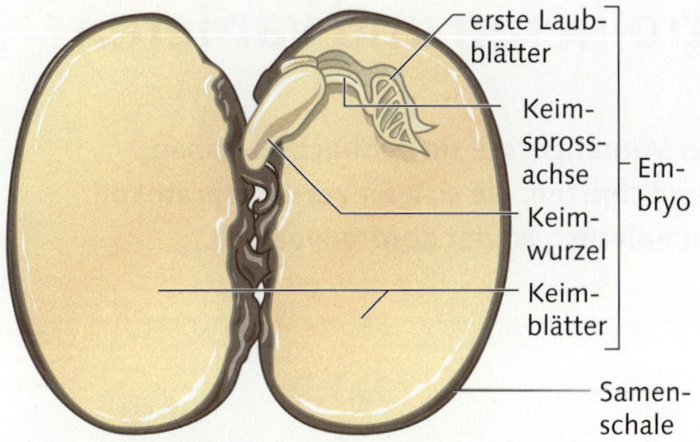

**3** Längsschnitt durch einen Bohnensamen

**1** Beschreibe die Schritte der Keimung der Feuerbohne ▶ Bild 2. Verwende dabei alle Fachbegriffe.

**2** Viele Samen keimen im Frühling aus. Erkläre, warum dies von Vorteil ist.

**3** Erkläre, welche Vorteile es für die Himbeere hat, dass ihre Samen erst keimen, nachdem die Früchte gefressen und die Samen wieder ausgeschieden wurden.

**4** Die Früchte mancher Eukalyptus-Pflanzen öffnen sich erst nach einem Waldbrand. Erkläre, welche Vorteile es hat, wenn die Samen direkt nach einem Waldbrand keimen.

**5** Stelle eine begründete Vermutung auf, was geschieht, wenn man bei einem keimenden Bohnensamen die Keimblätter entfernt.

**Material Methode Praxis**

# Quellung und Keimung

## Quellung

Die Entwicklung der Bohne beginnt mit der Quellung. Untersuche die damit verbundenen Veränderungen. Fertige ein Versuchsprotokoll an.

### Versuch 1

**Material:** Bohnensamen, 2 Bechergläser, Wasser, Filzstift, Waage
**Durchführung:** Wiege 2-mal die gleiche Anzahl an Bohnensamen ab. Notiere jeweils die Masse. Gib die Samen in die beiden Bechergläser. Markiere die Füllhöhe. Gieße in ein Becherglas so viel Wasser, bis alle Samen bedeckt sind. Beobachte mehrere Tage und wiege die Samen erneut.
**Auswertung:** Erkläre, was bei der Quellung geschieht.

### Versuch 2

**Material:** Bohnensamen, Gipspulver, Wasser, 2 kleine Joghurtbecher, Rührstab, große Schale
**Durchführung:** Rühre in beiden Bechern so viel Gips an, dass sie jeweils halb gefüllt sind. Stecke in einem Becher 5 Bohnensamen in den Gips. Gieße den Gips aus dem zweiten Becher auf die Bohnen. Rühre in dem leeren Becher so viel Gips an, dass er so hoch gefüllt ist wie der andere Becher. Sobald beide Gipsklötze hart sind, nimm sie aus den Bechern und lege sie für 2 Tage in die mit Wasser gefüllte Schale.
**Auswertung:** Vergleiche die beiden Gipsklötze. Erkläre, wozu der Gipsklotz ohne Bohnensamen dient.

**4** Bohnensamen

## Keimung

Bei der Keimung werden aus den gespeicherten Nährstoffen Energie und Baustoffe für das Wachstum gewonnen.

**Material:** gequollene Erbsensamen, Thermosflasche, durchbohrter Stopfen, Thermometer
Durchführung: Fülle die Thermosflasche zu etwa ⅓ mit den gequollenen Erbsensamen. Verschließe die Flasche mit dem Stopfen und schiebe das Thermometer durch das Loch bis zu den Erbsensamen. Protokolliere alle 10 min die Temperatur in einer Tabelle. Erstelle eine Skizze des Versuchsaufbaus und ein Diagramm für die gemessene Temperatur.
**Auswertung:** Erkläre, was bei der Keimung geschieht.

# Versuchsbedingungen kontrollieren und variieren

**Mithilfe von Versuchen wollen Naturwissenschaftler Vorgänge, die sie beobachtet haben, erklären. Ein Versuch besteht immer aus bestimmten Schritten, die sich im Versuchsprotokoll wiederfinden. Ein wichtiger Schritt, den du hier kennenlernst, ist der Kontrollversuch.**

Die Planung eines Versuchs ergibt sich aus der aufgestellten Vermutung. Für die Samenkeimung könnte eine Vermutung lauten: Bohnensamen benötigen zum Keimen Licht. Oder: Bohnensamen brauchen zum Keimen Wasser.

## Kontrollversuch

Um die Vermutung, dass Licht zum Keimen benötigt wird, zu prüfen, könnte man einen Blumentopf mit der feuchten Erde und dem Samen unter einen Karton stellen, sodass kein Licht hineinkommt ▶ Bild 1. Allerdings ist dieser Versuch nicht ausreichend. Bei vielen wissenschaftlichen Versuchen ist ein Kontrollversuch notwendig. Damit wird überprüft, ob das Ergebnis überhaupt aussagekräftig ist. Als Kontrollversuch zum Keimen im Dunkeln muss auch ein Samen bei Licht aufbewahrt werden. Alle anderen Bedingungen bleiben gleich. Erst wenn der Samen im Licht keimt und im Dunkeln nicht, kann man schlussfolgern, dass Samen nur bei Licht keimen.

## Versuchsbedingungen variieren

Um weitere Vermutungen zu überprüfen, werden die Versuchsbedingungen variiert. Dabei ist es sehr wichtig, dass immer nur eine Bedingung verändert wird. Um zu prüfen, ob Samen auch Wasser zum Keimen brauchen, könnte man einen Samen ohne Wasser in die Erde geben. Es wäre aber falsch, den Samen ohne Wasser in die Dunkelheit zu stellen. Dann könnte man nämlich hinterher nicht entscheiden, ob das fehlende Wasser oder das fehlende Licht für das Ergebnis verantwortlich ist.

**1** Mögliche Versuchsanordnung

**1** Beschreibe den Kontrollversuch für den Versuch zur Keimung ohne Wasser. Erkläre.

**2** **A** Stelle Vermutungen auf, unter welchen Bedingungen Pflanzensamen keimen.
**B** Plane entsprechende Versuche ▶ Bild 2.
**C** Führe die Versuche mit Bohnensamen durch und protokolliere sie.

**3** Die Bedingungen für die Keimung und das Wachstum von Pflanzen unterscheiden sich. Plane nun Versuche zum Wachstum von Pflanzen.

| Versuch Nr. | Zu verändernde Bedingung | Vermutung (Hypothese) | Versuchsanordnung | Kontrollversuch | Beobachtung |
|---|---|---|---|---|---|
| 1 |  | keimt ohne Licht nicht | 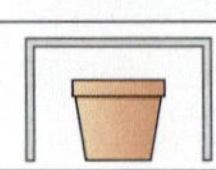 |  | |
| 2 |  | | | | |
| 3 | | | | | |

**2** Versuchsplan (Muster)

# Versuche zu Keimung und Wachstum

### Untersuchung von Bohnensamen

**Material:** Bohnensamen, Schale, Präpariernadel, Lupe, Wasser

**Durchführung:** Lass die Bohnensamen einen Tag im Wasser quellen. Entferne mit leichtem Druck die Samenschale. Trenne die beiden Keimblätter mithilfe der Präpariernadel voneinander. Untersuche den Samen mit der Lupe und fertige eine beschriftete Zeichnung an.

### Sprossachsenwachstum

**Material:** Bohnensamen, Blumentopf oder Joghurtbecher, Erde, dünner, wasserfester Filzstift, Lineal

**Durchführung:** Ziehe im Topf eine Bohnenpflanze heran, bis der Spross etwa 2 cm lang ist. Markiere die Sprossachse im Abstand von 1 mm ▶ Bild 3. Beobachte das Längenwachstum des Sprosses.

**Auswertung:** Beschreibe und erkläre die Beobachtungen.

**3** Versuchsanordnung für das Sprosswachstum

### Wachstumsrichtung

**Material:** Bohnensamen, Erde, 3 Blumentöpfe oder Joghurtbecher, 2 Pappschachteln, schwarze Pappe, Papprohr

**Durchführung:** Ziehe in den 3 Töpfen Bohnenkeimlinge heran. Ein Topf wird im Licht aufgestellt.

Über den zweiten Topf wird eine mit schwarzer Pappe ausgekleidete Pappschachtel gestellt.

Der dritte Topf (▶ Bild 4) wird ebenfalls mit einer ausgekleideten Pappschachtel zugedeckt. Diese Schachtel erhält an der Seite eine Öffnung, an der das Papprohr befestigt wird. Das Licht sollte auf die Spitze der Keimlinge fallen.

Halte die Erde feucht und protokolliere deine Beobachtungen nach 2 Wochen.

**Auswertung:** Vergleiche das Aussehen der Keimlinge. Erkläre die Bedeutung der Keimlinge, die nicht unter einer Schachtel aufbewahrt wurden.

**4** Versuchsanordnung für den dritten Topf

### Entwicklung und Wachstum der Bohne

**Material:** Bohnensamen, Blumentopf oder Joghurtbecher, Erde

**Durchführung:** Lass die Bohnensamen quellen, bis die Keimwurzel herausbricht. Stecke die Bohnen etwa 3 cm tief in den mit Erde gefüllten Topf. Drücke die Erde etwas an. Stelle den Topf an einen warmen, hellen Ort. Gieße regelmäßig, sodass die Erde leicht feucht, aber nicht nass ist. Beobachte den Bohnenkeimling. Dokumentiere seine Entwicklung mit Zeichnungen oder Fotos. Miss täglich die Höhe der Pflanze.

**Auswertung:** Erstelle aus den Messwerten ein Diagramm. Beschreibe den Wachstumsverlauf.

**5** Feuerbohne

# Ungeschlechtliche Fortpflanzung

**Vermehrung ohne Samen** Nicht alle Pflanzen sind darauf angewiesen, dass ihre Blüten bestäubt und ihre Samen ausgebreitet werden, um sich fortzupflanzen. Erdbeerpflanzen bilden Seitentriebe, die *Ausläufer*. An mehreren Stellen der oberirdischen Seitentriebe bilden sich Wurzeln und entwickeln sich zu kleinen Erdbeerpflanzen. Dann stirbt die Verbindung zur Mutterpflanze ab und sie wachsen zu eigenständigen Pflanzen heran ▶ Bild 1. Die Tochterpflanzen haben die gleichen Eigenschaften wie die Mutterpflanze. Diese Fortpflanzung wird als *ungeschlechtliche Fortpflanzung* bezeichnet, weil dabei keine Befruchtung der Eizelle im Fruchtknoten durch die männliche Geschlechtszelle stattfindet. Im Allgemeinen kommt es durch die Fortpflanzung auch zur *Vermehrung*.

**1** Erdbeerpflanze mit Ausläufer

**Ableger, Knollen und Zwiebeln** In der Natur haben sich verschiedene Möglichkeiten entwickelt, wie sich Pflanzen ungeschlechtlich vermehren. Beim Brutblatt (▶ Bild 3) wachsen an der Mutterpflanze vollständige Tochterpflanzen, sogenannte Ableger. Wenn sie in die Erde gelangen, wachsen sie zu neuen Pflanzen heran. Kartoffelpflanzen bilden wie Erdbeerpflanzen Ausläufer. Ihre Sprossachsen wachsen jedoch unterirdisch und sind am Ende zu Knollen verdickt. In den Knollen sind Nährstoffe gespeichert, sodass sie austreiben und neue Pflanzen bilden können. Manche Pflanzen, zum Beispiel Tulpen, Hyazinthen und Narzissen, vermehren sich mithilfe ihrer Zwiebeln ungeschlechtlich. Die unterirdischen Zwiebeln dienen als Nährstoffspeicher beim Überwintern. Sie bilden aber auch Brutzwiebeln (▶ Bild 2), aus denen neue Pflanzen herauswachsen können.

**Nutzung der ungeschlechtlichen Vermehrung** Bei manchen Pflanzen können sich aus abgetrennten Teilen vollständig neue Pflanzen entwickeln, die *Stecklinge*. Gärtnereien vermehren so zum Beispiel Usambaraveilchen, indem sie deren Blätter in Wasser legen. Wenn sich Wurzeln gebildet haben, werden sie eingepflanzt und neue Pflanzen entwickeln sich. Manche Pflanzen kann man auch einfach in der Mitte teilen. Pflanzt man beide Teile ein, wachsen daraus zwei eigenständige Pflanzen heran. Auf diese Weise werden viele Zierpflanzen, wie beispielsweise Rittersporn oder Phlox, vermehrt.

**2** Zwiebel der Narzisse mit Brutzwiebel

1. Vergleiche die ungeschlechtliche und geschlechtliche Fortpflanzung bei Pflanzen. Mögliche Kriterien: Eigenschaften der Eltern- und Tochterpflanzen, Bestäubung und Befruchtung, Ausbreitung, Nachkommenzahl.

2. Erkläre, warum es für eine Gärtnerei nützlich sein kann, die Pflanzen ungeschlechtlich statt mit Samen zu vermehren.

3. Nenne Möglichkeiten, um Pflanzen ungeschlechtlich zu vermehren. Gib jeweils ein Beispiel an.

4. Weidenbäume wachsen insbesondere an Flussufern und ragen weit in den Fluss hinein. Erkläre, warum es für die Weiden vorteilhaft ist, dass ihre abgebrochenen Zweige auch als Stecklinge dienen können.



# Pflanzenzucht auf der Fensterbank

Einige Pflanzen lassen sich auch leicht im Klassenraum ungeschlechtlich vermehren und beobachten.

**Material:** Brutblatt (Bryophyllum), Grünlilie, Usambaraveilchen, Begonie, Blumenerde, Töpfe, Messer, Glas, Büroklammern

**3** Brutblatt mit Ablegern

**Durchführung:**

1. Fülle einen Topf zu etwa drei Vierteln mit Blumenerde. Löse nun vorsichtig möglichst große Tochterpflänzchen vom Brutblatt (▶ Bild 3) oder der Grünlilie. Pflanze 2 oder 3 Pflänzchen in den vorbereiteten Topf. Achte darauf, dass die Erde immer etwas feucht, aber nicht nass ist. Das kannst du daran erkennen, dass etwas Erde am Finger hängen bleibt, wenn du auf die Erde gedrückt hast.
2. Schneide einige Blätter mit Stiel vom Usambaraveilchen ab. Stecke sie mit dem Stiel voran in die feuchte Erde ▶ Bild 4.

**4** Steckling des Usambaraveilchens

3. Schneide ein Begonienblatt an den Gabelungen der Blattrippen ein. Lege das Blatt auf die feuchte Erde in einen Topf. Befestige das Blatt mit den aufgebogenen Büroklammern so, dass es eng an der Erde aufliegt. Stülpe ein Glas über das Blatt ▶ Bild 5.

**Beobachtung und Protokoll:** Beobachte die Pflanzen während der nächsten Wochen. Dokumentiere alle Veränderungen. Fertige dazu in bestimmten Abständen Skizzen an oder mache Fotos. Erstelle ein Protokoll mit den Ergebnissen der Untersuchung.

**5** Vermehrung von Begonien

# Pflanzen ordnen und bestimmen

**Ordnung in der Vielfalt** Die Vielfalt bei den Pflanzen ist groß. Bis heute hat man über 400 000 verschiedene Pflanzen entdeckt. Beispielsweise weichen bei den unterschiedlichen Blütenpflanzen die Anzahl und Gestalt der Blütenorgane sowie die Anordnung der Laubblätter stark voneinander ab. Manchmal sind auch einzelne Blütenorgane umgebildet. Aufgrund der großen Vielfalt wollte man ein Ordnungssystem schaffen, an das sich jeder beim Bestimmen von Pflanzen halten kann. Das heute anerkannte Ordnungssystem geht auf den schwedischen Naturforscher CARL VON LINNÉ (1707–1778) zurück. Er gab allen Pflanzen einen zweiteiligen Namen. Der erste bezeichnet die Gattung einer Pflanze, der zweite die Art. Zu einer *Art* gehören alle Lebewesen, die unter natürlichen Bedingungen gemeinsam fruchtbare Nachkommen hervorbringen können. Man erkennt sie daran, dass sie meist in allen wesentlichen Merkmalen übereinstimmen.

**1** Ausschnitt aus einem Ordnungsschema für Korbblütler

Innerhalb des von LINNÉ entwickelten Ordnungssystems werden Blütenpflanzen anhand typischer Merkmale eingeordnet. Dabei werden beispielsweise Pflanzen mit dem gleichen Blütenaufbau der gleichen Familie zugeordnet. LINNÉ teilte die Pflanzen in Ähnlichkeitsgruppen ein. Dazu schuf er unter anderem folgende Ebenen: die Klasse und die Ordnung, sowie die Familie, die Gattung und die Art ▶ Bild 1. Wissenschaftler verwenden bei der Benennung der Lebewesen nur lateinische Namen, zum Beispiel Taraxacum officinale. So bezeichnet man den Gewöhnlichen Löwenzahn. Er gehört zur Familie der Korbblütler und zur Gattung Löwenzahn. Die Bezeichnung „officinale“ steht für Pflanzen mit einer arzneilichen Wirkung. Zur genauen Bestimmung der Familie, Gattung und Art von Pflanzen zieht man Bestimmungsschlüssel zur Hilfe heran.

**Verwandtschaft** Der zur gleichen Gattung gehörende Weiße Löwenzahn ist dem Gewöhnlichen Löwenzahn sehr ähnlich, unter anderem in der Form der Laubblätter. Alle zur Familie der Korbblütler gehörenden Pflanzen besitzen gemeinsame Merkmale, zum Beispiel die körbchenförmigen Blütenstände. Große Ähnlichkeiten in Merkmalen weisen auf nahe Verwandtschaft hin. Die nahe Verwandtschaft dieser Pflanzen bedeutet, dass sie gemeinsame Vorfahren haben.

1. Begründe, ob sich die Pflanzen einer Gattung oder einer Familie ähnlicher sind.
2. Suche mehrere Pflanzen, die zu einer Familie gehören, und zeichne oder fotografiere sie.
3. Viele Kinder lieben Butterblumen und pflücken sie häufig. Doch den Namen Butterblume gibt es nur in der Alltagssprache. Nenne weitere Beispiele für alltagssprachliche Pflanzennamen. Finde deren wissenschaftliche Namen heraus.

# Pflanzenfamilien – Eleganz und Vielfalt

**2** Rapsblüten

**5** Taubnessel

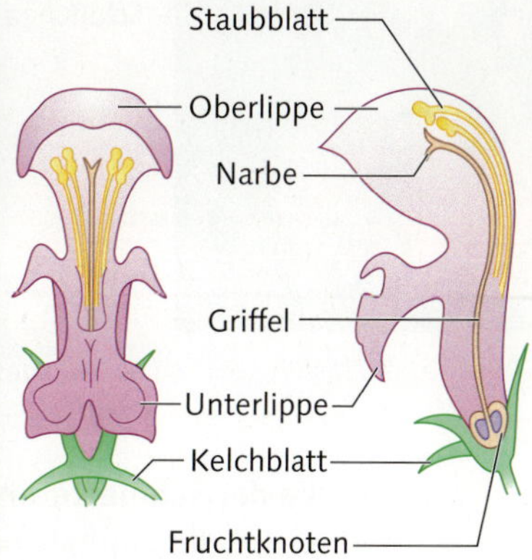


**6** Bau der Lippenblüte

**Familie der Kreuzblütler** Unverkennbares Merkmal der Blüte der Kreuzblütler sind die 4 einzelnen, unverwachsenen Kelchblätter sowie die 4 Kronblätter. Alle Blätter der Blüte sind kreuzförmig angeordnet. Dieses Merkmal gab der Familie ihren Namen. Im Innern der Blüte befinden sich 2 äußere kurze und 2 innere lange Staubblätter. Der Stempel besteht aus 2 Fruchtblättern, die durch eine Scheidewand getrennt sind. Darin liegen die Samenanlagen. Als Früchte werden ausschließlich Schoten und Schötchen ausgebildet ▶ Bild 4.

Neben dem Wiesenschaumkraut gehört auch der Raps zu den Kreuzblütlern. Das ist gut an der Anordnung der Kronblätter zu erkennen ▶ Bild 2. Raps wird als Nutzpflanze angebaut. Aus seinem Samen gewinnt man Speiseöl, aber auch Biodiesel.

**Familie der Lippenblütler** Lippenblütler gehören mit mehr als 7000 Arten zu einer der am weitesten verbreiteten Familien. Da ihre Blättern ätherische Öle enthalten, werden sie häufig zur Gewinnung diverser Duftöle sowie als schmackhafte Küchenkräuter genutzt. Lippenblütler können an dem grundsätzlich vierkantigen Spross sowie dem Bau der Blüte erkannt werden ▶ Bild 6. Die 2 oberen Kronblätter sind zusammengewachsen und wölben sich als „Oberlippe" über 3 untere, ebenfalls verwachsene Kronblätter, die Unterlippe. Am Grund sind alle Kronblätter zu einer Röhre verwachsen, die in einem Kelch aus 5 Kelchblättern steckt.

Aus dem Stempel mit 2 Fruchtblättern entwickelt sich die Klausenfrucht, eine typisch geformte vierteilige Frucht ▶ Bild 7. Sind die Samen reif, zerfällt die Frucht in 4 einsamige Teile, die Klausen. Wichtige Vertreter der Lippenblütler sind: Salbei, Lavendel, Thymian, Basilikum, Pfefferminze und Taubnessel ▶ Bild 5.

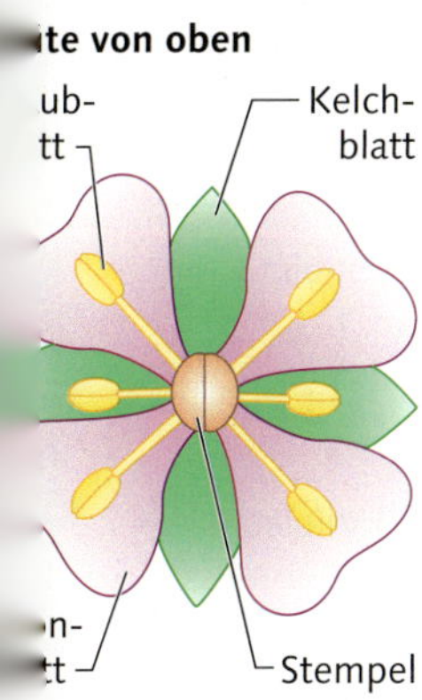


Bau der Kreuzblüte

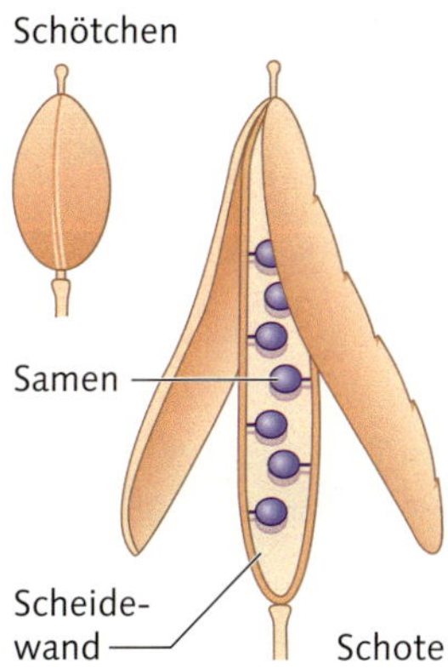


**4** Schoten

**7** Klausenfrucht

1 Platterbse

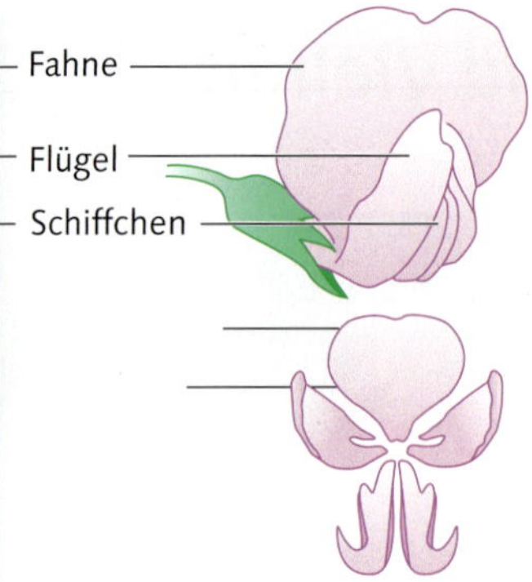


2 Bau der Schmetterlingsblüte

4 Blüte der Echten Kamille

**Familie der Schmetterlingsblütler** Schmetterlingsblütler sind als bedeutende Kulturpflanzen weit verbreitet. Ihre Fruchtknoten bilden eine Hülse, in denen große Samen mit einem hohen Eiweißanteil heranreifen ▶ Bild 3. Diese Hülsenfrüchte werden als Nahrungsmittel sehr geschätzt. Erbsen und Bohnen sind bedeutende Vertreter. Zu den Futterpflanzen zählen der Klee und die Luzerne.

Die Schmetterlingsblüte ist außergewöhnlich gebaut: Sie besteht aus 5 Kelch- und 5 Kronblättern. Das mittlere obere Kronblatt ist meistens stark vergrößert und nach oben gebogen, weshalb es „Fahne" genannt wird ▶ Bild 2. Die beiden unteren Kronblätter sind normalerweise miteinander verwachsen und bilden eine Röhre aus, die einem Kahn ähnlich und oftmals spitz nach oben gebogen ist, das „Schiffchen". Darin sind die Staubblätter und der Griffel verborgen. Die beiden seitlichen Kronblätter stehen etwas nach außen ab und werden daher „Flügel" genannt. Meistens umhüllen sie das Schiffchen.

**Familie der Korbblütler** Die Korbblütler zeigen eine große Vielfalt. Der Löwenzahn, die Kornblume, die Sonnenblume und die Kamille (▶ Bild 4) gehören zu den Korbblütlern. Auffallend ist, dass sich die oft großen Blumen aus vielen Einzelblüten zusammensetzen, die besonders geformt sind. Sie bilden in ihrer Gesamtheit einen Blütenstand, der von Hüllblättern umgeben ist. Die Form des Blütenstands erinnert an ein Körbchen, weshalb die Familie Korbblütler heißt. Es gibt in der Regel zwei Formen von Einzelblüten: Zungen- und Röhrenblüten. Bei manchen Arten tragen Zungenblüten keine Staub- und Fruchtblätter, sind also unfruchtbar. Hingegen tragen die Röhrenblüten im Innern des Korbs stets die Staubblätter sowie das Fruchtblatt mit Narbe, Griffel und Fruchtknoten ▶ Bild 5.

**Blüte im Längsschnitt**

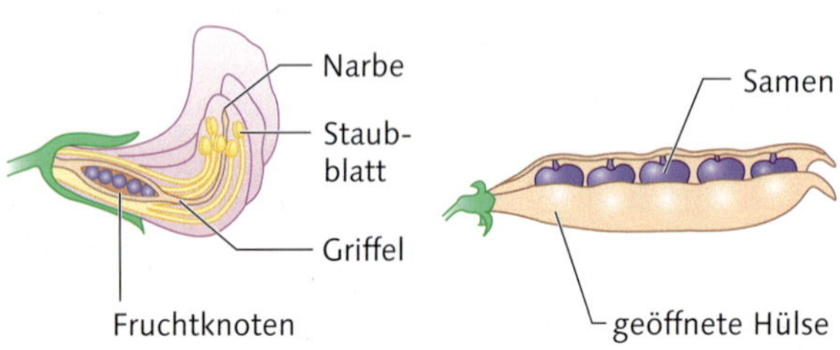


3 Schmetterlingsblüte und Bau der Hülsenfrucht

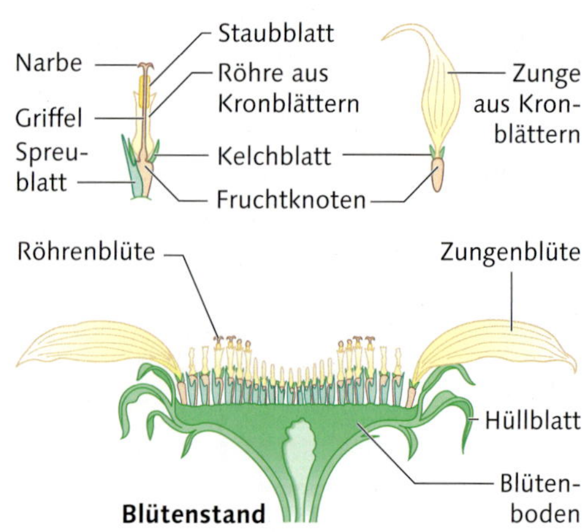


5 Bau einer Korbblüte

**6** Blütenstand des Korianders

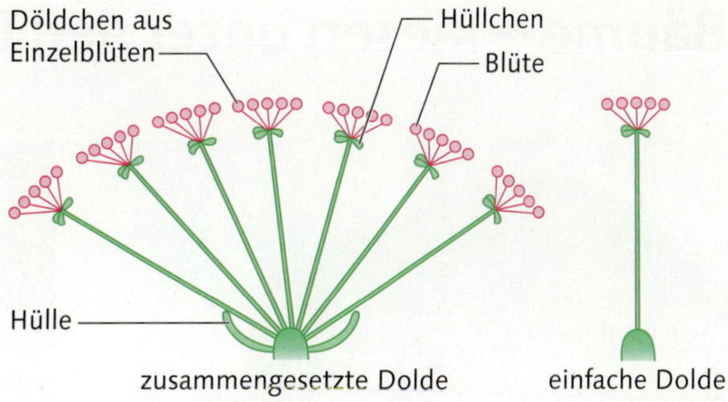


**8** Bau einer Doldenblüte

**Familie der Doldenblütler** Die meisten Arten der Doldenblütler sind ausdauernde krautige Pflanzen mit mehrfach geteilten Blättern. Viele vertraute Gewürz-, Nahrungs- und Heilpflanzen wie der Koriander (▶ Bild 6), der Kümmel, der Fenchel (▶ Bild 7), die Möhre oder der Baldrian zählen zu ihnen. Doch auch einige der gefährlichsten Giftpflanzen wie der Schierling gehören in diese Pflanzenfamilie.
Doldenblütler haben einen Blütenstand aus vielen Einzelblüten, der als Dolde bezeichnet wird ▶ Bild 8. Bei der Dolde befinden sich die Einzelblüten ungefähr auf gleicher Höhe, sodass sie zusammen einen gerundeten Blütenschirm bilden. Allerdings ist nicht jede Pflanze, die eine Dolde hat, auch ein Doldenblütler.

**7** Fenchel

**1** Erstelle Steckbriefe mit Bildern zu Pflanzenfamilien. Gehe dabei folgendermaßen vor:

**A** Bilde auf Grundlage der vorhandenen Texte Kategorien für Steckbriefe.
**B** Lege zwei oder mehr Steckbriefe von den im Buch vorhandenen Pflanzenfamilien an und ergänze sie.
**C** Lege einen Steckbrief für eine weitere Pflanzenfamilie an.

**2** Kirsche und Heckenrose gehören zur Familie der Rosengewächse. Besorge dir einzelne Blüten einer Kirsche oder Heckenrose.
**A** Vergleiche deren Aufbau mit dem der Blüten von Kreuzblütlern und Lippenblütlern.
**B** Stelle die Blütenmerkmale zusammen.

**3** Untersuche die Früchte eines Hirtentäschels ▶ Bild 9.
**A** Zeichne die Frucht.
**B** Öffne die Schote vorsichtig und zeichne sie erneut.
**C** Vergleiche die Anordnung der Samen mit der in ▶ Bild 4 auf S. 179. Beschrifte deine Zeichnung.

**9** Hirtentäschel

**4** Präpariere eine Sonnenblumenblüte. Am besten schneidest du sie dafür längs durch. Zupfe einige Zungenblüten und Röhrenblüten aus dem Blütenboden heraus und betrachte sie mit einer Lupe oder dem Binokular. Vergleiche den Blütenaufbau mit ▶ Bild 5.

**5** Sammle Früchte von Wiesenpflanzen und überlege dir, wie sie verbreitet werden. Erläutere deine Überlegungen.

# Bäume – Riesen unter den Blütenpflanzen

**1** Rotbuche, bis 50 m Wuchshöhe

**3** Stieleiche, bis 45 m Wuchshöhe

**Rotbuche** Die Rotbuche ist in Mitteleuropa die am weitesten verbreitete Laubbaumart. Buchenwälder prägen unsere Landschaften. Stehen Buchen frei, bilden sie sehr große Kronen aus. Sie können mehrere Hundert Jahre alt werden. Ihre Blätter wachsen in alle Richtungen, sodass nur wenig Licht zum Boden durchdringt.
Nahezu gleichzeitig mit den austreibenden Blättern entwickeln sich im Frühjahr die Blütenstände. Da sich die weiblichen (♀) und männlichen (♂) Fortpflanzungsorgane auf unterschiedlichen Blüten befinden, spricht man von *getrenntgeschlechtigen* Blüten. Die Bestäubung erfolgt mithilfe des Windes. Die Früchte, die zu zweit in einem Fruchtbecher sitzen, nennt man Bucheckern. Sie sind ölhaltig und dienen vielen Tieren wie Eichhörnchen und Waldmäusen als Wintervorrat. Durch die Tiere werden die Samen weit verbreitet.

**2** Blätter, Blüten und Früchte der Rotbuche

**Stieleiche** Eichen werden sehr alt. Ihre Wurzeln reichen als Pfahlwurzeln tief in den Boden hinein. Dies erleichtert die Wasserversorgung des Baumes und gewährleistet eine gute Verankerung im Boden. Die Blüten der Stieleichen sind getrenntgeschlechtig. Ihre Samen, die Eicheln, sitzen in einem Becher. Sobald sie reif sind, fallen sie zu Boden. Einige Tiere, beispielsweise Wildschweine oder Eichelhäher, nutzen sie als Nahrung.
Trotz ihrer dichten Krone lassen Eichen so viel Licht auf den Boden fallen, dass Sträucher und Kräuter unter ihnen gedeihen können. Eichen bieten vielen Tieren einen Lebensraum. Mehrere Hundert Arten können in einer Eiche beherbergt sein.

**4** Blätter, Blüten und Früchte der Stieleiche

**5** Fichte, bis 35 m Wuchshöhe

**7** Waldkiefer, bis 40 m Wuchshöhe

**Fichte** Heute ist die immergrüne Fichte der häufigste Nadelbaum Mitteleuropas. Sie hat einen geraden Stamm und eine rotbraune Borke, die in unregelmäßigen Schuppen abblättert. Die Nadeln umgeben die Zweige rundum. Durch die regelmäßige Anordnung der Äste wirkt der Bau der Fichten stockwerkartig. Fichten haben getrenntgeschlechtige Blüten. Männliche Blüten sind eiförmig und nur 1–2 cm lang. Zunächst sind sie purpurn, im reifen Zustand dann gelb gefärbt. Aus den weiblichen Blüten bilden sich Zapfen. Sie stehen zunächst aufrecht, krümmen sich jedoch nach der Befruchtung nach unten.

Während die ursprünglichen Wuchsgebiete der Fichte im Gebirge oberhalb von 900 m Höhe liegen, kommt sie heute in fast allen Wäldern vor. Dies liegt an ihren geringen Ansprüchen an Wärme und Bodenqualität. Sie ist zum wichtigsten Forstbaum geworden und wird vielfach angepflanzt.

**6** Nadeln, Blüte und Zapfen der Fichte

**Waldkiefer** Die immergrüne Waldkiefer ist schnellwüchsig. Die Äste haben keine regelmäßige Anordnung. Die unteren Äste sterben meist nach und nach ab, sodass der Stamm lang und kahl erscheint. Die Wuchsform kann von Baum zu Baum sehr unterschiedlich sein. Am Stamm hat die Borke tiefe Risse und besitzt grobe, braunrot gefärbte Schuppen. Die spitzen, langen Nadeln sitzen paarweise am Zweig. Die hängenden weiblichen Blütenstände, aus denen sich später die Zapfen bilden, stehen am Ende der Triebe. Die männlichen Blütenstände sind im unreifen Zustand gelb-grün. Im reifen Zustand sind sie rotbraun und bilden dann riesige Mengen an gelbem Pollen.

**8** Nadeln, Blüte und Zapfen der Waldkiefer

1. Beschreibe, wie Stieleiche und Rotbuche sich verbreiten.

2. Nenne die wesentlichen Unterscheidungsmerkmale der beiden vorgestellten Nadelbäume.

# Umgang mit einem Bestimmungsschlüssel

**Anhand verschiedener Merkmale kann man Pflanzen unterscheiden. Mit einem Bestimmungsschlüssel kannst du durch Vergleichen von Merkmalen herausfinden, um welche Pflanze es sich handelt.**

## Bestimmungspfaden folgen

**Schritt 1** Untersuche eine dir unbekannte Pflanze zunächst auf das erste im Bestimmungsschlüssel vorgegebene Merkmal ▶ Bild 1. Prüfe durch genaues Betrachten, welche vorgegebene Ausprägung des Merkmals zutrifft. Es gibt meistens nur zwei Wahlmöglichkeiten.
*Entscheide zuerst – zum Beispiel bei einem dir unbekannten Blatt eines Laubbaums –, ob die Blätter zusammengesetzt sind oder einfach.*

**Schritt 2** Je nachdem, was zutrifft, gehst du dem rechten oder linken Pfad nach und untersuchst, welches weitere aufgeführte Merkmal zutrifft.

**Schritt 3** Verfahre mit allen weiteren ausgewiesenen Merkmalen in gleicher Weise, bis du auf den Namen der untersuchten Pflanze triffst.

## Laubbäume bestimmen

Laubbäume unterscheiden sich in der Gestalt ihrer Blätter. Die wichtigsten Unterscheidungsmerkmale sind die Blattform, der Blattrand und die Blattadern. *Im Bild unten ist beispielhaft die Bestimmung eines Laubblattes veranschaulicht.*

1 Bestimme verschiedene Laubbäume in deiner Umgebung mithilfe eines Bestimmungsschlüssels.

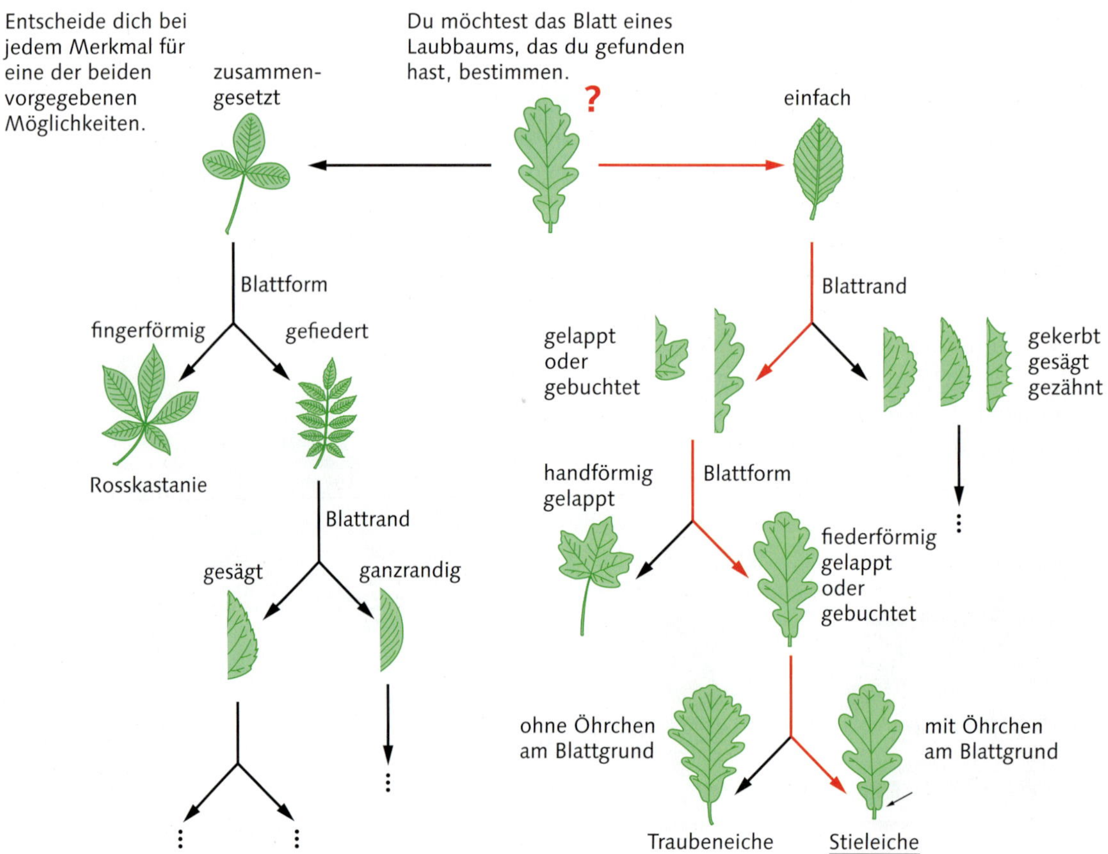


1 So arbeitest du mit einem Bestimmungsschlüssel.

# Anlegen eines Herbars

**Gesammelte Pflanzen oder Pflanzenteile werden getrocknet und gepresst, um sie aufbewahren zu können. Eine Sammlung getrockneter und mit Namen versehener Pflanzen nennt man Herbarium, kurz auch Herbar.**

**Material:** Bestimmungsbuch, Notizbuch, Plastiktüte, alte Zeitungen, dicke Bücher, Zeichenblätter (DIN A4), Klebestreifen, Etiketten, Fotokarton oder Tonpapier, Ordner

### Schritt 1 Pflanzen bestimmen und sammeln

Bestimme die Pflanzen für das Herbar mithilfe eines Bestimmungsbuchs direkt am Fundort.

- Notiere im Notizbuch Pflanzennamen, Pflanzenfamilie, Fundort und -datum jeder Pflanze.
- Sammle nur gut gewachsene und unverletzte Pflanzen oder Pflanzenteile. Lass geschützte Pflanzen unbedingt stehen! Achte darauf, die Pflanze nicht zu verletzen.
- Stecke die Pflanzen für den Transport in eine Plastiktüte.

### Schritt 2 Pflanzen pressen

Lege jede einzelne Pflanze vorsichtig zwischen Zeitungspapier. Achte darauf, dass die Pflanzenteile nicht zusammengedrückt, wohl aber etwas glatt gestrichen werden. Ihre natürliche Erscheinungsform sollte erhalten bleiben. Vergiss nicht, deinen Notizzettel hinzuzufügen.

- Lege das Zeitungspapier mit der enthaltenen Pflanze zwischen zwei dicke Bücher.
- Verfahre mit allen gesammelten Pflanzen in gleicher Weise.
- Beschwere alles zusätzlich mit weiteren Büchern und lagere es an einem trockenen Ort.
- Wechsle nach einigen Tagen die Zeitungsblätter aus, damit nichts schimmelt.

### Schritt 3 Fixieren und Beschriften

- Lege jede getrocknete Pflanze auf einen weißen Fotokarton oder auf Tonpapier in der Größe eines DIN-A4-Blattes und befestige sie mit wenigen Klebestreifen. Achte darauf, dass die Klebestreifen fest sitzen.
- Beschrifte das Etikett mit den Angaben aus Schritt 1 und klebe es auf. Lass dabei etwas Abstand zur Pflanze.

### Schritt 4 Anlegen eines Ordners oder Buches

Sortiere die einzelnen Bögen nach Pflanzenfamilien und hefte sie in einen Ordner ein. Alternativ kannst du die Einzelseiten auch zu einem Buch binden lassen.

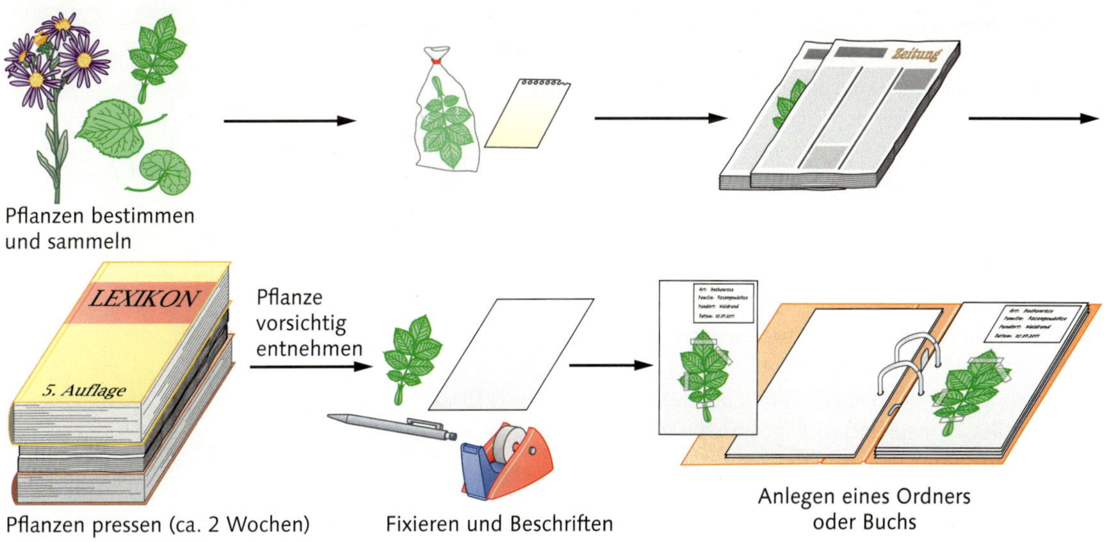


**2** Arbeitsschritte beim Anlegen eines Herbars

# Pflanzen werden von Menschen genutzt

**Familie der Rosengewächse** Zu den Rosengewächsen gehören einige wichtige Nutzpflanzen, zum Beispiel Kirsche, Pflaume, Apfel, Birne und Himbeere. Die Blüten der Rosengewächse haben alle einen vergleichbaren Aufbau: Jeweils 5 Kelch- und 5 Kronblätter (man sagt: 5-zählig) und einen Kranz aus vielen Staubblättern. Die Anzahl der Fruchtblätter unterscheidet sich von Art zu Art ▶ Bild 1. Im Gegensatz zur Blüte weisen die Früchte der Rosengewächse eine große Vielfalt auf.

1. Das Fleisch der Erdbeere ist nicht aus dem Fruchtknoten, sondern dem Blütenboden entstanden. Deshalb wird die Erdbeere auch als Scheinfrucht bezeichnet. Nenne mithilfe von ▶ Bild 1 weitere Scheinfrüchte.

2. Max erzählt, dass die Erdbeere eigentlich eine Nussfrucht ist. Hat er recht? Begründe.

3. Untersuche einen Apfel auf noch vorhandene Bestandteile der Blüte:
   **A** von außen
   **B** von innen: Schneide die Frucht quer durch.

**Süßkirsche**
Blüte: 5-zählig, weiß, 1 Fruchtblatt
Frucht: Der Fruchtknoten bildet das Fruchtfleisch. Samen von harter Schale umgeben
→ *Steinfrucht* (auch Pflaume, Aprikose, Mirabelle, Pfirsich)

**Apfel**
Blüte: 5-zählig, rosa, 1 Stempel aus 5 verwachsenen Fruchtblättern
Frucht: Der Blütenboden bildet das Fruchtfleisch. Samen im fünfteiligen Kernhaus
→ *Kernobst* (auch Birne, Quitte)

**Brombeere**
Blüte: 5-zählig, weiß, viele Fruchtblätter
Frucht: Viele Fruchtknoten bilden auf dem verdickten Blütenboden dicht beieinanderstehende fleischige Steinfrüchte.
→ *Sammelsteinfrucht* (auch Himbeere)

**Erdbeere**
Blüte: 5-zählig, weiß, viele Fruchtblätter
Frucht: Der Blütenboden bildet das Fruchtfleisch. Viele Fruchtknoten bilden auf dem Fruchtfleisch viele hartschalige Früchte mit je einem Samen (Nüsse).
→ *Sammelnussfrucht*

**1** Blüten und Früchte der Rosengewächse

# Präsentieren mit Touch-Turn-Talk

**Die Methode Touch-Turn-Talk hilft dir, ein Thema so zu präsentieren, dass die Klasse deinem Vortrag folgen und deine Worte gut verstehen kann.**

**2** Touch

**3** Turn

**4** Talk

**Schritt 1 Touch**
Zeige auf dem Plakat oder dem Tafeltext auf den Teil, über den du gleich sprechen wirst.

**Schritt 2 Turn**
Drehe dich danach mit dem Gesicht zur Klasse und schaue deine Mitschülerinnen und Mitschüler an. Dann fühlen sie sich besser angesprochen.

**Schritt 3 Talk**
Sprich erst jetzt in aller Ruhe, laut und deutlich über das, worauf du gerade gezeigt hast.

**1** **A** Erstellt in Gruppenarbeit Plakate (▶ Bild 5) zu Blüte und Frucht von Kirsche, Erdbeere und Brombeere.
**B** Präsentiert dieses Plakat mit der Methode Touch-Turn-Talk.

Der Apfel

Die Blüte des Apfels ist – wie die der Kirsche – weiß und besteht aus 5 Blüten- und 5 Kelchblättern. In der Mitte der Blüte befindet sich 1 Stempel aus 5 Fruchtblättern. Wenn aus der Blüte die Frucht wird, entsteht aus den Fruchtblättern das Kerngehäuse mit 5 Abteilungen, in denen sich die Apfelkerne – die Samen – befinden. Der Blütenboden bildet das Fruchtfleisch, also den essbaren Teil der Frucht. Wegen des Kerngehäuses zählen die Äpfel zum Kernobst.

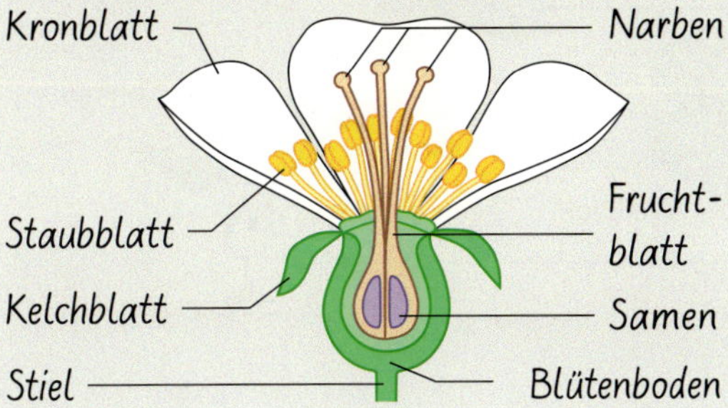


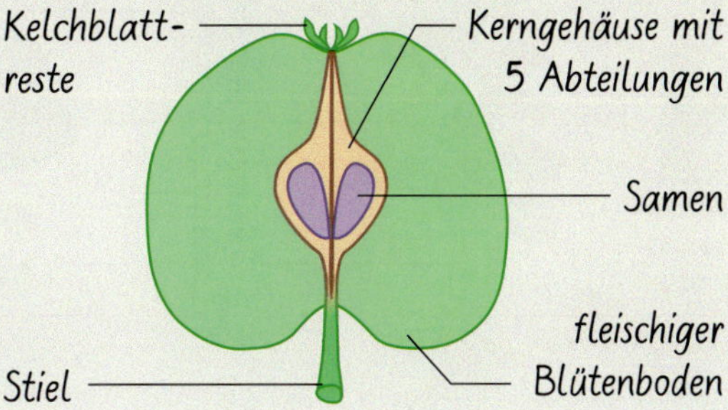


**5** Beispiel für ein Schülerplakat

# Der Kohl – eine wichtige Nutzpflanze

**Kohlsorten** Alle Kohlsorten gehen auf eine in der Natur vorhandene Stammform zurück, den Wildkohl. Die vom Menschen gezüchteten *Sorten* unterscheiden sich in bestimmten Merkmalen, gehören aber alle zur selben Art. Der Kohl gilt als Musterbeispiel der Veränderung von Pflanzen durch den Menschen. Er ist auch heute noch für uns ein wichtiges Gemüse.

**Züchtung** Manche Merkmale von Pflanzen können über die Samen an die Nachkommen weitergegeben werden. Man sagt, sie werden an die nächste Generation vererbt. Über viele Jahrhunderte hinweg haben Menschen Pflanzen ausgewählt und weitergezüchtet, die vererbbare Abweichungen von der Stammform gezeigt haben. Dabei hat man über mehrere Generationen immer wieder Pflanzen mit gewünschten Merkmalen ausgelesen, zum Beispiel solche mit besonderem Geschmack, einer bestimmten Farbe oder dickeren Sprossachse. Deren Samen wurden ausgesät. Auf diese Weise haben sich die gewünschten Merkmale verstärkt. Man nennt diese Vorgehensweise *Auslesezüchtung*.

**Nutzung verschiedener Pflanzenteile** Bei der Züchtung des *Kohlrabi* suchte man beispielsweise Pflanzen aus, die an einer Stelle fleischig verdickte Sprossachsenteile hatten ▶ Bild 1. Die normalerweise an der Sprossachse entspringenden Blätter sieht man auf der Knolle des Kohlrabi, manchmal allerdings nur noch als Narbe des bereits abgefallenen Blattes.
Vom *Rosenkohl* essen wir die Seitenknospen, die sich in den Achseln der Blätter bilden, beim *Blumenkohl* die dickfleischigen Blütenstiele und -knospen. Beim *Weißkohl* ist die Sprossachse verkürzt, die Laubblätter sind vergrößert und liegen eng beieinander, sodass ein „Kohlkopf“ entsteht.
Alle unsere heutigen Obst- und Gemüsesorten sind durch Züchtung aus Stammformen entstanden.

1. Nenne die Pflanzenteile des Wildkohls, die bei der Züchtung verändert wurden ▶ Bild 1.
2. Nenne Vorteile der gezüchteten Sorten im Vergleich zum Wildkohl.
3. Ordne den Kohl begründet einer Pflanzenfamilie zu ▶ Bild 1.

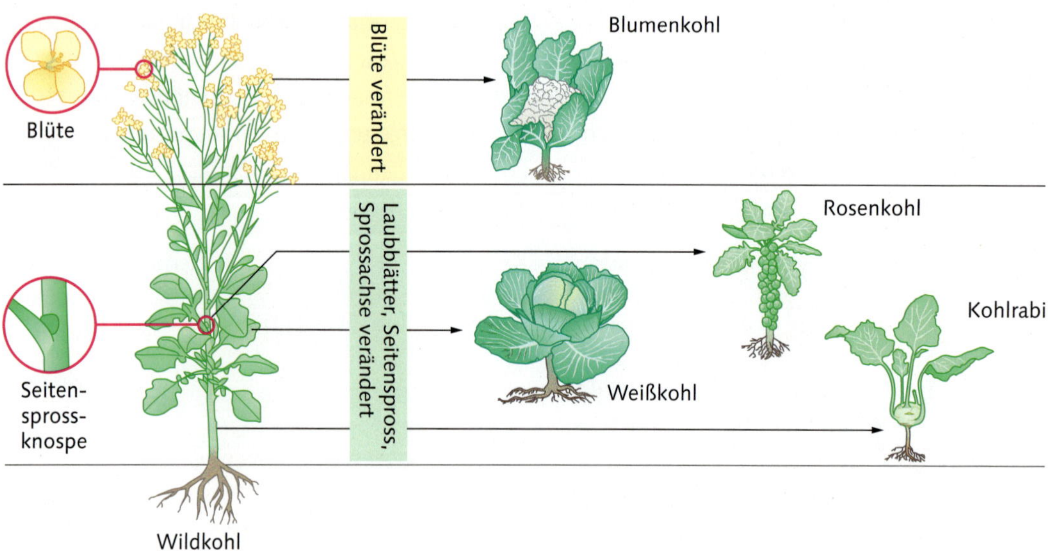


**1** Wildkohl und einige Kohlsorten

# Von der Wildpflanze zur Nutzpflanze

**Pflanzen weisen eine erstaunliche Artenvielfalt und Formenfülle auf. Auch die Pflanzen derselben Art können verschiedene Merkmale zeigen. Dies haben sich Menschen zunutze gemacht: Durch Auswahl und Züchtung von Pflanzen mit bestimmten Merkmalen entstand die große Zahl neuer Sorten.**

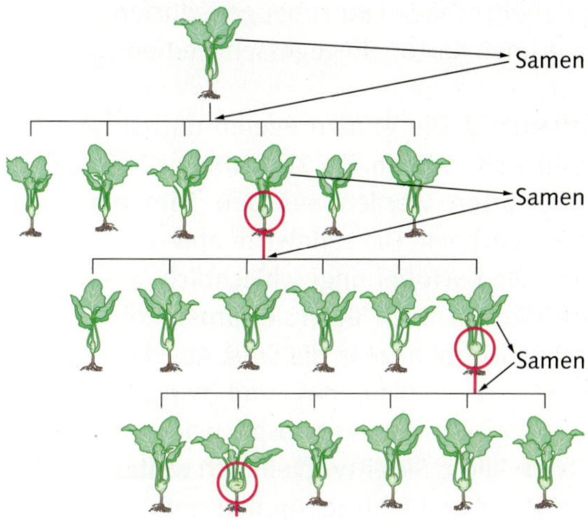


**2** Auslesezüchtung beim Kohlrabi

**3** Kohlsorten: Brokkoli, Wirsing und Rotkohl

**4** Abwandlung von Pflanzenteilen: Rettich und Senf

**5** Genutzte Pflanzenteile einiger Nutzpflanzen

**1** In ▸ Bild 2 ist die Auslesezüchtung am Beispiel des Kohlrabi dargestellt.
- **A** Die Samen der Stammform werden ausgesät. Vergleiche die Nachkommen.
- **B** Beschreibe, wie man bei der Auslesezüchtung vorgeht.

**2** In ▸ Bild 3 siehst du verschiedene Kohlsorten. Nenne diejenigen Pflanzenteile, die durch Züchtung jeweils verändert wurden.

**3** Das ▸ Bild 4 zeigt zwei weitere Nutzpflanzen dieser Pflanzenfamilie.
- **A** Nenne sichtbare Merkmale, die durch Züchtung jeweils verändert wurden.
- **B** Nenne weitere mögliche Ziele der Züchtung.

**4**
- **A** Benenne die in ▸ Bild 5 dargestellten Nutzpflanzen.
- **B** Ordne die Nutzpflanzen nach den genutzten Pflanzenteilen: Blüte, Frucht, Sprossachse mit Laubblättern sowie Wurzel. Lege eine Tabelle an.

# Die Kartoffelknolle erobert die Welt

**Geschichte** Die Kartoffel wurde schon vor über 2000 Jahren als Grundnahrungsmittel von den Inkas in den Hochebenen der südamerikanischen Anden angepflanzt. Mit spanischen Seefahrern kamen die Knollen Mitte des 16. Jahrhunderts nach Europa. Zu Beginn noch unbekannt und verschmäht, trat die Kartoffel später ihren Siegeszug in Deutschland an und gehört heute zu den bedeutendsten Nutzpflanzen.

**Kartoffelpflanze** Die Kartoffel ist eine einjährige krautige Pflanze und gehört wie die Tomate, Aubergine und Paprika zur Familie der Nachtschattengewächse. Kartoffelfrüchte sind kleine grüne Beeren, die das Gift Solanin enthalten. Für unsere Ernährung sind deshalb ausschließlich die unterirdisch wachsenden, essbaren Sprossknollen von Bedeutung. Hierbei handelt es sich um Teile der Sprossachse, deren Enden zu Knollen verdickt sind. Sie stellen Speicherorgane für Nährstoffe, vor allem Stärke, dar.

Die Lagerung der Kartoffeln erfolgt im Dunkeln bei kühlen Temperaturen. Werden die Knollen dem Licht ausgesetzt, verfärben sich die Schalen grün. Dabei wird ebenfalls das Gift Solanin gebildet. Um Gesundheitsschäden vorzubeugen, dürfen keine grünen Kartoffeln gegessen werden.

**Fortpflanzung** Die grünen Beeren enthalten zahlreiche Samen. Zur Züchtung neuer Kartoffelsorten werden aus den Samen Pflanzen gezogen. Die Landwirte aber vermehren die Kartoffel ungeschlechtlich, also ohne Samen. Dazu legen sie Sprossknollen der Mutterpflanze in die Erde. Aus den „Augen" der Knollen, das sind winzige Blattschuppen mit einer Knospe, wachsen Sprosse ▶ Bild 2. Sie entwickeln sich weiter zur vollständigen Pflanze. An den unterirdischen Ausläufern dieser Pflanze bilden sich im selben Jahr zahlreiche große Knollen, die Kartoffeln. Im Herbst können sie geerntet werden.

**Schädling** Der Kartoffelkäfer wurde vor mehr als 100 Jahren aus Amerika eingeschleppt. Larven und Käfer (▶ Bild 3) fressen die grünen Blätter der Kartoffelpflanze, aber auch die anderer Nachtschattengewächse. Da er in Europa keine natürlichen Feinde hat, entwickelte sich der Kartoffelkäfer zu einer großen Plage. Ganze Ernten können durch ihn vernichtet werden.

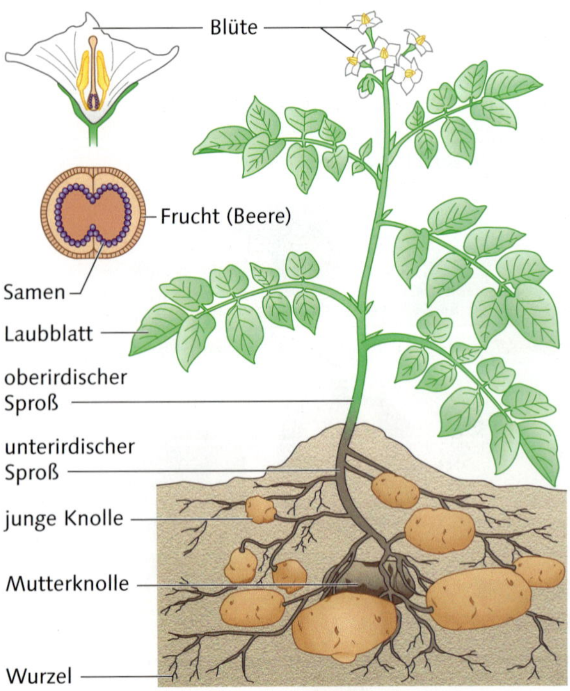


**1** Kartoffelpflanze

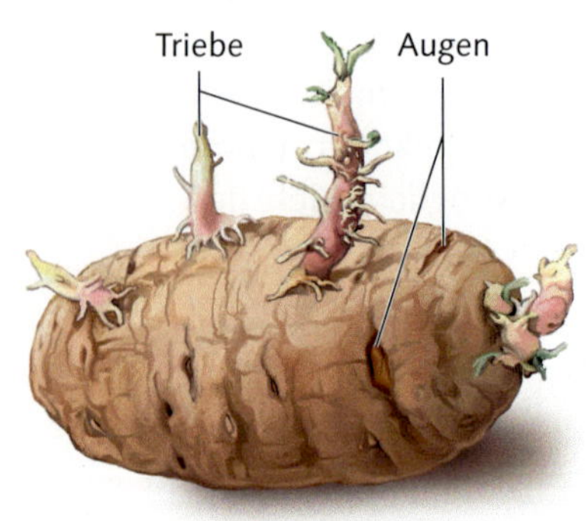


**2** Mutterknolle der Kartoffel

**3** Kartoffelkäfer (rechts) und Larve (links)

**1** Vergleiche den Bau einer Kartoffelpflanze mit dem Grundaufbau der Blütenpflanzen.

**2** Erkläre die Begriffe ungeschlechtliche und geschlechtliche Fortpflanzung anhand der Kartoffelpflanze.

**3** Nenne weitere Nutzpflanzen, deren Ernten durch den Kartoffelkäfer gefährdet sein könnten.

**4** In Europa wurde der Kartoffelkäfer erstmals 1877 in den Hafenanlagen von Liverpool und Rotterdam gesichtet. Begründe, warum er an diesen Orten gefunden wurde.



# Die Aufgabe der Kartoffelschale

**Welche Aufgabe hat die Kartoffelschale? Mit den folgenden Versuchen kannst du diese Forscherfrage beantworten.**

**Material:** 4 gewaschene Kartoffeln unterschiedlicher Größe, 2 kleine Teller, Schneidebrett, Küchenmesser, 2 Gläser mit Deckeln, Waage

### Versuch 1

Schneide eine Kartoffel in mehrere Stücke, spüle sie ab und lege sie in ein mit Wasser gefülltes Glas. Schließe den Deckel.
Lege die zweite Kartoffel als Ganzes in ein mit Wasser gefülltes Glas. Schließe den Deckel. Du darfst ihn ab jetzt nicht mehr öffnen.
Lass beide Gläser stehen und kontrolliere nach 3, 5 und 7 Tagen. Beschreibe, was du siehst. Fertige ein Versuchsprotokoll an.

**5** **A** Übertrage die Tabelle unten in dein Heft. Ergänze deine Messergebnisse.
**B** Beschreibe deine Beobachtungen.
**C** Leite aus den Beobachtungen eine Aufgabe der Kartoffelschale ab.

| | Kartoffel geschnitten | Kartoffel ganz |
|---|---|---|
| Tag 3 | | |
| Tag 5 | | |

### Versuch 2

Nimm 2 unterschiedlich große Kartoffeln. Schäle die größere und schneide sie auf die Größe der kleineren Kartoffel zu, sodass beide in etwa gleich viel wiegen.
Lege beide Kartoffeln auf einen kleinen Teller und wiege sie jeweils nach 3, 5 und 7 Tagen. Fertige ein Versuchsprotokoll an.

**6** **A** Übertrage die Tabelle unten in dein Heft und ergänze sie.
**B** Leite aus deinen Beobachtungen eine weitere Aufgabe der Kartoffelschale ab.

| | Kartoffel geschält | Kartoffel ganz |
|---|---|---|
| Ausgangsgewicht in g | | |
| Tag 3 | | |
| Tag 5 | | |
| Tag 7 | | |

# Getreide – Grundlage unserer Ernährung

**Die Ursprünge** In den Resten 11000 Jahre alter Siedlungen fanden Forscher Getreidekörner, die größer waren als die Samen von Wildgräsern. Daraus schlossen sie, dass die Menschen schon zu dieser Zeit durch das Auswählen und Säen großer Samen ertragreichere Getreidepflanzen züchteten. Über die Jahrtausende hinweg führte dies zu den Getreidearten, die heute die wichtigste Ernährungsgrundlage der Weltbevölkerung sind. Dazu gehören Weizen, Roggen, Gerste, Hafer, Hirse, Mais und Reis.

**Getreidepflanzen sind Gräser** Gräser unterscheiden sich in ihren Merkmalen stark von anderen Blütenpflanzen ▶ Bild 1.
Die Sprossachse ist dünn, hohl und hat meist einen runden Querschnitt. Sie wird auch als *Halm* bezeichnet. Dieser weist in regelmäßigen Abständen Verdickungen auf, die Knoten genannt werden. An den Knoten entspringen die langen, schmalen Blätter, die sich nach oben öffnen. Diese Bauweise führt zu einer erstaunlichen Festigkeit der Halme. Durch das weit verzweigte Wurzelwerk sind die Pflanzen gut im Boden verankert.

**Blüte** An der Spitze der Halme stehen die meist kleinen und unscheinbaren Blüten, deren Aufbau man mit einer Lupe erkennen kann. Einzelne Blüten sind zu *Ährchen* zusammengefasst und diese wiederum in größeren Blütenständen, den Ähren.

**Bestäubung und Fruchtbildung** Grasblüten besitzen viele große Staubbeutel mit riesigen Mengen an Pollen. Die Bestäubung erfolgt durch den Wind, der die leichten Pollenkörner über weite Strecken trägt. Aus den befruchteten Blüten entwickeln sich kleine Früchte, die Getreidekörner. Sie sind ein wichtiger Bestandteil unserer Ernährung ▶ Bild 2.

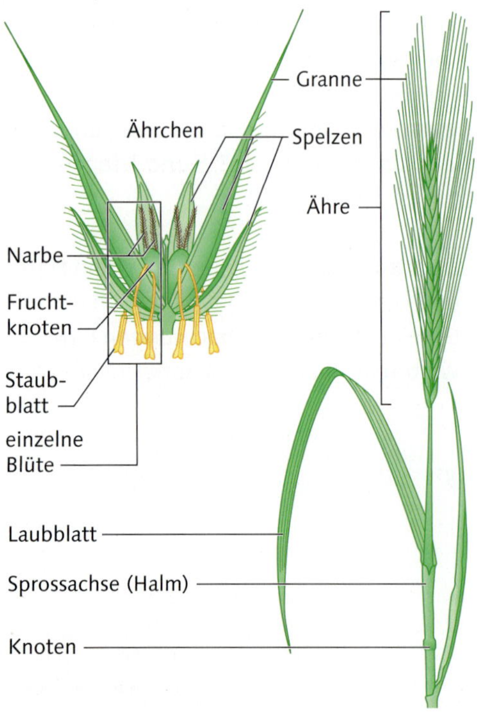


**1** Bau der Roggenpflanze

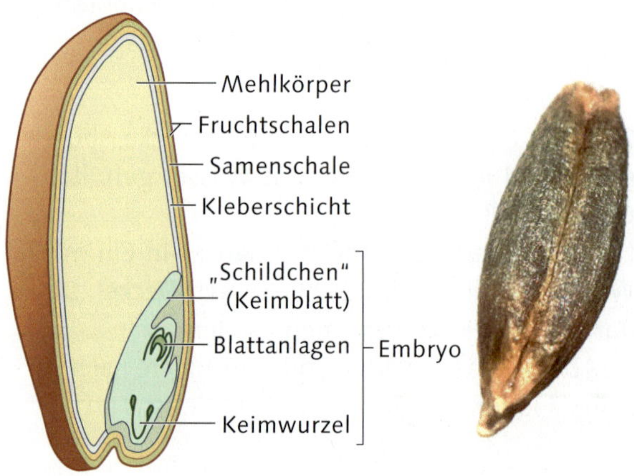


**2** Bau des Roggenkorns

**1** Beschreibe den Bau eines Grashalms.

**2** Die Zeichnung in ▶ Bild 1 zeigt die Narbe der Getreideblüte.
**A** Vergleiche sie mit der Narbe der Kirschblüte.
**B** Erkläre das Prinzip der Oberflächenvergrößerung am Beispiel der Narbe der Gräser.

# Getreide im Vergleich

**Alle Getreidearten gehören zu den Gräsern. Die meisten sind deshalb wie die Wiesengräser gebaut, durch Züchtung aber auf unsere Bedürfnisse hin verändert worden. Getreide ist seit Jahrtausenden auf der ganzen Welt Bestandteil der täglichen Ernährung. Heute wird Getreide außerdem als Futtermittel sowie zur Gewinnung von Stärke, zur Herstellung von Branntwein, Bier und Biokraftstoff genutzt.**

**3** Getreidearten

**4** Früchte eines Wildgrases (**a**), von Weizen (**b**) und Gerste (**c**)

**1** Vergleiche die Getreidearten in (▶ Bild 3) in Bezug auf:

**A** den Bau ihres Fruchtstands.

**B** ihre Nutzung.

**2** Die Vorfahren unserer Getreidearten sahen ähnlich aus wie die heutigen wild wachsenden Gräser.

**A** Vergleiche die Früchte von Wildgras und Weizen ▶ Bild 4.

**B** Wiege die gleiche Anzahl von Wildgraskörnern und Weizenkörnern ab. Erkläre die Unterschiede bezüglich der Ausbreitung der Frucht.

**C** Zerteile vorsichtig Wildgrassamen und Weizen- bzw. Roggenkörner quer mit einem Messer und betrachte sie mit einer Lupe. Vergleiche sie.

**D** Begründe, welche Teile des Getreidekorns durch Züchtung verändert wurden.

**3** **A** Lass Weizenkörner keimen und beobachte 10 Tage lang.

**B** Zeichne und beschrifte den Keimling alle 2 Tage.

**C** Miss jeweils den Längenzuwachs der Sprossachse und der Wurzel.

**4** Auch Mais und Reis zählen zum Getreide. Nenne Lebensmittel, in denen diese Getreide enthalten sind.

# Zusammenfassung

### Reproduktion und Entwicklung

Die Blüten der Pflanzen locken Insekten an, die den zuckerhaltigen Nektar sowie Pollen als Nahrung nutzen. Insekten bestäuben die Blüten ▶ Bild 2. Manche Pflanzen sind windbestäubt. Auf die Bestäubung folgt die Befruchtung, also die Verschmelzung der männlichen und weiblichen Geschlechtszellen. Es findet wie bei den Tieren eine geschlechtliche Fortpflanzung statt. In der weiteren Entwicklung entsteht eine Frucht, die den Samen enthält. Aus ihm kann eine neue Pflanze wachsen. Einige Pflanzenarten können sich auch ungeschlechtlich fortpflanzen, zum Beispiel durch Ableger. Diese Vorgänge beschreibt das biologische Prinzip *Reproduktion und Entwicklung*.

### Struktur und Funktion

Alle Blütenpflanzen haben die gleichen Grundorgane, nämlich Wurzel, Sprossachse und Blätter. Die Grundorgane sind in ihrem Bau an die Funktion angepasst. So verankern weitverzweigte Wurzeln die Pflanze im Boden und ermöglichen zudem durch ihre zahlreichen Wurzelhaare die Mineralstoff- und Wasseraufnahme ▶ Bild 1. Die Sprossachse gibt der Pflanze Halt und leitet Wasser sowie darin gelöste Stoffe. In den grünen Laubblättern findet die Fotosynthese statt. Blüten dienen der Fortpflanzung. Derartige Zusammenhänge werden im biologischen Prinzip *Struktur und Funktion* beschrieben.

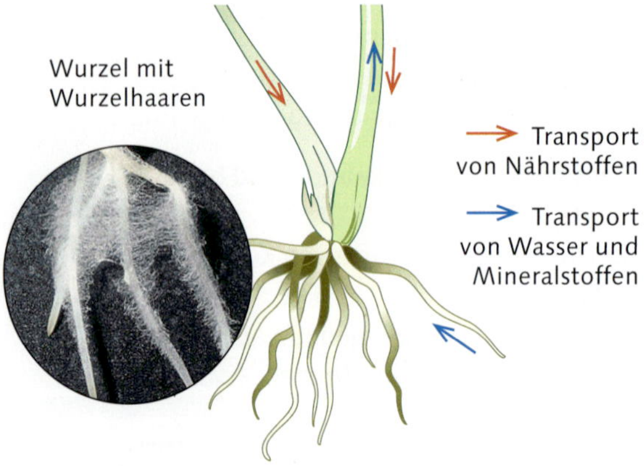


**1** Funktion der Wurzel und Sprossachse

**2** Honigbiene an Rapsblüte

### Stoff- und Energieumwandlung

Pflanzen nutzen bei der Fotosynthese in den Laubblättern die Energie aus dem Sonnenlicht. Sie nehmen Stoffe auf und wandeln sie mithilfe der Sonnenenergie in Zucker und später in andere Stoffe wie Stärke, Fett und Eiweiß um. Die Nährstoffe können beispielsweise in der Wurzel gespeichert werden. Bei der Kartoffel dient ein Teil der Sprossachse, die Sprossknolle, zur Stärkespeicherung. Fette können in Samen gelagert sein wie beim Raps. Eiweiße findet man beispielsweise in Erbsen und Bohnen. Viele Nutzpflanzen dienen der Ernährung des Menschen und wurden eigens dafür gezüchtet ▶ Bild 3. Diese Sachverhalte beschreibt das biologische Prinzip *Stoff- und Energieumwandlung*.

**3** Viele Nutzpflanzen dienen der Ernährung.

# Teste dich!

**1** **A** Nenne die Grundorgane einer Blütenpflanze und gib deren Funktionen an.
**B** Die Wasserlinse schwimmt auf der Wasseroberfläche stehender Gewässer. Beschreibe die Abwandlung der Grundorgane ▶ Bild 4.
**C** Erkläre die Angepasstheiten der Wasserlinse.

**4** Wasserlinsen an der Wasseroberfläche

**2** Ein Landwirt beklagt, dieses Jahr weniger Früchte geerntet zu haben, obwohl seine Obstbäume im Herbst fachgerecht geschnitten worden seien.
**A** Beschreibe, was alles passieren muss, bis am Apfelbaum die Äpfel geerntet werden können.
**B** Erkläre, welche Ursachen es für die geringe Ernte geben könnte.
**C** Erläutere, welche Maßnahmen der Landwirt ergreifen könnte, um den Ertrag wieder zu steigern.

**3** Die ▶ Bilder 5 und 6 zeigen dir die Blüte und die Frucht einer Erbse.
**A** Ordne die Pflanze begründet einer Pflanzenfamilie zu.
**B** Benenne die mit den Ziffern 1–3 beschrifteten Teile der Blüte.
**C** Begründe den Namen der Pflanzenfamilie.

**5** Blüte der Erbse

**6** Frucht der Erbse

**D** Benenne die Frucht.
**E** Nenne eine weitere Kulturpflanze, die diese Frucht aufweist.

**4** Die Kinder im Kindergarten sind dabei, mit ihrer Erzieherin ein Gemüsebeet anzulegen. Allerlei Samen werden in die vorbereiteten Furchen gestreut. Dabei sagt Luca zu Sinan: „Weißt du, in den winzigen Samen hier steckt eine fertige kleine Pflanze drin."
**A** Zeichne den Bohnensamen ab und beschrifte ihn.
**B** Beurteile, ob Luca recht hat. Nimm dazu auch ▶ Bild 7 zu Hilfe.

**7** Gespaltener Bohnensamen

▶ Die Lösungen zu den Aufgaben findest du im Anhang.

# Vögel

Die Vögel sind die unbestrittenen Könige der Lüfte. Weltweit leben etwa 10 600 verschiedene Vogelarten. Wie alle Lebewesen sind Vögel an ihre Lebensweise im jeweiligen Lebensraum optimal angepasst. Dies zeigt sich im Bau ihres Körpers, in ihrem Verhalten und auch in der Art und Weise, wie sie sich fortpflanzen. Das Haushuhn ist ein wichtiges Nutztier des Menschen.
Viele wild lebende Vögel sind bedroht, weil der Mensch die Landschaft verändert und so in ihren Lebensraum eingreift.

# Vogel-Weltrekorde

**1** Wanderfalke

**2** Mauersegler

**3** Küstenseeschwalbe

**Geschwindigkeitsrekord** Der Wanderfalke (▶ Bild 1) lebt auf allen Kontinenten der Erde außer der Antarktis. Er bevorzugt natürliche Felsregionen. Immer häufiger kann man ihn aber auch in der „Felswüste" größerer Städte beobachten. Wanderfalken erbeuten andere Vögel meist in der Luft. Sie stoßen auf ihr ausgespähtes Beutetier herab und können dabei über 300 km/h schnell werden. Ansonsten sind sie mit 50 bis 160 km/h unterwegs.

**Ausdauerrekord** Der Mauersegler (▶ Bild 2) lebt nur von Anfang Mai bis Anfang August bei uns in Mitteleuropa. Hier brütet er und zieht seinen Nachwuchs groß. Den Winter verbringt er im warmen Süden Afrikas. Mauersegler sind die Ausdauerrekordler unter den Vögeln: Nach dem Verlassen des elterlichen Nestes bleiben viele Mauersegler bis zu zwei Jahre ununterbrochen in der Luft, bis sie selbst mit der ersten Brut beginnen. Wissenschaftler haben nachgewiesen, dass der Mauersegler sogar in der Luft schläft.

**Langstreckenrekord** Die Küstenseeschwalbe (▶ Bild 3) ist der Langstreckenrekordler unter den Vögeln. Sie pendelt jährlich zwischen ihrem Brutgebiet in der Arktis und der Antarktis, wo sie überwintert. Küstenseeschwalben fliegen zwischen 30 000 und 35 000 km pro Jahr – das entspricht fast dem Umfang der Erde. Sie legen auf ihrer Reise zwischen 300 und 500 km pro Tag zurück und nutzen den Wind, um Kräfte zu sparen.

1. Berechne die Anzahl der Reisetage einer Küstenseeschwalbe pro Jahr.
2. Unter den Vögeln gibt es auch in anderen Disziplinen Weltrekordler. Recherchiere im Tierlexikon oder Internet weitere Weltrekorde bei Vögeln. Notiere mindestens drei Beispiele.

# Vögel – Wirbeltiere im Luftraum

Zu den besonderen Merkmalen der Vögel gehören der Schnabel, das Federkleid und das Eierlegen. Ein herausragendes Kennzeichen ist das Fliegen. Die Fähigkeit zu fliegen erfordert bestimmte Angepasstheiten im Körperbau und im Stoffwechsel.

**Angepasstheit im Körperbau** Der stromlinienförmige Körper der Vögel setzt der Luft beim Fliegen nur einen geringen Widerstand entgegen. Die Vordergliedmaßen sind zu Flügeln umgeformt und zeigen auch im Skelett Angepasstheiten. So hat das Armskelett nur 3 Finger, die stark umgebildet sind ▶ Bild 4.
Die Fortbewegung in der Luft erfordert einen leichten Körperbau. Das Skelett eines Vogels ist erheblich leichter als das eines gleich großen Säugetiers. So sind die Schädelknochen sehr dünn. Anstatt massiver Kiefer mit Zähnen besitzt der Vogel einen leichten Schnabel aus Horn. Die meisten anderen Knochen sind im Gegensatz zu Säugetierknochen hohl und luftgefüllt. Durch Verstrebungen im Innern sind die Vogelknochen verstärkt und trotz geringer Masse stabil. Das Brustbein ist bei Vögeln sehr groß ausgebildet. An ihm setzen ausgeprägte Flugmuskeln an. Bei einer Taube wiegen die Brustmuskeln ein Drittel der gesamten Körpermasse, das Skelett aber nur ein Zwanzigstel. Das Skelett eines Menschen macht dagegen etwa ein Siebtel seiner Masse aus. Zahlreiche Knochen des Rumpfskeletts sind fest miteinander verwachsen. Das erhöht die Stabilität des Körpers beim Fliegen.

**Angepasstheit im Stoffwechsel** Zum Fliegen ist viel Energie nötig. Um die große Energiemenge bereitzustellen, fressen Vögel viel und verdauen die Nahrung schnell. Mithilfe besonderer Luftsäcke, die mit den Lungen verbunden sind, können Vögel mehr als doppelt so viel Luft einatmen wie gleich große Säugetiere. Das Herz eines Vogels schlägt sehr schnell. So kann für die Energiebereitstellung genug Sauerstoff mit dem Blut zu den Organen und Muskeln transportiert werden. Vögel sind *gleichwarme* Tiere. Ihre Körpertemperatur liegt je nach Art zwischen 38 und 43 °C.

**4** Skelett, Atmungsorgane und Federkleid eines Vogels

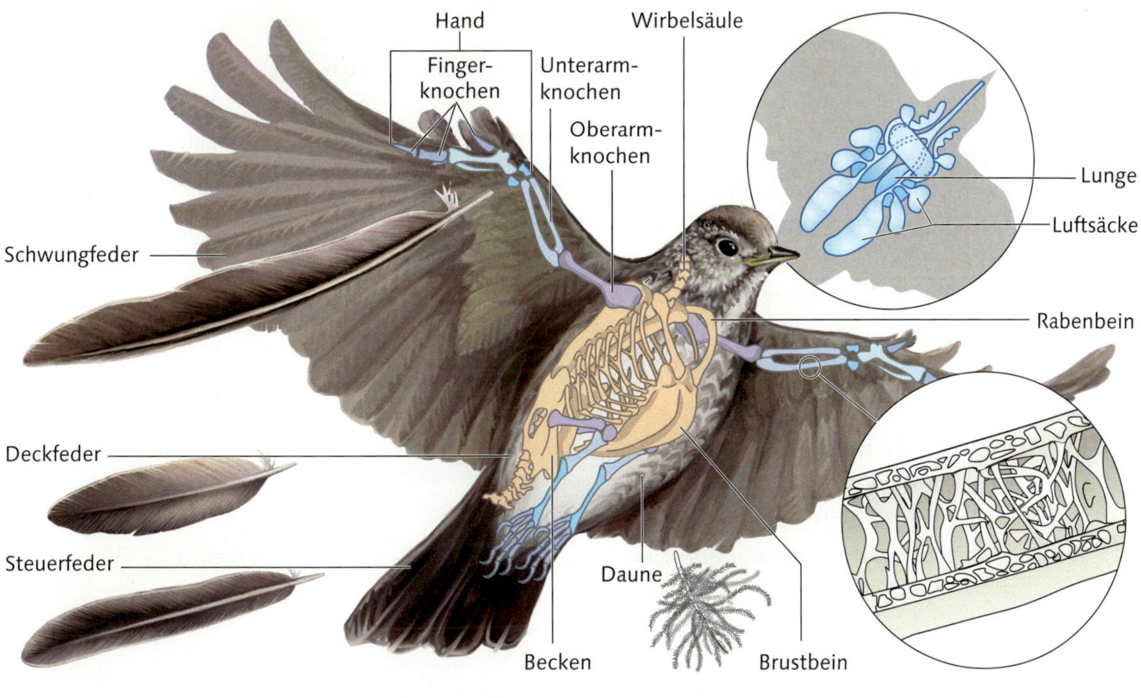

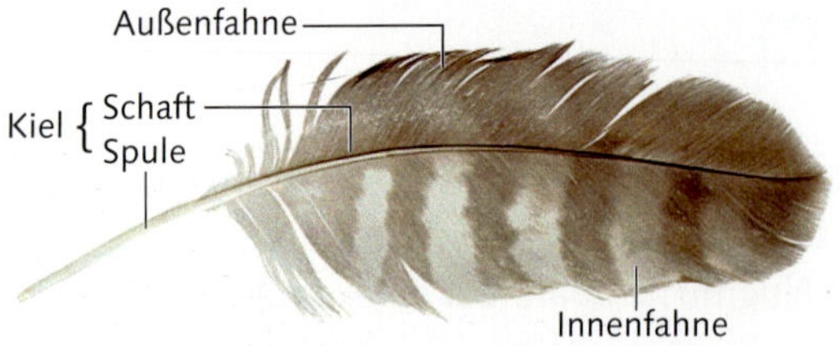


**1** Bau einer Deckfeder

**Federn** Vögel sind die einzigen Wirbeltiere, die ein Federkleid besitzen. Federn dienen dem Fliegen und der Wärmeisolation. Sie sind, wie menschliche Haare und Fingernägel, aus Horn.
Federn sind je nach ihrer Funktion unterschiedlich gebaut: Die *Schwungfedern* bilden die leichte, luftundurchlässige und zugleich feste Tragfläche der Flügel. Die *Schwanzfedern* dienen zum Steuern und Bremsen. Die *Deckfedern* oder Konturfedern sind die äußeren Federn der Körperbedeckung ▶ Bild 1. Sie schützen den Vogelkörper vor Verletzungen und halten Wasser ab. Sie geben dem Vogel die für den Flug wichtige Stromlinienform. Die unter den Deckfedern liegenden *Daunenfedern* schützen vor Wärmeverlust.
Tauben haben beispielsweise etwa 4000 Federn, die zusammen nur 15 g wiegen. Trotz ständiger Pflege nutzt sich das Federkleid im Laufe der Zeit ab. Es wird daher regelmäßig erneuert. Den Federwechsel nennt man *Mauser*.

**1** Nenne die Angepasstheiten des Vogelkörpers an das Fliegen.

**2** **A** Beschreibe die Lage der verschiedenen Federtypen am Vogelkörper.
**B** Ordne ihnen ihre Aufgaben zu.

**3** Stelle eine Vermutung auf, warum Eierlegen ein Vorteil für eine fliegende Lebensweise ist.

**Material Methode Praxis**

# Vergleich von Vogel und Säugetier

Vögel und Säugetiere gehören zu den Wirbeltieren. Dennoch unterscheiden sie sich in vielen Merkmalen.

**4** **A** Vergleiche Kopf-Rumpf-Länge und Masse der Vögel und Säugetiere in der Tabelle.
**B** Erkläre die Unterschiede.

**5** Der Nashornpelikan ist mit einer Körperlänge von 140 bis 170 cm ähnlich groß wie ein Mensch. Sein Herz schlägt in Ruhe 150-mal pro Minute.
**A** Bestimme die Zahl deiner Herzschläge pro Minute.
**B** Erkläre den Unterschied zum Nashornpelikan.

**6** **A** Vergleiche die Armskelette von Vogel und Mensch ▶ Bild 2.
**B** Begründe ihren unterschiedlichen Bau und beziehe dabei ihre Funktion ein.

| Art | Kopf-Rumpf-Länge | Masse |
|---|---|---|
| **Graugans** | 80 cm | 3 kg |
| **Dachs** | 78 cm | 12 kg |
| **Star** | 22 cm | 78 g |
| **Hausratte** | 20 cm | 200 g |

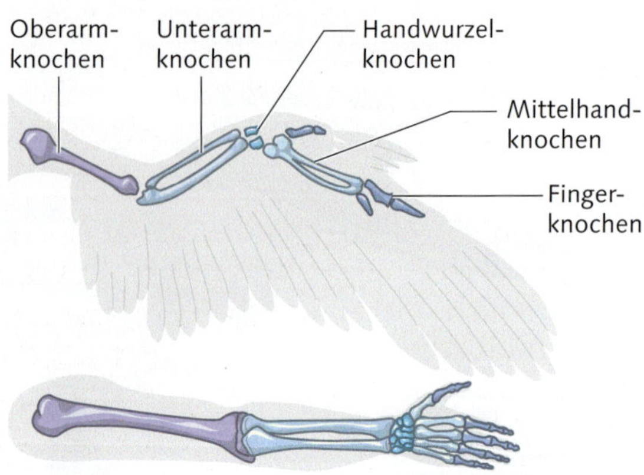


**2** Armskelette von Vogel und Mensch

# Untersuchungen mit der Lupe

**Das Untersuchen ist eine wichtige Methode in der Biologie, um die Funktion verschiedener Strukturen oder Organe zu verstehen. Mit Hilfsmitteln wie Lupe und Mikroskop können auch Strukturen untersucht werden, die mit dem bloßen Auge nicht zu erkennen sind.**

## Bau von Vogelfedern

**Material:** Schwungfedern und Daunen (sterilisiert), weißes DIN-A4-Papier, spitzer, weicher Bleistift, Radiergummi, Lupe

**Schritt 1** Beginne deine Untersuchung damit, dass du das Objekt genau betrachtest.
Nimm dazu die Schwungfeder in die Hand und sieh sie dir genau an. Dafür kannst du sie auch drehen, gegen das Licht halten und mit den Fingern darüberstreichen.

**Schritt 2** Fertige eine Skizze des Objekts an.
Schreibe oben auf das Blatt den Namen des Objekts sowie das Datum und deinen Namen. Lege das Objekt vor dich hin und skizziere dessen Umriss.
Erfasse bei der Schwungfeder grobe Strukturen wie den Kiel und die Federfahne. An ausgewählten Stellen kannst du feinere Details wie die Federäste andeuten.

**Schritt 3** Beschrifte deine Skizze. Hierfür kann dir ▶ Bild 1 eine Hilfe sein.

**Schritt 4** Verwende jetzt eine Lupe (▶ Bild 3), um feinere Strukturen des Objekts zu erkennen. Halte die Lupe vor ein Auge und schließe das andere Auge. Nimm das Objekt in die andere Hand und gehe mit der Lupe so nah an das Objekt heran, bis du es scharf siehst.

**Schritt 5** Untersuche das Objekt nun genauer.
Zupfe die Federfahne auf einer Seite auseinander. Betrachte sie mit der Lupe. Streiche sie dann wieder zusammen und betrachte sie erneut. Ergänze deine Skizze. Beschreibe deine Beobachtung. Erkläre sie mithilfe von ▶ Bild 4.
Kennst du einen Mechanismus aus dem Alltag, der ähnlich funktioniert?

1. Untersuche eine Daunenfeder und vergleiche sie mit der Schwungfeder.

**3** Lupe

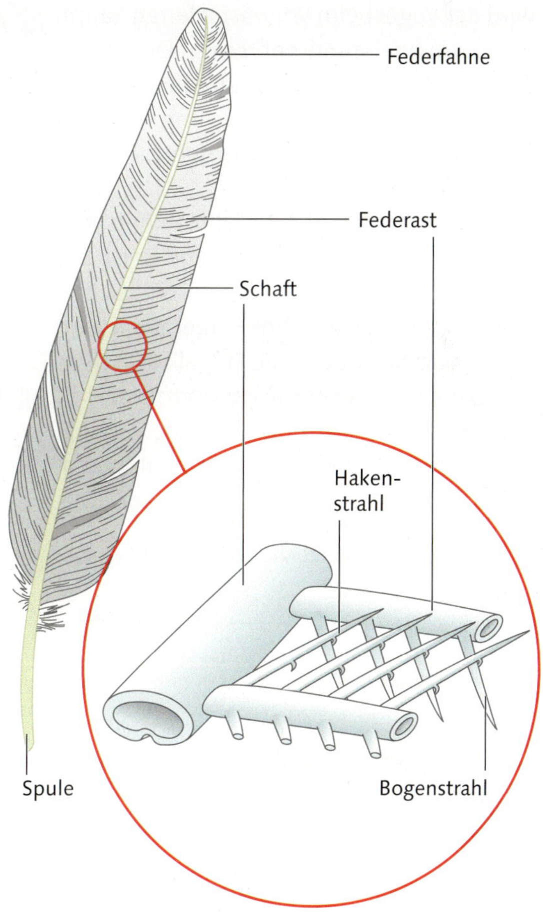


**4** Bau einer Schwungfeder

# Wie Vögel fliegen

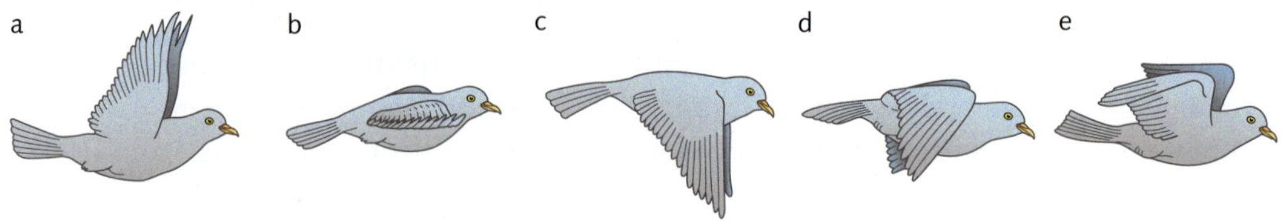


1 Ruderflug: Abwärtsschlag und Aufwärtsschlag

**Geborene Flieger** Beim Fliegen muss der Vogel drei Probleme bewältigen: Sein eigenes Gewicht zieht ihn nach unten. Der Luftwiderstand bremst seine Geschwindigkeit und Luftwirbel können ihn zum Absturz bringen.
Vögel sind sehr leicht und damit ist ihre Gewichtskraft geringer als die eines gleich großen Säugetiers. Vogelflügel und Vogelkörper haben eine Stromlinienform. So wird der Vogel beim Vorwärtsgleiten kaum vom Luftwiderstand gebremst. Durch die Stellung der Flügel und Federn in verschiedenen Phasen der Flugbewegung wird die Bildung von Luftwirbeln verringert.

**Ruderflug** Die ▶ Bilder 1 und 4 zeigen verschiedene Phasen des *Ruderflugs*. Er ist die häufigste Flugform bei Vögeln. Vögel bewegen beim Fliegen ihre Flügel nicht nur auf und ab. Sie drehen die Flügel zusätzlich etwas ein und ziehen sie vor und zurück.
Beim Ruderflug wird die Flügelbewegung vom höchsten Punkt bis zum niedrigsten Punkt als *Abwärtsschlag* bezeichnet. Die entgegengesetzte Bewegung ist der *Aufwärtsschlag*.
Beim Abwärtsschlag werden die Flügel und besonders die Handschwingen mithilfe der starken Brustmuskulatur des Vogels nach unten geführt. Hand- und Armschwingen (▶ Bild 2) sind maximal gestreckt und wirken als Tragflächen. Die Schwungfedern liegen flach aneinander und bilden einen lückenlosen Fächer, der keine Luft durchlässt ▶ Bild 3. Die Handschwinge ist dabei stärker nach vorn geneigt als die Armschwinge und drückt die Luft nach unten und hinten ▶ Bilder 1b und 4b. Der Abwärtsschlag lässt den Vogel steigen und bringt ihn vorwärts.
Beim Aufwärtsschlag werden die Flügel nach oben und nach hinten geführt. Die Handschwingen sind dabei angewinkelt ▶ Bild 4d–e. Der Luftwiderstand ist dadurch gering und der Vogel muss nur wenig Kraft aufwenden. Jetzt wirken nur noch die Armschwingen als Tragfläche und halten den Vogel in der Luft.

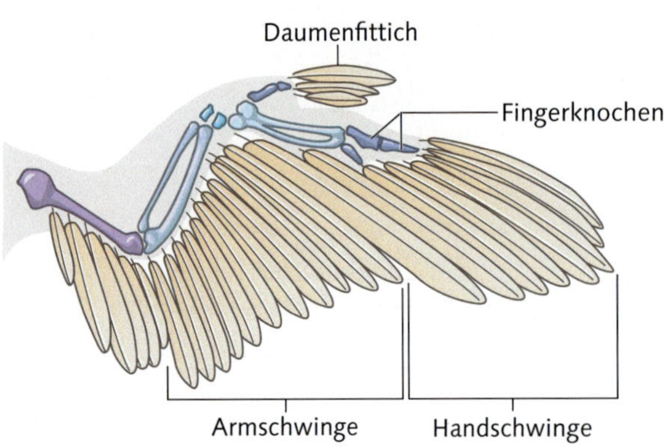


2 Aufbau des Flügels

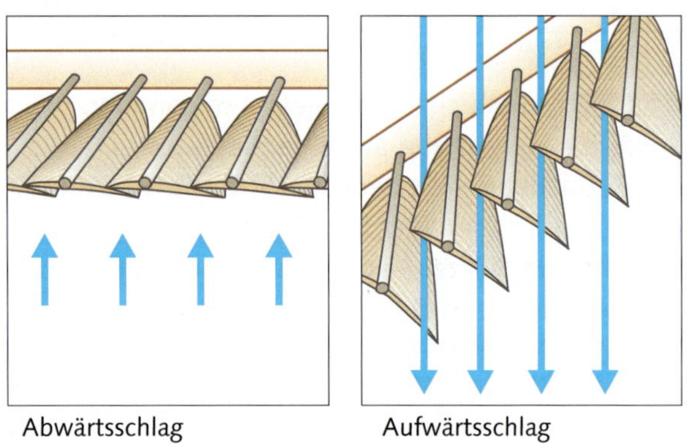


3 Stellung der Schwungfedern beim Abwärtsschlag (links) und beim Aufwärtsschlag (rechts)

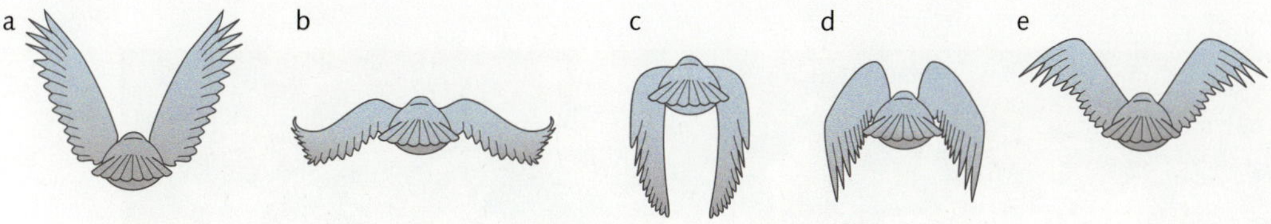


**4** Flugphasen des Ruderflugs von hinten gesehen

Zusätzlich werden die Schwungfedern so gestellt, dass die Luft zwischen ihnen durchströmen kann ▶ Bild 3. Dies verkleinert den Luftwiderstand.
Beim Aufwärtsschlag verliert ein Vogel kaum an Höhe. Seine Fluggeschwindigkeit verringert sich jedoch ein wenig, weil kein Vortrieb entsteht.

**Gleitflug** Mit dem *Gleitflug* gelingt es Vögeln, ohne Kraftaufwand von erhöhter Position abwärtszufliegen. Die Flügel werden dabei ausgebreitet, aber nicht auf- und abbewegt. Dadurch gleiten die Vögel schräg nach unten. Schwere Vögel mit großen Flügelflächen wie der Weißstorch sind oft gute Gleitflieger.

**Segelflug** Die Flügel werden beim *Segelflug* genauso gehalten wie beim Gleitflug. Jedoch nutzen die Vögel hierbei aufsteigende Luftmassen, die Aufwinde. Sie entstehen zum Beispiel an größeren Erhebungen im Gelände wie Bergen, Dämmen und Waldkanten. Denn hier wird der Wind nach oben abgelenkt. Außerdem entstehen Aufwinde über aufgeheizten Flächen wie Getreidefeldern, da warme Luft nach oben steigt. Vögel im Segelflug lassen sich von den Aufwinden mitnehmen. Sie können so über Gebieten mit Aufwind ihre großen Kreisbahnen ziehen.

**Weitere Flugformen** Welche Flugform einem Vogel möglich ist, hängt von seiner Körpermasse sowie von der Größe und Gestalt seiner Flügel ab. Manche Vögel beherrschen besondere Flugformen. So ist der Rüttelflug eine Sonderform des Ruderflugs, bei dem der Vogel scheinbar in der Luft steht. Einige Greifvögel wenden ihn an, um nach Beutetieren Ausschau zu halten. Haben sie eine Beute entdeckt, lassen sie sich mit angelegten Flügeln im Sturzflug hinabstürzen, um das Tier zu ergreifen. Den Sturzflug findet man auch bei anderen Vogelarten.
Einige Vögel wie die Weihen oder Bussarde haben besonders akrobatische Balzflüge, bei denen sie Saltos in der Luft schlagen oder gar Rückenflüge zeigen.

**5** Eisvogel beim Beutefang

1 Beschreibe mithilfe der abgebildeten Flugphasen den Ruderflug ▶ Bilder 1 und 4. Achte jeweils auf die Fortbewegung des Vogels sowie die Stellung seiner Flügel.

2 Ordne ▶ Bild 5 begründet einer im Text genannten Flugform zu.

# Das Haushuhn – mehr als ein Eierlieferant

**1** Hühnerschar mit Hahn und Hennen

**Nutztier Haushuhn** Als Nutztier liefert uns das Haushuhn Fleisch und Eier. Durch Züchtung entstanden viele Rassen. Man unterscheidet dabei zwischen Legerassen und Fleischrassen. Die Stammform des Haushuhns ist das Bankivahuhn, das heute noch in den Wäldern und Buschlandschaften Südostasiens lebt. In Deutschland leben mehr als 120 Millionen Haushühner.

**Körperbau** Haushühner haben relativ kurze Flügel und einen massigen Körper. Ausdauernd fliegen können sie daher nicht, sondern nur kurze Strecken im Flug zurücklegen. In einer Hühnerschar gibt es ein männliches Tier, den Hahn ▶ Bild 1. Er fällt auf, weil er größer ist und ein farbenprächtiges Gefieder hat, das besonders durch die langen und oft geschwungenen Schwanzfedern hervorsticht. Auf seinem Kopf trägt er den Hahnenkamm und unter dem Schnabel die Kehllappen. Wenn er sein Revier gegen einen Rivalen verteidigt, schwellen diese an und lassen den Hahn imposanter aussehen. Dagegen sind die Hennen, die weiblichen Tiere, weniger auffällig gefärbt. Ihre Schwanzfedern sind kurz, der Kamm und die Kehllappen sind kleiner. Beide dienen der Wärmeregulation. Hühner können, wie alle Vögel, nicht schwitzen. In Kamm und Kehllappen kann Blut durch die Umgebungsluft gekühlt werden.

**Verhalten** Hühner halten sich vorwiegend am Boden auf. Nur zum Schlafen suchen sie erhöhte Plätze auf, zum Beispiel auf einem Strauch oder einer Stange. Am Boden finden sie ihre Nahrung, die aus Körnern, Samen, Pflanzenknospen, Würmern, Schnecken, Larven, Käfern und anderen Insekten besteht. Mit ihren Krallen scharren sie Nahrung unter der Laubstreu hervor, die sie aufpicken. Das Scharren und Picken sind angeborene Verhaltensweisen. Hühner haben das Bedürfnis, zu scharren und zu picken. Nur dann fühlen sie sich wohl. Zur Pflege ihres Gefieders nehmen sie regelmäßig ein Sandbad. Hühner leben in einer Gruppe, der Hühnerschar. Die Hennen haben eine Rangordnung (Hackordnung), die durch teils heftige Kämpfe festgelegt wird. Der Hahn bewacht seine Hennen, verteidigt sie gegen Rivalen und warnt sie vor Beutegreifern. Durch Krähen kennzeichnet der Hahn sein Revier. Aber auch andere Lautäußerungen wie das Gackern gehören zur Kommunikation der Hühner. Einen Rivalen versucht der Hahn zunächst durch Drohen und Imponieren in die Flucht zu schlagen. Kommt es doch zu einem Kampf, so werden Schnabel, Krallen und Flügel oder die langen, spitzen Sporne an den Füßen als Waffen eingesetzt. Sie können den Gegner ernsthaft verletzen.

**Fortpflanzung** Bei der Balz wirbt der Hahn um die Henne, indem er mit abgespreizten Flügeln um sie herumstolziert und sein prächtiges Gefieder vorführt. Die *Balz* ist eine Verhaltensweise, mit der der Hahn seine Paarungsbereitschaft ausdrückt. Ist die Henne auch paarungsbereit, so duckt sie sich. Der Hahn steigt auf den Rücken der Henne und beide pressen ihre Kloaken aufeinander ▶ Bild 2. Die *Kloake* ist eine Körperöffnung unterhalb der Schwanzfedern, in die gemeinsam Darm, Harnleiter und Geschlechtsorgane münden. Bei der Paarung gelangen die Spermien des Hahns in den Eileiter der Henne. Die Eizelle kann nun befruchtet werden. Hühner haben wie alle Vögel eine innere Befruchtung.

Die Henne legt an aufeinanderfolgenden Tagen jeweils ein Ei, bis das Gelege eine bestimmte Größe hat. Es umfasst in der Regel 5–15 Eier. Hühner sind Nachleger: Wenn das Gelege zerstört wird, legt die Henne immer wieder Eier nach. Nach einer Brutzeit von 21 Tagen schlüpfen die *Küken*. So heißen bei Vögeln die Jungtiere. Schon vor dem Schlüpfen kommunizieren sie untereinander durch Piepsen. Die Henne hilft nicht beim Schlüpfen. Sie wärmt jedoch die Küken, bis deren Federflaum trocknet.

Hühnerküken sind Nestflüchter, das heißt, sie verlassen bereits kurz nach dem Schlüpfen das Nest. Gleich nach dem Schlüpfen prägen sie sich Körperform und Stimme der Mutter ein. So wird die Bindung an die Mutter gefestigt. Diesen Vorgang nennt man *Prägung*. Die Mutter beschützt die Küken und zeigt ihnen Nahrung, die sie schon selbstständig fressen.

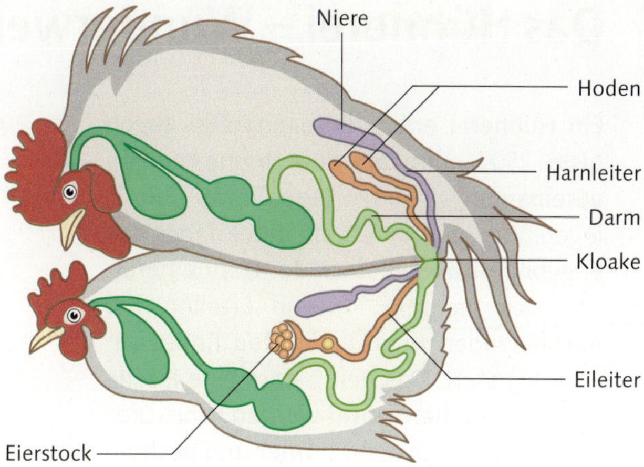


**2** Paarung beim Haushuhn

**1** **A** Vergleiche den Körperbau von Hahn und Henne.
**B** Erkläre, welche Funktion das auffällige Gefieder des Hahns erfüllt.

**2** Begründe, warum Hennen so gute „Eiproduzenten" sind.

**3** Erkläre, warum man frisch geschlüpfte Küken nicht von der Mutter trennen sollte, obwohl sie Nestflüchter sind.

**4** Erläutere, worin die Schwierigkeiten bei der Paarung der Hühner liegen ▶ Bild 2.

**5** Vergleiche in einer Tabelle Vögel und Säugetiere hinsichtlich der Kriterien Gliedmaßen, Körperbedeckung und Fortpflanzung.

**3** Henne mit Küken

# Das Hühnerei – Wunderwerk der Natur

**Ein Hühnerei entsteht** Legehennen legen bis zu 250 Eier im Jahr. Eine Henne kann an aufeinanderfolgenden Tagen jeweils ein Ei legen. Wie wird innerhalb eines Tages das Ei gebildet? Im Eierstock der Henne befinden sich mehrere Tausend Eizellen, die nacheinander reifen. Jeden Tag findet ein *Eisprung* statt. Das heißt, dass eine Eizelle reif wird und befruchtet werden kann. Dies geschieht jedoch nicht immer und deshalb ist nicht jedes gelegte Ei befruchtet.

Schon im Eierstock lagert sich *Dotter* an die Eizelle. Dieser dient als Nährstoffspeicher für das heranwachsende Küken. Beim Eisprung verlässt eine Dotterkugel mit der Eizelle als rötlichem Keimfleck den Eierstock und gelangt in den Eileiter. Nur in diesem Zustand kann die Eizelle durch ein Spermium des Hahns befruchtet werden. Danach wird dem Dotter das nährstoffreiche und wasserhaltige *Eiklar* aufgelagert. Gleichzeitig bilden sich die *Hagelschnüre*. Das sind Eiweißfäden, die an zwei Seiten am Dotter anhaften. Sie halten den Dotter in Position und verhindern später sein Anstoßen an die Schale. Anschließend bilden sich die innere und die äußere *Schalenhaut*, die das Ei vor Austrocknung bewahren.

Im letzten Abschnitt des Eileiters wird die *Kalkschale* erzeugt, die gegen Stöße schützt, aber aufgrund winziger Poren luftdurchlässig ist. Schließlich werden noch Farbstoffe aufgelagert. Dann legt die Henne das Ei, wobei ein Schutzfilm gegen Keime auf die Eischale aufgetragen wird. Vom Eisprung bis zum Legen des Eies vergehen 24 Stunden.

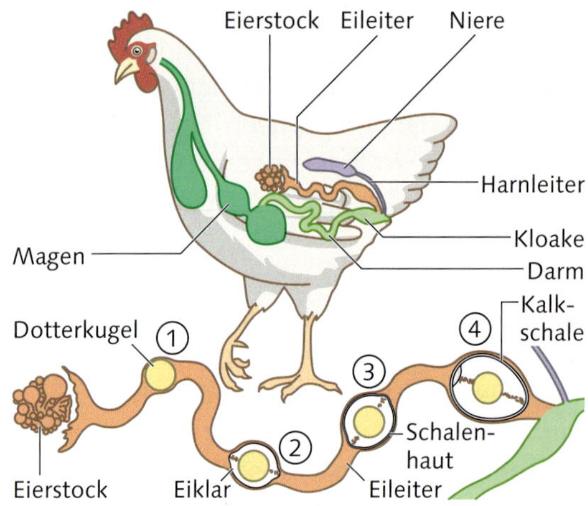


**2** Entwicklung eines Eies im Eileiter

**Entwicklung im Ei** Wird die Eizelle befruchtet, kann sich ein Küken im Ei entwickeln. Es bildet sich die Keimscheibe, aus der der Embryo hervorgeht. Als *Embryo* bezeichnet man ein Lebewesen in einem frühen Entwicklungszustand. Die Entwicklung beginnt erst, wenn die Henne ihr Gelege vervollständigt hat und mit dem Brüten anfängt. Dadurch sind die Eier im Nest zwar unterschiedlich alt, die Küken schlüpfen aber alle etwa zur gleichen Zeit nach 21 Tagen. Beim Brüten wendet die Henne ihre Eier regelmäßig. Bereits am 2. Tag schlägt das Herz des Embryos. Am 6. Tag durchziehen Blutgefäße den Dotter und versorgen den Embryo mit Nährstoffen. Schon am 10. Tag ist der Kopf mit seinen großen Augen ausgebildet. Ab dem 14. Tag besitzt der Embryo Schnabel, Flügel und Beine. Bis zum 20. Tag hat das Küken Federn und füllt den Innenraum des Eies vollständig aus.

**1** Stadien der Kükenentwicklung

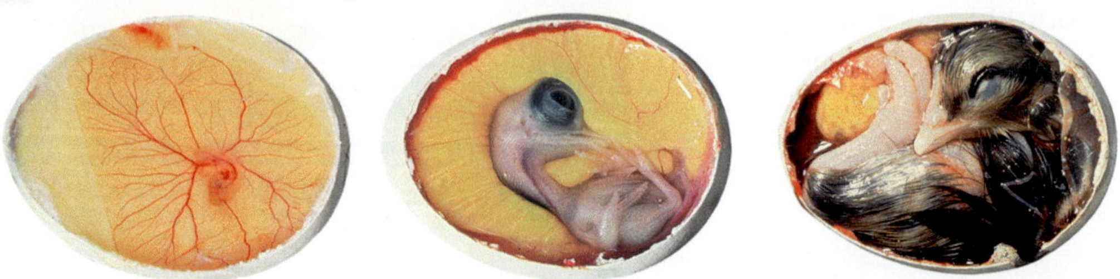

**3** Frisch geschlüpftes Küken

Auf dem Schnabel des Kükens befindet sich eine verhornte Erhebung, der Eizahn. Damit drückt das Küken von innen kleine Löcher in die Schale, bis es sie ganz aufdrücken kann. Später fällt der Eizahn ab.

**1** Beschreibe die Entwicklung des Eies im Huhn. Orientiere dich an den Ziffern 1–4 in ▶ Bild 2.

**2** Fertige eine Tabelle an, in der du die einzelnen Strukturen des Eies ihrer Funktion gegenüberstellst. Achte dabei auf die Reihenfolge ihrer Entstehung im Huhn.

**3** Ordne die einzelnen Fotos in ▶ Bild 1 begründet den im Text genannten Bruttagen zu.

**4** **A** Begründe, warum die Eizelle nur zu einem ganz bestimmten Zeitpunkt befruchtet werden kann.
**B** Ist ein Frühstücksei befruchtet? Erkläre.

**5** Erläutere die Bedeutung der Hagelschnüre für den Embryo.

**Material Methode Praxis**

# Untersuchung eines Hühnereies

Man kann ein Hühnerei untersuchen, ohne die Schale zu zerbrechen. Dies kannst du in diesem Versuch nachvollziehen. Protokolliere deine Beobachtungen für jeden einzelnen Schritt.

**Material:** frisches, rohes Hühnerei, Gefäß, Löffel, Haushaltsessig (5 %)

**Durchführung:** Lege das rohe Hühnerei in das Gefäß und fülle dieses mit so viel Essig, dass das Ei bedeckt ist. Nach einiger Zeit beginnt das Ei aufzusteigen. Beschwere es nun mit dem Löffel, damit es immer vollständig von Flüssigkeit bedeckt ist.
Nimm das Ei nach 24 Stunden heraus und spüle es mit klarem Wasser ab.

**Untersuchungsschritte:**

1. Beobachte die Veränderung am Ei, während es in der Flüssigkeit liegt.
2. Halte das Ei vorsichtig in der Hand und beschreibe, wie es sich anfühlt.
3. Drücke das Ei vorsichtig zwischen 2 Fingern zusammen und beschreibe, was du siehst. Mache dies am besten über einer Spüle, falls das Ei kaputtgeht.
4. Halte das Ei vor eine starke Lampe und blicke hindurch. Nenne die Strukturen aus ▶ Bild 4, die du erkennen kannst.
5. Halte das Ei zwischen Daumen und Zeigefinger und drehe deine Hand einmal ganz schnell. Beobachte den Dotter.

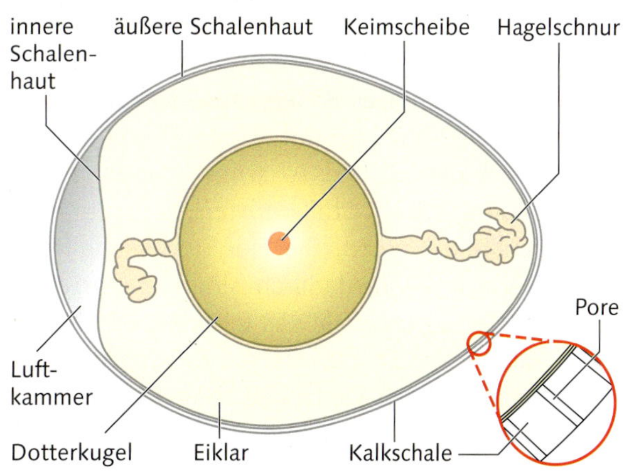


**4** Innerer Aufbau eines befruchteten Hühnereies

# Hühnerhaltung

**Hühner werden gehalten, um dem Menschen Eier und Fleisch zu liefern. Dabei stoßen die Interessen verschiedener Beteiligter aufeinander: Interessen des Hühnerhalters, des Käufers und des Huhns. Über einen Stempel auf dem Ei kann sich der Verbraucher über die Herkunft des Hühnereies informieren. Im Folgenden werden die drei üblichen Haltungsformen für Legehennen vorgestellt. Lies die Texte aufmerksam, damit du die Haltungsformen anschließend bewerten kannst.**

**Freilandhaltung** Bei der Freilandhaltung sind die Tiere tagsüber meist draußen. Die Türen der Ställe mit Streu sind Tag und Nacht geöffnet. Es sind ausreichend Nester, Trinkstellen und Sitzstangen sowie Tageslicht vorhanden. Außerdem gibt es Sandbadeplätze zur Gefiederpflege. Die zur Verfügung stehende Fläche ist so groß, dass auf 1 Quadratmeter nicht mehr als 7 Hühner gehalten werden. Das Aufsammeln der gelegten Eier kostet Zeit und die Eier sind verschmutzt. Die Kosten der Freilandhaltung sind hoch. Deshalb sind Eier aus Freilandhaltung im Laden teurer als die der anderen Haltungsformen. Der Stempelaufdruck auf einem Freilandei beginnt mit der Ziffer 1.

**1** Freilandhaltung

**Bodenhaltung** Bei der Bodenhaltung haben die Tiere keinen Auslauf im Freien, sondern werden in Ställen gehalten. Die Hennen haben oft nur künstliches Licht. Sie können sich innerhalb des Stalls frei bewegen. Es gibt Sitzstangen, Nester und Trinkstellen. Der Boden muss zu mindestens einem Drittel mit Streu bedeckt sein, damit die Hühner scharren können. Pro Quadratmeter Stall dürfen 9 Hühner gehalten werden. Die Eier sind schneller einzusammeln, dadurch sind die Kosten für den Landwirt etwas geringer. Die Eier aus Bodenhaltung kosten im Laden weniger als Eier aus Freilandhaltung. Der Stempelaufdruck auf einem Bodenhaltungsei beginnt mit der Ziffer 2.

**2** Bodenhaltung

**Kleingruppenhaltung** Bei der Kleingruppenhaltung werden die Hennen in Käfigen gehalten. Für je 10 Legehennen muss ein Gruppennest von 900 Quadratzentimetern vorhanden sein und ein ebenso großer Einstreubereich zum Scharren. Außerdem müssen zwei Sitzstangen in unterschiedlicher Höhe angebracht sein sowie Futter und Wasser zur Verfügung stehen. Die Käfiggrundfläche muss mindestens 2,5 Quadratmeter betragen, die Höhe 50–60 cm. In einem solchen Käfig dürfen 30 Hennen gehalten werden. Solche Käfige werden auch aufeinandergestellt. Krankheiten können sich schnell ausbreiten, weil viele Hennen auf engem Raum leben. Außerdem besteht die Gefahr, dass die Tiere sich gegenseitig verletzen. Die Eier aus der Kleingruppenhaltung sind im Laden am billigsten, weil viele Eier auf engem Raum in kurzer Zeit produziert werden. Die Stempelnummer beginnt mit der Ziffer 3.

**3** Kleingruppenhaltung

**1** **A** Die Methode des Bewertens hast du kennengelernt. Übertrage die Bewertungstabelle in dein Heft ▶ Bild 4. Fülle sie aus. Verteile für jedes Kriterium 6 Punkte auf die 3 Haltungsformen. Je besser ein Kriterium zutrifft, desto mehr Punkte von den 6 vergibst du.
**B** Kennzeichne die Kriterien, die dir besonders wichtig sind. Multipliziere die Punkte in der entsprechenden Zeile jeweils mit 2.
**C** Werte deine Ergebnisse aus.

**2** **A** Vergleiche dein Ergebnis mit denen deiner Mitschüler. Diskutiert eure Entscheidungen in der Klasse.
**B** Vergleiche dein Ergebnis mit dem Kaufverhalten in deiner Familie.

**3** **A** Stelle eine Vermutung auf, ob die in ▶ Bild 5 aufgeführten Produkte Ei enthalten.
**B** Überprüfe die Produkte auf ihren Eigehalt (siehe Inhaltsliste auf der Verpackung).

**4** **A** Im Jahr 2006 aß in Deutschland jeder Einwohner 206 Eier. Finde heraus, wie viele Einwohner in deinem Heimatort leben, und errechne, wie viele Eier diese insgesamt pro Jahr verzehren.
**B** Berechne, wie viele Legehennen dafür täglich jeweils 1 Ei legen müssten.

**5** Einkaufsliste

| Kriterien | Freilandhaltung | Bodenhaltung | Kleingruppenhaltung | Summe |
|---|---|---|---|---|
| Geringe Kosten von Eiern und Fleisch | | | | |
| Artgerechte Haltung der Tiere | | | | |
| Geringes Infektionsrisiko über Eier/Fleisch | | | | |
| Saubere Eier | | | | |
| Geringe Kosten weiterer eihaltiger Produkte | | | | |
| **Summe** | | | | |

**4** Bewertungstabelle mit möglichen Kriterien

# Die Amsel – ein heimischer Singvogel

**1** Amselmännchen

**3** Amselweibchen

**Lebensraum und Lebensweise** Viele Amseln sind ganzjährig anwesend und man kann sie recht gut beobachten. Die ehemals scheuen Waldvögel leben heute in der Nähe des Menschen, da sie in den Gärten und Parks leichter Nahrung finden. Solche Tiere nennt man *Kulturfolger*.
Amseln sieht man oft auf dem Boden, wo sie im Gras oder unter Laub nach Regenwürmern, Insekten, Spinnen, Schnecken sowie Früchten suchen. Immer wieder halten sie dabei kurz inne und den Kopf schräg, um auf Geräusche aus dem Boden oder der Umgebung zu lauschen.
Besonders im Frühjahr und Sommer ertönen in der Morgendämmerung oder am Abend die Gesänge der tiefschwarz gefärbten Amselhähne mit ihren orangegelben Schnäbeln ▶ Bild 1. Sie tragen ihre Melodien bevorzugt von einem Baumwipfel oder Hausdach aus vor, der Singwarte. Damit zeigen sie anderen Amseln, dass sie dieses Brutrevier bereits besetzt haben. Zudem wollen sie eines der von Schnabel- bis Schwanzspitze meist braun-grau gefärbten Amselweibchen (▶ Bild 3) beeindrucken.
Das Revier muss groß genug sein, damit es ausreichend Nahrung für das Amselpaar und seine Brut bietet. Das Männchen verteidigt es daher auch im Kampf, wenn Reviergesang und Drohen nicht ausreichen.

**Fortpflanzung** Amselpaare, die sich zu Beginn einer Brutsaison im zeitigen Frühjahr gefunden haben, ziehen bis zum Sommer 2–3 Bruten groß. Bei der Balz stolziert der Amselhahn mit lang gestrecktem Hals, eng anliegendem Kopfgefieder und aufgeplustertem Brust- und Bauchgefieder hoch aufgerichtet um das Weibchen herum. Seine Flügel lässt er leicht hängen und zittert damit. Zudem stößt er Zieplaute und Balztriller aus. Ist das Weibchen zur Paarung bereit, duckt es sich leicht.
Nach der Paarung baut das Weibchen aus dünnen Zweigen, Gräsern, Moos und feuchtem Lehm das Nest. Es befindet sich meist auf einer Astgabel im Halbdunkel eines Busches.
Ein Amselgelege (▶ Bild 4) besteht in der Regel aus 4–6 ungefähr 3 cm langen Eiern mit grüner Grundfarbe und unregelmäßigen

**2** Verhalten von Amseln

**4** Amselgelege

**5** Amselbrut bei der Fütterung

kleinen graubraunen Flecken. Meist beginnt das Weibchen nach Ablage des dritten Eies mit dem Brüten und verlässt das Nest dann nur noch kurz zur Nahrungsaufnahme. Nach etwa 13 Tagen schlüpfen die Amseljungen.

Bei der Brutpflege beteiligen sich beide Eltern. Dabei hudert meist nur die Mutter, das heißt, sie schützt die Jungen vor Regen, Kälte und zu großer Hitze. Für jeden Nestling müssen die Eltern pro Tag ca. 16 g tierische Nahrung suchen und heranfliegen. Bei Ankunft der Eltern sperren die Jungen die Schnäbel weit auf. So ist die orangerote Innenfärbung gut zu sehen, die bei den Eltern zusammen mit den Bettellauten das Füttern auslöst ▶ Bild 5. Betteln und Füttern sind angeboren, das heißt, sie müssen nicht erlernt werden.

Beim Verlassen des Nestes nach 2 Wochen wiegen die Jungen durchschnittlich 65 g und haben ihre Masse seit dem Schlüpfen verzehnfacht. Sie sind jedoch noch nahezu flugunfähig und müssen weiter von den Eltern gefüttert werden. Wenige Tage später haben die Jungvögel das Fliegen erlernt. Spätestens nach 4 Wochen sind sie selbstständig. Im Alter von einem Jahr sind sie geschlechtsreif.

**Feinde** Mit ein wenig Glück können Amseln 10 Jahre und älter werden. Sie sind Beutetiere für Füchse, Marder, Hauskatzen und Greifvögel. Elstern, Krähen und auch Eichhörnchen machen sich über Gelege und Jungvögel her. Die Zahl der Amseln in Mitteleuropa ist jedoch stabil.

**1** **A** Beschreibe das Aussehen von Amselmännchen und -weibchen ▶ Bilder 1 und 3.
**B** Überprüfe dies mithilfe des Textes.

**2** Gib jeder Skizze in ▶ Bild 2 eine passende Überschrift.

**3** Amseln sind Kulturfolger. Erkläre den Begriff.

**4** Amseleltern füttern ihre Jungen häufig mit Regenwürmern (ca. 1 g je Wurm).
**A** Berechne den täglichen Bedarf an Würmern eines Amselgeleges mit sechs Jungen.
**B** Vergleiche mit der Körpermasse der Eltern (je ca. 100 g).

**5** **A** Beschreibe die Attrappenversuche ▶ Bild 6.
**B** Erkläre die Versuche.

**6** Amseleltern nehmen den aufgesperrten Rachen als Fütterungssignal wahr. Beschreibe einen Versuch, mit dem du dies zeigen kannst.

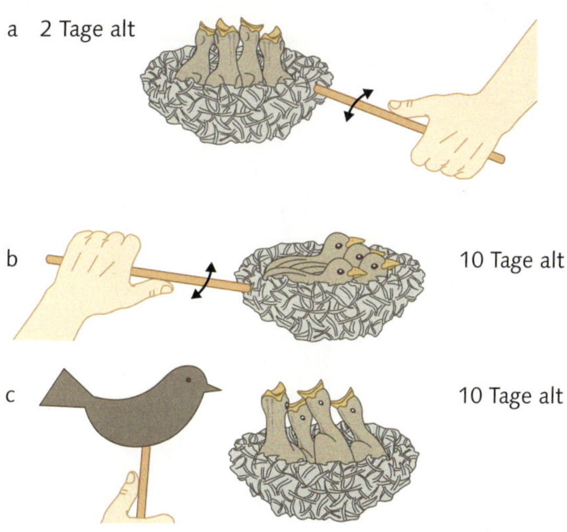


**6** Attrappenversuche

# Der Kuckuck – ein besonderer Nesthocker

1 Teichrohrsängergelege mit Kuckucksei

2 Kuckuck nach dem Schlüpfen

3 Teichrohrsänger füttert Jungkuckuck.

**Gefährdeter Frühjahrsbote** Der Kuckuck, benannt nach seinem eingängigen Ruf, kehrt im Frühling aus seinem Winterquartier in Afrika zurück. Er bevorzugt Regionen mit Grün- und Ackerland und zahlreichen Hecken und kleinen Wäldern. Seinen Ruf hört man immer seltener, weil der Mensch durch das Anlegen großer, eintöniger Felder sowie den Bau von Straßen und Siedlungen die abwechslungsreichen Lebensräume des Kuckucks zerstört hat. Insektenbekämpfungsmittel vernichten zudem die Nahrung des Insektenfressers.

**Fortpflanzung** Im Frühjahr legt das Kuckucksweibchen in unbeobachteten Momenten in mehrere Singvogelnester je ein Ei, zum Beispiel in das Nest des Teichrohrsängers ▶ Bild 1. Zuvor entfernt es ein Ei aus dem Nest. Danach überlässt es den unfreiwilligen Adoptiveltern die aufwendige Brut und Aufzucht. Mit diesem Verhalten kann ein Kuckucksweibchen bis zu 20 Nachkommen pro Brutsaison haben.
Meist schlüpft der junge Kuckuck zuerst und wirft die anderen Eier oder Küken aus dem Nest ▶ Bild 2. Er ist bald größer als die Adoptiveltern ▶ Bild 3. Nach 2 Wochen verlässt der junge Kuckuck das Nest und ist nach 3–4 Wochen selbstständig.

1. Die Zahl der Kuckucke nimmt ab. Begründe.
2. Die Adoptiveltern erkennen das fremde Ei oft nicht ▶ Bild 1. Erkläre.
3. Das Kuckucksweibchen legt meist nur ein Ei in jedes fremde Nest. Stelle eine Vermutung für diese Beobachtung auf.
4. Die Adoptiveltern kümmern sich umsichtig um das Kuckucksjunge. Erkläre, was sie dazu bewegt.
5. Amseln brüten zwei- bis dreimal im Jahr je 3–5 Eier aus. Vergleiche die Nachkommenzahl eines Jahres von Amsel und Kuckuck.

# Nesthocker und Nestflüchter

**Die Entwicklung der Vogeljungen verläuft nach dem Schlüpfen sehr unterschiedlich. Wie bei den Säugetieren unterscheidet man zwischen Nesthockern und Nestflüchtern.**

**4** Haubentaucher mit Jungen kurz nach dem Schlüpfen

**6** Blaumeise mit Jungen kurz nach dem Schlüpfen

**5** Kornweihen, wenige Tage alt

**7** Graugans, wenige Tage alt

| | Nesthocker | Nestflüchter |
|---|---|---|
| Aussehen der Jungvögel | | |
| Verhalten der Jungvögel nach dem Schlüpfen | | |
| Nahrung (Wer sucht?) | | |
| Brutpflege (Beschützen, Hudern) | | |
| Beispiele | | |

**1** **A** Nenne Kennzeichen von Nesthocker und Nestflüchter. Übertrage die Tabelle in dein Heft und ergänze.

**B** Ordne die Vogelarten auf den ▶ Bildern 4–7 den Nesthockern beziehungsweise Nestflüchtern zu.

**2** Auch bei den Säugetieren unterscheidet man zwischen Nesthockern und Nestflüchtern. Ordne zu: Pferd, Hausmaus, Fuchs, Goldhamster, Afrikanischer Elefant, Mensch, Igel, Eichhörnchen. Nutze auch das Buch als Informationsquelle.

# Eulen – lautlose Jäger der Nacht

**Die meisten Eulen sind nachtaktive Jäger. Ihr Körper ist an diese Lebensweise angepasst. So besitzen sie ein sehr gutes Gehör und ihre Schwungfedern haben einen fransenartigen Saum, der die Flügelbewegungen nahezu lautlos macht. Mit ihren großen Augen können sie auch in fast vollständiger Dunkelheit gut sehen.**

**1** Schleiereule bei der Jagd; **a** Schwungfeder mit Fransensaum, **b** Ohr, **c** Hakenschnabel, **d** Wendezehe

1. Nenne Merkmale der Eulen, die sie als typische Jäger der Nacht auszeichnen ▶ Bild 1.

2. Die im Vergleich zum Körper großen Flügelflächen sind bei der nächtlichen Jagd günstig. Begründe.

3. **A** Vergleiche die Position der Augen, das Gesichtsfeld (ohne Kopfbewegung) sowie die Kopfdrehung von Eule und Taube ▶ Bild 2.
   **B** Versuche in ca. 30 cm Entfernung mit leicht angewinkelten Armen zwei Stiftspitzen aufeinandertreffen zu lassen. Wiederhole das Experiment, wenn ein Auge geschlossen ist. Beschreibe die Unterschiede.
   **C** Erkläre den Vorteil der Augenposition und der 270°-Kopfdrehung für die Eulen.

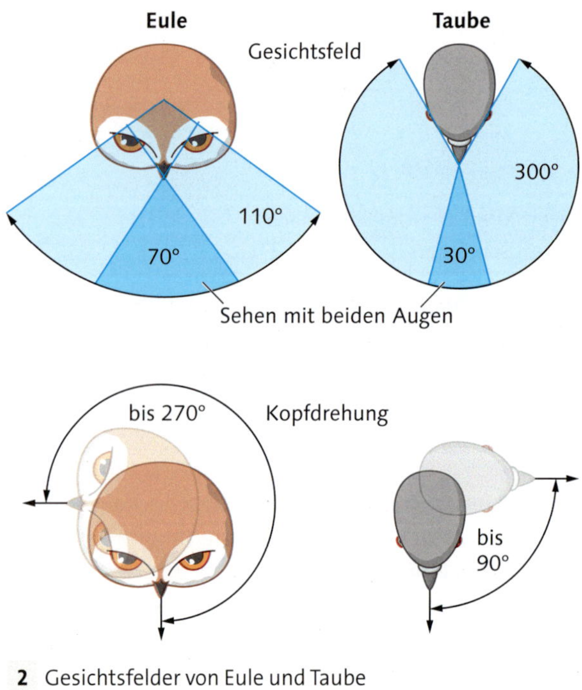


**2** Gesichtsfelder von Eule und Taube

# Die Stockente – ein typischer Wasservogel

**Wasservogel** Die Stockente kann sehr gut schwimmen: Ihre Zehen sind durch Schwimmhäute verbunden. Zwischen den Federn, vor allem den feinen Daunen, bilden sich Luftpolster. Sie geben Auftrieb und schützen, wie die dicke Fettschicht unter der Haut, vor Auskühlung. Damit das Gefieder trocken bleibt, pflegt es die Stockente regelmäßig mit Fett aus der Bürzeldrüse. Diese sitzt auf der Oberseite des Schwanzansatzes, dem Bürzel. Bei der Gefiederpflege streicht die Ente die ölige Drüsenflüssigkeit mit ihrem Schnabel ins Gefieder.
Beim Gründeln, das heißt, wenn die Stockente kopfüber ins Wasser taucht und nur noch ihr Bürzel aus dem Wasser ragt, sucht sie den Gewässerboden nach Fressbarem ab. Dazu gehören zum Beispiel Wasserpflanzen, Insektenlarven, Würmer, Schnecken, kleine Krebse, Laich, Kaulquappen, kleine Fische und Frösche. An Land sucht sie zudem nach Früchten und Samen.

**Fortpflanzung** Insbesondere während der Balzzeit fällt das prächtige Gefieder des Entenmännchens auf, des Erpels ▶ Bild 4. Nach dem Bau des Nestes, wenn die Ente mit dem Brüten beginnt, verlässt der Erpel die Ente. Mit bis zu 16 Eiern können die Gelege der Stockenten recht groß sein. Nach ungefähr 4 Wochen Brutzeit schlüpfen die Küken und verlassen mit ihrer Mutter bereits wenige Stunden später das Nest ▶ Bild 5. Sie können schwimmen und nach ungefähr 8 Wochen auch fliegen.

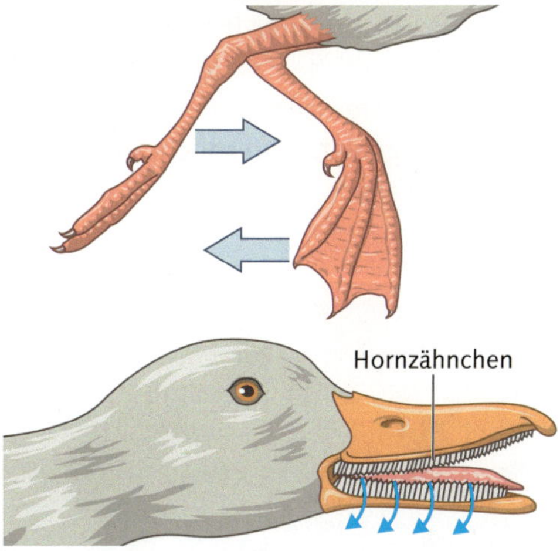


**3** Schwimmfuß und Schnabel der Stockente

**4** Stockenten-Erpel

**5** Stockentenweibchen mit Küken

**1** **A** Vergleiche das Gefieder von Ente und Erpel ▶ Bilder 4 und 5.
**B** Begründe die Unterschiede.

**2** Beschreibe das Schwimmen der Stockente ▶ Bild 3.

**3** Den Schnabel der Stockente kann man mit einem Küchensieb vergleichen ▶ Bild 3. Erkläre.

**4** Erstelle ein Informationsplakat zu den Angepasstheiten der Stockente oder eines anderen Wasservogels.

# Standvögel und Zugvögel

1 Buchfink

2 Kohlmeise und Blaumeise

Vögel gehören zu den gleichwarmen Tieren. Ihre Körpertemperatur liegt mit 38 bis 43 °C höher als die der Säugetiere. Das Federkleid wirkt isolierend und schützt vor Wärmeverlusten, weil die Luft zwischen den Federn den Vogelkörper warm hält. Dennoch benötigen Vögel ganzjährig viel Energie in Form von Nahrung, damit sie ihre Körpertemperatur aufrechterhalten können. Im Winter ist die Nahrung aber knapp oder schwer zugänglich. Vögel besitzen unterschiedliche Strategien, um die nahrungsarme, kalte Jahreszeit zu überstehen.

**Standvögel und Strichvögel** Vögel, die das ganze Jahr über am selben Standort leben, bezeichnet man als *Standvögel*. Zu den heimischen Standvogelarten gehören Amseln, Buntspechte und Buchfinken ▶ Bild 1. Die Nahrung dieser Vögel besteht aus Insektenlarven oder Würmern, die sie in der Borke von Bäumen oder unter Laub suchen. Im Winter ernähren sie sich von Beeren oder fetthaltigen Samen, die sie an Bäumen und Sträuchern finden. Auch manche Greifvögel wie der Mäusebussard sind Standvögel. Sie ernähren sich überwiegend von Mäusen, die es das ganze Jahr über gibt.
Heimische Vogelarten, die im Winter im weiteren Umfeld ihres Brutgebiets umherschweifen, bezeichnet man als *Strichvögel*. Zu dieser Gruppe gehören Kohl- und Blaumeise ▶ Bild 2. Während die Meisen sich im Sommer meistens von Insekten ernähren, stellen sie ihre Nahrung im Winter auf Körner und Samen um.

**Zugvögel** Von Ende August an kann man beobachten, wie sich Schwalben in großen Schwärmen sammeln ▶ Bild 3. Diese Vögel gehören zu den *Zugvögeln*. Zugvögel verlassen jedes Jahr ihre Brut- und Nahrungsreviere und suchen ihre Winterquartiere auf, die oft viele Tausend Kilometer von den Brutgebieten entfernt liegen. Dort finden sie günstigere Lebensbedingungen und reichlich Nahrung. Erst im nächsten Frühjahr kehren die Zugvögel in ihre Brutgebiete zurück.
Manchmal ist eine eindeutige Zuordnung einer Vogelart zu Stand- oder Zugvögeln schwierig, denn nicht immer verlassen alle Vögel einer Art ihr Brutgebiet. Innerhalb einer Gruppe von Rotkehlchen ziehen zum Beispiel nur einige Tiere nach Süden, andere bleiben im Brutgebiet. Man spricht in diesem Fall von *Teilziehern*.

3 Rauchschwalben

**Orientierung bei Zugvögeln** Während des Tages ziehende Vögel, die Tagzieher, orientieren sich am Sonnenstand und an Landmarken wie Gebirgen, Flüssen oder der Küstenlinie. Nachtzieher nutzen die Sterne zur Orientierung. Einige Zugvogelarten orientieren sich am Magnetfeld der Erde.

**Vogelzugforschung** Im Mittelalter erklärte man sich das Verschwinden der Schwalben damit, dass sie im Herbst in Mooren versinken und erst im Frühjahr wieder daraus auftauchen. Heute ist der Vogelzug gut erforscht und man weiß, wo die Zugvögel den Winter verbringen. Eine wichtige Methode zur Erforschung des Vogelzugs ist die *Beringung*, die auf Vogelwarten vorgenommen wird. An diesen speziellen Vogelbeobachtungsstationen werden Zugvögel gefangen, gewogen und vermessen. Nach Bestimmung der Art sowie des Alters und des Geschlechts wird jedem Vogel ein Aluminiumring am Fuß befestigt ▶ Bild 4. In ihm ist der Name der Vogelwarte sowie eine individuelle Nummer eingraviert.

**4** Ein Storch wird beringt.

Unter dieser Nummer werden alle wichtigen Daten sowie der Zeitpunkt und Ort der Beringung notiert. Wird ein Vogel noch einmal gefangen oder wird ein Ring von einem toten Vogel an eine Vogelwarte geschickt, können die Mitarbeiter eine Verbindung zwischen Beringungs- und Fundort herstellen. Auf diese Weise wird für diesen einen Vogel die mögliche Zugstrecke ermittelt. Auf Grundlage vieler Wiederfunde konnten so die Zugrouten einiger Vogelarten bestimmt werden.

Moderne Methoden liefern genauere Erkenntnisse über den Vogelzug. Durch den Einsatz von Radargeräten erhält man insbesondere für Nachtzieher Daten über Schwarmgröße, Zughöhe, Zugrichtung und Zuggeschwindigkeit.
Das modernste Verfahren in der Vogelzugforschung ist die Satelliten-Telemetrie. Zugvögeln wird ein Sender auf den Rücken geschnallt, der nur wenige Gramm schwer ist und regelmäßig seine Nummer, seine Position und die genaue Zeit aussendet ▶ Bild 5.

**5** Falke mit Sender

Die Signale werden von mehreren Satelliten empfangen und an eine Empfangsstation weitergeleitet. Mithilfe dieser Technik kann der Standort einzelner Vögel auf ihrer Wanderung täglich festgestellt werden. Die Forscher erhalten außerdem genaue Daten über die Lage von Rastplätzen und Winterquartieren. So wird es in Zukunft möglich sein, Schutzprogramme zu entwickeln, die das Überleben der Zugvögel auch im Winterquartier sichern.

1. Vergleiche die Überwinterungsstrategien von Stand-, Strich- und Zugvögeln.
2. Erläutere die Vorteile der Satelliten-Telemetrie im Vergleich zur Beringung von Vögeln.
3. Stelle Vermutungen darüber auf, warum Vögel, die früher nach Süden gezogen sind, heute ganzjährig im Brutgebiet bleiben.

# Storchenzug

Weißstörche verlassen Ende August ihr Brutgebiet. Lange Zeit war unklar, wo sie den Winter verbringen. Die Zugrouten der Weißstörche in ihr afrikanisches Winterquartier sind heute aufgrund verschiedener wissenschaftlicher Methoden wie Zugbeobachtungen, Beringung und Satelliten-Telemetrie sehr gut erforscht. Man weiß, dass 80 Prozent der Weißstörche „Ostzieher" und 20 Prozent „Westzieher" sind. Weißstörche nutzen für den energiesparenden Segelflug auf dem Flug ins Winterquartier warme Aufwinde, die über dem Land entstehen.

**1** Weißstorch im Segelflug

**1** **A** Beschreibe die Zugwege der Störche ► Bild 3.

**B** Berechne die zurückgelegte Flugstrecke von Karlsruhe nach Timbuktu bzw. von Kiel nach Johannesburg. Nimm deinen Atlas und den Maßstab auf der Karte zu Hilfe.

**2** Weißstorch auf Nahrungssuche

**2** Stelle begründete Vermutungen darüber auf, warum die Zugwege überwiegend über Land führen und das Mittelmeer an den schmalsten Stellen überquert wird.

**3** Der Lebensraum der Weißstörche umfasst feuchte, zeitweise überschwemmte Wiesen, Weiden und den Uferbereich von Gewässern ► Bild 2. Sie ernähren sich von kleinen Säugetieren (Mäuse, Maulwürfe, Wühlmäuse), Amphibien (Frösche), Reptilien (Schlangen, Eidechsen) und Insekten (Käfer und Käferlarven, Heuschrecken). Begründe, warum Störche ihr Brutgebiet im Spätsommer verlassen und nach Süden ziehen.

**4** Viele Zugvögel kehren nicht aus ihren Winterquartieren zu uns zurück. Nenne mögliche Gefahren, denen die Vögel auf ihrer Reise ausgesetzt sind.

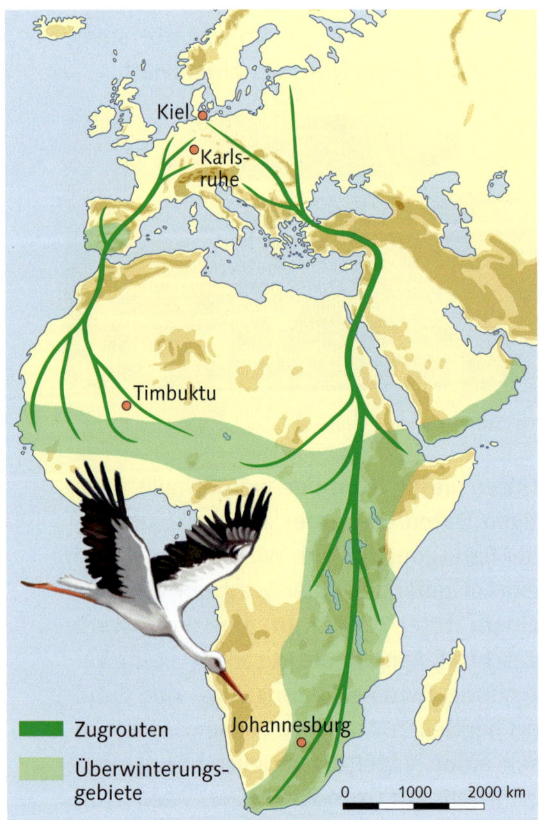


**3** Zugrouten der Weißstörche

# Überlebensstrategien der Vögel im Winter

Unsere heimischen Vögel zeigen unterschiedliche Angepasstheiten an kalte Temperaturen.

1. Werte das Diagramm aus ▶ Bild 4.
2. Vergleiche die Nahrung der abgebildeten Vögel anhand der Tabelle ▶ Bild 5.
3. Begründe, warum Standvögel ihr Brutgebiet nicht verlassen müssen, Zugvögel aber nach Süden ziehen.
4. Matthias füllt im Winter das Vogelhaus mit gesalzenen Erdnüssen, Brot und Sonnenblumenkernen. Weil es sehr kalt und feucht ist, verzichtet er darauf, das Vogelhaus regelmäßig zu reinigen. Beurteile, ob er den Standvögeln damit hilft.

**4** Aufenthaltsdauer heimischer Vögel im Brutgebiet

| Vogelart | Nahrung | Vogelart | Nahrung |
|---|---|---|---|
| Blaumeise  | Fortpflanzungszeit und Jungenaufzucht: Insekten, Spinnen; sonst: Samen, Nüsse, Beeren | Kleiber  | Frühjahr und Sommer: Insekten, Insekteneier und -larven; sonst: Sonnenblumensamen, Nüsse, Beeren, Samen von Nadelbäumen |
| Kohlmeise  | Insekten, Spinnentiere, Samen, Beeren, Nüsse, Knospen | Rotkehlchen  | Insekten, kleine Spinnen, kleine Regenwürmer, Früchte, weiche Samen und Beeren. Küken: ausschließlich tierische Nahrung |
| Amsel  | Regenwürmer, Schnecken, Insekten, Spinnen, Früchte | Rauchschwalbe  | fliegende Insekten, Blattläuse |
| Buchfink  | Insekten, Spinnen, körnerartige Samen und Früchte. Küken: Insekten und Insektenlarven | Hausrotschwanz  | überwiegend Insekten, Spinnentiere |

**5** Nahrung verschiedener Vögel

# Wirbeltiergruppen im Vergleich

**Wirbeltiere** Alle Wirbeltiere besitzen als gemeinsames Merkmal eine Wirbelsäule. Sie werden deshalb zu einer Gruppe zusammengefasst. Die Wirbeltiere werden in die Untergruppen Fische, Amphibien, Reptilien, Säugetiere und Vögel eingeteilt, die jeweils wiederum gemeinsame Merkmale haben.

**Fische** Der größte Lebensraum der Erde ist das Wasser. Hier lebt die artenreichste Wirbeltiergruppe, die Fische. Die Fortbewegung der Fische erfolgt mit Flossen. Sie atmen mit Kiemen. Ihre Körperoberfläche wird von einer schleimbedeckten Hautschicht gebildet, die aus dachziegelartig überlappenden Schuppen aufgebaut ist. Fische sind wechselwarm, ihre Körpertemperatur entspricht der Temperatur des Wassers, in dem sie leben.
Das innen liegende Skelett aus Schädel, Wirbelsäule, Rippen und den Flossenstrahlen stützt den Fischkörper.
Die Befruchtung der Eizellen des Weibchens durch die Spermienzellen des Männchens erfolgt außerhalb des Körpers. Die vollständige Entwicklung von der Larve zum erwachsenen Tier findet im Wasser statt.

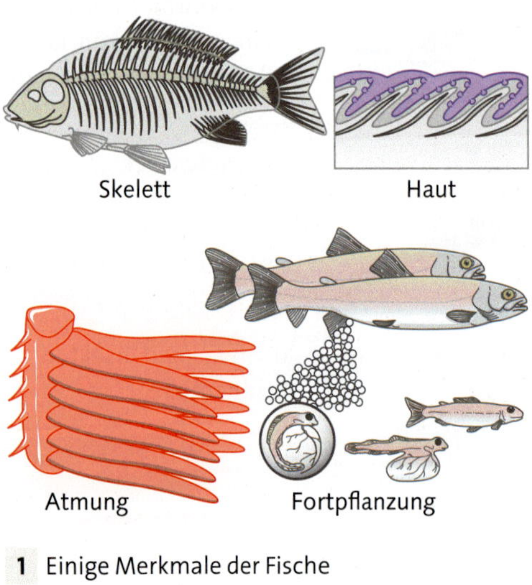


**1** Einige Merkmale der Fische

**Amphibien** Mit ihren vier Gliedmaßen bewegen sich die wechselwarmen Amphibien sowohl im Wasser als auch auf dem Land fort. Die Gliedmaßen sind über die Schulterknochen und das Becken mit der Wirbelsäule verbunden. Amphibien atmen mit Lungen. Viele Amphibien nehmen zusätzlich Sauerstoff über die Haut auf. Diese ist feucht und schleimbedeckt. Ohne hinreichende Feuchtigkeit können Amphibien nicht überleben. Daher kommen sie in trockenen Lebensräumen nicht vor.
Amphibien pflanzen sich im Wasser fort. Die Eier werden außerhalb des Körpers befruchtet. Amphibienlarven atmen durch Kiemen und bewegen sich schwimmend mittels eines Ruderschwanzes fort. Während der Metamorphose erfolgt die Entwicklung zum erwachsenen Tier.

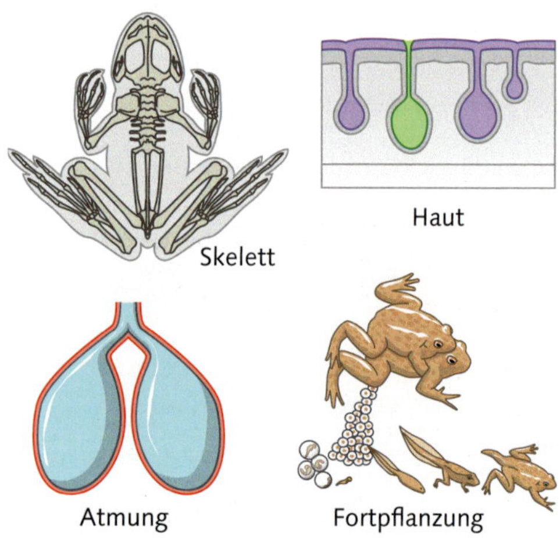


**2** Einige Merkmale der Amphibien

**Reptilien** Die wechselwarmen Reptilien bewegen sich mit ihren vier Gliedmaßen an Land fort. Bei einigen Arten, insbesondere den Schlangen, sind die Gliedmaßen zurückgebildet. Die trockene Haut der Reptilien ist von Hornschuppen bedeckt. Reptilien atmen mit Lungen. Die Befruchtung erfolgt im Körper des Weibchens. Die Weibchen vergraben die von einer ledrigen Hülle

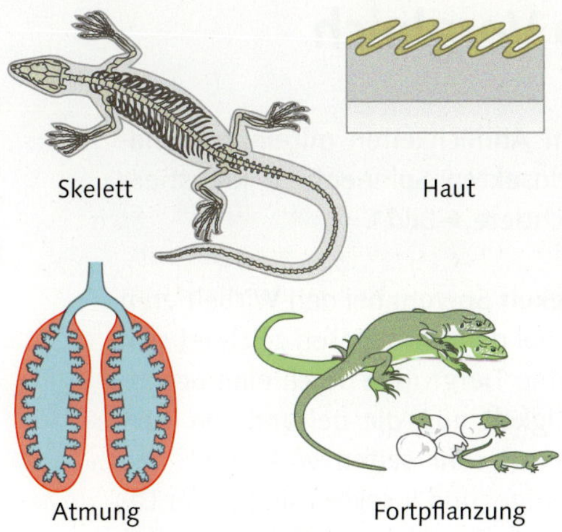


**3** Einige Merkmale der Reptilien

ummantelten Eier in der Regel im Boden. Einige Reptilienarten gebären lebende Junge.

**Vögel** Der Körper der gleichwarmen Vögel ist von einem isolierenden Federkleid umgeben. Die zu Flügeln umgebildeten Vordergliedmaßen erlauben es den meisten Vogelarten, die Luft als Lebensraum zu nutzen. Vögel atmen mit Lungen, die bei den flugfähigen Arten durch Luftsäcke vergrößert sind.
Es findet eine innere Befruchtung statt. Die Mehrzahl der Vogelarten brütet die durch eine feste Kalkschale geschützten Eier aus. Meist findet eine intensive Brutpflege statt.

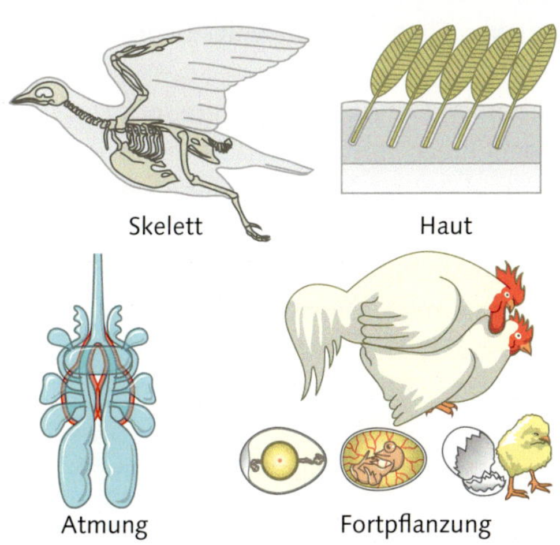


**4** Einige Merkmale der Vögel

**Säugetiere** Die Körperoberfläche vieler Säugetierarten ist von einem wärmenden und schützenden Haarkleid bedeckt. Ihre Körpertemperatur ist weitgehend unabhängig von der Umgebungstemperatur. Säugetiere sind gleichwarm. Mit ihren vier Gliedmaßen bewegen sich die landlebenden Säugetiere auf vielfältige Weise fort. Einige Säugetierarten leben im Wasser. Bei ihnen sind die Gliedmaßen zu Flossen umgebildet. Säugetiere atmen ausschließlich mit Lungen. Die Befruchtung der Eizelle erfolgt im weiblichen Körper. Die Entwicklung der Jungtiere findet bei der Mehrzahl der Säugetierarten im Körper des Weibchens statt. Alle Säugetiere versorgen ihre Jungen mit Milch.

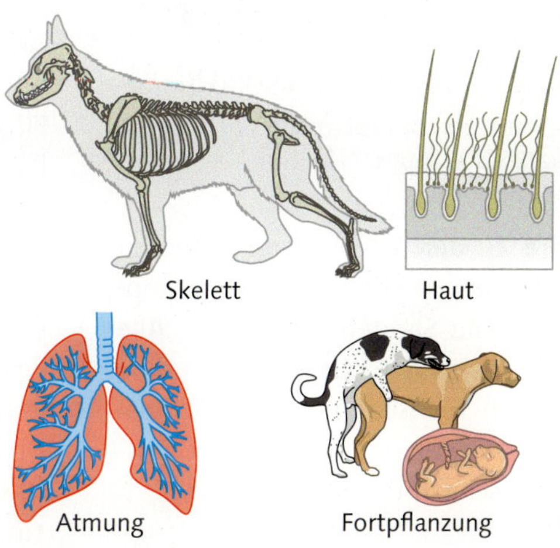


**5** Einige Merkmale der Säugetiere

**1** Erstellt ein Informationsplakat, auf dem die Merkmale der verschiedenen Wirbeltiergruppen vergleichend dargestellt sind.

**2** Die Lungenfische (▶ Bild 6) besitzen neben den Kiemen auch Lungen. Über eine Schwimmblase verfügen sie hingegen nicht. Lungenfische atmen Sauerstoff aus der Luft. Sie können ertrinken, da die Kiemen als Atmungsorgane allein nicht ausreichen. Überprüfe die Zugehörigkeit der Lungenfische zu einer Wirbeltiergruppe.

**6** Eine Lungenfischart

# Wirbeltiere und Wirbellose im Vergleich

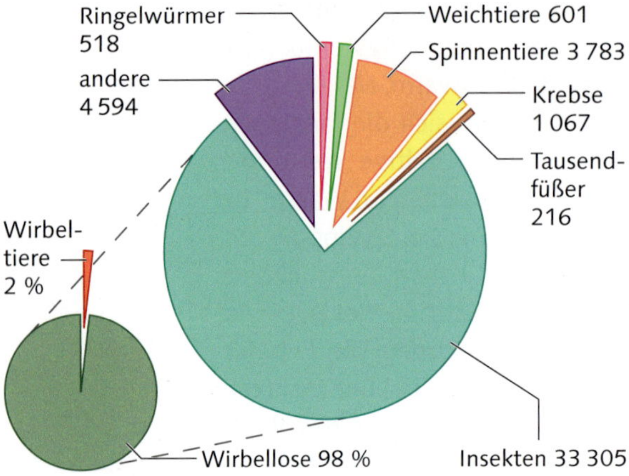


**1** Anteile von Wirbeltieren und Wirbellosen sowie Artenzahlen einiger Wirbellosengruppen in Deutschland

In Deutschland leben etwa 45 000 Tierarten. Dabei unterscheidet man Wirbeltiere und Wirbellose ▶ Bild 1.

**Wirbeltiere** Zu den Wirbeltieren gehören die Gruppen der Fische, Amphibien, Reptilien, Vögel und Säugetiere ▶ Bild 2. Alle Wirbeltiere zeichnen sich durch eine Wirbelsäule aus, besitzen einen geschlossenen Blutkreislauf und atmen, mit Ausnahme der Fische, mit Lungen.

**Wirbellose** Der Stamm der Wirbellosen umfasst eine große Anzahl an Tiergruppen, die kaum Ähnlichkeiten miteinander haben wie Insekten, Spinnentiere, Krebstiere und Weichtiere ▶ Bild 1.

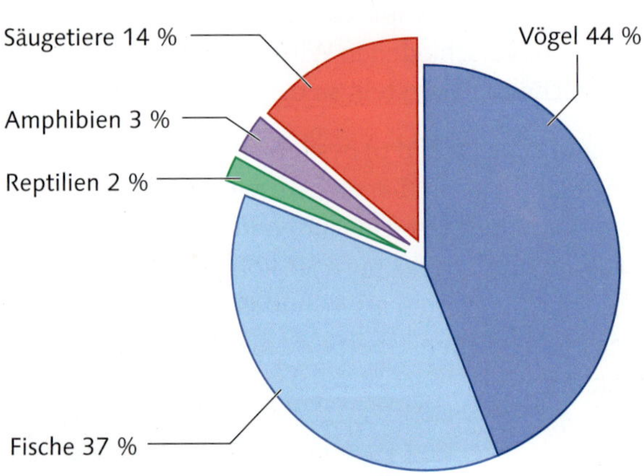


**2** Verteilung der Wirbeltiergruppen in Deutschland

**Flugfähigkeit** Sowohl bei den Wirbeltieren als auch bei den Wirbellosen zeichnet sich jeweils eine Tiergruppe durch eine besondere Fähigkeit aus, die bei anderen Tiergruppen nur sehr selten vorkommt: Die meisten Vögel und Insekten sind in der Lage zu fliegen. Das Flugvermögen erfordert vielfältige Angepasstheiten im Körperbau. Bei der Betrachtung einer Libelle kann man diese erkennen.

**Angepasstheiten der Libellen** Zwei große, aber sehr leichte, durch Tracheen verstärkte Flügelpaare, die unabhängig voneinander beweglich sind, befähigen die Libellen auch zu akrobatischen Flugmanövern. Eine kräftige Muskulatur ermöglicht die Schlagbewegung der Flügel.
Das äußerst geringe Körpergewicht spart Energie und der lang gestreckte Hinterleib ist für eine gute Fluglage wichtig.
Die sehr großen Facettenaugen der Libelle sind aus mehr als 30 000 Einzelaugen zusammengesetzt und gewährleisten eine Rundumsicht. Sie sorgen für eine gute Orientierung und ermöglichen es den Tieren, ihre Beute wie Fliegen oder Mücken im Flug zu fangen.
Libellen leben als erwachsene Tiere nur wenige Wochen. Sie verbringen die meiste Zeit als Larve in Gewässern. So können sie die nahrungsarme Zeit überstehen und müssen nicht wie Zugvögel lange Wanderungen unternehmen. Dennoch beobachtet man immer wieder Libellen, die mehrere Hundert Kilometer zurücklegen.

1. Werte die Diagramme aus ▶ Bilder 1 und 2.
2. Nenne die Vorteile des Fliegens für Vögel und Insekten.

# Angepasstheit an das Fliegen

**Vögel und Insekten sind in der Lage zu fliegen. Die Rauchschwalbe und die Blaugrüne Mosaikjungfer sind ganz hervorragende Flieger. Verschiedene Merkmale – beim Vergleichen Kriterien genannt – ermöglichen eine gute Flugfähigkeit. Untersuche dies an den beiden Beispielen.**

**3** Körperform von Blaugrüner Mosaikjungfer und Rauchschwalbe

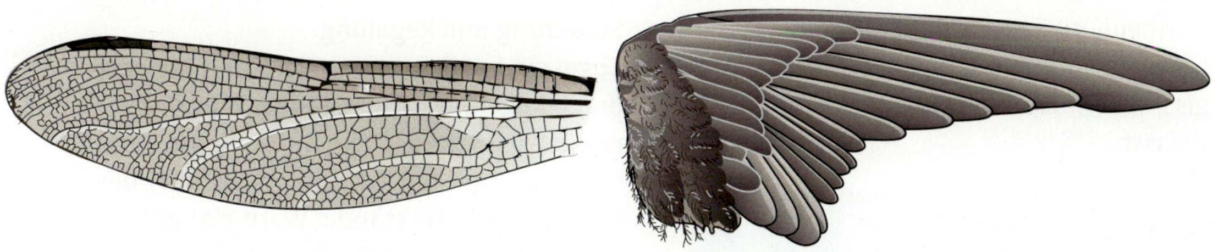

**4** Flügel von Blaugrüner Mosaikjungfer und Rauchschwalbe

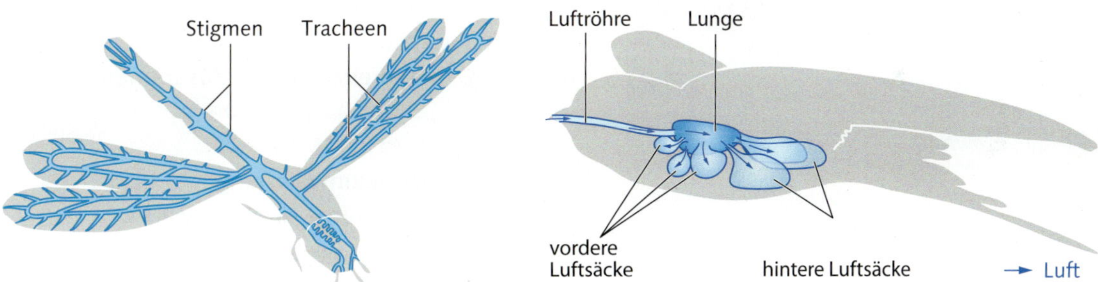


**5** Atmungsorgane von Blaugrüner Mosaikjungfer und Rauchschwalbe

**1** Kriterien für die Flugfähigkeit sind zum Beispiel die Körperform, die Form der Flügel und die Fähigkeit, sich zu orientieren.

**A** Nenne mindestens 3 weitere Kriterien, die für das Fliegen wichtig sind.

**B** Vergleiche Rauchschwalbe und Blaugrüne Mosaikjungfer anhand deiner Kriterien. Übertrage dazu die rechts abgebildete Tabelle in dein Heft und ergänze sie durch deine Kriterien.

**C** Fasse den Vergleich kurz zusammen.

| **Kriterium** | Rauchschwalbe | Blaugrüne Mosaikjungfer |
|---|---|---|
| **Körperform** | | |
| **Orientierung** | | |

**2** Vergleiche eine Fledermaus und einen Schmetterling. Orientiere dich dabei an denselben Kriterien.

# Zusammenfassung

## Angepasstheit

Weltweit unterscheidet man über 10 600 verschiedene Vogelarten. Häufig werden sie als die Könige der Lüfte bezeichnet. Allen gemeinsam sind die zu Flügeln umgebildeten Vordergliedmaßen, das Federkleid und ein Schnabel aus Horn. In etlichen Körpermerkmalen und ihrem Verhalten zeigen Vögel Angepasstheiten an den Lebensraum Luft. So ermöglichen die Leichtbauweise der Röhrenknochen und weitere Angepasstheiten das Fliegen. Auch an ihre unterschiedlichen Lebensweisen sind die Vögel angepasst. Zum Beispiel finden sich die Zugvögel im Spätsommer in Schwärmen zusammen und verlassen ihre Brutheimat Richtung Süden ▶ Bild 1.
Diese Zusammenhänge werden im biologischen Prinzip *Angepasstheit* zusammengefasst.

**1** Zugvögel

## Struktur und Funktion

Der Bau eines Organs oder seiner Teile hängt bei Lebewesen davon ab, welche Aufgabe es erfüllt. Das Brustbein der Vögel ist besonders groß, da an ihm die großen Flugmuskeln befestigt sind. Die Federäste sind mit Haken und Bogenstrahlen zu einer stabilen Tragfläche verknüpft. Die Zehen der Wasservögel sind durch Schwimmhäute verbunden ▶ Bild 2. So können sie sich gut im Wasser fortbewegen.
Diese Zusammenhänge beschreibt das biologische Prinzip *Struktur und Funktion*.

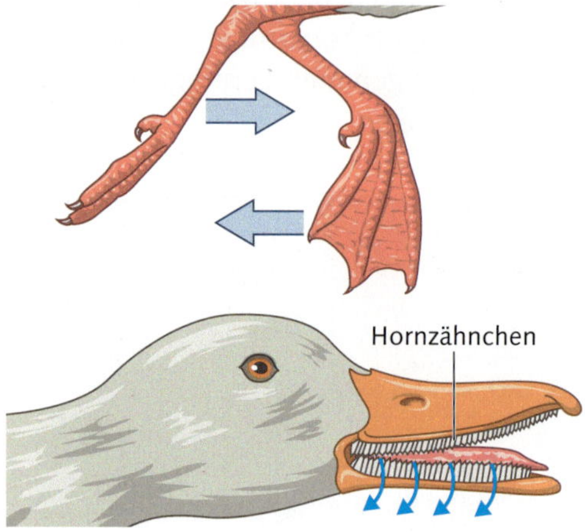


**2** Schwimmfuß und Schnabel der Stockente

## Steuerung und Regelung

Vögel sind gleichwarme Tiere und können durch Regelungsvorgänge ihre Körpertemperatur unabhängig von der Außentemperatur konstant halten, obwohl sie über die Körperoberfläche ständig Wärme abgeben. Das Federkleid, besonders die Daunenfedern, isolieren den Vogelkörper. Zugvögel überwintern im wärmeren Süden.
Das biologische Prinzip *Steuerung und Regelung* beschreibt diese Zusammenhänge.

## Stoff- und Energieumwandlung

Vögel müssen über ihre Nahrung viel Energie aufnehmen. Sie wandeln sie einerseits in Wärmeenergie um, um ihre Körpertemperatur konstant zu halten. Andererseits benötigt das Fliegen, vor allem der Ruderflug, sehr viel Energie.
Auf solche Vorgänge bezieht sich das biologische Prinzip *Stoff- und Energieumwandlung*.

## Reproduktion und Entwicklung

Vögel pflanzen sich geschlechtlich fort. Sie legen Eier mit einer stabilen Kalkschale.
Dies wird mit dem biologischen Prinzip *Reproduktion und Entwicklung* beschrieben.

# Teste dich!

**1** **A** Nenne 5 Angepasstheiten des Vogelkörpers an das Leben in der Luft.
**B** Vögel besitzen im Vergleich zu gleich großen Säugetieren ein größeres Herz. Begründe.

**2** **A** Benenne die mit Ziffern beschrifteten Teile der Schwungfeder in ▶ Bild 4.
**B** Nuria hält eine Schwungfeder vor eine brennende Kerze und versucht, sie auszupusten. Es klappt nicht. Erkläre die Beobachtung.

**3** In ▶ Bild 3 ist die Flugbahn eines Rotmilans dargestellt. Ordne den Ziffern 1–3 die Flugformen begründet zu.

**4** **A** Skizziere den inneren Aufbau eines befruchteten Vogeleies.
**B** Beschrifte die Skizze des Vogeleies.
**C** Ordne den Bestandteilen des Vogeleies die passenden Funktionen zu.

**5** Haushühner sind wichtige Nutztiere des Menschen. Nenne mindestens 4 begründete Ratschläge für einen Hühnerhalter, woran er denken muss, damit seine Hühner artgerecht leben und sich wohlfühlen können.

**6** „Haussperlinge sind eine der bekanntesten und am weitesten verbreiteten Singvogelarten und typische Kulturfolger. Die Zahl dieser Standvögel ist in den letzten Jahren stark zurückgegangen." Erläutere die markierten Fachbegriffe.

**7** Das ▶ Bild 5 zeigt einen Rotmilan im Landeanflug auf sein Nest sowie Rotmilanküken.
**A** Nenne Angepasstheiten der Rotmilane als typische Jäger (Greifvögel).
**B** Ordne die Rotmilanküken begründet den Nesthockern oder Nestflüchtern zu.

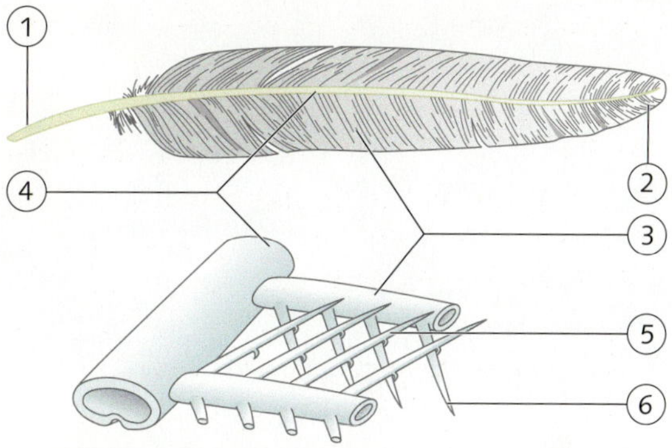


**4** Bau einer Schwungfeder

**5** Rotmilane

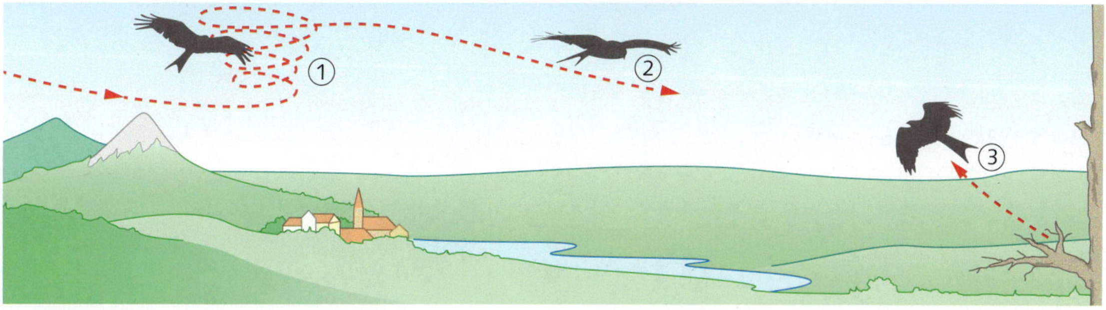


**3** Flugbahn eines Rotmilans

▶ Die Lösungen zu den Aufgaben findest du im Anhang.

# Energie effizient nutzen

Frierst du oder ist dir gerade warm genug? Dein Körper hält seine Temperatur zwar konstant auf ca. 37 °C, doch dafür musst du vorher genügend Nahrung aufgenommen haben. In der Nahrung, im Feuer und im warmen Tee steckt eine Menge Energie. In diesem Kapitel erfährst du, wozu Energie in der Lage ist, warum der Energievorrat auf der Erde begrenzt ist und wie wir sorgsam damit umgehen können. Zu viel Energie an einer Stelle kann auch gefährlich werden.
Du lernst etwas über die Gefahren bei Bränden und die Möglichkeiten, ein Feuer zu löschen.

# Experimente – Energie und Bewegung

**Hier sollt ihr untersuchen, wie Energie zur Bewegung genutzt werden kann. Dazu bildet ihr in der Klasse mehrere Gruppen. Jedes Gruppenmitglied bringt ein Experiment (z. B. ein Spielzeug) mit, bei dem sich etwas bewegt.**

**1** Energie wird zur Bewegung genutzt.

1. Beschreibe dein Experiment. Verwende dabei den Begriff Energie.
2. Erläutere, woher die Energie für die Bewegung kommt.
3. Nenne die Energiearten, die in deinem Experiment eine Rolle spielen. Verwende die Begriffe aus ▶ Bild 3.
4. Fertige einen Steckbrief mit deinen Ergebnissen an ▶ Bild 2.

**2** Steckbriefe

# Vielfältige Energie

**Energieformen** Immer wenn man sich selbst oder einen Gegenstand bewegen will, benötigt man dafür Energie. Energie ist der Treibstoff für alles. Die Energie für die Bewegung eines Spielzeugautos kann jedoch aus ganz unterschiedlichen Energiespeichern kommen ▶ Bild 3.
Energie bleibt immer Energie, auch wenn wir ihr unterschiedliche Namen geben – je nachdem, wie sie transportiert oder gespeichert wird.

- Ein schnelles Auto besitzt *Bewegungsenergie*.
- Wenn man einen Gegenstand hebt, vergrößert sich seine *Höhenenergie*.
- In gespannten Federn und Gummibändern steckt *Spannenergie*.
- In heißem Wasser ist *thermische Energie* gespeichert.
- Licht transportiert *Strahlungsenergie*.
- Brennstoffe wie Öl, Gas und Lebensmittel enthalten *chemische Energie*.
- Aus Batterien oder der Steckdose kommt *elektrische Energie*.

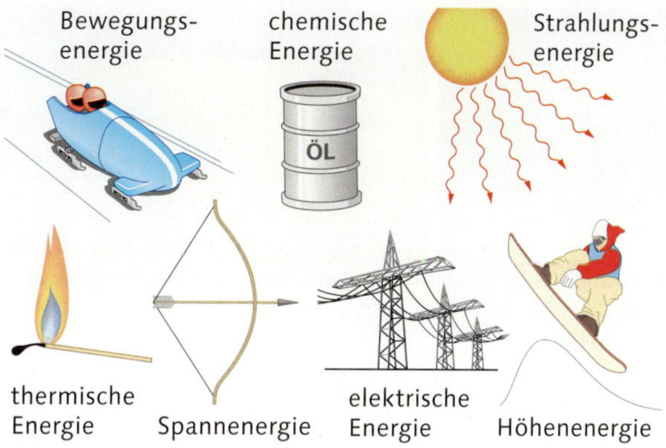


**3** Energie in verschiedenen Formen

**1** Im ▶ Bild 3 sind Beispiele für verschiedene Energiearten dargestellt. Finde zu jeder Energieart noch drei weitere Beispiele.

**2** Sport kann ganz schön anstrengend sein. Dafür braucht man meist viel Energie.
**A** Nenne bei den abgebildeten Sportarten den jeweiligen Energiespeicher für die Bewegungen ▶ Bild 4.
**B** Untersuche weitere Sportarten. Welche Energiearten sind beteiligt?

**4** Bewegungen beim Sport

# Energieketten

1 Von der Sonne zum Biodiesel

Jedes Fahrzeug, das Lasten auf einen Berg befördert, muss vorher ordentlich Energie tanken. Die Energie, die im Benzin steckt, kommt dabei letztlich von der Sonne. Und selbst die Sonne hat nur einen begrenzten Vorrat an Energie – aber keine Angst, für ein paar Milliarden Jahre reicht die Energie noch. Die Energie, die wir nutzen, ist also immer schon vorher irgendwo vorhanden. Da Energie nicht aus dem Nichts erzeugt werden kann, können wir ihren Weg verfolgen. Sie kann dabei von einer Energieart in eine andere Energieart umgewandelt werden.

Beim Fahrradfahren (▶ Bild 5) sind wir es selbst, die chemische Energie in Bewegungsenergie umwandeln. Die chemische Energie erhalten wir aus unserer Nahrung. Pflanzen haben diese Energie bereitgestellt, indem sie die Strahlungsenergie der Sonne in chemische Energie umgewandelt haben. Um den Weg der Energie zu verfolgen, verwendet man Diagramme (*Energieketten*) ▶ Bilder 3 und 4.

Nicht nur Lebewesen sind Energiewandler. Auch Maschinen nehmen eine Energieform auf und wandeln sie in eine oder mehrere andere um. So wandelt die Solarzelle Strahlungsenergie in elektrische Energie um, der Elektromotor elektrische Energie in Bewegungsenergie ▶ Bild 2.

2 Aus Strahlungsenergie wird Bewegungsenergie

1. Die Fotos (▶ Bild 1) stellen eine Energiekette dar. Zeichne dazu ein Diagramm wie im ▶ Bild 3.
2. Beschreibe die Energieketten (▶ Bilder 3 und 4) mit deinen eigenen Worten.
3. Finde zu den ▶ Bildern 4 auf S. 229 Energieketten und erstelle Diagramme.
4. Finde weitere Beispiele für Energieketten. Welche ist die längste, die dir einfällt?

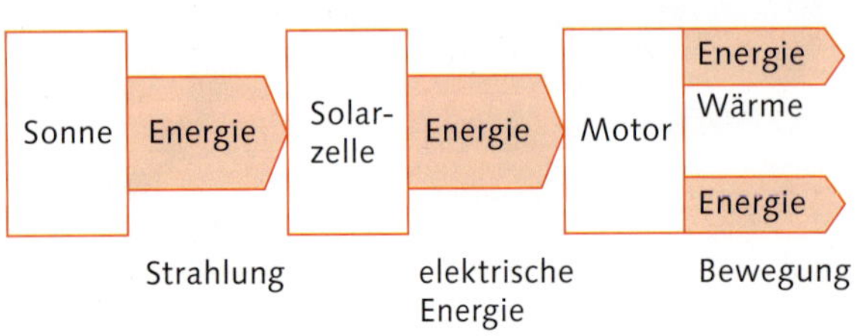


3 Sonne – Solarzelle – Motor

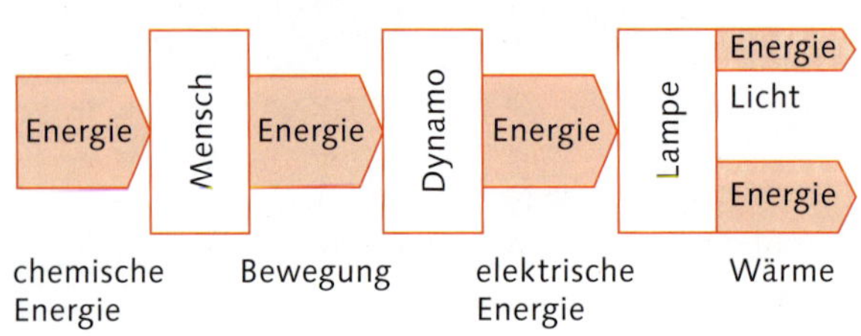


4 Nahrung – Mensch – Generator – Lampe

# Energie verschwindet nicht

Wenn man so richtig schnell mit dem Rad unterwegs ist und dann plötzlich mit dem Treten aufhört, wird man immer langsamer. Die Bewegungsenergie verschwindet scheinbar ganz von allein. Kann sich Energie in nichts auflösen ▶ Bild 5?

Verwendet man ein teures Rennrad auf einem sehr glatten Boden, merkt man schnell, dass man viel länger rollen kann. Jetzt verschwindet die Bewegungsenergie viel langsamer. Und im Weltall, fern von Sternen und Planeten, werden Bewegungen überhaupt nicht abgebremst. Die Sonde Voyager 1 entfernt sich seit ihrem Start 1977 fast ungebremst immer weiter von der Sonne ▶ Bild 6.

Was der Sonde im Weltall fehlt, ist die auf der Erde immer vorhandene Reibung. Beim Fahrradfahren reibt der Reifen auf dem Boden und auch die Luft hemmt die Bewegung.

Die Energie hat sich also nicht aufgelöst, sondern ist in die Erwärmung des Bodens und in die Bewegung der Luft „gesickert".

Noch nie wurde ein Vorgang gefunden, bei dem Energie wirklich verschwunden ist. Die Menge der Energie bleibt bei allen Umwandlungen unverändert.

Die zugeführte Energie ist bei vielen Energiewandlern größer als die genutzte Energie. Oft wird ein beachtlicher Teil der Energie in Form von thermischer Energie in der Umwelt verteilt. Diese Energie ist für uns dann meist wertlos, da man sie schwer wieder einsammeln und nutzen kann.

**5** Energieumwandlungen kann man beim Radfahren spüren.

**6** Raumsonde Voyager beim Vorbeiflug am Jupiter

**1** Ein Ball beginnt von allein zu rollen. So etwas gibt es nur im Rückwärtsvideo. Vorgänge, bei denen Energie in Form von thermischer Energie in der Umwelt verteilt wird, sind in Rückwärtsvideos meistens besonders lustig. Erstelle solche Rückwärtsvideos und beschreibe den Weg der Energie. Beachte dabei, dass auch bei diesen unmöglichen Vorgängen Energie nicht erzeugt wird.



# Experiment – Reibung

**1** Besorge dir ein etwa 1 m langes Brett, auf dem du verschiedene Spielzeugfahrzeuge oder Bälle hinunterrollen lassen kannst. Stelle die Neigung so ein, dass sie alle von allein rollen.

**A** Vergleiche die Fahrzeiten.

**B** Fahrzeuge oder Bälle, die besonders lange brauchen, können nur wenig ihrer Höhenenergie in Bewegungsenergie umwandeln. Stelle eine Vermutung über die Ursachen an. Kannst du dir vorstellen, wohin die Energie verschwunden ist?

# Energie zum Leben

Auch der Mensch ist ein Teil einer Energiekette. Wir können uns mit dem Fahrrad bewegen, einen Bogen spannen oder eine Getränkekiste hochheben. Außerdem sind wir meist wärmer als unsere Umgebung und halten diese Temperatur auch konstant aufrecht. Die Energie dafür kommt aus unserer Nahrung. Lebensmittel sind Speicher chemischer Energie. Unser Organismus verteilt die Nährstoffe über das Blut in jeden Winkel des Körpers. Dort wird die Energie in Bewegungen, Wärme oder andere Energiearten umgewandelt.

**1** Lebensmittel speichern chemische Energie.

**1** Reis ist in vielen Ländern das wichtigste Grundnahrungsmittel. Mit der Energie aus etwa einem halben Kilogramm Reis bekommt ein 12-jähriges Kind genug Energie für einen Tag. Begründe den höheren Energiebedarf eines Spitzensportlers ▶ Bild 1.

Material Methode Praxis

# Aus der Natur – Über den Winter kommen

Viele Lebensmittel, z. B. Obst, können nicht zu jeder Jahreszeit geerntet werden. Damit wir auch im Februar Apfelkuchen backen können, müssen Getreide und Äpfel über einen längeren Zeitraum gespeichert werden. Im Zeitalter des Supermarkts verliert die Vorratskammer an Bedeutung, die Lagerung der Lebensmittel wird uns abgenommen ▶ Bilder 2 und 3.
Tiere, die den Winter mit Eis und Schnee überstehen wollen, legen sich oft einen Energiespeicher an. Eichhörnchen verstecken Eicheln und Bucheckern und Igel fressen sich Winterspeck an. Sie tragen ihren Energiespeicher am Körper ▶ Bild 4.

Doch Energie gelangt nicht nur mit den Lebensmitteln zu dir nach Hause. Gerade im Winter verwenden wir Menschen sehr viel Energie für das Heizen unserer Wohnungen. Es gibt verschiedene Möglichkeiten, die Energie zu uns nach Hause zu transportieren. Holz, Öl oder Erdgas sind chemische Energiespeicher, die man in geeigneten Fahrzeugen oder Rohren (Öl, Gas) transportieren kann.

**2** Frage deine Großeltern, ob Vorratshaltung in ihrer Kindheit eine große Rolle gespielt hat. Was wurde im Winter, was im Sommer gegessen?

**2** Lagerung von Getreide

**3** Regale im Supermarkt

**4** Eichhörnchen im Winter

# Aus der Natur – Säugetiere in Zahlen

**Tiere sind Energiewandler. Sie müssen Nahrung zu sich nehmen, um sich zu bewegen und ihre Körpertemperatur zu erhalten. Dabei unterscheiden sich Tiere zum Teil sehr stark voneinander:**

| **Maximale Geschwindigkeit** | |
|---|---|
| Flusspferd | 48 km/h |
| Rennpferd | 69 km/h |
| Gepard | 120 km/h |
| Ratte | 10 km/h |
| Faultier | 150 m/h |

| **Durchschnittlicher Nahrungsbedarf pro Tag** | |
|---|---|
| Elefant | 1/100 seines Körpergewichts |
| Rind | 1/30 seines Körpergewichts |
| Mauswiesel | 1/4 seines Körpergewichts |
| Maulwurf | einmal sein Körpergewicht |
| Zwergspitzmaus | das Doppelte ihres Körpergewichts |

| **Körpertemperatur gleichwarmer Tiere** | |
|---|---|
| Pferd | 37,7 °C |
| Ziege | 40 °C |
| Igel wach | 35 °C |
| Igel Winterschlaf | 6 °C |
| Fledermaus | 31 °C |

**5** Faultier

**6** Gepard bei der Jagd

**7** Elefanten

**8** Spitzmaus

**9** Igel im Winterschlaf

**10** Ziege

1. Stelle die Zahlen in geeigneten Diagrammen dar.

2. Große Tiere müssen mehr Nahrung zu sich nehmen als kleinere Tiere. Formuliere einen Zusammenhang zwischen Körpergröße und dem durchschnittlichen Nahrungsbedarf.

3. Wie schnell bist du maximal, wie viel isst du durchschnittlich und wie hoch ist deine Körpertemperatur normalerweise? Ergänze den Menschen in den Tabellen.

4. Jana und Tim streiten sich über die Aussagekraft der Zahlen. Welcher Meinung bist du? Begründe ▶ Bild 11.

**11** Zahlen allein sind nicht immer aussagekräftig.

# Experimente – Temperaturen messen

**1 Badewassertemperatur**
Welche Temperatur muss das Wasser in der Badewanne oder Dusche für dich gerade haben? Mische das Wasser im Waschbecken und miss seine Temperatur. Ab welcher Temperatur wird es für dich zu kalt oder zu heiß?

**2 Wärmebilder selbst erstellt**
Auch ohne eine teure Wärmebildkamera lassen sich einfache Wärmebilder erstellen. Dafür brauchst du ein Infrarotthermometer aus dem Baumarkt. Zeichne die Umrisse des zu untersuchenden Gegenstands. Miss an möglichst vielen Stellen die Temperatur. Verschiedene Temperaturbereiche erhalten nun auf deiner Skizze verschiedene Farben ▶ Bild 1.

**3 Zeit-Temperatur-Diagramm**
Miss tagsüber die Außentemperatur über ein ganzes Wochenende möglichst zu jeder Stunde. Erstelle mit deinen Messwerten ein Zeit-Temperatur-Diagramm für die Außentemperatur.

**4 Temperaturempfinden**
Fülle in je eine Schüssel kaltes, lauwarmes sowie heißes Wasser. Halte dann etwa 1 Minute lang eine Hand in das kalte und die andere in das heiße Wasser. Tauche anschließend beide Hände in das lauwarme Wasser. Beschreibe deine Temperaturempfindungen.

**5 Die richtige Temperatur muss es sein**
Wie schmeckt dir heißer Apfelsaft, wie kalter Kamillentee? Stelle eigene Versuche an. Notiere auch die Trinktemperaturen.

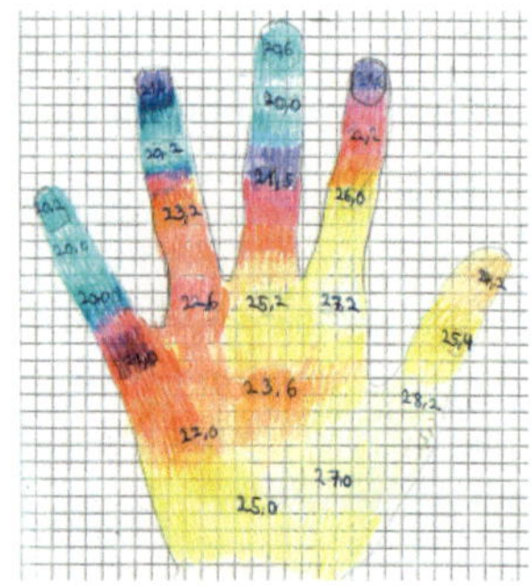

**1** Selbst erstelltes Wärmebild



# Temperaturen messen

„Meine Suppe ist zu kalt und mein Apfelsaft zu warm." Eine kalte Suppe kann jedoch wärmer sein als ein wärmerer Apfelsaft. Kalt und warm reichen zur genauen Beschreibung nicht aus. Viel eindeutiger ist es, über Temperaturen zu reden: „Die Suppe hat eine Temperatur von 30 °C." ist eine eindeutige und überprüfbare Aussage.

**2** Funkthermometer

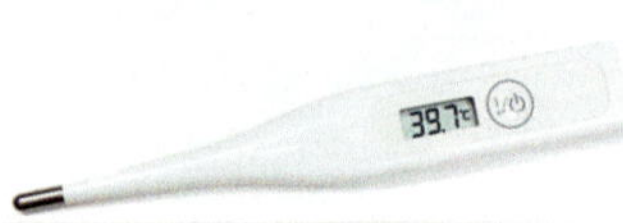


**3** Fieberthermometer

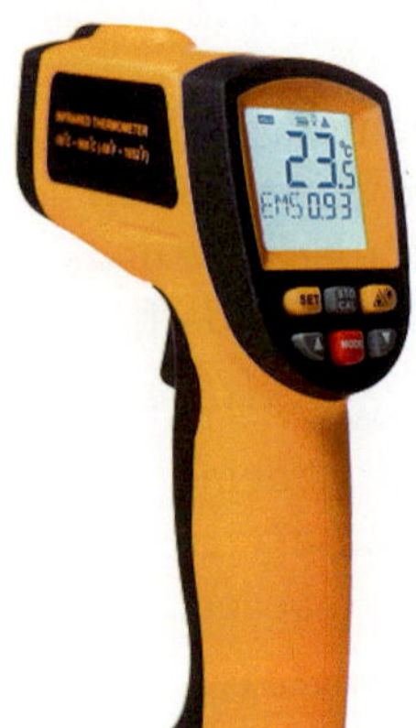


**4** Infrarotthermometer

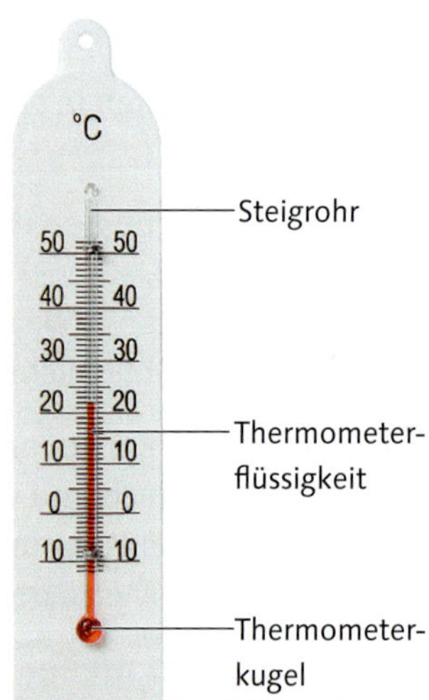


**5** Flüssigkeitsthermometer

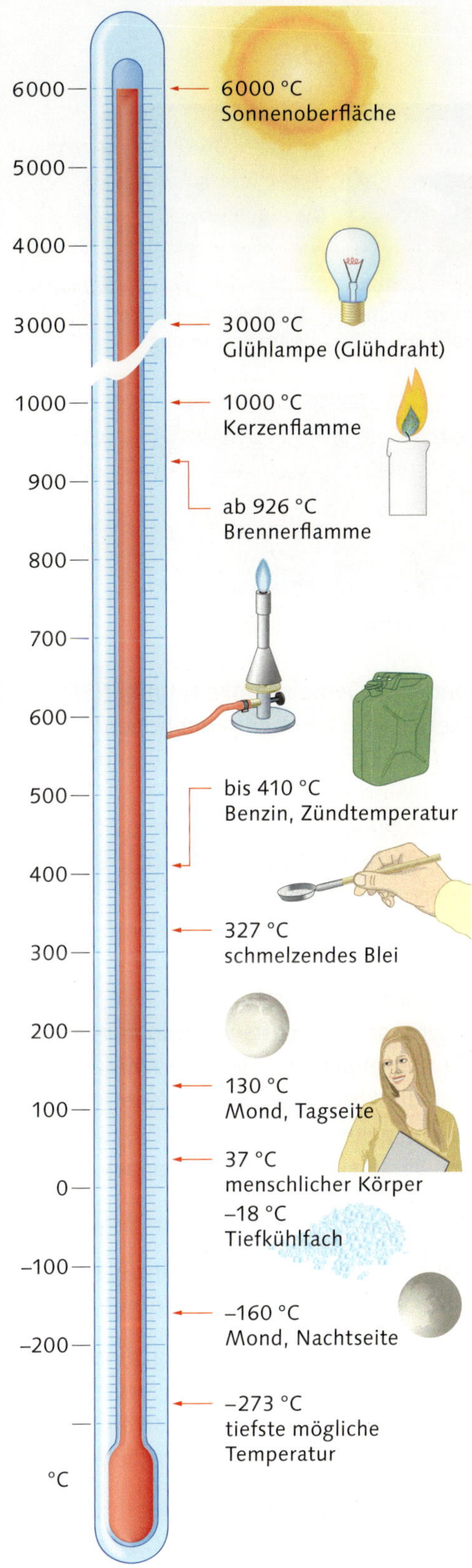


**6** Einige Temperaturen

Die Temperatur gibt an, wie kalt oder wie heiß ein Körper ist. Sie wird in Grad Celsius (abgekürzt: °C) angegeben. Zur Messung der Temperatur verwendet man Thermometer.

**Die Celsiusskala** Von Thermometern verlangt man, dass sie unter gleichen Bedingungen dieselbe Temperatur anzeigen. Deshalb braucht man für Thermometer eine festgelegte Skala. In den meisten europäischen Ländern wird eine Temperaturskala benutzt, die nach dem schwedischen Naturforscher Anders Celsius (1701–1744) benannt ist.
Für seine Skala wählte er zwei Temperaturen, die überall auf der Welt gleich sind: Eis schmilzt in Spanien bei derselben Temperatur wie in Norwegen. Ebenso fängt das Wasser in beiden Ländern bei derselben Temperatur zu sieden an.
Nach Celsius bezeichnet man die Temperatur, bei der Eis schmilzt, mit 0 °C und die, bei der Wasser kocht, mit 100 °C. Die Strecke zwischen diesen Festpunkten teilt man in 100 gleich große Teile.

**1** Bei der Temperaturmessung kannst du viele Fehler machen: Beim Flüssigkeitsthermometer könntest du zu schnell ablesen, die Skala beim Ablesen schräg halten, in der Sonne ablesen oder das Thermometer nicht an die richtige Stelle halten. Das Strahlungsthermometer zeigt bei einigen Oberflächen die falsche Temperatur an.
**A** Experimentiere mit diesen Fehlern. Wie groß sind deine Messfehler?
**B** Formuliere Regeln, die du bei der Temperaturmessung beachten musst.

**2** Wer trifft genau 37 °C? Jeder darf seine eigene Mischung aus kaltem und heißem Wasser herstellen. Am Ende entscheidet die Messung.
**B** Gieße aus 2 Gläsern gleich viel Wasser mit unterschiedlicher Temperatur zusammen. Kannst du die Temperatur der Mischung voraussagen? Überprüfe deine Vermutung mit einem Experiment.

# Energie unterwegs

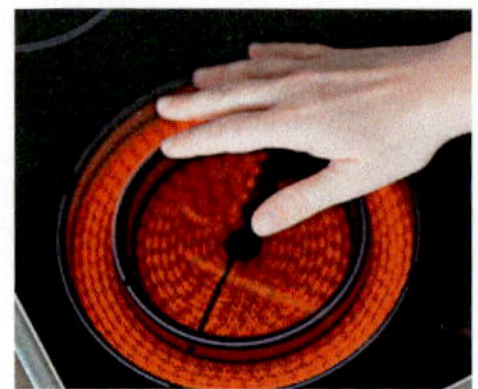

**1** Aufwärmen durch Wärmestrahlung

**2** Aufwärmen durch Wärmeströmung

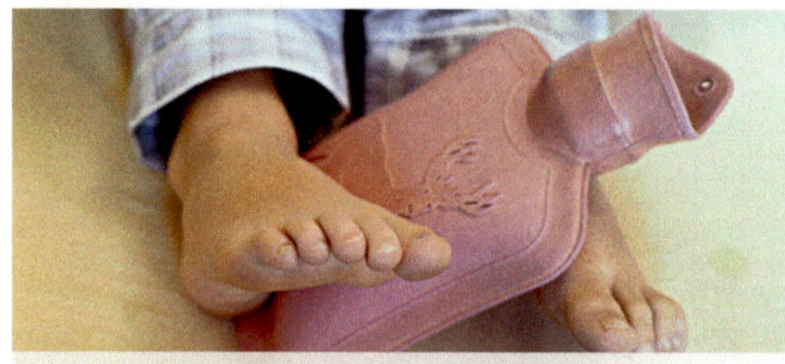

**3** Aufwärmen durch Wärmeleitung

Lässt man kalte Limonade oder heißen Tee zu lange stehen, so ändern sie ihre Temperaturen scheinbar ganz von alleine. Die Limo wird wärmer, der Tee kälter. Wartet man lange genug, so haben sie schließlich dieselbe Temperatur. Es muss also ein Transport von thermischer Energie stattgefunden haben. Die Limo besitzt hinterher mehr, der Tee weniger Energie.

**Wärmestrahlung** Jeder Gegenstand sendet unsichtbare Strahlung (Wärmestrahlung) aus. Je höher seine Temperatur, desto mehr Energie gibt er als Strahlung ab. Trifft Wärmestrahlung auf einen Körper, wird sie teilweise aufgenommen (absorbiert). Der Körper erwärmt sich ▶ Bild 1.

**Wärmeströmung** Durch das Heizungsrohr strömt erhitztes Wasser in den Heizkörper. Über dem Heizkörper steigt die erwärmte Luft auf. Die in der warmen Luft oder dem erhitzten Wasser gespeicherte thermische Energie kann zusammen mit der Luft oder dem Wasser strömen ▶ Bild 2.

**Wärmeleitung** Berühren sich zwei Gegenstände mit unterschiedlichen Temperaturen, geht thermische Energie vom wärmeren zum kälteren über ▶ Bild 3.

Wärmeleitung, -strömung und -strahlung treten oft gemeinsam auf. Alle drei Vorgänge haben eine Gemeinsamkeit: Immer geht die Energie vom Körper mit der hohen Temperatur (Tee, Kerze, Sonne) zum Körper mit der niedrigeren Temperatur über.
Soll der Tee länger warm bleiben, hilft z. B. eine Thermoskanne ▶ Bild 4.
Sie vermindert:
- mit dem Deckel die Wärmeströmung. Der Tee oder die warme Luft über dem Tee können nicht herausströmen.
- mit der Styropor- oder Luftschicht in der Hülle die Wärmeleitung. Wärme wird nicht durch direkten Kontakt in die kältere Umgebung geleitet.
- mit einer Verspiegelung des Innenbereichs die Wärmestrahlung.

**4** Querschnitt durch eine Thermoskanne

**1** Astronauten tragen helle Schutzanzüge, Solarkollektoren sind dunkel. Begründe.

**2** Untersuche genau (aber vorsichtig) eine brennende Kerze. Beschreibe, wie und an welchen Stellen du Wärmeleitung, Wärmeströmung und Wärmestrahlung beobachten kannst.

**3** Auf der Packung einer Fertigpizza steht: „15 Minuten im Backofen bei 225 °C oder 10 Minuten im Umluftherd bei 225 °C backen.“ Erkläre den Unterschied.

# Experimente – Wärmetransport

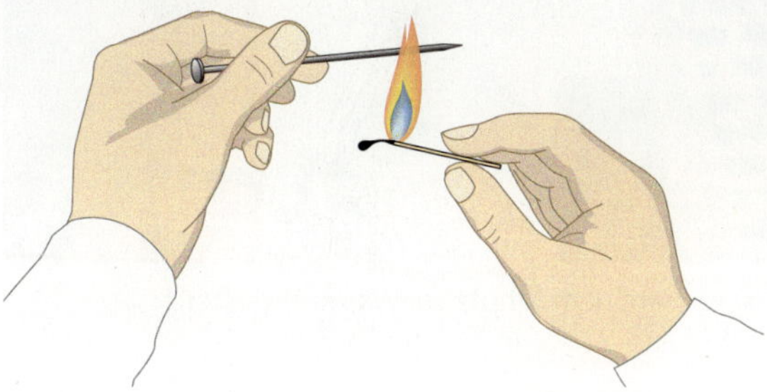

5 Wer verliert?

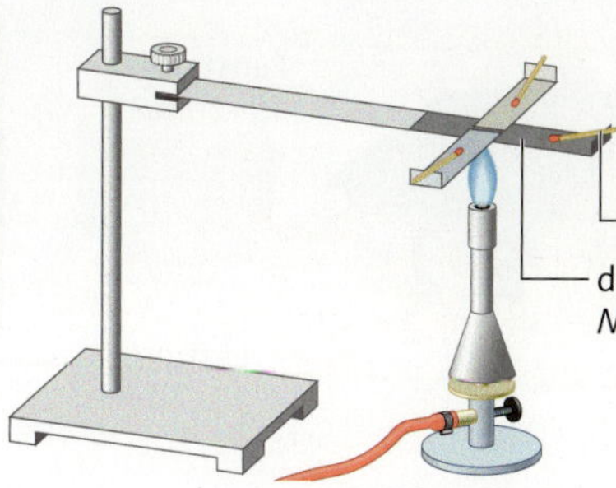


6 Metalle sind gute Wärmeleiter.

### 1 Nagel oder Zündholz

Erhitzt die Spitze eines Nagels ▶ Bild 5. Werdet ihr zuerst den Nagel loslassen (weil er zu heiß ist) oder das Zündholz (weil ihr euch die Finger verbrennt)?

### 2 Metalle als Wärmeleiter

Drei gleich lange Streifen aus verschiedenen Metallen werden an einem Ende mit einer Flamme erhitzt ▶ Bild 6.

**A** Welches Versuchsergebnis erwartet ihr?

**B** Sucht nach einer Erklärung für eure Beobachtungen.
(*Hinweis*: Statt mit Streichhölzern geht es auch mit gleichmäßig verteilten Wachstropfen.)

### 3 Ein Wettbewerb

Könnt ihr es besser als die Vögel im Winter? Wer kann einen Becher mit heißem Tee am besten isolieren ▶ Bild 7?
Führt einen kleinen Wettbewerb in eurer Klasse durch. Jeder bekommt einen Becher mit 100 ml Wasser bei 60 °C. Nach einer festgelegten Zeit (z. B. 20 min) wird nachgemessen.

7 Gut isoliert durch den Winter

### 4 Lüften im Winter

**A** Miss die Temperatur im geschlossenen Zimmer auf 0,1 °C genau.

**B** Lüfte nun 30 Minuten mit einem gekippten Fenster und miss alle 5 Minuten die Temperatur in der Mitte des Raumes.

**C** Öffne 5 Minuten lang das Fenster ganz. Miss danach die Temperatur in der Mitte des Raumes.

**D** Vergleiche beide Messungen miteinander. Ziehe Schlussfolgerungen für den sparsamen Umgang mit Energie im Winter.

### 5 Wärmebilder

Moderne Heizungsbauer und Energieberatungsfirmen besitzen oft Spezialkameras, um Thermografien (Wärmebilder) zu machen. Fragt doch mal nach, ob sie euch Thermografien für den Unterricht zur Verfügung stellen oder vielleicht sogar euer Schulgebäude fotografieren. Ihr könnt aber auch im Internet nach Thermografien suchen. Wertet sie aus.
(*Hinweis:* Wärmebildkameras messen nicht direkt die Temperatur, sondern die Wärmestrahlung. Da sich nicht alle Oberflächen gleich verhalten, stimmt die Temperaturmessung nicht immer. Findet ihr solche Beispiele?)

8 Katze im Wärmebild

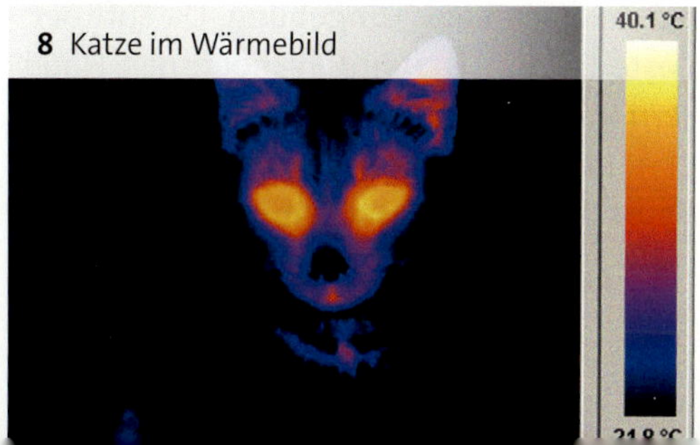

# Wärmeverluste verhindern – Dämmung

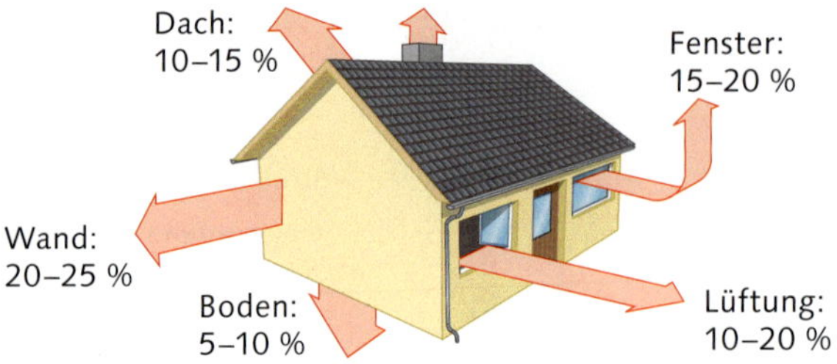


**1** Energieverluste an einem Haus

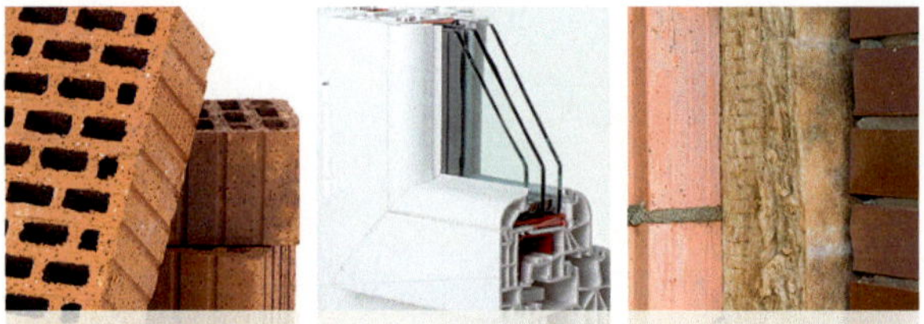

**2** Alles dient dem Schutz vor Wärmeverlusten.

Im Winter müssen sich Menschen und Tiere vor der Kälte schützen. Viele Säugetiere legen sich ein Winterfell zu, überwinternde Vögel plustern sich auf. Wir Menschen heizen und dämmen unsere Häuser. Wir ziehen uns dicker an, um nicht zu stark auszukühlen. Alle versuchen, den Wärmetransport in die kältere Umgebung möglichst klein zu halten.

Um das zu erreichen, ist es sinnvoll, den Temperaturunterschied zu verringern, denn es gilt: Je größer der Temperaturunterschied, desto schneller wird die thermische Energie übertragen.

Einige Tiere machen das, indem sie ihre Körpertemperatur verringern. Stellt man die Heizung zu Hause so ein, dass statt 21 °C nur noch 19 °C erreicht werden, fällt die Heizkostenrechnung deutlich geringer aus.

Eine weitere Möglichkeit besteht darin zu dämmen. Unterschiedliche Stoffe dämmen unterschiedlich gut. Metalle wie Silber, Kupfer und Stahl sind gute Wärmeleiter und damit schlechte Dämmstoffe. Wasser ist ein schlechter Wärmeleiter. Luft, Styropor, Holz und Papier sind sehr schlechte Wärmeleiter und eignen sich somit sehr gut als Dämmstoffe.

Ein geheiztes Haus verliert durch Wände, Dach, Keller und Fenster thermische Energie an die kühlere Umgebung. Da Luft der beste Isolator ist, wird in modernen Häusern auch meist mit Luft gedämmt. Denn Styropor, Mineralwolle und viele andere Baustoffe sind eigentlich nur verpackte

| Ist die Wand aus ... | ... so dämmt sie bei gleicher Dicke sovielmal schlechter als Luft |
|---|---|
| Wolle | 2-mal |
| Styropor | 2-mal |
| Holz | 25-mal |
| Wasser | 30-mal |
| Ziegelsteinen | 10- bis 75-mal |
| Glas | 40-mal |
| Eisen | 4 000-mal |
| Kupfer | 20 000-mal |

Luft. Je dicker diese Isolierschicht ist, desto schlechter ist auch die Wärmeleitung.

Wenn Luft der beste Dämmstoff ist, sollte man dann nicht ganz ohne Haus den besten Schutz vor Wärmeverlust haben? Sicher nicht. Denn bei der Wärmedämmung ist es auch wichtig, die Wärmeströmung zu vermeiden. Ohne Haus würde die Wärme einfach davongetragen. Luftgefüllte Zwischenräume dürfen deshalb auch nicht zu groß sein.

**1** Erkennst du die Bauteile in ▸ Bild 2? Erläutere, wie sie in modernen Häusern helfen, Energie einzusparen.

**2** Wenn du barfuß läufst, kommt dir ein Betonboden kälter vor als ein Teppichboden. Auch wenn beide genau die gleiche Temperatur haben. Erkläre mit der Wärmeleitung.

# Dämmung im Tierreich

**3** Eisbär

**4** Kaiserpinguin

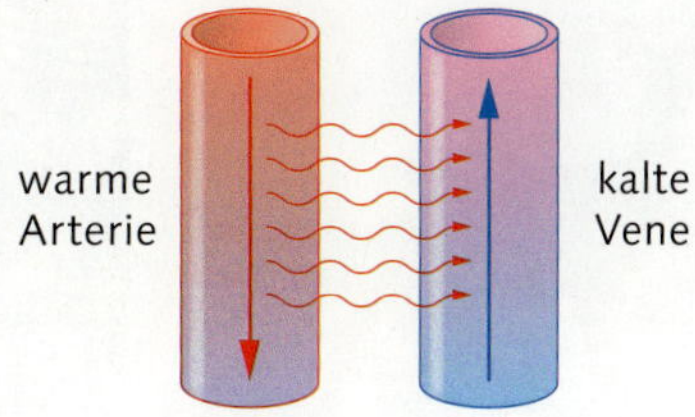


**5** Wärmeaustausch im Pinguinfuß

**Gleichwarme Tiere** Säugetiere und Vögel sind gleichwarme Tiere. D.h., sie haben im Körperinnern immer etwa dieselbe hohe Temperatur. Das ist umso erstaunlicher, wenn man bedenkt, dass sie in ihren Lebensräumen zum Teil extremen Temperaturen ausgesetzt sind. Damit nicht allzu viel Energie verloren geht, müssen diese Tiere ihren Körper besonders gut dämmen.

**Eisbären** Beim Eisbären wird die Wärmeströmung durch das bis zu 7 cm lange Fell verringert. Die Wärmeleitung verringert er durch sein luftgefülltes Fell – sogar seine Haare sind hohl – und die bis zu 10 cm dicke Fettschicht. Nach dem, was wir über die Wärmestrahlung wissen, sollte der Eisbär am besten auch noch ein schwarzes Fell besitzen. Damit könnte er die Sonnenstrahlung besser einfangen. Das wäre aber zur Tarnung bei der Jagd im Schnee ungünstig. Deshalb besitzt er nur eine schwarze Körperhaut. Auf diese fällt durch das Fell immer noch genügend Sonnenlicht.

**Pinguine** Auch Pinguine sind Weltmeister bei der Wärmedämmung. In der Antarktis ist es noch wesentlich kälter als in der Arktis. Temperaturen unter –30 °C sind keine Seltenheit. Trotzdem brüten einige Pinguinarten während der schlimmsten Eisstürme. Dass der Pinguin gut gedämmt ist, sieht man schon daran, dass Schneeflocken auf seinem Gefieder nicht schmelzen. Eine Schneedecke hilft zusätzlich bei der Dämmung.
Trotz ihrer gefetteten Federn und der eingeschlossenen Luft verlieren die Pinguine beim Tauchen im eiskalten Wasser ihre Wärme bis zu 100-mal schneller als an Land. Das Männchen des Kaiserpinguins bebrütet sein Ei sogar auf dem Eis, seine Füße werden dabei bis zu 0 °C kalt. Wie bei anderen Vögeln hilft hier ein besonderer Wärmeaustausch. In den Beinen gibt es eine Stelle, an der die nach unten und die nach oben laufenden Blutgefäße sich stark verzweigen und eng aneinanderliegen. Sie bilden ein „Wundernetz". Auf dem Weg in den Fuß wärmt das warme Blut aus dem Körper das kalte zurückfließende Blut. Somit gelangt kühleres Blut zum Fuß und vorgewärmtes in den Körper.

**6** Dämmung beim Menschen

**1** Beschreibe mit eigenen Worten die Angepasstheiten des Eisbären an das Leben in der Kälte.

**2** Bei wechselwarmen Tieren senkt sich im Winter die Körpertemperatur. Erkläre, wie diese Strategie dem Tier beim Energiesparen hilft.

**3** Wir Menschen haben viele Methoden erfunden, um uns bei klirrender Kälte im Freien aufzuhalten ▶ Bild 6.
Ordne solche Methoden den verschiedenen Wärmetransporten zu, die jeweils verhindert werden sollen.

# Säugetiere im Winter

**1** Reh im Winter

**2** Igel im frostsicheren Versteck

**3** Eichhörnchen mit Wintervorrat

Säugetiere, die den Winter in Deutschland verbringen, bekommen ein dichteres Fell und fressen sich ein dickes Fettpolster an. Dieses dient nicht nur der Wärmedämmung, sondern ist zusätzlich ein Energiespeicher für die nahrungsarme Jahreszeit.

**Winteraktiv** Rehe finden auch im Winter Nahrung, deshalb können sie trotz des erhöhten Energieverlusts im Winter aktiv sein. Winteraktive Tiere passen oft ihre Fellfarbe an, damit sie im Schnee gut getarnt sind. Sie stellen ihre Nahrung um und weichen wenn möglich in wärmere Gebiete aus ▶ Bilder 1 und 4.

**Winterschlaf** Säugetiere, die im Winter nur schwer Nahrung finden, machen Winterschlaf (z. B. Igel). Sie verbringen einen großen Teil des Winters in einem Tiefschlaf. Dabei senken sie ihre Körpertemperatur, um weniger thermische Energie zu verlieren. So kommt der Körper mit viel weniger Atemzügen und Herzschlägen aus. Werden Winterschläfer gestört, können sie innerhalb kurzer Zeit unter großem Energieverlust ihre normale Körpertemperatur erreichen. Geschieht dies zu häufig, reichen die Fettdepots nicht aus, um den Winter zu überstehen ▶ Bild 2.

**Winterruhe** Einige Säugetierarten (z. B. Eichhörnchen) schlafen im Winter viel. Um ihre im Herbst angelegten Speicher zu suchen und Energie zu tanken, müssen sie aber auch immer wieder aktiv werden. Ihre Körpertemperatur ändert sich während der Ruhephasen kaum ▶ Bild 3.

**4** Farbwechsel beim Hermelin und Zeichnung von Sommer- und Winterfell (Schema)

**1** Beschreibe die Struktur von Sommer- und Winterfell anhand von ▶ Bild 4. Erläutere die Funktion des Winterfells.

**2** Erläutere, wie Winterschläfer Energie sparen.

**3** Begründe, warum Winterschläfer nicht in ihrem Schlaf gestört werden sollten.

**4** Tiere, die Winterschlaf oder -ruhe halten, rollen sich beim Überwintern meistens ein. Warum? Führe dazu einen Versuch durch. Fülle gleiche Mengen Wasser mit derselben Temperatur in ein kugelförmiges und in ein hohes zylinderförmiges Gefäß. Miss etwa eine halbe Stunde lang alle 5 Minuten die Temperatur in den beiden Gefäßen und vergleiche die Ergebnisse.

**5** Finde heraus, wie andere heimische Säugetiere den Winter überstehen.

# Experimentieren und Protokollieren

**Biologen beobachten Erscheinungen in der Natur. Um eine Erklärung für diese Naturphänomene zu finden, planen sie Experimente, auch Versuche genannt. Beim Experimentieren gehen Naturwissenschaftler systematisch vor.**

**Schritt 1** Aus einer Naturbeobachtung ergibt sich die Forschungs- oder Problemfrage.

**Schritt 2** Um diese Frage zu beantworten, formulieren die Forscher begründete Vermutungen, sogenannte *Hypothesen*.

**Schritt 3** Anschließend wird ein Versuch zur Überprüfung der Vermutungen geplant. Dabei wird die natürliche Situation nachgestellt und einzelne Größen werden nacheinander gezielt verändert, um deren Einfluss zu untersuchen.

**Schritt 4** Die Ergebnisse des Versuchs müssen genau protokolliert werden. Nur so ist es möglich, die eigenen Forschungsergebnisse durch andere Forscher überprüfbar zu machen. Ein Versuchsprotokoll enthält auch die Frage oder das Thema, zu dem ein Versuch geplant wird, und die Vermutungen, die zur Klärung des Problems formuliert wurden.

**Schritt 5** Dann folgt in der Durchführung eine genaue Versuchsbeschreibung. Sie besteht aus drei Teilen: Zuerst werden alle benötigten Materialien aufgelistet. Dann wird der Versuchsaufbau beschrieben – hier ist oft eine Zeichnung hilfreich. Es schließt sich ein Text mit der Beschreibung des Versuchsablaufs an.
Alle Beobachtungen und Messergebnisse, die beim Experimentieren gemacht wurden, werden notiert.

**Schritt 6** Am Ende werden die Beobachtungen bzw. Messdaten erklärt und gedeutet.

**Versuchsprotokoll**

Forschungsfrage: Welchen Vorteil haben Säugetiere, die sich beim Schlafen einrollen?

Vermutung: Die Wärmeabgabe über die Körperoberfläche ist bei zusammengerollten Tieren geringer als bei ausgestreckt schlafenden.

Planung eines Versuchs

Material: 1 Rundkolben (100 ml), 1 Standzylinder (100 ml), Wasser (60 °C), 2 durchbohrte Stopfen, 2 Thermometer, Stoppuhr

Durchführung: Fülle in beide Gefäße gleich viel Wasser von 60 °C. Miss die Temperatur, indem du über einen Zeitraum von 10 Minuten jede Minute die Temperatur in beiden Gefäßen abliest.

Beobachtungen:

| Zeit (min) | 0 | 1 | 2 | 3 | 4 | 5 | 6 | 7 | 8 | 9 | 10 |
|---|---|---|---|---|---|---|---|---|---|---|---|
| Wassertemperatur im Standzylinder (°C) | 60 | 59 | 57 | 55,5 | 54 | 53 | 52,5 | 52 | 51 | 50 | 49,5 |
| Wassertemperatur im Rundkolben (°C) | 60 | 60 | 59 | 58 | 57 | 56,5 | 55 | 55 | 54 | 54 | 53,5 |

Deutung: Die Wassertemperatur sinkt im Standzylinder schneller und stärker als im Rundkolben. Über die Oberfläche des Rundkolbens wird weniger Wärme an die Umgebung abgegeben als über die Oberfläche des Standzylinders. Rundkolben und Standzylinder im Versuch stehen stellvertretend für ein zusammengerollt bzw. ausgestreckt schlafendes Säugetier. Säugetiere verringern die Wärmeabgabe an die Umgebung also dadurch, dass sie sich zusammenrollen.

# Arbeiten wie ein Naturwissenschaftler

**Du hast beobachtet, dass das Fell deines Haustiers im Winter dicker und dichter ist als im Sommer. Nun planst du einen Versuch, um zu klären, warum das so ist, und fertigst ein Protokoll an.**

**Versuchsprotokoll**

Forschungsfrage: Welchen Vorteil bietet den Säugetieren ihr Winterfell?

Vermutung: Die Struktur des Winterfells verringert die Abgabe von Körperwärme an die Umgebung.

Material: 2 Bechergläser, 2 große Reagenzgläser, 2 Thermometer, Schnur, Wolle, Trichter, Wasser (40 °C), Stoppuhr

Versuchsaufbau:

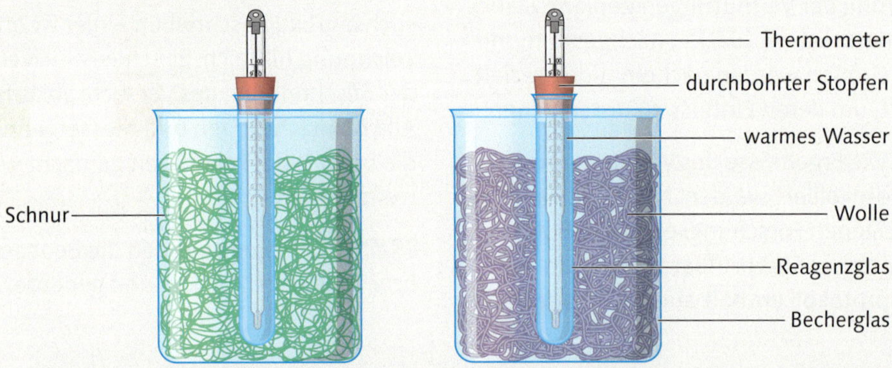


Durchführung: Befülle das Becherglas A mit Schnur, das Becherglas B mit Wolle. Achte darauf, dass sowohl Schnur als auch Wolle locker im Becherglas liegen. Stelle in jedes Becherglas ein Reagenzglas, sodass es von Schnur bzw. Wolle umgeben ist. Befülle beide Reagenzgläser mithilfe des Trichters mit dem warmen Wasser. Stelle in jedes Reagenzglas ein Thermometer.

Miss nun über einen Zeitraum von 10 Minuten jede Minute die Temperatur in beiden Reagenzgläsern und notiere deine Messwerte in einer Tabelle.

Beobachtung:

| Zeit (min) | Wassertemperatur im Reagenzglas A | Wassertemperatur im Reagenzglas B |
|---|---|---|
| 0 | 40 °C | 40 °C |
| 1 | | |
| ... | | |

Deutung:

1. Führe den Versuch wie beschrieben durch und protokolliere deine Messergebnisse in einer Tabelle.

2. Deute die Messergebnisse. Nimm die Informationen der Grundwissenseite zu Hilfe.

3. Säugetiere, die ständig im Wasser leben, haben kein Fell, aber eine dicke Fettschicht unter der Haut. Plane einen Versuch, um die Funktion dieser Fettschicht zu klären. Fertige ein vollständiges Versuchsprotokoll an.

# Diagramme erstellen, beschreiben und auswerten

**Mit Diagrammen kann man Messdaten besonders übersichtlich darstellen. Säulendiagramme und Liniendiagramme sind die häufigsten Diagrammtypen.**

## Ein Säulendiagramm erstellen

In einem Experiment wurde die Körpertemperatur eines Igels und eines Eichhörnchens im Sommer und im Winter gemessen. Die dabei gewonnenen Messwerte wurden in einer Tabelle notiert:

| Körpertemperatur | 31.07. | 31.12. |
|---|---|---|
| Eichhörnchen | 37 °C | 37 °C |
| Igel | 35 °C | 5 °C |

Diese Ergebnisse lassen sich übersichtlich in Form eines Säulendiagramms darstellen. Dieser Diagrammtyp ist gut zur Darstellung von Einzelergebnissen geeignet. Dabei verdeutlicht die Höhe der Säule den Wert der Temperaturmessung. Die Hochachse zeigt die abhängige Größe, die Querachse den Zeitpunkt der Messung. Vergleiche werden möglich, wenn man zwei Säulen nebeneinanderstellt.

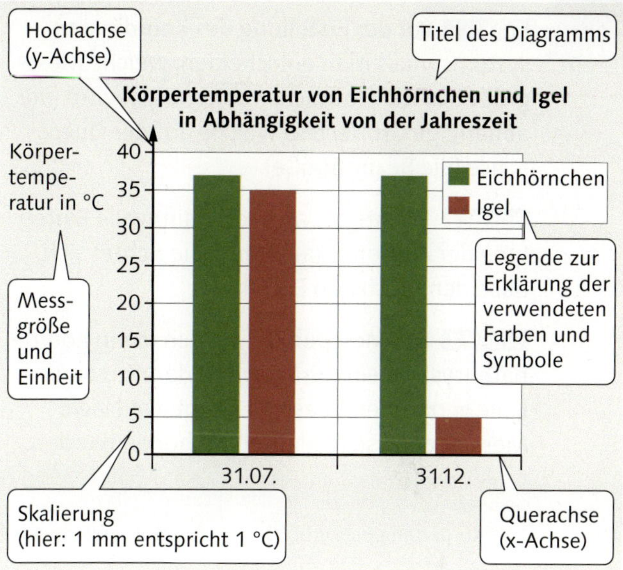


## Ein Diagramm beschreiben

Bei der Beschreibung von Diagrammen geht man systematisch vor.

**Schritt 1** Was stellt das Diagramm dar? Beachte Titel, die Messgrößen und Einheiten, mit denen die Hoch- und Querachse beschriftet sind.
Es gilt: Die Messgröße auf der Hochachse ist abhängig von der Messgröße auf der Querachse.

▶ *Das Diagramm zeigt die Körpertemperatur von Eichhörnchen und Igel am 31.07. und am 31.12. eines Jahres. Die Körpertemperatur ist in Grad Celsius (°C) angegeben.*

**Schritt 2** Beschreibe das Diagramm unter Verwendung biologischer Begriffe und Messgrößen, die hier eine Rolle spielen. Lies das Diagramm von links nach rechts. *Beachte:* Nicht jedes Detail muss beschrieben werden. Suche dir maximal drei Auffälligkeiten und beschränke deine Beschreibung auf diese.

▶ *Am 31.07. beträgt die Körpertemperatur des Eichhörnchens 37 °C, die des Igels 35 °C. Am 31.12. liegt die Körpertemperatur des Eichhörnchens bei 37 °C, die des Igels bei 5 °C.*

**Schritt 3** Deute das Diagramm. Welche Schlussfolgerungen kannst du aus den im Diagramm dargestellten Daten ziehen?

▶ *Das Eichhörnchen ist ein Winterruher. Seine Körpertemperatur bleibt auch im Winter während der Ruhephasen konstant. Igel sind Winterschläfer. Sie senken ihre Körpertemperatur im Winter ab.*

## Ein Liniendiagramm erstellen

In einem Experiment hat ein Forscher fortlaufend über ein Jahr die Körpertemperatur eines Igels gemessen und die Messwerte in einer Tabelle erfasst.
Diese Messwerte lassen sich übersichtlich in einem Liniendiagramm darstellen.

**Schritt 1** Vor der Erstellung des Koordinatensystems muss man entscheiden, welche Messgröße auf der Hochachse abgetragen wird (die abhängige Größe) und welche auf der Querachse (die Bezugsgröße).

**Schritt 2** Wichtig ist auch eine sinnvolle Einteilung der Achsen (Skalierung). Sie richtet sich nach dem höchsten Einzelwert.

**Schritt 3** Die Messpunkte werden in ein Koordinatensystem eingetragen und dann zu einer Linie verbunden. Dies ist erlaubt, weil viele Messergebnisse fortlaufend erhoben wurden.

| Monat | Körpertemperatur Igel in °C |
|---|---|
| Januar | 6 |
| Februar | 6 |
| März | 10 |
| April | 35 |
| Mai | 35 |
| Juni | 35 |
| Juli | 35 |
| August | 35 |
| September | 35 |
| Oktober | 35 |
| November | 8 |
| Dezember | 7 |

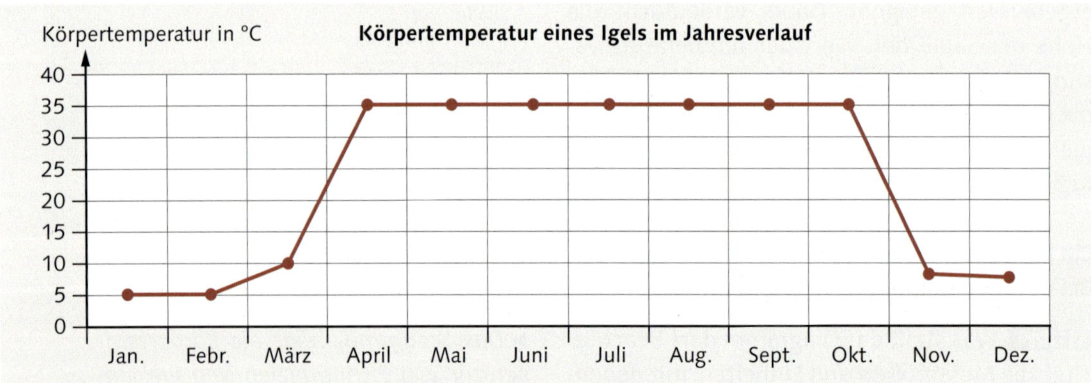


| Atemfrequenz (Atemzüge/min) | Sommer | Winter |
|---|---|---|
| Igel | 45 | 8 |
| Eichhörnchen | 45–50 | 45–50 |

1. Beschreibe das Liniendiagramm gemäß der Beschreibung auf der linken Seite.
2. Deute das Liniendiagramm.
3. Stelle die Messdaten aus den nebenstehenden Tabellen in je einem geeigneten Diagrammtyp dar. Achte auf eine sinnvolle Skalierung.

| | | | | | | |
|---|---|---|---|---|---|---|
| **Umgebungstemperatur (in °C)** | 20 | 15 | 10 | 5 | 0 | –1 |
| **Körpertemperatur Igel (in °C)** | 37 | 37 | 10 | 5 | 0 | 37 |
| **Körpertemperatur Eichhörnchen (in °C)** | 38 | 38 | 38 | 38 | 38 | 38 |

# Experimente – Pflanzen speichern Energie

**1 Zucker brennt**

**A** Reibe ein Zuckerstück mit etwas Zigarettenasche ein ▶ Bild 1. (Hinweis: Das ist ein Trick, damit der Zucker leichter brennt.)

**B** Lege es auf eine feuerfeste Unterlage.

**C** Zünde es mit einem Feuerzeug an einer Ecke an.

**2 Sonnenblumenöl – mal nicht in der Pfanne**

**A** Gieße etwas Sonnenblumenöl in eine Porzellanschale.

**B** Tränke einen Baumwolldocht mit Öl. Lege ihn so hinein, dass er ca. 1 cm über den Rand ragt ▶ Bild 2.

**C** Klemme den Docht mit einer Büroklammer am Rand der Schale fest und zünde ihn an.

**3 Wovon ernähren sich Pflanzen?**

**A** Fülle einen Blumentopf mit trockener Erde. Wiege ihn und notiere das Gewicht. (Physiker sprechen hier von der Masse.)

**B** Wiege eine kleine Pflanze und notiere das Gewicht.

**C** Setze die Pflanze in die Erde und gieße gut.

**D** Lass die Pflanze einige Wochen wachsen, bis sie sich sichtbar vergrößert hat.

**E** Nimm nun die Pflanze aus dem Topf. Schüttle die Erde über dem Topf gut ab. Wiege die Pflanze.

**F** Trockne die Erde sorgfältig. Wiege Topf und Erde erneut.

**4 Teste auf Fett und Stärke**

**A** Nimm eine kleine Probe von deinem Schulbrot und teste sie auf Fett. Wenn du etwas Fettiges auf einem Stück Filterpapier reibst, ergibt sich ein fast durchsichtiger Fleck. Er verschwindet auch nach dem Trocknen nicht ▶ Bild 3.

**B** Nimm eine zweite kleine Probe von deinem Schulbrot und teste sie auf Stärke. Wenn du Iod-Kalium-Iodidlösung auf etwas mit Stärke tropfst, beobachtest du eine tiefblaue, fast schwarze Verfärbung.

1 Mit einem kleinen Trick brennt auch Würfelzucker.

2 Mit Sonnenblumenöl kann man nicht nur braten.

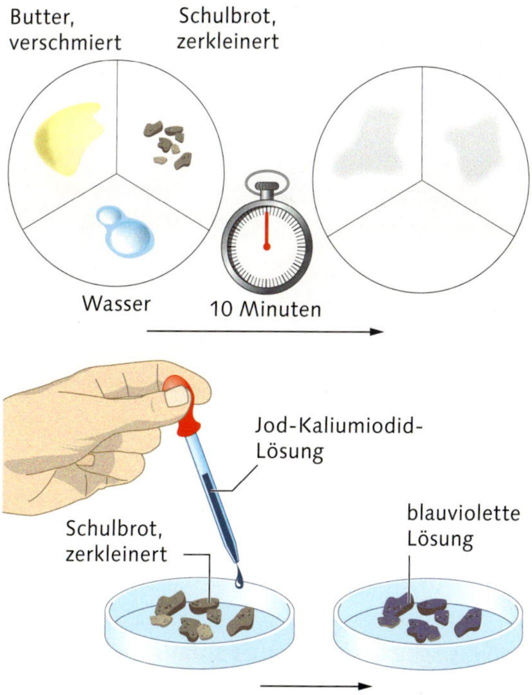


3 Nachweis für Fett und Stärke

# Fotosynthese

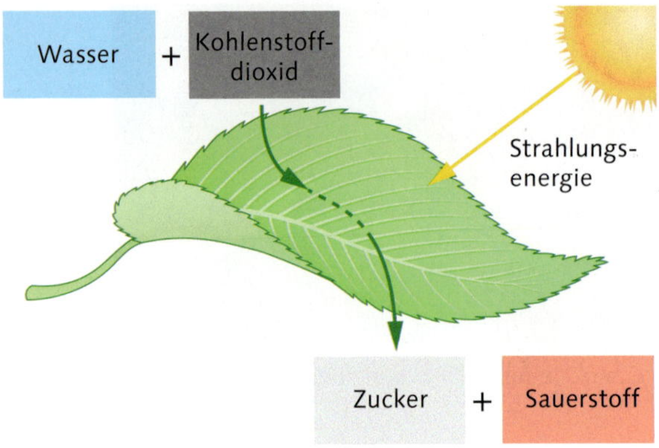


**1** Schematische Darstellung der Fotosynthese

Pflanzen brauchen Energie zum Leben. Früher dachte man, die Pflanzen würden mit ihren Wurzeln den Boden „essen“. Aber das stimmt nicht: Eine Pflanze in einem Blumentopf wird zwar deutlich größer. Die Erde wird dabei aber fast nicht weniger.

**Pflanzen stellen Traubenzucker her** Menschen und Tiere müssen Zucker als Nahrung aufnehmen. Die Pflanze stellt den Zucker selbst her. Diesen Vorgang nennt man Fotosynthese.

Für die Fotosynthese brauchen die Pflanzen Energie. Hierfür nehmen sie Sonnenlicht auf – genauer: die Strahlungsenergie, die das Licht transportiert. Die Pflanzen fangen mit ihren Blättern die Energie ein. Die Blätter sind sozusagen Energiefallen. Zusätzlich zur Energie nehmen Pflanzen über die Blätter das Gas Kohlenstoffdioxid aus der Luft auf. Über die Wurzeln versorgen sie sich mit Wasser. Aus Wasser und Kohlenstoffdioxid stellt die Pflanze Traubenzucker her. In diesem Zucker ist die Energie des Lichts als chemische Energie gespeichert ▸ Bild 1.

**Energiespeicher** Ein großer Teil der aufgenommen Energie wird von der Pflanze gleich eingesetzt, um zu wachsen. Oft wandeln die Pflanzen den Traubenzucker in andere Energiespeicher wie Stärke, Fette oder Öle um. Diese lassen sich besser speichern. Stärke ist der Hauptbestandteil von Mehl, Mais und Kartoffeln. Auch der Zucker aus der Küche oder das Öl bzw. Fett in Sonnenblumenkernen sind solche Speicherformen für Sonnenenergie ▸ Bild 2.

**2** Die Pflanze speichert die Sonnenenergie in Zucker, Stärke, pflanzlichen Fetten und Ölen. Sie stellt also ihre Nahrung selbst her.

1. Erkläre mit eigenen Worten, was du unter Fotosynthese verstehst.
2. Beschreibe, was Pflanzen alles zum Wachsen brauchen.
3. Kaue etwas Schwarzbrot, bis es anfängt, süß zu schmecken. Der Speichel verarbeitet die Stärke wieder zu Zucker. Du kannst das gekaute Brot auch auf Stärke testen.
4. Manche Menschen lutschen vor besonderen Anstrengungen Traubenzuckerbonbons. Überlege, was die Vor- und Nachteile gegenüber dem Verzehr von Schwarzbrot sind.

# Von der Sonne in den Tank

**3** Rapsöl kann man zum Braten und für Salate verwenden. Hauptsächlich wird es zur Herstellung von Biodiesel genutzt.

**4** Einige Autos können direkt mit Pflanzenöl betrieben werden.

Oft liest oder hört man, dass sich das Klima durch Kohlenstoffdioxid in der Luft erwärmt. Kohlenstoffdioxid entsteht, wenn man Kohle, Öl, Benzin oder Gas verbrennt.

**Energiepflanzen** Auch wenn man eine Pflanze verbrennt, wird Kohlenstoffdioxid frei – allerdings kann man ja wieder neue Pflanzen säen. Diese nehmen dann beim Wachsen wieder Kohlenstoffdioxid auf. Einige Pflanzen werden extra angepflanzt, um Energie zu liefern. Man nennt sie Energiepflanzen. Energiepflanzen nehmen erst Kohlenstoffdioxid auf. Beim Verbrennen wird es frei. Es wird also kein zusätzliches Kohlenstoffdioxid freigesetzt ▶ Bild 3.

- Zuckerrüben, Kartoffeln oder Mais lässt man vergären. Es entsteht Alkohol. Dieser Alkohol wird als Bio-Ethanol zum Benzin gemischt.
- Raps und Sonnenblumen werden angebaut, um das Öl aus den Samen zu pressen. Daraus kann man Biodiesel herstellen. Einige Motoren können auch direkt mit Pflanzenöl betrieben werden. ▶ Bild 4.
- Pappeln wachsen sehr schnell. Man kann sie gut zum Heizen nutzen.

**5** Kennst du diese Energiepflanzen?

1. Ordne den ▶ Bildern 5a–f zu: Raps, Kartoffel, Sonnenblume, Pappel, Mais, Zuckerrübe.
2. Finde heraus, wo im Umfeld deiner Schule Energiepflanzen angebaut werden.
3. Ölpalme, Purgiernuss und Zuckerrohr sind weitere wichtige Energiepflanzen. Finde heraus, wo sie wachsen und was man mit ihnen tun kann.
4. Eine lange Energiekette führt von der Sonne bis zum Auto. Zeichne die Stationen und beschreibe, wie die Energie an den Stationen umgewandelt wird.

# Aus der Technik – Biodiesel

**Diesel und Biodiesel** Diesel wird eigentlich aus Erdöl hergestellt. Erdöl entsteht, wenn Algen im Meer absterben und dort verschüttet werden. In Jahrmillionen verwandeln sie sich zu Erdöl um. Biodiesel ist ein Kraftstoff, der genauso wie herkömmlicher Diesel verwendet werden kann. Er wird allerdings aus dem Öl von Sonnenblumen oder Raps hergestellt. In anderen Ländern werden andere Pflanzen verwendet ▶ Bild 1. Ungefähr 10 % des Öls werden aus alten Speisefetten hergestellt z. B. aus Fritteusenfett.

**Raps liefert Diesel** Rapssamen enthalten bis zu 45 % Öl. Dieses wird in einer Ölmühle herausgepresst. Die Reste werden als Tierfutter verwendet. Anschließend muss das Öl noch chemisch bearbeitet werden, damit es in den Tank gefüllt werden kann.

**1** Biodiesel

Insgesamt gilt Biodiesel als recht umweltfreundlich. Wenn man ihn im Motor verbrennt, setzt er weniger Kohlenstoffdioxid frei als normaler Diesel. Außerdem gefährdet er die Umwelt weniger, wenn er ausläuft.
Wollte man den gesamten Bedarf an Diesel in Deutschland durch Biodiesel decken, bräuchte man allerdings mehr als das 5-Fache der gesamten Anbaufläche auf deutschen Äckern.



# Aus der Technik – E10

**Benzin und E10** Seit ein paar Jahren kann man an Tankstellen E10 tanken. Das ist Benzin, dem 10 % Alkohol beigemischt sind. Chemiker nennen Alkohol auch Ethanol. Bio-Ethanol zeigt an, dass dieser Alkohol aus Pflanzen hergestellt wurde.

**Zucker liefert Ethanol** Um Ethanol herzustellen, zerkleinert man Rüben, Kartoffeln oder Mais und setzt Wasser und Hefe zu. Diese Hefe verarbeitet dann den Zucker der Pflanzen zu Ethanol und Kohlenstoffdioxid. Wenn man diese Mischung erhitzt, trennen sich Ethanol und Wasser. Das Ethanol steigt als Dampf auf. So kann man das Ethanol vom Wasser und den Pflanzenschnitzeln trennen. Durch den E10-Kraftstoff soll der Ausstoß von Kohlenstoffdioxid verringert werden. Neuere Autos vertragen den Kraftstoff problemlos ▶ Bild 3.

1. Stelle den Herstellungsprozess von E10 aus dem Text als Bild dar.
2. Welchen Treibstoff verwenden deine Eltern für euer Auto? Schau im Internet nach, ob sie ggf. auch E10 tanken könnten.
3. Ein Minister forderte, E10 wieder abzuschaffen, weil die Preise für Getreide deutlich gestiegen sind. Kannst du das erklären? Finde weitere Probleme und Chancen bei der Verwendung von E10 heraus.

**2** E10 ist Benzin mit 10 % Beimischung von Alkohol.

# Experimente – Verbrennungen und Energieabgabe

### 1 Flammen untersuchen

**A** Untersuche verschiedene Flammen (Streichholz, Teelicht, Öllampe, Bunsenbrenner). Bestimme mit einem elektronischen Thermometer (Messbereich bis 1000 °C) die Temperatur. Welche Flamme ist am heißesten?

**B** Gibt es innerhalb der Flamme unterschiedliche Temperaturen? Fertige eine Zeichnung an, in der du die Temperaturen einzeichnest.

### 2 Bauteile eines Teelichts

**A** Baue ein Teelicht auseinander. Was vermutest du, wozu die einzelnen Teile dienen?

**B** Versuche, das Wachs ohne Docht anzuzünden. Was lernst du hieraus über den Docht?

### 3 Eine Kerze mit zwei Flammen

**A** Halte ein ca. 10 cm langes Glasröhrchen mit einer Reagenzglasklammer wie im ▶ Bild 4 an den Docht.

**B** Versuche, den Wachsdampf am Ende des Röhrchens anzuzünden. Was lernst du hieraus über die Flamme?

### 4 Luft und Verbrennungen

**A** Nimm ein leeres Glas und ein Teelicht.

**B** Zünde das Teelicht auf dem Tisch an und stülpe das Glas darüber. Beobachte.

**C** Was passiert, wenn du unterschiedlich große Gläser verwendest?

### 5 Wie macht man das beste Lagerfeuer?

**A** Nimm Holzspäne, Sägemehl, kleine oder größere Äste, Reisig und Holzscheite. Versuche, kleine Mengen davon mit einem Streichholz anzuzünden.

**B** Überlege, wie du am besten ein Lagerfeuer aufbaust. Diskutiere deine Idee mit deinen Mitschülerinnen und Mitschülern. Probiert die besten Ideen aus.

**3** Michael Faraday war ein englischer Naturforscher. Die Experimente zur Kerze stammen größtenteils von ihm.

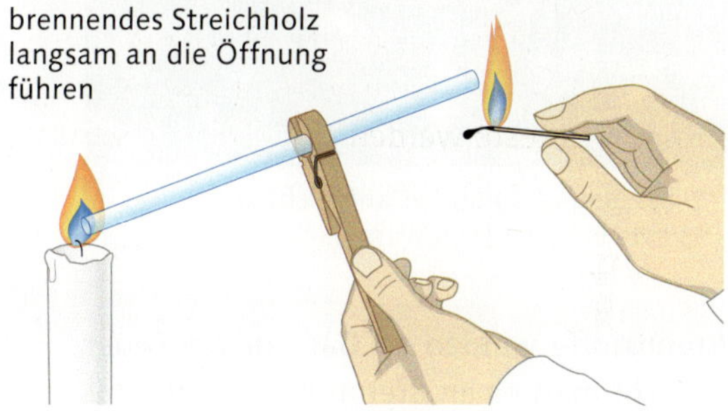


**4** So kannst du den Wachsdampf von einer Kerzenflamme ableiten.

**5** Magnesium brennt sogar unter Wasser. Taucher verwenden daher manchmal Magnesiumfackeln.

### 6 Andere Stoffe brennen auch

**A** Entzünde etwas Brennspiritus in einem kleinen Schälchen.

**B** Halt ein Stück Magnesium mit einer Tiegelzange in die Flamme des Bunsenbrenners.
*Achtung:* Schau nicht direkt in die Flamme! Sie kann deinen Augen schaden ▶ Bild 5.

# Beim Verbrennen wird Energie frei

**1** Bei hohen Temperaturen wird Holz zu Gas. Dieses Gas kann brennen.

**2** Bei Lampen kommt es aufs Licht an. Es entsteht aber auch Wärme.

**Brennstoffe werden zu Gas** Für ein Feuer braucht man einen Brennstoff. Der Brennstoff wird zunächst zu einem Gas. Auch wenn es seltsam klingt: Holz kann zu Gas werden, wenn es heiß genug ist. Nur dieses Gas brennt dann ▶ Bild 1.

Jedes Feuer braucht Luft zum Brennen. Oder genauer: Es braucht Sauerstoff. Sauerstoff ist ein Bestandteil der Luft.

Bei einem Feuer entsteht eine Flamme. Eine Flamme ist der Bereich, in dem das Gas und die Luft sich mischen und die Verbrennung abläuft. Ein Feuer ist also kein Stoff oder Ding: Ein Feuer ist ein Vorgang.

Wenn man eine Flamme ausbläst, bläst man das brennende Gas weg. Das Feuer erhält dann kein weiteres brennbares Material und verlischt.

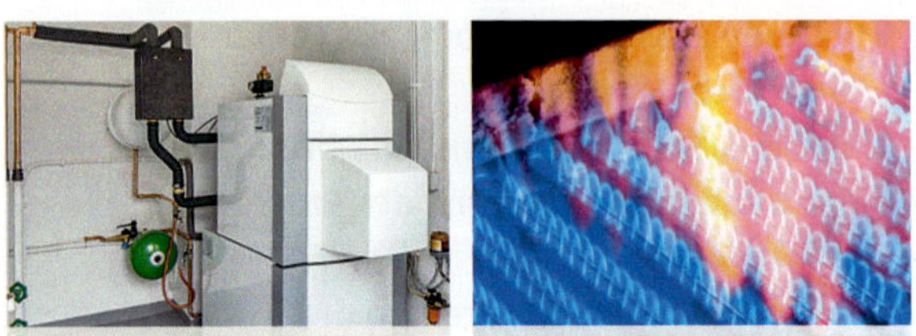

**3** In einer Heizung werden Gas, Öl oder Holz verbrannt, um Wärme zu erzeugen.

**Feuer setzt Energie frei.** Bei einer Verbrennung entstehen Licht und Wärme. Licht und Wärme sind Formen von Energie, die vorher als chemische Energie im Brennstoff gespeichert waren. Brennstoffe wie Wachs, Holz, Gas, Öl oder Benzin enthalten besonders viel Energie ▶ Bilder 2 und 3.

**Flammpunkt und Zündtemperatur** Will man einen Ast an einem Lagerfeuer entzünden, muss man ihn recht lange ins Feuer halten. Legt man den Ast z. B. auf die glühende Kohle im Grill, entzündet er sich an der Glut – auch ohne Flamme. Das dauert aber deutlich länger. Verbrennungen können also auf verschiedene Weisen starten.

Wenn man ein Streichholz an eine Schale mit Öl hält, passiert nichts. Erhitzt man aber das Öl, lässt es sich ab einer Temperatur von ca. 230 °C mit einem Streichholz entzünden. Diese Temperatur nennt man *Flammpunkt*. Der Flammpunkt wird nur bei Flüssigkeiten angegeben.

Erhitzt man das Öl weiter, ohne es anzuzünden, beginnt es bei ca. 300 °C von selbst zu brennen. Das ist die *Zündtemperatur*.

Die *Flammtemperatur* ist die Temperatur, die man mit einem Thermometer in der Flamme messen könnte.

| Stoff | Flammpunkt | Zündtemperatur |
|---|---|---|
| Zeitungspapier | | 175 °C |
| Holz je nach Sorte | | 280–340 °C |
| Kohle | | 240 °C |
| Brennspiritus | 13 °C | 425 °C |
| Benzin | –20 °C | 200 °C |

**1** Wenn man eine Kerze anzündet, muss das Streichholz ein paar Sekunden am Docht liegen, ehe sie brennt. Würde man das Wachs auf fast 200 °C erhitzen, würde es auch alleine zu brennen beginnen. Ordne den Vorgängen Flammpunkt und Zündtemperatur zu.

# Je kleiner, desto brennbarer

Brennt Eisen? Eigentlich nicht, oder? Auch Eisen kann brennen, wenn man es nur klein genug macht. Holz brennt umso besser, je kleiner man die Stückchen hackt. Deswegen zündet man ein Lagerfeuer auch mit Kleinholz an.

**Zerteilungsgrad** Beim Lagerfeuer hast du sicher bemerkt, dass Holzstücke umso schneller brennen, je kleiner sie sind.
Jeder Brennstoff braucht Luft zum Brennen. Je kleiner die Stücke des Brennstoffs sind, desto größer ist die Oberfläche, an der er mit Luft in Berührung kommen kann. Wenn man einen Holzklotz spaltet, entstehen an beiden Spaltstücken neue Oberflächen. So wird die Oberfläche beim Zerteilen größer. Chemiker sagen: Je größer die Oberfläche ist, desto größer ist der Zerteilungsgrad ▶ Bild 4.

**Mehlstaubexplosion** Mehl kann explodieren? Allerdings – und es sind schon viele Mühlen oder Silos durch Mehlstaubexplosionen zerstört worden. Das Mehl in einer Tüte ist aber völlig ungefährlich.
Mehl hat einen extrem hohen Zerteilungsgrad, da die Getreidekörner zu winzigen Teilchen vermahlen sind. Explodieren oder brennen kann es nur dann, wenn es staubt, also sich gut mit Luft vermischt. Dann reicht oft ein Funke, und das Mehl explodiert. Daher ereignen sich solche Unglücke meist beim Ab- oder Umfüllen von Mehl ▶ Bild 5.
Auch bei anderen Stoffen kann es zu solchen Unglücken kommen. In Kohlenbergwerken kam es früher oft zu Kohlenstaubexplosionen. In Kohlenbergwerken wird daher Kohlenstaub sofort mit Wasser besprengt.

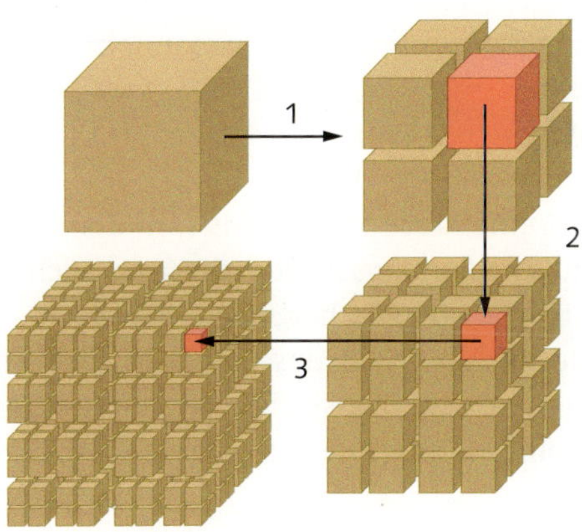


**4** Je kleiner die Stücke sind, desto größer ist die Oberfläche und der Zerteilungsgrad.

**5** Diese Mühle wurde durch eine Mehlstaubexplosion zerstört.

**6** Solche Holzpellets werden zum Heizen verwendet.

**7** Ein Feuerspucker

1. Versuche, einen Eisennagel anzuzünden. Probiere dann, etwas feine Stahlwolle anzuzünden.
2. Einige Heizungen werden mit Holzpellets befeuert. Finde heraus, wie eine solche Heizung funktioniert. Erkläre, warum gerade Pellets dafür praktisch sind ▶ Bild 6.
3. Früher haben Feuerspucker Benzin oder Alkohol in den Mund genommen. Heute verwenden sie oft Bärlappsporen – winzig kleine Samen der Bärlapppflanze. Begründe den Einsatz der winzigen Samen ▶ Bild 7.

# Luft und Verbrennungen

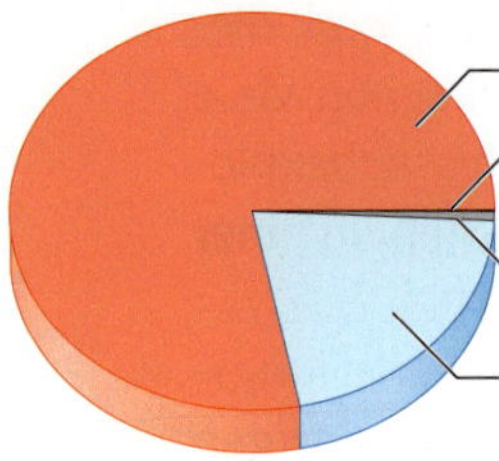


**1** Die Zusammensetzung der Luft lässt sich gut in einem Tortendiagramm darstellen.

Ohne Sauerstoff aus der Luft kann es keine Verbrennung geben. Aber woraus besteht denn die Luft noch?

**Zusammensetzung der Luft** Man sieht sie nicht, man schmeckt und riecht sie nicht. Trotzdem ist Luft nicht „Nichts". Luft braucht Platz, sonst könnte man keinen Luftballon aufblasen. Und Luft wiegt etwas. Ein Kubikmeter Luft wiegt etwa 1,2 kg.
Luft ist nicht ein Stoff, sondern besteht aus vielen verschiedenen Gasen. Der größte Teil – ungefähr 4/5 – ist Stickstoff. Das ist ein geruchloses und geschmackloses Gas, das Flammen löscht. In reinem Stickstoff würde man ersticken.
Ungefähr 1/5 der Luft ist Sauerstoff. Jede Flamme braucht Sauerstoff. Menschen und Tiere brauchen Sauerstoff zum Atmen.
Weniger als 1/100 sind Edelgase. Kohlenstoffdioxid findet man nur extrem wenig. Dennoch ist es für uns gefährlich: Schon sehr wenig Kohlenstoffdioxid (0,1% oder 1000 ppm) in der Luft senkt die Konzentrationsfähigkeit beim Arbeiten ▶ Bild 1.

**Material Methode Praxis**

# Aus der Technik – Gasnachweise

Die meisten Gase riechen und schmecken nicht. Daher braucht man einen Trick, um herauszufinden, was für ein Gas man vor sich hat. Hierzu dienen die Gasnachweise.
*Sauerstoff* lässt ein glimmendes Holzstäbchen (früher sagte man: Span) wieder aufflammen. Das ist die Glimmspanprobe ▶ Bild 2.
*Kohlenstoffdioxid* färbt eine Chemikalie, das Kalkwasser, weiß. Kohlenstoffdioxid weist man also mit der Kalkwasserprobe nach ▶ Bilder 3 und 4.

**2** Glimmspanprobe

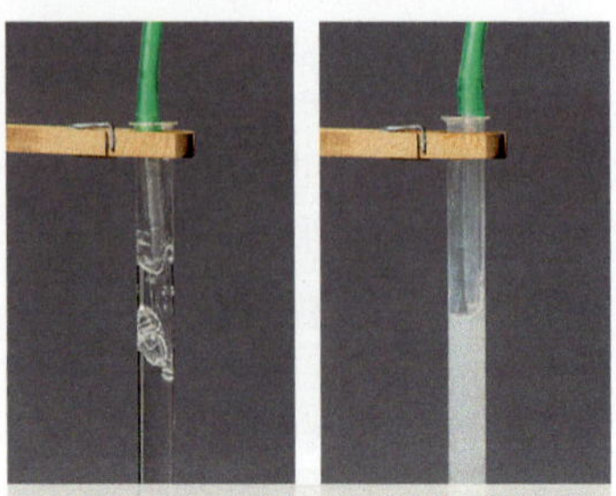

**3** Kalkwasserprobe

Stellst du eine Kerze in ein Glas mit Stickstoff, geht sie aus. Allerdings würde die Kerze auch in Kohlenstoffdioxid erlöschen.
Wenn du ein Gas hast, das Flammen erstickt, und es ist nicht Kohlenstoffdioxid, dann ist es wahrscheinlich Stickstoff.

1. Nimm einen Holzstab, zünde ihn an und puste ihn wieder aus, sodass er nur noch glimmt. Halte den Span in ein Reagenzglas mit Sauerstoff.
2. Gib etwas Kalkwasser in ein Reagenzglas. Leite etwas Kohlenstoffdioxid mit einem Glasrohr hindurch.
3. Stelle eine Kerze in ein Becherglas, das mit Stickstoff gefüllt ist.
4. Wiederhole den Versuch mit einem Becherglas, das mit Kohlenstoffdioxid gefüllt ist.

# Ein Feuer in deinem Körper

Um dich herum gibt es viele Prozesse, bei denen Verbrennungen ablaufen. Die sicher seltsamste Art der Verbrennung läuft in dir selbst ab. Wie kannst du das erkennen? Auch wenn du nicht wächst, musst du immer Nahrung zu dir nehmen. Du atmest, um Sauerstoff aufzunehmen. Gleichzeitig gibst du Kohlenstoffdioxid ab. Und auch wie bei einem Feuer wird Energie frei. Diese Energie wird z. B. genutzt, um die Temperatur in deinem Körper konstant zu halten. Dafür wird chemische Energie in thermische Energie umgewandelt.

**Energie für den Körper** Du brauchst aber nicht nur Energie, um deinen Körper auf 37 °C zu halten. Sobald du dich bewegst, wird Bewegungsenergie frei. Wenn du wächst oder deine Haare oder Fingernägel länger werden, müssen die Stoffe hierfür hergestellt werden. Das erfordert chemische Energie. Auch zum Denken brauchst du Energie: 1/5 der Energie, die ein Erwachsener zu sich nimmt, wird vom Gehirn genutzt. Bei Neugeborenen ist es sogar die Hälfte des Energieumsatzes.

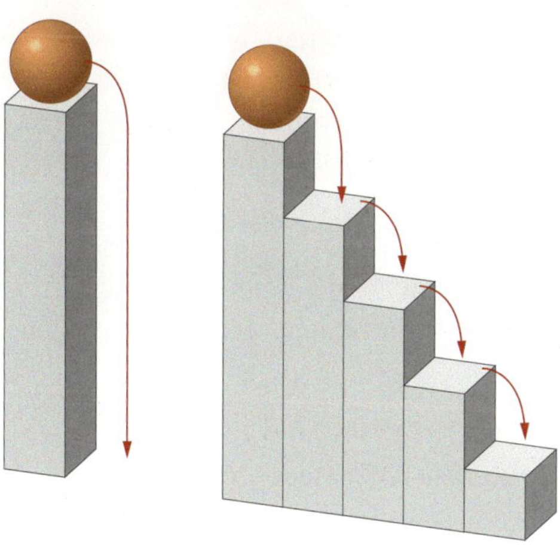

**4** Die Nahrung im Körper verbrennt nicht auf einmal, sondern in vielen kleinen Stufen.

**Eine besondere Verbrennung** Früher dachte man, dass im Magen ein kleines Feuer brennt, das den Körper erwärmt. Mittlerweile weiß man, dass die Verbrennung in jeder Zelle des Körpers stattfindet. Dabei entsteht aber auch kein richtiges Feuer: Die Verbrennung läuft über viele kleine Stufen ab. Und es wird die gleiche Energiemenge frei wie bei einer normalen Verbrennung. Die Energie wird aber in kleinen Portionen abgegeben. Daher entsteht auch keine Flamme ▶ Bild 4.

Das kannst du dir mit einem Ball gut vorstellen. Wird ein Ball aus dem Fenster geworfen und unten aufgefangen, wird Lageenergie in Bewegungsenergie umgewandelt. Rollt der Ball eine Treppe hinunter, wird die gleiche Energiemenge frei, nur in kleinen Portionen.

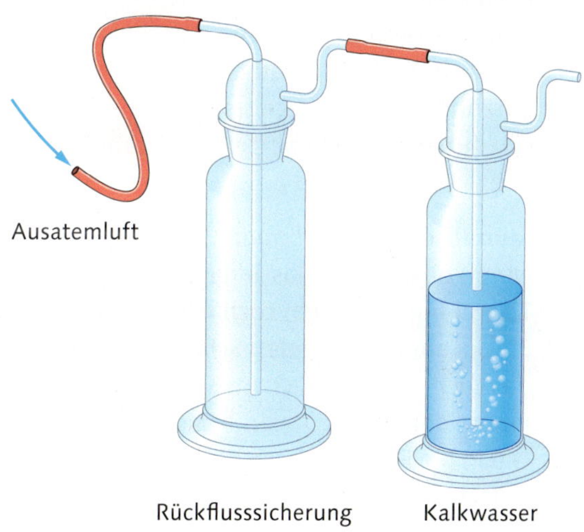


**5** Untersuchung der Ausatemluft

**1** Fülle in eine doppelte Gaswaschflasche etwas Kalkwasser und blase vorsichtig Ausatemluft hinein (Schutzbrille tragen!). Beobachte, was passiert ▶ Bild 5.

**2** Manche Menschen sagen: „Ich habe keine Energie mehr." Überlege, was das alles bedeutet.

# Aus der Technik – Brände löschen

1 Brände löscht man mit Wasser. Oder? Anscheinend nicht, denn auch die Feuerwehr setzt Schaum ein. Und bei einigen Bränden würde Wasser zu einer Explosion führen.

### 1 Löschen mit Kohlenstoffdioxid

**A** Lege einen ca. 3 cm hohen Gegenstand (z. B. einen Radiergummi) in ein hohes Becherglas.
**B** Gieße um den Gegenstand Wasser. Stelle ein Teelicht darauf.
**C** Entzünde das Teelicht vorsichtig.
**D** Gib nun eine zerkleinerte Brausetablette in das Wasser ▶ Bild 2.

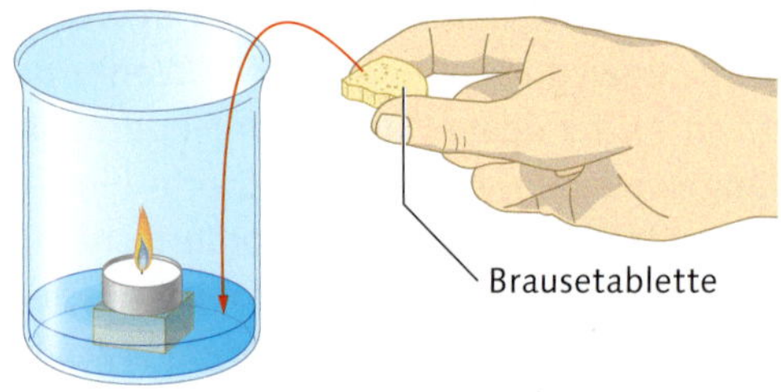


2 Löschen mit Kohlenstoffdioxid

### 2 Schaumlöscher selbst bauen

**A** Nimm eine kleine Plastikflasche (ca. 125 ml) und bohre ein Loch in den Deckel.
**B** Stecke einen passenden Schlauch durch das Loch. Der Schlauch muss ca. 1 cm ins Innere der Flasche ragen ▶ Bild 3.
**C** Gib in die Flasche einige Tropfen Spülmittel und eine Packung Backpulver. Lege den Deckel mit dem Schlauch bereit.
**D** Zünde in einer kleinen Schale etwas Papier an.
**E** Gib in die Flasche etwas Essig und schraube sofort den Deckel auf.
**F** Schüttle die Flasche gut durch. Nun kannst du das Feuer löschen.

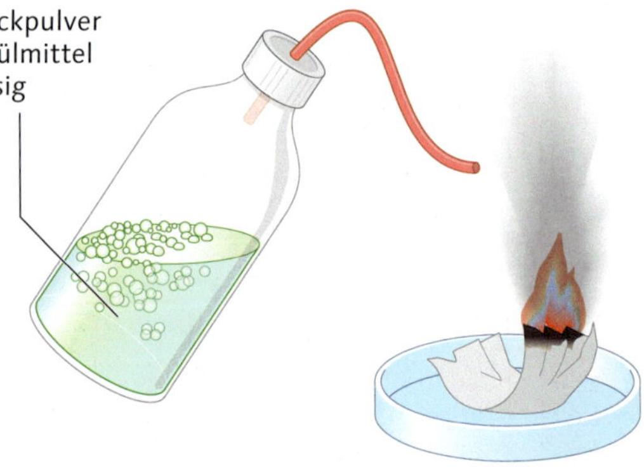


3 Schaumlöscher selbst bauen

### 3 Benzin brennt (Lehrerversuch!)

**A** Eine kleine Porzellanschale wird in eine große Kristallisierschale gestellt.
**B** Dann gib man etwas Feuerzeugbenzin in die kleine Schale und zündet es vorsichtig mit einem langen Streichholz an.
**C** Versucht, das Feuer mit Wasser aus einer Spritzflasche zu löschen.

# Drei Dinge braucht ein Feuer

**Branddreieck** Ein Feuer braucht immer drei Dinge, damit es brennen kann:
- den Brennstoff,
- ausreichend Sauerstoff und
- so viel Wärme, dass die Entzündungstemperatur überschritten wird.

Das lässt sich mit dem Branddreieck gut merken ▶ Bild 4.

**4** Das Branddreieck stellt dar, welche Bedingungen ein Feuer zum Brennen braucht.

**Löschen** Mit dem Branddreieck weiß man auch gleich, welche Möglichkeiten man zum Löschen hat:
- Man kann den Sauerstoff entziehen ▶ Bild 5.
- Man kann das Feuer so weit abkühlen, dass es erlischt.
- Man kann den Brennstoff entfernen.

**5** Mit einem Kerzentöter kann man Kerzen löschen.



# Aus dem Alltag – Fettbrand

Immer wieder passiert es, dass eine Pfanne auf dem Herd zu heiß wird oder Fett in einer Fritteuse überhitzt. Dann kann leicht die Zündtemperatur überschritten werden. Das Fett beginnt zu brennen.

**6** Solche Stichflammen entstehen, wenn man einen Fettbrand mit Wasser löscht.

Fettbrände darf man niemals mit Wasser löschen, da es zu extremen Stichflammen kommen kann! ▶ Bild 6

Gibt man Wasser in das über 200 °C heiße Fett, verdampft das Wasser sofort. Der Dampf steigt auf und reißt kleine Fetttröpfchen mit sich. Die Tröpfchen entzünden sich sofort. Es entsteht eine Stichflamme.

Einen Fettbrand muss man ersticken. Bei einer Pfanne reicht es meistens, mit einem Topfhandschuh den Deckel aufzulegen. Dann wird dem Brand der Sauerstoff entzogen. Das Feuer erlischt. Bei größeren Fettbränden sollte man sofort die Feuerwehr rufen.

**1** Erkläre mit dem Branddreieck, was passiert, wenn man:
**A** eine Kerze ausbläst
**B** ein Lagerfeuer mit Wasser löscht
**C** ein Feuer mit Sand löscht
**D** eine Kerze mit dem „Kerzentöter" löscht

**2** Begründe, warum ein Fettbrand so gefährlich ist. Denke an den Zerteilungsgrad.

# Aus der Technik – Feuerlöscher

Überall, wo Brände entstehen können, hängen Feuerlöscher ▶ Bild 1.
Schau dich in der Schule um und achte auf die Beschriftungen der Feuerlöscher. Sicher fallen dir kleine Symbol auf. Diese weisen darauf hin, welche Brände mit diesem Löscher gelöscht werden dürfen. Je nach Brennstoff gibt es verschiedene Löschmittel.
In Wasserlöschern ist einfach Wasser enthalten. Pulverlöscher enthalten ein feines Pulver, das sich über das Feuer legt und es erstickt. $CO_2$-Löscher stoßen erstickendes Kohlenstoffdioxid aus.
Hier siehst du, was die Symbole auf den Löschern bedeuten.

**1** Hinweisschild und Feuerlöscher

Diese Löschmittel können für folgende Brände verwendet werden:

| | Feststoffe | Flüssigkeiten | Gase | Metalle | Fett |
|---|---|---|---|---|---|
| Wasserlöscher | + | – | – | – | – |
| Pulverlöscher | + | + | – | – | – |
| $CO_2$ | – | + | – | – | – |
| ABC-Pulver | + | + | + | – | – |
| Abdecken | – | – | – | – | + |
| Löschsand | – | – | – | + | – |

Brandklasse A
Feststoffe: Holz, Papier, Kohle, Heu, Stroh, Textilien usw.

Brandklasse B
Brände von flüssigen oder flüssig werdenden Stoffen wie Benzin, Teer, Wachs, viele Kunststoffe, Lacke, Harz usw.

Brandklasse C
Brände von Gasen wie Erdgas, Propan oder Butan (z. B. aus Campingkochern) usw.

Brandklasse D
Brände von Metallen wie Aluminium, Magnesium (z. B. in einigen Autokarosserien oder im Flugzeugbau)

Brandklasse F
Brände von Speiseölen /-fetten.

**1** Begründe, warum man einen Benzinbrand nicht mit Wasser löschen darf.

**2** Nenne Vorsichtsmaßnahmen, die du beim Einsatz eines $CO_2$-Löschers beachten musst.

# Aus der Technik – Löschen für Profis

### Löschen mit Kohlenstoffdioxid

Motorräume von Schiffen, Serverräume für Computernetzwerke, Technikräume oder Bibliotheken können in Brand geraten. Wenn man hier mit Wasser löscht, würde man allerdings großen Schaden anrichten. Um Brände so schonend wie möglich für die Räume zu löschen, wird der gesamte Raum mit Kohlenstoffdioxid gefüllt ▶ Bild 2.

Aus Vorratsbehältern wird Kohlenstoffdioxid in den Raum geleitet. Dabei ertönt ein Warnsignal und es leuchten Blitzlampen auf, da akute Erstickungsgefahr besteht.

Das Gas erstickt dann die Flammen. Wenn der Brand gelöscht ist, öffnet man Türen und Fenster. Das Gas entweicht. Bücher oder empfindliche Technik werden so nicht mehr als nötig geschädigt.

**2** $CO_2$-Löschanlage in einem Kraftwerk

### Löschen mit Schaum

Manchmal löscht die Feuerwehr nicht mit Wasser, sondern mit Schaum. Dazu wird das Löschwasser mit einer Art Spülmittel gemischt. Die Feuerwehrschläuche haben spezielle Düsen, die Luft unter das Wasser sprudeln. So entsteht Schaum.

Der Schaum erstickt die Flammen. Das Wasser im Schaum kühlt den Brand. Außerdem verhindert der Schaum, dass weiteres brennbares Gas aus dem Brennstoff entweicht und sich erneut entzündet ▶ Bild 3.

**3** Ein brennendes Auto wird mit Schaum gelöscht.

**1** Schau dich in der Schule um: Welche Löschmittel findest du?

**2** Betrachte das Branddreieck ▶ Bild 4 auf S. 255.
Überlege, wie die folgenden Löschmittel funktionieren:
**A** Löschdecke
**B** Pulverlöscher

# Zusammenfassung

**Energiekette** Eine Energiekette beschreibt, wie die Energie von der Sonne über Pflanzen zu den Menschen bzw. den Fahrzeugen weitergegeben wird.

**Pflanzen sind Energiewandler** Pflanzen speichern Energie, die sie aus der Sonne erhalten. Das Licht dient dabei als Energieüberträger. Die Sonnenenergie wird als chemische Energie gespeichert. Der wichtigste Speicherstoff ist Traubenzucker. Weitere Speicherstoffe sind Öle, Fette oder Stärke.

**Energie aus Pflanzen wird vielfältig genutzt** Menschen und Tiere brauchen Energie zum Leben. Daher nutzen sie Pflanzen als Nahrung und Energiequelle.
Auch in der Technik kann man sich diese Energie zunutze machen: Bei den Kraftstoffen E10 und Biodiesel werden Energiepflanzen angebaut, geerntet und zu Kraftstoffen verarbeitet.

**Kleine Stücke brennen besser** Nicht jeden brennbaren Stoff kann man gleich für ein Feuer verwenden: Je kleiner die Stücke eines Stoffes sind, desto besser brennt er. Man kann auch sagen: Je größer sein Zerteilungsgrad, desto besser brennt er.

**Wie verhindert und löscht man Brände** Eine Verbrennung kann nur ablaufen, wenn ausreichend Brennstoff, Sauerstoff und Wärme vorhanden sind. Im Branddreieck kann man das gut darstellen. Um ein Feuer zu löschen, muss man Brennstoff, Sauerstoff oder Wärme entziehen.

**Wärmetransport und Wärmedämmung** Thermische Energie kann durch Wärmeleitung, -strömung und Strahlung transportiert werden. Vermindert oder unterbindet man den Wärmetransport, spricht man von Wärmedämmung.

Gleichwarme Tiere wandeln die Energie, die sie mit der Nahrung aufnehmen zum Teil in thermische Energie um. Sie tragen ein Fell oder Federkleid, das vor Wärmeverlusten schützt.

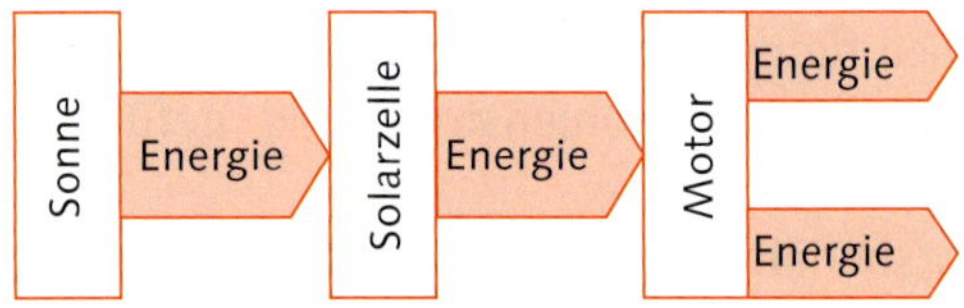


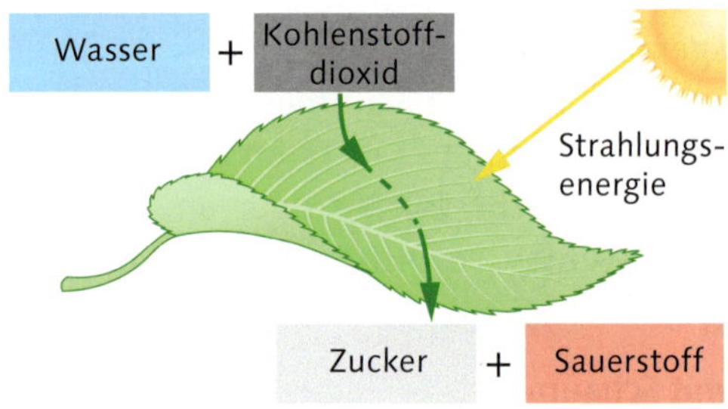


Raps- und Sonnenblumenöl für Biodiesel und E10

# Teste dich!

**1** Erkläre deinen Mitschülern, was Naturwissenschaftler unter Energie verstehen.

**2** In ▶ Bild 1 findest du zahlreiche Gegenstände. Einige von ihnen haben Energie, andere nicht. Finde heraus, welche Gegenstände Energie besitzen und welche nicht. Begründe deine Antwort.

**1** Welche Gegenstände haben Energie?

**3** Ohne genaue Temperaturangaben geht es nicht, z. B. beim Wäschewaschen oder Backen. Nenne weitere Beispiele.

**4** Der Körper strahlt ständig etwas Energie ab. Durch geeignete Kleidung lässt sich das vermeiden. Du kühlst dann aber weiter durch Wärmeströmung aus, und das lässt sich kaum verhindern. Beschreibe, wer deine Wärme aufnimmt und wo sie hingeht.

**5** Was meinst du dazu? ▶ Bild 2

**6** Tim überlegt: „Eigentlich kann es doch gar nicht sein, dass man eine Kerze auspustet. In der Luft ist Sauerstoff. Die Kerze müsste doch besser brennen." Und Carl meint dazu: „Stimmt. Beim Grillen muss man auch in die Kohle blasen, damit sie besser brennt." Erkläre, warum man Kerzen doch auspusten kann.

**7** Bauer Hansen ist stolz: „Der Diesel, mit dem ich meinen Traktor betreibe, kommt von meinem eigenen Acker. Eigentlich fahre ich mit Sonnenenergie." Zeichne die Schritte in der Energiekette auf.

**2** Was meinst du dazu?

**8** Einige Tiere, z. B. Frösche, Lurche oder Insekten, sind wechselwarme Tiere. Sie wärmen ihren Körper nicht selbst. Gibt es auch in ihnen eine Verbrennung wie in dir? Überlege, wie du das herausfinden könntest.

**9** Vervollständige den Text in deinem Heft mit den folgenden Begriffen: Sauerstoff, Flammpunkt, Zerteilungsgrad, Flammtemperatur.

> Um ein Lagerfeuer anzuzünden, braucht man Kleinholz. Der ______ ist so groß, dass es leicht mit ______ in Kontakt kommt und schnell brennt.
> Wenn du das Holz anzündest, ist es beim ______ so heiß, dass sich die Dämpfe entzünden lassen. Es setzt dann die größeren Holzscheite in Brand. Würdest du ein Thermometer in die Flamme halten, würdest du die ______ messen.

**10** Ordne den Bränden das passende Löschmittel zu. Übernimm die Paare in deinen Hefter:
*brennender Stoff:* Farben, Kunststoffe, Öl, Kleidung, Elektrogeräte, Metalle, Holzfeuer
*Löschmittel:* Wasser, Sand, Deckel, Löschdecke, Kohlenstoffdioxid, Pulverlöscher

▶ Die Lösungen zu den Aufgaben findest du im Anhang.

# Entwicklung des Menschen

Erwachsene betrachten Fotos aus ihrer Kindheit und Jugend oft mit einem Lächeln, weil sie sich kaum wiedererkennen. Menschen verändern sich, sie entwickeln sich. Jeder Mensch durchläuft unterschiedliche Lebensabschnitte. Aus Säuglingen werden Kleinkinder, aus Kindern werden junge Erwachsene. Viele Veränderungen finden während der Pubertät statt. In dieser Zeit werden Jugendliche geschlechtsreif. Als Erwachsene werden sie vielleicht selbst Eltern.

# Die Pubertät – Zeit großer Veränderungen

**1** Kleinkinder

**2** Mädchen und Jungen auf dem Schulhof

**Plötzlich ist alles anders** Anna und Tarek kennen sich schon seit dem Kindergarten und waren auch in der Grundschule die besten Freunde. Fast jeden Tag trafen sie sich, um gemeinsam Hausaufgaben zu machen oder zu spielen. Als sie beide auf das Gymnasium kamen, war ihre Freude groß. Doch nach ein paar Monaten ist plötzlich alles anders. Tarek verbringt die große Pause lieber mit anderen Jungen als mit Anna. „Mädchen sind doof und zickig!", hat er einmal zu ihr gesagt. Auch Anna trifft sich in ihren Pausen jetzt lieber mit ihren Freundinnen. Sie sind der Meinung, dass die Jungen in ihrer Klasse nur Fußball und Prügeleien im Kopf haben. „Die finden sich ganz schön cool!", meint Anna. Sie schwärmt seit einiger Zeit für einen zwei Jahre älteren Jungen. Sie findet, dass dieser viel reifer ist als Tarek.

**Veränderungen in der Pubertät** Viele Jugendliche machen Erfahrungen wie Anna und Tarek. Auch wenn Beschreibungen wie „Mädchen sind zickig" oder „Jungen finden sich cool" meistens Vorurteile sind, gibt es tatsächlich Charaktereigenschaften, die man dem einen Geschlecht mehr zuschreibt als dem anderen. Man sagt dann oft „typisch Junge" oder „typisch Mädchen". Das heißt allerdings nicht, dass alle Mädchen zickig sind oder alle Jungs nur Fußball spielen wollen.

Allerdings unterscheiden sich die Interessen und Einstellungen von Jungen und Mädchen mit dem Beginn der Pubertät meist deutlich. In dieser Zeit bilden sich oft neue Freundschaften und manchmal gehen alte Freundschaften auseinander – wie die von Anna und Tarek.

Die *Pubertät*, die auch als Reifezeit bezeichnet wird, ist die Zeit, in der Mädchen und Jungen *geschlechtsreif* werden. Das bedeutet, der Körper entwickelt sich zur Frau bzw. zum Mann. Wenn Frauen geschlechtsreif sind, können sie Kinder bekommen, Männer können dann Kinder zeugen. Der Beginn der Pubertät kann ganz unterschiedlich sein. Bei einigen beginnt sie vielleicht bereits mit 9 Jahren, bei anderen erst mit 13. Das ist ganz normal, da jeder Mensch verschieden ist. Daher ist auch der Verlauf der Pubertät ganz unterschiedlich, für jeden ist sie jedoch eine Zeit großer Veränderungen. Jetzt verändern sich sowohl der Körper als auch die Einstellungen und Gefühle. Das ist für viele Jugendliche eine stressige, aber auch aufregende und

spannende Zeit. Sie verlieben sich in dieser Zeit vielleicht das erste Mal und es gibt Herzklopfen und Kribbeln im Bauch. Viele Jugendliche achten nun auch verstärkt auf ihr Aussehen und verbringen mehr Zeit im Badezimmer als früher.
Manchmal sind Heranwachsende in der Pubertät schnell reizbar und genervt, wenn etwas nicht so läuft, wie sie es sich vorstellen. Oft gibt es Ärger mit den Eltern oder in der Schule: Die Jugendlichen möchten ihre eigenen Vorstellungen durchsetzen, einige entwickeln auch eine „Null-Bock-Einstellung". Diese Zeit ist daher für Eltern und Jugendliche nicht immer leicht.

**3** Verliebtes Paar

Einige Jugendliche suchen sich nun bewusst gleichgeschlechtliche Freunde, mit denen sie ihre Träume und Gefühle teilen können. Andere ziehen sich gerne zurück und brauchen viel Zeit für sich. Es gibt zahlreiche Möglichkeiten, wie die Pubertät durchlebt wird, und kein Schema, nach dem man sich richten muss.

**Es liegt an den Hormonen** Warum verändert sich das Verhalten? Warum hat man plötzlich keine Lust mehr auf bestimmte Dinge?
Verantwortlich dafür sind Botenstoffe, die *Hormone*. Hormone werden in den Hormondrüsen im Körper gebildet und über das Blut im ganzen Körper verteilt. Dort steuern sie viele Vorgänge, wie zum Beispiel das Wachstum. Während der Pubertät werden besonders viele *Sexualhormone* gebildet. Dies sind alle Hormone, die etwas mit Sexualität und Fortpflanzung zu tun haben. Diese Hormone sorgen dafür, dass man gelegentlich schnell reizbar ist, sie sind aber auch für schöne Gefühle verantwortlich.

**1** Beschreibe 4 Veränderungen in der Pubertät.

**2** **A** Nenne 5 Verhaltensweisen, die für dich typisch männlich bzw. typisch weiblich sind.
**B** Stellt in einer Collage für euch typische Verhaltensweisen des anderen Geschlechts dar.
**C** Nimm Stellung zu den Ergebnissen deiner Mitschüler.
**D** Ergänze den folgenden Satz: „Wenn ich ein Junge/Mädchen wäre, dann dürfte ich ... und dann müsste ich ..."

**3** Schreibe eine Geschichte zu einem der beiden Fotos unten ▶ Bild 4.
Beschreibe dabei jeweils auch die Gefühle der beteiligten Personen.

**4**

# Dein Körper verändert sich

## Körperliche Veränderungen in der Pubertät

Bei Säuglingen fällt es oft schwer, das Geschlecht des Kindes eindeutig zu bestimmen. Erst die Betrachtung der *primären Geschlechtsmerkmale* ermöglicht eine Unterscheidung. Beim Mädchen ist das die Scheide und beim Jungen der Penis. Die Bezeichnung primär bedeutet, dass diese Merkmale bereits von Geburt an vorhanden sind.

Mit dem Beginn der Pubertät entwickeln sich die *sekundären Geschlechtsmerkmale*. Anhand dieser Merkmale können Männer und Frauen in der Regel deutlich unterschieden werden. Bei beiden Geschlechtern beginnt die Pubertät meist mit einem Wachstumsschub. Die Achsel- und Schambehaarung erscheint. Bei den Jungen bildet sich eine kräftige Muskulatur und die Schultern verbreitern sich. Der Bartwuchs beginnt und die Stimme verändert sich langsam, sie wird tiefer. Bei den Mädchen verbreitern sich die Hüften, die Schultern bleiben vergleichsweise schmal und die Brüste beginnen zu wachsen. Das Brustwachstum ist für die Mädchen oft ein Zeichen dafür, dass die Pubertät beginnt.

**Pickelfrust** Viele Jugendliche leiden in der Pubertät verstärkt unter Pickeln. Pickel entstehen, weil Drüsen in der Haut verstopfen und dann eine bestimmte Form des Hautfetts, den Talg, nicht mehr nach außen transportieren können. Die erhöhte Hormonproduktion in der Pubertät führt dazu, dass vermehrt Talg gebildet wird. Dieser reichert sich unter der Haut an und es kann zu Entzündungen kommen. Im Verlauf der Pubertät nimmt die Bildung von Pickeln in der Regel wieder ab. Durch tägliches Reinigen der Haut kann die Pickelbildung oft reduziert oder ganz vermieden werden.

1. Beschreibe die körperlichen Veränderungen in der Pubertät. Nutze dazu auch ▶ Bild 1.
2. Erkläre die Begriffe primäre und sekundäre Geschlechtsmerkmale.

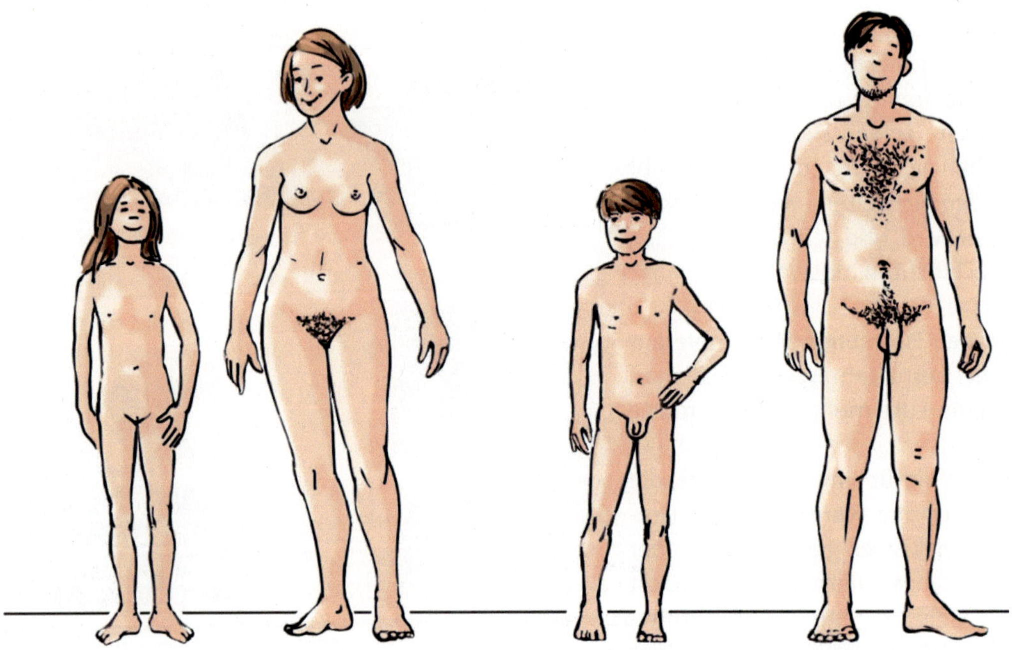

**1** Vom Kind zum Erwachsenen

# Veränderungen beschreiben

**2** Jungen und Mädchen

## Junge oder Mädchen?

Jungen und Mädchen sind nicht immer eindeutig zu unterscheiden. Auf ▶ Bild 2 a–d sind jeweils ein Junge und ein Mädchen abgebildet.

1. Beschreibe die Bilder und ordne jeweils Mädchen und Junge zu.
2. Erkläre, warum die Zuordnung bei einigen Bildern einfacher ist als bei anderen.

## Wann beginnt die Pubertät?

Friederike ist 13 Jahre alt und ging immer gerne zum Sport. Seit einiger Zeit jedoch hat sie keine Lust mehr auf den Sportunterricht. Sich vor ihren Mitschülerinnen an- und auszuziehen bereitet ihr Bauchschmerzen und an gemeinsames Duschen ist überhaupt nicht zu denken. Friederike schämt sich, weil sie im Gegensatz zu ihren Mitschülerinnen noch keine Brüste hat. Auch ihre Mutter macht sich Sorgen und geht mit Friederike zu einer Frauenärztin.
Die Ärztin untersucht Friederike gründlich und zeigt ihr dann ▶ Bild 3. Sie erklärt ...

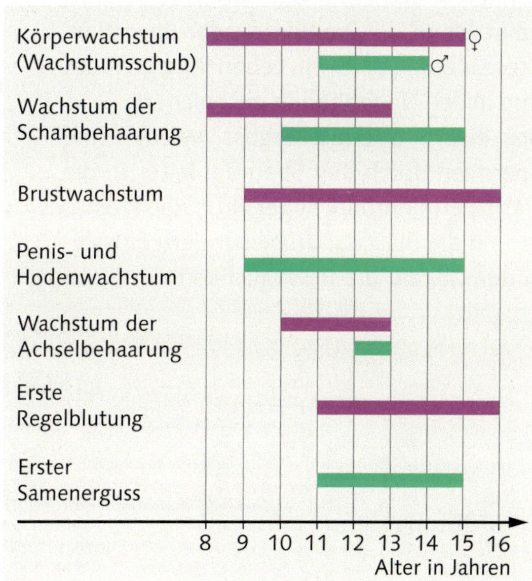


**3** Möglicher Beginn von Veränderungen in der Pubertät

3. Beschreibe Friederikes Ängste.
4. Beschreibe das Diagramm ▶ Bild 3.
5. Deute das Diagramm und vervollständige die Antwort der Ärztin.

# Die Geschlechtsorgane von Mann und Frau

**Die männlichen Geschlechtsorgane** Alle Organe, die der Fortpflanzung dienen, bezeichnet man als *Geschlechtsorgane*. Beim Mann sind *Penis* und *Hodensack* von außen sichtbar, sie bilden die äußeren Geschlechtsorgane. Am Ende des Penis sitzt die Eichel, die von einer verschiebbaren Vorhaut bedeckt ist. Der Hodensack schützt die *Hoden*. Diese sind von außen nicht zu erkennen und zählen daher zu den inneren Geschlechtsorganen.

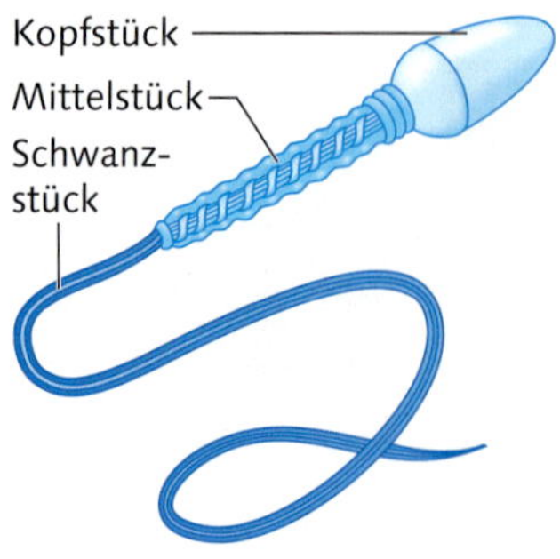


**1** Bau eines Spermiums

In den Hoden entstehen die männlichen Geschlechtszellen, die *Spermien*. Diese etwa 0,06 mm langen Zellen besitzen ein Schwanzstück, mit dem sie sich fortbewegen können ▶ Bild 1. Mit der Pubertät beginnt beim Mann die Produktion der Spermien. Diese werden dann ein Leben lang gebildet und in den Nebenhoden gespeichert.

Bei einem Spermienerguss werden die Spermien durch den Spermienleiter in die Harnspermienröhre abgegeben. Die Prostata und die Bläschendrüse sondern Flüssigkeiten ab, die die Beweglichkeit der Spermien ermöglicht. Die Drüsenflüssigkeiten zusammen mit den Spermien bildet das *Sperma*.

Den ersten Spermienerguss haben Jungen mit Beginn der Pubertät. Das passiert häufig unbewusst im Schlaf und ist ein Zeichen dafür, dass der Junge jetzt geschlechtsreif ist.

Der Penis ist von Blutgefäßen, den Schwellkörpern, umgeben. Bevor es zu einem Spermienerguss kommt, füllen sich die Schwellkörper mit Blut, der Penis wird größer und versteift sich. Das nennt man *Erektion*. Auch die Eichel vergrößert sich dabei, sodass die Vorhaut hinter die Eichel gezogen wird. Zwischen Vorhaut und Eichel ist eine Falte, in der sich leicht Bakterien ansammeln können. Daher ist es wichtig, den Bereich unter der Eichel täglich zu reinigen. Bei einigen Jungen kann die Vorhaut nicht über die Eichel gezogen werden, da sie zu eng ist. Bei solch einer Vorhautverengung wird ein Teil der Vorhaut in einer einfachen Operation entfernt, der Junge wird beschnitten. In einigen Kulturen werden alle Jungen beschnitten.

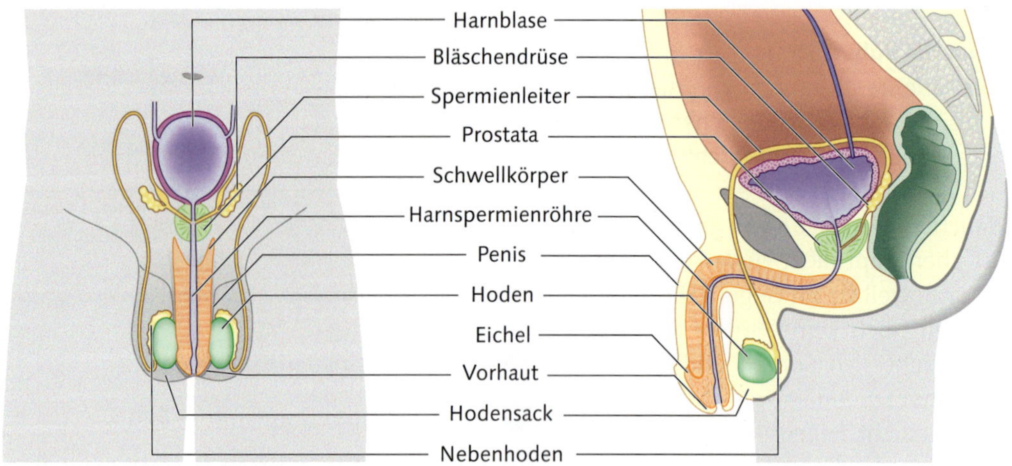


**2** Die männlichen Geschlechtsorgane

**Die weiblichen Geschlechtsorgane** Die weiblichen Geschlechtsorgane liegen zum Großteil im Innern des Körpers. Von außen sichtbar sind nur die großen und kleinen Schamlippen, der Schamhügel und der Kitzler. Der Schamhügel ist eine Erhebung oberhalb der großen Schamlippen, der nach der Pubertät von Schamhaaren bedeckt ist.

Die Schamlippen umschließen die Scheide und die Harnröhrenöffnung. Die *Scheide* ist ein dehnbarer Schlauch, der in der *Gebärmutter* endet. Dieser große, hohlförmige Muskel ist von innen mit der Gebärmutterschleimhaut besetzt. Von der Gebärmutter führen zwei Eileiter zu den Eierstöcken. In den paarig angelegten *Eierstöcken* befinden sich die *Eizellen*, die weiblichen Geschlechtszellen.

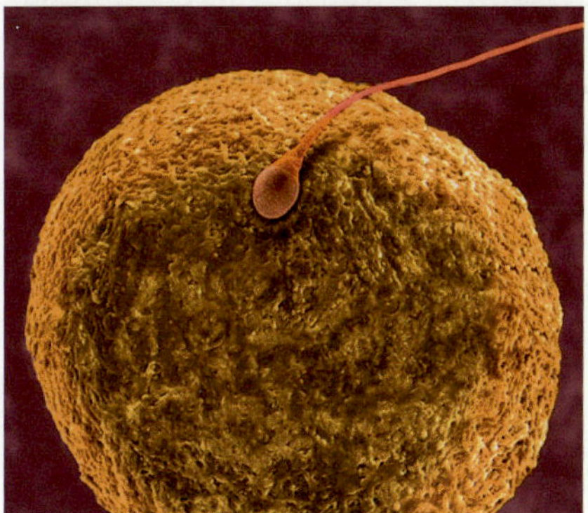

**3** Eizelle (Durchmesser ca. 0,2 mm) und Spermium im Größenvergleich

Mädchen besitzen von Geburt an etwa 200 000 Eizellen, die im Gegensatz zu den Spermien nicht mehr neu gebildet werden. Sie sind mit einem Durchmesser von 0,2 mm wesentlich größer als Spermien ▶ Bild 3.

Mit Beginn der Pubertät reift jeden Monat eine Eizelle in einem der Eierstöcke heran und wird in den Eileiter abgegeben. Diesen Vorgang bezeichnet man als *Eisprung*. Die Eizelle kann sich im Gegensatz zu den Spermien nicht selbstständig fortbewegen. Sie wird mithilfe kleiner Härchen an der Innenwand der Eileiter weitertransportiert.

Bei Mädchen ist der Scheideneingang von Geburt an durch das Jungfernhäutchen oder Hymen teilweise verschlossen. Dieses dünne Häutchen schützt die inneren Teile der Scheide vor Krankheitserregern. Es kann jedoch beim ersten Geschlechtsverkehr oder bei intensivem Sport reißen. Das passiert oft unbemerkt. Auch die Schleimhaut in der Scheide kann Krankheitserreger abhalten. Dennoch ist täglich eine gründliche Reinigung der äußeren Geschlechtsorgane wichtig.

**1** Nenne die Geschlechtsorgane von Mann und Frau. Unterscheide dabei zwischen inneren und äußeren Geschlechtsorganen.

**2** Ordne den männlichen Geschlechtsorganen ihre Funktion zu. Fertige eine Tabelle an.

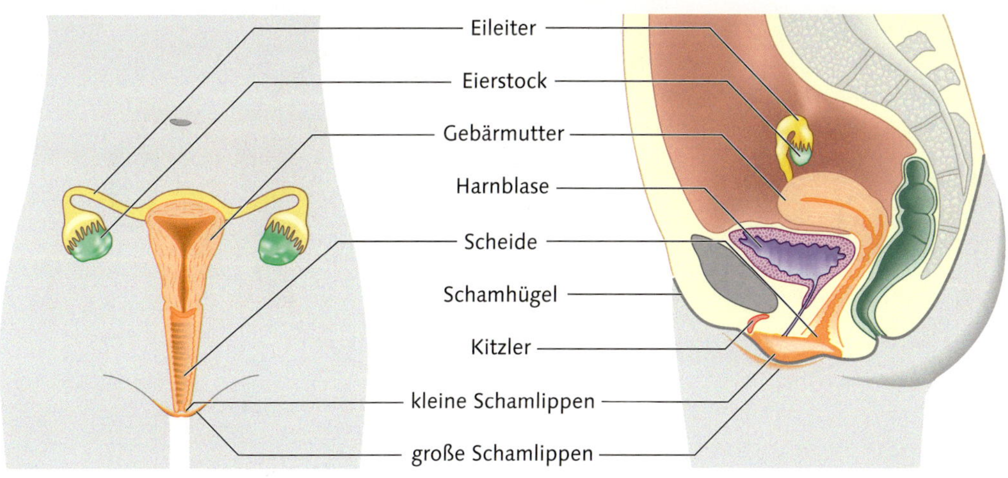


**4** Die weiblichen Geschlechtsorgane

# Der Menstruationszyklus

**Pubertät und Regelblutung** In der Pubertät werden Mädchen geschlechtsreif. Während dieser Zeit kommt es auch zur ersten Regelblutung. Meistens setzt diese zwischen dem 11. und 16. Lebensjahr ein. Wie alle Veränderungen in der Pubertät kann der Zeitpunkt auch hier sehr unterschiedlich sein. Einige Mädchen warten gespannt auf ihre erste Regelblutung, die auch Menstruation oder Periode genannt wird. Für manche Kulturen ist die Tatsache, dass das Mädchen nun Kinder bekommen kann, sogar ein Grund zum Feiern. Wie aber kommt es zur Regelblutung?

**Der weibliche Zyklus** Die Regelblutung ist Bestandteil eines komplexen Vorgangs, dem weiblichen Zyklus. In ▶ Bild 1 ist ein Menstruationszyklus von 28 Tagen dargestellt. Bei vielen Frauen weicht die Zykluslänge, vor allem in den ersten Jahren, allerdings deutlich von diesen 28 Tagen ab. Jeder Zyklus, ob regelmäßig oder nicht, beginnt mit dem ersten Tag einer Menstruation ▶ Bild 1a. In einem der beiden Eierstöcke reift eine Eizelle heran. Jede Frau besitzt von Geburt an etwa 200 000 unreife Eizellen in ihren Eierstöcken. Eine Eizellreifung dauert ungefähr 14 Tage, dann findet der Eisprung statt ▶ Bild 1c. Die Eizelle wird dabei in den Eileiter abgegeben und von dort in Richtung Gebärmutter transportiert. Während dieser Zeit hat sich die Gebärmutterschleimhaut aufgebaut ▶ Bild 1b–d. Wenn die Eizelle nicht befruchtet wird, stirbt die Gebärmutterschleimhaut etwa 14 Tage nach dem Eisprung ab. Sie wird daraufhin zusammen mit etwas Blut durch die Scheide ausgeschieden – das ist die *Regelblutung*. Mit dem ersten Tag einer Regelblutung beginnt ein neuer Menstruationszyklus und eine weitere Eizelle reift heran. Diese Periode wiederholt sich etwa alle 4 Wochen.

Wenn die Frau etwa zwischen dem 45. und 55. Lebensjahr in die Wechseljahre kommt, endet die monatliche Eizellreifung. Die Frau hat keine Regelblutung mehr und kann keine Kinder mehr bekommen.

**Was noch dazugehört** Die Regelblutung dauert im Durchschnitt 4–5 Tage, wobei die Stärke der Blutung sehr unterschiedlich sein kann. Es werden etwa 65 ml Blut aus-

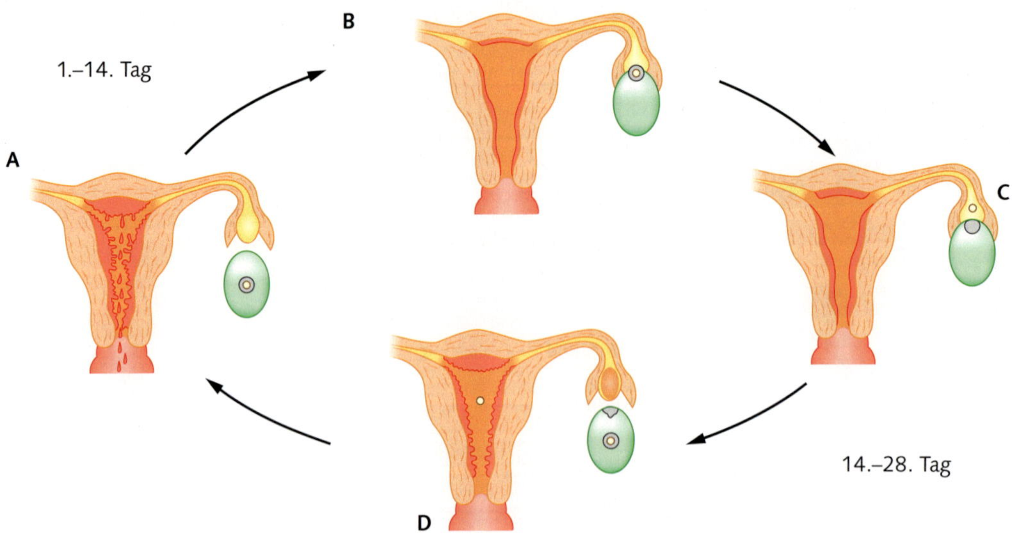


**1** Menstruationszyklus von 28 Tagen

geschieden. Das entspricht ungefähr einer halben Tasse voll. Da sich die Gebärmutter beim Abbau der Schleimhaut zusammenzieht, haben einige Mädchen und Frauen Schmerzen im Unterleib, die als Menstruationsbeschwerden bezeichnet werden.

Während der Periode ist die tägliche Hygiene besonders wichtig. Das Menstruationsblut kann mit Binden oder Tampons aufgefangen werden, die regelmäßig gewechselt werden müssen. Bei den ersten Blutungen verwenden viele Mädchen lieber Binden, die das Blut außerhalb des Körpers auffangen. Später benutzen junge Frauen oft Tampons. Der Tampon wird in den Scheideneingang eingeführt. Bei richtiger Verwendung wird er nicht gespürt. Da er das Blut innerhalb des Körpers auffängt, können Frauen auch während der Menstruation zum Beispiel schwimmen gehen.

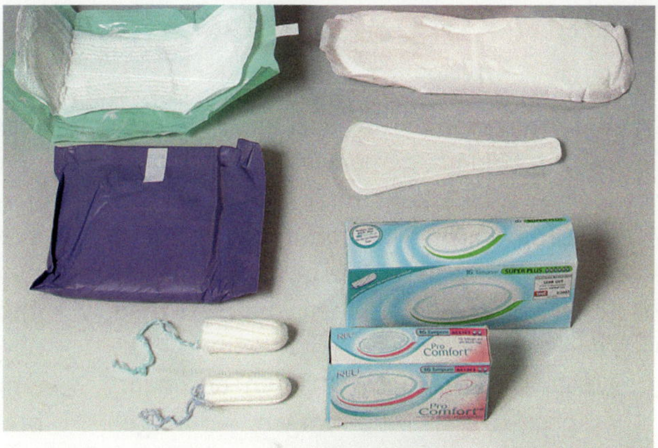


**2** Binden und Tampons

**1** Stelle den weiblichen Zyklus in Form eines Fließschemas dar. Ersetze dabei die Teilbilder a–d in ▶ Bild 1 durch kurze Textteile.

**2** Mädchen können bereits kurz vor ihrer ersten Regelblutung schwanger werden. Erkläre.

**Material Methode Praxis**

# Menstruationskalender

Damit sie einen Überblick über ihren Zyklus haben, führen viele Frauen einen Menstruationskalender, in dem sie die Tage ihrer Regelblutung kennzeichnen. Im Folgenden sind die Kalender zweier Frauen abgebildet.

**3** Nenne in beiden Zyklen jeweils den voraussichtlichen Zeitpunkt des Eisprungs in den Monaten März bis Mai.

**4** Gib für beide Frauen die Dauer der Zyklen an.

**5** Berechne, wann Maria voraussichtlich ihre nächste Regelblutung bekommen wird.

**6** Nicole ist der Meinung, ihre nächste Regelblutung müsste am 4. Juni beginnen. Nimm Stellung zu dieser Aussage.

**Maria**

| | 1 | 2 | 3 | 4 | 5 | 6 | 7 | 8 | 9 | 10 | 11 | 12 | 13 | 14 | 15 | 16 | 17 | 18 | 19 | 20 | 21 | 22 | 23 | 24 | 25 | 26 | 27 | 28 | 29 | 30 | 31 |
|---|---|---|---|---|---|---|---|---|---|---|---|---|---|---|---|---|---|---|---|---|---|---|---|---|---|---|---|---|---|---|---|
| März | | | | | | | | | | X | X | X | X | X | | | | | | | | | | | | | | | | | |
| April | | | | | | | X | X | X | X | X | | | | | | | | | | | | | | | | | | | | |
| Mai | | | | | X | X | X | X | X | | | | | | | | | | | | | | | | | | | | | | |

**Nicole**

| | 1 | 2 | 3 | 4 | 5 | 6 | 7 | 8 | 9 | 10 | 11 | 12 | 13 | 14 | 15 | 16 | 17 | 18 | 19 | 20 | 21 | 22 | 23 | 24 | 25 | 26 | 27 | 28 | 29 | 30 | 31 |
|---|---|---|---|---|---|---|---|---|---|---|---|---|---|---|---|---|---|---|---|---|---|---|---|---|---|---|---|---|---|---|---|
| März | | | | | | | | | | | X | X | X | X | X | X | | | | | | | | | | | | | | | |
| April | | | | | | | | | | | | | X | X | X | X | | | | | | | | | | | | | | | |
| Mai | | | | | | | X | X | X | X | X | | | | | | | | | | | | | | | | | | | | |

**3** Ausschnitte aus zwei Menstruationskalendern

# Dein Körper gehört dir

**Höre auf deine Gefühle** Der Vater geht mit seinen Kindern gemeinsam in die Badewanne, zwei Freundinnen umarmen sich, eine Familie kuschelt sonntagmorgens im Bett. Das sind alltägliche und völlig normale Situationen. Menschen, die man mag, berührt man gerne.

Einige Körperstellen reagieren besonders empfindlich auf Berührungen. Bei Jungen sind das Penis und die Hoden, bei den Mädchen die Brüste und die Scheide. Auch Po, Lippen und Zunge zählen zu den intimen Körperstellen. Jeder sollte selbst entscheiden, von wem er oder sie dort angefasst werden möchte.

Manchmal rufen Körperkontakte oder Situationen auch ein ungutes Gefühl hervor. Das können sowohl kurze intime Berührungen oder lange und innige Umarmungen sein als auch unangenehme Blicke und Kommentare. In solchen Situationen ist es besonders wichtig, auf seine Gefühle zu hören. Wenn die innere Stimme „Nein" zu etwas sagt, dann sollte man selbst auch „Nein" sagen. Niemand muss sich auf etwas einlassen, was er oder sie nicht möchte. Jeder Mensch hat das Recht zu bestimmen, wer ihn wann, wo und wie anfassen darf. Dabei macht es keinen Unterschied, ob die Berührung von einem Fremden ausgeht oder von jemandem aus dem Familien- oder Bekanntenkreis.

**Sexueller Missbrauch** Wenn Erwachsene Jungen oder Mädchen für ihr eigenes Vergnügen an intimen Körperstellen anfassen oder sich selbst von ihnen anfassen lassen, dann spricht man von sexuellem Missbrauch. Sexueller Missbrauch ist strafbar. Falls man selbst in solch eine Situation gerät oder der Verdacht eines Missbrauchs besteht, sollte man sich daher sofort an eine vertraute Person oder an eine der zahlreichen Beratungsstellen wenden. Da Kinder selbst niemals Schuld am Missbrauch haben, müssen sie auch keine Angst vor einer Bestrafung haben.

**1** Es gibt zahlreiche Adressen, an die man sich im Fall eines Missbrauchs wenden kann.
- **A** Suche in deiner Schule nach einem Aushang solcher Adressen.
- **B** Eine Institution für viele Fragen über Sexualität ist *pro familia*. Erkundige dich nach Einrichtungen von *pro familia* in deiner Nähe.

**2** Wenn du in eine Situation gerätst, die dir merkwürdig vorkommt, solltest du dir selbst 3 Fragen stellen ▶ Bild 1. Erläutere diese Vorsichtsmaßnahme.

**1** Wie verhalte ich mich richtig?

# Situationen beurteilen

**1** Versetze dich in die Lage des Jungen und schätze ein, ob er sich in den jeweiligen Situationen wohlfühlt oder eher „Nein“ sagen sollte. Diskutiert Möglichkeiten des Neinsagens für die jeweiligen Beispiele.

**2** Neinsagen?

## Zwei Geschichten

Marco ist ein leidenschaftlicher und guter Turner. Zweimal in der Woche geht er abends zum Training. Zu Hause erzählt Marco, dass er seit einigen Wochen einen neuen Trainer hat und nun den Verein wechseln möchte. Der Trainer fasse ihn immer besonders lange an, um ihm Hilfestellung beim Geräteturnen zu geben. Er habe das Gefühl, dass der Trainer dabei seine Hand auch absichtlich an seinen Po legt.

**3**

**4**

Sina ist 14 und zum ersten Mal verliebt – in Timm. Auch für Timm ist Sina die erste Freundin, er ist drei Jahre älter. Timms Freunde hatten bereits Freundinnen und Timm findet, dass er nun viel nachholen muss. Als sie sich drei Monate kennen, ist Timm bei Sina zu Hause und die beiden kuscheln auf Sinas Sofa. Timm fängt an, Sinas Pullover auszuziehen. Sina fühlt sich dabei nicht wohl, sie kennt Timm doch kaum. Da sie aber Angst hat, dass er sie für kindisch halten könnte, sagt sie nichts.

**2** Vergleiche die beiden beschriebenen Situationen.

**3** **A** Beurteile das Verhalten von Marco und von Sina. Haben sie deiner Meinung nach richtig gehandelt?

**B** Was würdest du Marco beziehungsweise Sina raten?

**4** Schreibe einen Dialog zwischen Sina und Timm.

# Liebe und Sexualität

**Erste Liebe** Wenn wir von Liebe sprechen, bezeichnen wir damit immer eine besonders große Zuneigung zu einem anderen Menschen. Eine Mutter liebt ihr Kind, ein Kind liebt seine Großmutter, ein Mädchen liebt ihren Bruder. Liebe kann auch zwischen einem Jungen und einem Mädchen beziehungsweise einem Mann und einer Frau entstehen.

**1** Verliebtes Paar

Wenn Jungen und Mädchen in die Pubertät kommen, dann entwickelt sich meist ein Interesse am anderen Geschlecht. Jugendliche verlieben sich jetzt vielleicht zum ersten Mal, erste enge Freundschaften und Liebesbeziehungen entwickeln sich. Es gibt Herzklopfen und Schmetterlinge im Bauch. Dabei entsteht oft der Wunsch nach körperlicher Nähe sowie eine sexuelle Neugier auf den anderen Körper. Der Unterschied zur Liebe etwa zwischen Eltern und Kind ist also das Hinzutreten der Sexualität.
Beim ersten Verliebtsein ist die Neugier auf den Körper des anderen oft besonders groß. Viele neue Gefühle und Sehnsüchte sorgen dafür, dass man dem Menschen, den man mag, besonders nah sein möchte. Neben Händchenhalten und Küssen kann auch das Bedürfnis entstehen, miteinander zu schlafen. Dafür sollten sich jedoch beide Partner bereitfühlen und einander vertrauen.

**Ein Kind entsteht** Begriffe wie miteinander schlafen, sich lieben, Sex haben umschreiben den *Geschlechtsverkehr*. Darunter versteht man die körperliche Vereinigung von Mann und Frau. Der Mann führt seinen versteiften Penis in die Scheide der Frau ein. Dies erzeugt für beide meist ein angenehmes Gefühl und kann beim Mann zu einem Spermienerguss führen. Etwa 200 Millionen Spermienzellen werden so in die Scheide der Frau abgegeben.

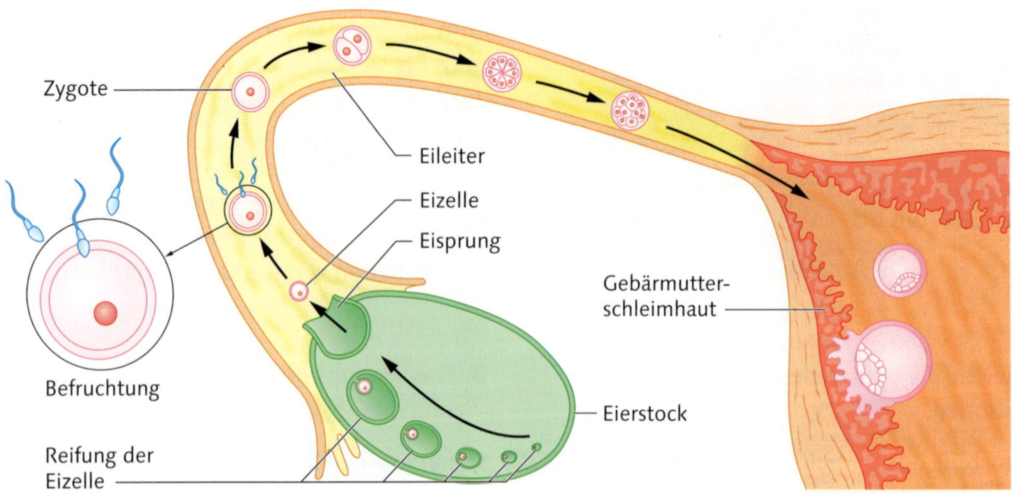


**2** Von der Reifung der Eizelle über die Befruchtung bis zur Einnistung

Da sich die Spermienzellen mithilfe ihres Schwanzstücks selbstständig fortbewegen können, gelangen sie durch die Scheide der Frau in Richtung Gebärmutter und von dort in die beiden Eileiter.
Wenn die Spermienzellen auf ihrem Weg in die Eileiter auf eine reife Eizelle treffen, kann es zur *Befruchtung* kommen. Dabei dringt eine Spermienzelle in die Eizelle ein. Ei- und Spermienzelle verschmelzen, es entsteht eine *Zygote*, die befruchtete Eizelle ▶ Bild 2.
In der Eizelle der Mutter und der Spermienzelle des Vaters sind Informationen für Merkmale enthalten. Diese Erbanlagen werden bei der Verschmelzung von Ei- und Spermienzelle an das Kind weitergegeben. Somit können Kinder ihren Eltern äußerlich sehr ähnlich sein, gleichen ihnen aber niemals völlig.
Die entstandene Zygote wird mithilfe der Flimmerhärchen im Eileiter in Richtung Gebärmutter transportiert. Bereits auf dem Weg dorthin beginnt sie sich zu teilen. Bei jeder Teilung verdoppelt sich die Anzahl der Zellen. So wird aus der Zygote ein kugeliger Zellhaufen, der sich in der Gebärmutterschleimhaut einnistet. In der Gebärmutter findet nun in den nächsten 9 Monaten die Entwicklung zu einem neuen Menschen statt.
Da die Eizelle nur wenige Stunden nach dem Eisprung befruchtet werden kann, kommt es nicht bei jedem Geschlechtsverkehr auch zu einer Befruchtung.

**Wenn Befruchtung verhindert werden soll**
Um einer ungewollten Schwangerschaft vorzubeugen, gibt es verschiedene Möglichkeiten der *Empfängnisverhütung*. Verhütungsmittel verhindern das Zusammentreffen von Ei- und Spermienzelle, sodass keine Befruchtung stattfinden kann. Beide Partner sollten sich zusammen über verschiedene Methoden der Empfängnisverhütung informieren und sich für eine geeignete entscheiden. Das Kondom und die Pille sind bei richtiger Anwendung sichere Verhütungsmittel.

1. Beschreibe den Vorgang von der Befruchtung der Eizelle bis zu ihrem Einnisten in die Gebärmutterschleimhaut.
2. Berechne, wie oft sich die Zygote teilt, bis ein Zellhaufen von 32 Zellen entstanden ist.
3. Vergleiche mithilfe der Texte unten die Verhütung mit dem Kondom und mit der Pille.

**Das Kondom**
Das Kondom ist ein dünnes Häutchen, das über den versteiften Penis gestreift wird. Beim Spermienerguss fängt es das Sperma auf und verhindert so, dass es in die Scheide der Frau gelangt. Bei richtiger Anwendung ist das Kondom ein sicherer Schutz vor ungewollter Schwangerschaft. Es ist das einzige Verhütungsmittel, das auch vor sexuell übertragbaren Krankheiten wie Aids schützt.

**Die Pille**
Die Antibabypille, kurz Pille, ist ein hormonelles Verhütungsmittel. Sie verhindert, dass eine befruchtungsfähige Eizelle heranwächst. Die Pille gehört bei richtiger Anwendung zu den sichersten Verhütungsmitteln. Sie wird ärztlich verschrieben und muss von der Frau täglich etwa zur gleichen Zeit eingenommen werden.

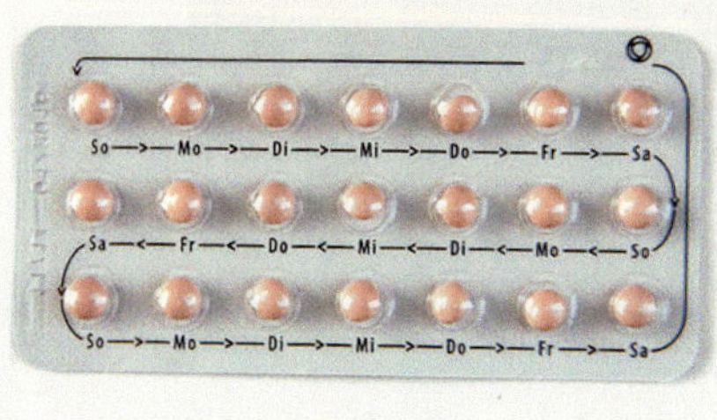

# Die Schwangerschaft

**9 Monate im Mutterleib** Wenn Ei- und Spermienzelle verschmelzen, entsteht die Zygote, die mit dem bloßen Auge gerade noch zu erkennen wäre. Ungefähr 9 Monate später kommt ein etwa 50 cm großer Säugling auf die Welt. Was passiert in dieser Zeit der Schwangerschaft?

**Entwicklung von Embryo und Fetus** Nach der Befruchtung beginnt sich die Zygote zu teilen. Nach der ersten Teilung spricht man von einem *Embryo*. Dieser nistet sich in der Gebärmutterschleimhaut ein. Der Embryo wächst in der mit Fruchtwasser gefüllten Fruchtblase in der Gebärmutter heran. So ist der Embryo geschützt ▶ Bild 1. Über die Nabelschnur und den Mutterkuchen, die Plazenta, wird das Ungeborene bis zu seiner Geburt mit Nährstoffen von der Mutter versorgt.
Nach vier Wochen ist der Embryo schon so groß wie ein Apfelkern und sein Herz schlägt bereits. Innerhalb der nächsten Wochen entwickeln sich die Anlagen für Arme, Beine und Ohren und die Geschlechtsorgane werden ausgebildet.
Nach ungefähr zweieinhalb Monaten kann sich der Embryo schon selbstständig bewegen. Wenn die inneren Organe ausgebildet sind, spricht man vom *Fetus*. Dies ist ab dem Ende des 3. Schwangerschaftsmonats der Fall. Jetzt sind auch die Ohren, Augen und Augenlider vollständig entwickelt.
Der Fetus wächst nun besonders schnell. Am Ende des 6. Monats hat er bereits eine Größe von etwa 20 bis 30 cm erreicht. Er nimmt die Außenwelt nun stärker wahr und reagiert manchmal mit Bewegungen auf Lärm, Musik und die Stimmen der Eltern. Die Mutter fühlt, wenn sich das Ungeborene bewegt, mit den Füßen tritt oder auch Schluckauf hat. Nach weiteren drei Monaten kann der Fetus fühlen, sehen und schmecken und ist bereit für ein Leben außerhalb des Mutterleibs.

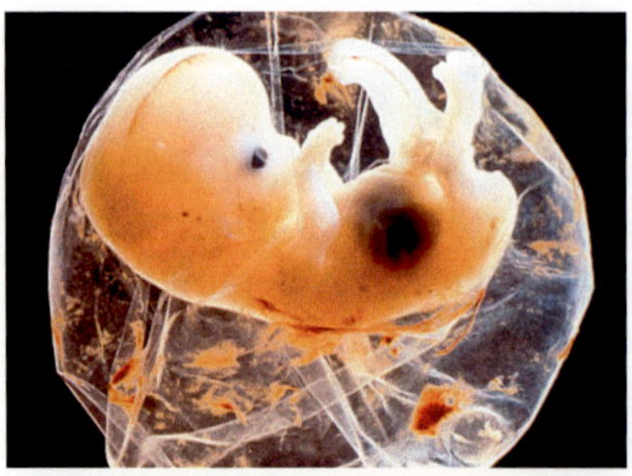

Embryo, 8 Wochen alt (4 cm)

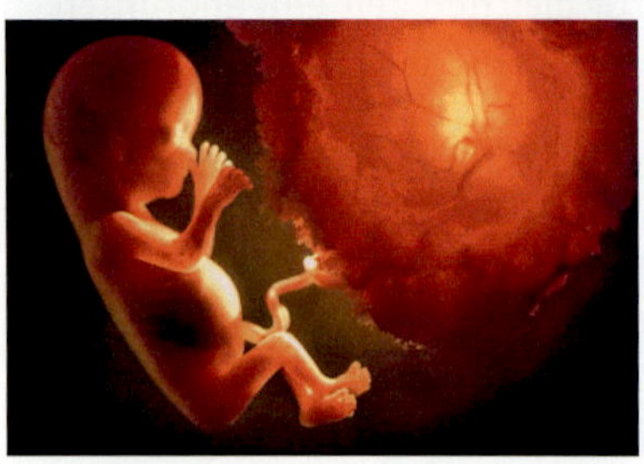

Fetus, 4 Monate alt (14 cm)

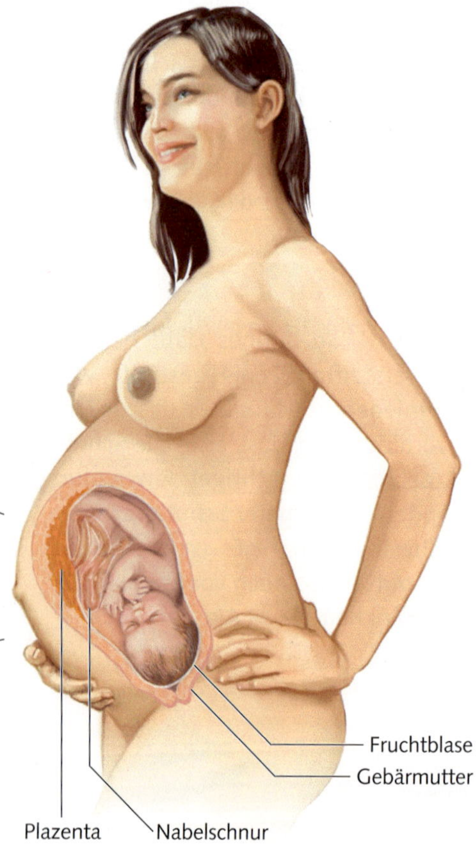


**1** Stadien der Schwangerschaft (rechts: 9. Monat)

**Vorsorge** Das erste Anzeichen einer Schwangerschaft für die werdende Mutter ist meist das Ausbleiben der Regelblutung. Mit einem Schwangerschaftstest kann die Schwangerschaft bestätigt werden. Um die Entwicklung und die Gesundheit von Embryo und Fetus zu kontrollieren, gehen schwangere Frauen in regelmäßigen Abständen zur Vorsorgeuntersuchung. Dabei kann im Ultraschallbild (▶ Bild 2) ab dem 4. Monat unter anderem häufig auch das Geschlecht des Kindes erkannt werden. Da Mutter und Kind über die Nabelschnur miteinander verbunden sind, sollte die Mutter auf Rauchen und Alkohol verzichten. Auch die Einnahme bestimmter Medikamente kann das Ungeborene schädigen.

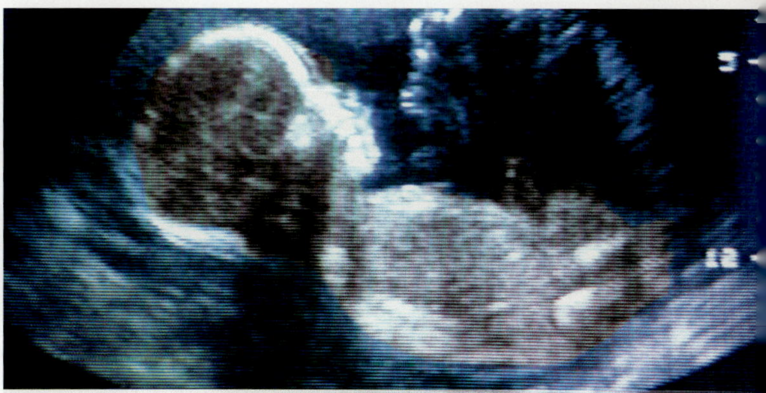

**2** Ultraschallaufnahme

**1** Die Schwangerschaft beginnt mit der Einnistung des Embryos in die Gebärmutterschleimhaut. Stelle die Entwicklung in der Schwangerschaft mithilfe eines Zeitstrahls dar.

**Material Methode Praxis**

# Zwillinge

Gelegentlich kommt es vor, dass in einer Gebärmutter zwei Kinder gleichzeitig heranwachsen. Die Frau bekommt Zwillinge, die eineiig oder zweieiig sein können.

**2** Beschreibe die Entstehung von eineiigen und zweieiigen Zwillingen mithilfe von ▶ Bild 3.

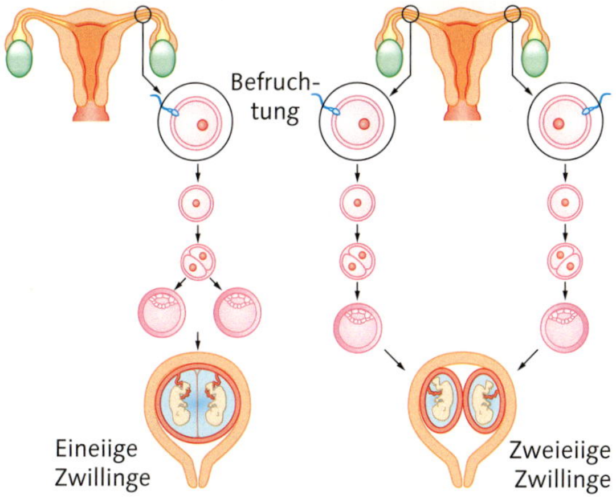


**3** Entstehung von Zwillingen

**3** **A** Erläutere die in der Tabelle aufgeführten Merkmale der Zwillinge Paul und David ▶ Bild 4.

**B** Stelle eine begründete Vermutung darüber auf, ob Paul und David eineiige oder zweieiige Zwillinge sind.

| | Paul | David |
|---|---|---|
| **Größe** | 1,36 m | 1,36 m |
| **Körpergewicht** | 32,2 kg | 32,9 kg |
| **Lieblingsmusik** | Hip-Hop | Rockmusik |
| **Haarfarbe** | braun | braun |
| **Lieblingsspielzeug** | Autos | Legosteine |
| **Lieblingsspeise** | Pommes frites | Nudeln |
| **Augenfarbe** | blau | blau |

**4** Merkmale bei Zwillingen

# Die Geburt

**Nach 9 Monaten ist es so weit** Eine normale Schwangerschaft dauert etwa 9 Monate. Dann ist die Entwicklung des Kindes im Mutterleib abgeschlossen und das Kind kommt auf die Welt: Es wird geboren.

Die Schwangere spürt schon einige Zeit vorher ein unregelmäßiges Zusammenziehen der Gebärmuttermuskulatur. Diese *Wehen* sind ein Zeichen, dass die Geburt nun losgeht. Zunächst haben die Wehen einen Abstand von etwa 20 Minuten. Während dieser ersten Phase der Geburt, der Eröffnungsphase (▶ Bild 1A), platzt die Fruchtblase und das Fruchtwasser läuft aus.

In der anschließenden Austreibungsphase (▶ Bild 1B) werden die Wehen stärker und haben kürzere Abstände. Die Frau hilft nun mit, indem sie Bauch- und Unterleibsmuskulatur anspannt. Da sich das Kind innerhalb der vorangegangenen Wochen gedreht hat, wird es mit dem Kopf voran aus dem Körper gepresst.

Wenn eine normale Geburt nicht möglich ist, wird das Kind durch einen Kaiserschnitt auf die Welt geholt. Dafür werden die Bauchdecke und die Gebärmutter der Frau in einer Operation geöffnet.

**Was danach passiert** Die Frau ist bei der Geburt nicht alleine. Arzt und Hebamme unterstützen den Geburtsvorgang. Wenn das Kind geboren ist, wird die Nabelschnur durchtrennt. Diese *Entbindung* bereitet keine Schmerzen. Da aber die Sauerstoffversorgung durch die Mutter aufhört, muss das Neugeborene nun selbstständig atmen. Arzt, Hebamme und Eltern warten gespannt auf den ersten Schrei des Babys, der das eigenständige Atmen bestätigt. Wird der Säugling dann der Mutter übergeben, sucht er mit seinem Mund die Mutterbrust.

Nach der Geburt produzieren die Brustdrüsen Milch. Die Mutter kann ihr Kind nun mit Muttermilch versorgen, sie kann es stillen.

**2** Mutter mit Neugeborenem

**1** Erkläre den Unterschied zwischen Geburt und Entbindung.

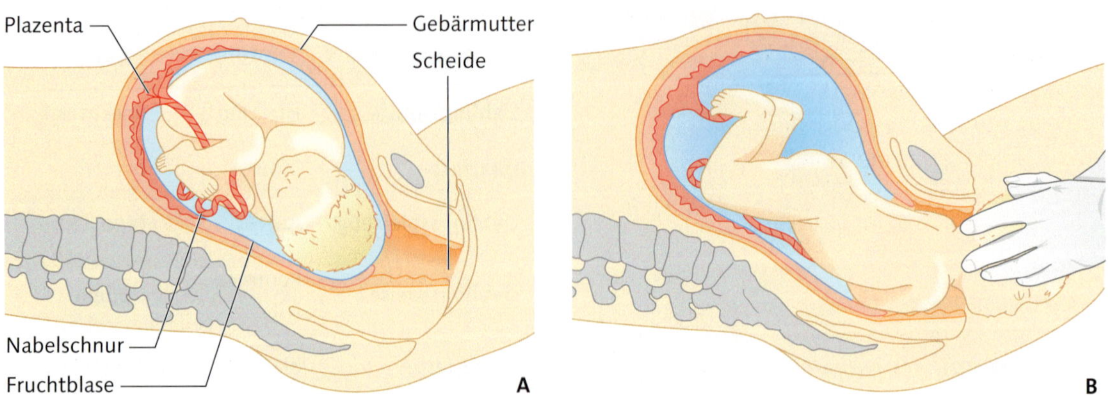


**1** Geburt: Eröffnungsphase (A) und Austreibungsphase (B)

# Lebensabschnitte

**3** Eine Familie – drei Generationen

**Vom Säugling zum Erwachsenen** Wird ein Kind geboren, ist es noch klein und unselbstständig. Im Laufe seines Lebens wächst dieser Mensch und durchläuft verschiedene Phasen der Entwicklung. Diese Phasen werden beim Menschen als Lebensabschnitte bezeichnet. Es gibt keine genau festgelegten Abschnitte, man unterscheidet aber in der Regel zwischen Kind, Jugendlichem und Erwachsenen.
Nach der Geburt kann ein Kind weder sprechen noch laufen und ist voll und ganz auf die Hilfe und Fürsorge seiner Eltern angewiesen. Dies ändert sich jedoch schnell. Das Kind wächst und lernt immer mehr, sich und seine Bedürfnisse mitzuteilen. In den ersten Lebensmonaten finden besonders viele Entwicklungsschritte statt, da das Kind grundlegende Dinge wie Sprechen und Laufen lernt.
Mit dem Eintritt in die Pubertät beginnt die Jugend. Bei den Jugendlichen finden auch zahlreiche körperliche und psychische Veränderungen statt. Sie entwickeln eigene Meinungen und werden unabhängiger von ihren Eltern. Nach Beendigung der Pubertät, etwa zwischen dem 17. und 20. Lebensjahr, sind aus den Jugendlichen junge Erwachsene geworden. Sie gründen jetzt vielleicht eine eigene Familie und bekommen eigene Kinder.

**Die Familie** Auch wenn Menschen im Laufe ihrer Entwicklung immer selbstständiger, das heißt unabhängiger werden, ist die Familie für viele doch sehr wichtig.
Es gibt viele Gelegenheiten, an denen eine Familie zusammenkommt. Feiertage Geburtstage und andere Familienfeiern spiegeln oft den starken Zusammenhalt innerhalb von Familien wider.

**1** **A** Erstelle einen Zeitstrahl vom Zeitpunkt deiner Geburt bis heute. Zeichne die für dich wichtigen Stationen deines Lebens ein. Ergänze durch Fotos.
**B** Ordne den Stationen deines Lebens die Personen zu, die für dich jeweils besonders wichtig waren.

# Zusammenfassung

## Steuerung und Regelung

Mit Beginn der Pubertät produziert der menschliche Körper eine Vielzahl von Hormonen, die sowohl körperliche als auch psychische Veränderungen hervorrufen. Äußerlich sichtbar ist die Bildung der sekundären Geschlechtsmerkmale. Bei der Frau sind dies zum Beispiel die Brüste und Schamhaare, beim Mann unter anderem der Bart und die Schambehaarung. Die Produktion und Ausschüttung der Hormone wird durch das Gehirn reguliert.
Man spricht hier vom biologischen Prinzip *Steuerung und Regelung*.

## Kompartimentierung

Unsere Geschlechtsorgane sind in verschiedene Bereiche eingeteilt. Solche Bereiche nennt man Kompartimente. Bei den weiblichen Geschlechtsorganen sind dies zum Beispiel Eierstock, Eileiter und Gebärmutter. Unterschiedliche Kompartimente erfüllen unterschiedliche Aufgaben. Bei der Frau reifen die Eizellen in den Eierstöcken heran und werden dann durch die Eileiter bis in die Gebärmutter transportiert. In der Gebärmutter kann sich ein Embryo einnisten.
Diese Einteilung wird im biologischen Prinzip *Kompartimentierung* zusammengefasst.

## Struktur und Funktion

Eine Eizelle kann sich nicht selbstständig fortbewegen. Sie wird im Eileiter durch Flimmerhärchen weitertransportiert. Die Struktur des Eileiters, nämlich die Auskleidung mit Flimmerhärchen, ermöglicht erst diese Funktion des Transports.
Bei einem Spermienerguss werden viele Millionen Spermien in die Scheide der Frau abgegeben. Mithilfe ihres Schwanzes können sie sich eigenständig fortbewegen.
Weil die Struktur der Spermien (ihre Form) ihre Funktion (die Fortbewegung) ermöglicht, spricht man vom biologischen Prinzip *Struktur und Funktion*.

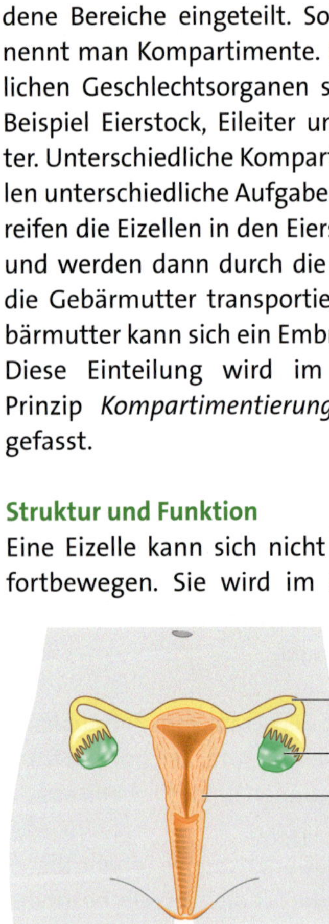

**1** Die weiblichen Geschlechtsorgane

**2** Spermium und Eizelle

## Reproduktion und Entwicklung

Wir Menschen pflanzen uns geschlechtlich fort. Das heißt, eine Spermienzelle des Mannes verschmilzt bei der Befruchtung mit einer Eizelle der Frau zu einer Zygote. Diese teilt sich und nistet sich als Embryo in der Gebärmutterschleimhaut ein. Nach etwa 9 Monaten Schwangerschaft wird dann ein neuer Mensch geboren.
Das wird durch das biologische Prinzip *Reproduktion und Entwicklung* beschrieben.

## Evolution

Bei einer Befruchtung werden mit den Geschlechtszellen Erbanlagen von der Mutter und dem Vater an das Kind weitergegeben. Kinder können ihren Eltern sehr ähnlich sein, gleichen ihnen aber niemals völlig. Innerhalb von Familien erkennt man solche Ähnlichkeiten, die auf nahe Verwandtschaft hinweisen.
Das biologische Prinzip *Evolution* beschreibt diese Beziehungen.

# Teste dich!

**1** **A** Ordne folgende Begriffe in einer Tabelle den primären und sekundären Geschlechtsmerkmalen zu:
- Achselbehaarung
- Stimmbruch
- verbreiterte Schultern
- Penis
- Schambehaarung
- Scheide
- Bartwuchs
- verbreiterte Hüften
- kräftige Muskulatur

**B** Ordne sie anschließend Jungen und Mädchen zu.

**2** Beschreibe mithilfe von ▶ Bild 3 die Veränderungen vom Jungen zum Mann.

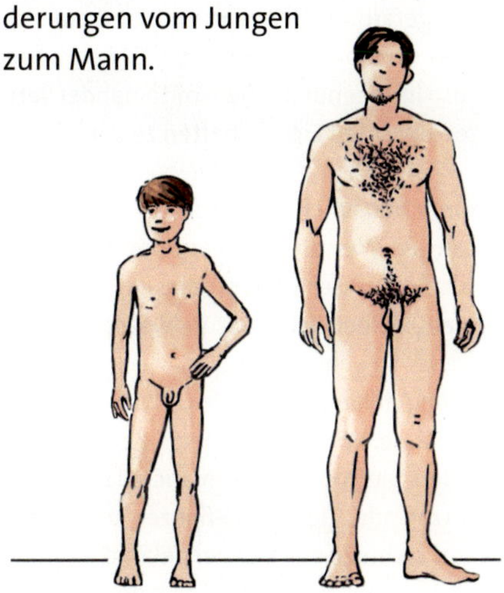

**3** Vom Jungen zum Mann

**3** Benenne die in ▶ Bild 4 nummerierten Organe.

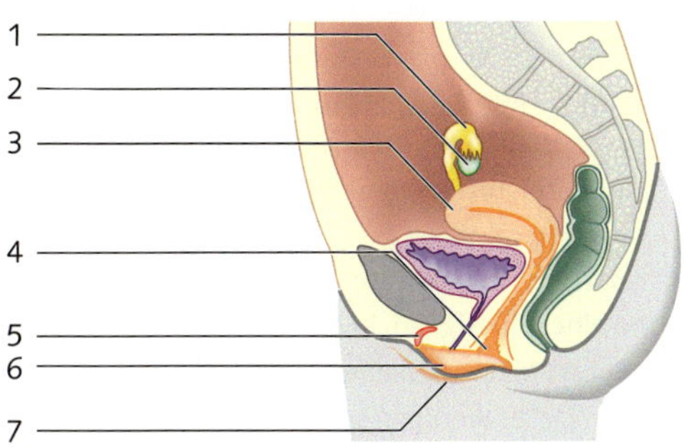


**4** Weibliche Geschlechtsorgane in Seitenansicht

**4** Beschreibe das biologische Prinzip Kompartimentierung am Beispiel der Geschlechtsorgane des Mannes.

**5** Bei einer Befragung wurden 118 Mädchen nach dem Beginn ihrer Regelblutung gefragt ▶ Bild 5.

**A** Beschreibe das Diagramm.

**B** Erkläre, was das Diagramm über die Pubertät aussagt.

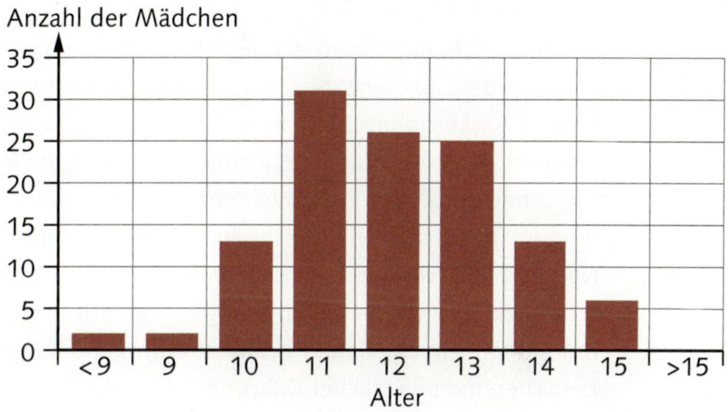


**5** Beginn der Regelblutung bei Mädchen

**6** In ▶ Bild 6 siehst du ein Modell zur Funktion der Fruchtblase.

**6** Modell zur Funktion der Fruchtblase

**A** Ordne den Teilen des Modells die Strukturen in der Wirklichkeit zu.

**B** Stelle dir vor, das Glas wird geschüttelt. Erkläre daran die Funktion der Fruchtblase.

▶ Die Lösungen zu den Aufgaben findest du im Anhang.

# Anhang

## Lösungen zu „Teste dich!"

### Säugetiere

**1 A** Katze: kleine, meißelförmige Schneidezähne; lange, spitze, dolchartige Fangzähne; scharfe Backenzähne und starke Reißzähne ▶ typisches Raubtiergebiss, Fangzähne zum Packen und Töten der Beute, Reißzähne zum Zerreißen und Zerschneiden von Fleischstücken ▶ Fleischfresser

**B** Schwein: Schneidezähne schräg stehend, Eckzähne spitz, vordere Backenzähne mit scharfen Schneiden, hintere Backenzähne breit und stumpfhöckrig ▶ Allesfressergebiss: Aufnahme kleinster Nahrungsteile mit Schneidezähnen, Zerschneiden großer Nahrungsbrocken mit scharfen Eckzähnen, Zerbeißen harter Nahrung mit vorderen Backenzähnen und Zerquetschen und Zermahlen der Nahrungsbissen mit hinteren Backenzähnen. Gebiss geeignet zum Zerkleinern tierischer und pflanzlicher Nahrung.

**C** Rind: Schneidezähne schräg nach vorn stehend, nur im Unterkiefer, Eckzähne fehlen, Backenzähne breit, mühlsteinähnlich ▶ typisches Pflanzenfressergebiss: Abrupfen von Grashalmen mit den Schneidezähnen, Zermahlen der Pflanzenteile zwischen den großen Kauflächen der Backenzähne

**2 A** Rind: 2,5 m Körperlänge x 20 = 50 m Darmlänge; Katze: 0,5 m Körperlänge x 3 = 1,5 m Darmlänge

**B** Pflanzliche Nahrung ist schwer verdaulich. Erst die Passage durch den sehr langen Darm ermöglicht das Aufschließen der Nahrung. Fleischliche Nahrung ist dagegen leichter verdaulich.

**C** Die Darmlänge ist der Nahrung angepasst. Der Mensch gehört zu den Allesfressern. Die Darmlänge des Menschen sollte daher zwischen der von Pflanzen- und Fleischfressern liegen.

**3 A** Säugetiermerkmale: Entwicklung der Jungen im Körper der Mutter, Säugen der Jungen, Fell, gleichwarm, (Atmung durch Lungen)

**B** Biologisches Prinzip Evolution: Die Verwandtschaft von Haustieren und ihren wilden Vorfahren zeigt sich in Ähnlichkeiten im Körperbau und im Verhalten (Nahrungssuche, Körperpflege). Biologisches Prinzip Angepasstheit: Hausschweine zeigen wie ihre Vorfahren Angepasstheiten an ihre Lebensweise.

**4** Tiere verständigen sich untereinander durch Signale. Wedelt der Hund mit dem Schwanz, drückt er Freude aus. Bei der Katze deutet Schwanzwedeln dagegen auf Gereiztheit (Flucht oder Angriff) hin. Die Katze sendet also ein Abwehrsignal, das der Hund aber als freundliches Signal (Aufforderung zum Spiel) missverstehen könnte. Die Katze wiederum könnte das Schwanzwedeln des Hundes als Angriffssignal deuten.

**5** Der Züchter wählt die beiden deutlich rot gefärbten Katzen aus dem Wurf und verpaart sie miteinander (bzw. mit rot gefärbten Tieren aus einem anderen Wurf). Er wählt bei den Nachkommen wieder jeweils nur die rot gefärbten Tiere aus und lässt sie sich vermehren. So verfährt er über viele Generationen. Es werden also immer nur die Tiere miteinander verpaart, die die gewünschten Eigenschaften zeigen.

### Wasser – ein lebenswichtiger Stoff

**1** Vom gesamten Wasservorrat liegt nur ein sehr geringer Teil als Süßwasser vor. Von diesem Süßwasser ist auch nur ein kleiner Teil als Grundwasser oder sauberes Seewasser zu gebrauchen.

**2** Ohne Klärung gelangen zu viele Gifte und Schmutz in Seen und Flüsse. Von dort können sie nicht mehr entfernt werden. Sie könnten dann auch das Trinkwasser verschmutzen oder Tiere und Pflanzen schädigen.

**3** Das stimmt nicht: Zu viel Dünger gelangt dann in Seen und Flüsse, es kann zur Algenblüte kommen.

**4** Das Grundwasser ist durch viele Meter Sand und Kies gesickert. Dabei wurde es gereinigt.

**5** Man drückt weißes Kupfersulfat auf ein Lebensmittel. Färbt es sich blau, ist Wasser enthalten.

**6** Dekantieren, Abdampfen, Sedimentieren, Filtrieren, Sieben

**7** fest, flüssig, gasförmig

**8** Das Wasser wird unterhalb der Siedetemperatur zu Gas – es verdunstet. An der kühleren Scheibe kondensiert es wieder.

**9** Eine Dispersion ist eine Mischung von kleinen Festkörpern und einer Flüssigkeit. In der Dispersionsfarbe sind also feste Farbteilchen in einer Flüssigkeit enthalten.

**10** Wird das Wasser weniger, spricht man vom Eindampfen. Wenn man die Brühe abgießt, dekantiert man.

**11** Die Kiemenblättchen werden vom Atemwasser umströmt. Dabei tritt der Sauerstoff aus dem Wasser über die Oberfläche der Kiemenblättchen in die Blutgefäße über.

## Amphibien und Reptilien

**1** Wasserfrosch; Bestimmungsweg: 1 Tier ohne Schwanz ► 3‘ Bauch ohne oder mit hellen Flecken ► 4‘ Haut glatt ► 5‘ Zehen ohne Haftscheiben ► 7 Schwimmhäute bis zu den Zehenspitzen ► Wasserfrosch

**2**

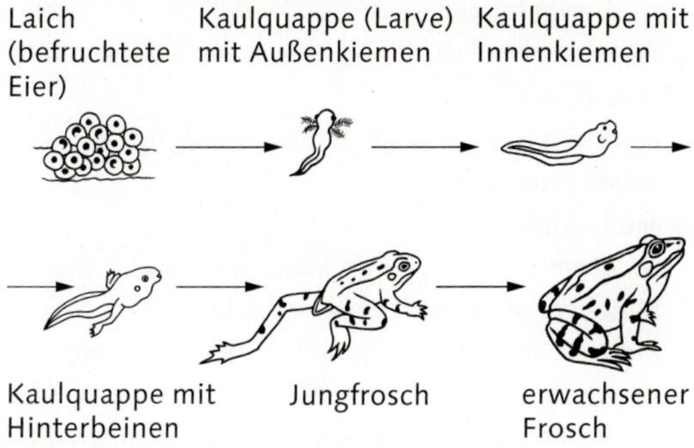


**3** Dadurch dass der Alpensalamander fertig entwickelte Jungtiere gebärt, ist er nicht an das Wasser gebunden. Er benötigt kein Gewässer zur Eiablage und es gibt keine kiementragenden Larven, die für ihre Entwicklung auf ein Gewässer angewiesen wären. Der Alpensalamander ist so an die wasserarmen Lebensbedingungen im Hochgebirge angepasst.

**4** Die Fortpflanzung der Reptilien ist an das Land gebunden. Sie legen hier ihre Eier ab. Die Reptilieneier sind von einer pergamentartigen Hülle umgeben und so gegen Austrocknung an Land geschützt. Im Gegensatz zu den Fischen und Amphibien findet bei den Reptilien die Befruchtung im Körper des Weibchens (innere Befruchtung) statt. Die Jungtiere entwickeln sich innerhalb der schützenden Eischale an Land.

**5 A**

**Körpertemperatur in Abhängigkeit von der Umgebungstemperatur**

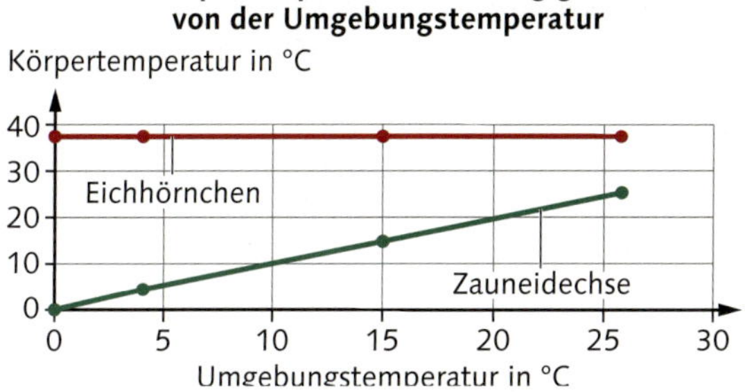


**5 B** Die Zauneidechse ist wechselwarm. Sie weist keine regulierte Körpertemperatur auf, sondern ihre Körpertemperatur ändert sich mit der Umgebungstemperatur. Steigt die Umgebungstemperatur, so steigt auch die Körpertemperatur der Zauneidechse. Das Eichhörnchen gehört zu den gleichwarmen Tieren und kann seine Körpertemperatur selbst regulieren. Seine Körpertemperatur bleibt unabhängig von der Umgebungstemperatur gleich hoch (bei 37 °C).

**6** Die Zauneidechse nutzt gezielt sonnige Plätze am Morgen und am Abend, um sich aufzuwärmen. Dadurch erhöht sich die Körpertemperatur und die Zauneidechse wird lebhafter. Während der Mittagshitze sucht sie schattige Plätze auf (z. B. Steine oder Erdlöcher). So entgeht sie der Gefahr der Überhitzung.

## Wirbellose Tiere

**1 A** Das Bein ist gegliedert in Hüfte (unbeschriftet), Schenkelring (unbeschriftet), Schenkel, Schiene und Fuß. An der Außenseite der Schiene befindet sich eine Vertiefung, an deren Rand nach innen gebogene Härchen sitzen, die ein Körbchen bilden, außerdem ein Pollenkamm aus kurzen Härchen bzw. Borsten. Das erste Fußglied ist groß und teilweise abgeflacht. An der Innenseite des Fußes befinden sich in Reihen angeordnete Borsten (Bürste) sowie eine waagerechte, etwas hervorstehende Struktur, die als Pollenschieber bezeichnet wird.

**B** Die Gliederung des Beins in Hüfte, Schenkelring, Schenkel, Schiene und Fuß entspricht dem Grundbauplan des Insektenbeins. Gegenüber dem Grundbauplan sind die Form der Schiene und des ersten Fußglieds abgewandelt. Die Schiene ist nach unten verbreitert, abgeflacht sowie mit Härchen und Borstenkamm versehen (Körbchen und Pollenkamm). Das erste Fußglied ist vergrößert sowie abgeflacht und bildet die Bürste.

**C** Mit Bürste und Pollenkamm (die auch an den anderen Beinpaaren vorhanden sind) kann das Insekt Pollen aus seinem „Pelz“ auskämmen. Dieser wird mit dem Pollenschieber im Körbchen festgedrückt und dort gesammelt (Pollenhöschen).

**D** Es handelt sich um das Sammelbein einer Honigbiene. Bürste, Pollenkamm und Pollenschieber helfen beim Sammeln des Pollens, das Pollenkörbchen dient dem Transport des Pollens in den Stock.

**2 A** a Schabe: beißend-kauendes Mundwerkzeug, b Stubenfliege: Rüssel, saugendes Mundwerkzeug (Tupfrüssel), c Wanze: stechend-saugendes Mundwerkzeug

**B** a Schabe: feste Nahrung, die gekaut werden muss; b Stubenfliege: flüssige Nahrung, die von einer Oberfläche aufgesaugt wird; c flüssige Nahrung, die nach Einstechen herausgesaugt wird

**C** z. B. behaarter Körper der Honigbienen, in dem Pollen hängen bleibt, sowie besonders gebaute Beine (Sammelbein): Pollen wird als Nahrung gesammelt. Ein anderes Beispiel sind die Fangbeine der Gottesanbeterin, mit denen z. B. andere Insekten als Beute gefangen werden.

**3 A** Aus den (befruchteten) Eiern, die von der weiblichen Stechmücke an Wasserpflanzen ins Wasser abgegeben werden, schlüpfen Larven, die im Wasser bzw. direkt unter der Wasseroberfläche leben. Die Larven verpuppen sich nach einiger Zeit, die Puppe lebt an der Wasseroberfläche. Aus der Puppe schlüpft das erwachsene Insekt, die Imago. Es findet also eine vollständige Verwandlung statt. Die Stechmücke besitzt Flügel, lebt an Land (bzw. in der Luft) und ernährt sich vom Blut der Wirbeltiere.

**B** Die Larve der Stechmücke hängt kopfüber an der Wasseroberfläche. Sie besitzt Mundborsten, mit denen sie Nahrung heranstrudelt. Sie atmet durch ein Atemrohr, das über die Wasseroberfläche ragt. Die Luft gelangt durch Tracheen in den Körper. (Die Stechmücke kann bei Gefahr durch Hin- und Herbewegen des Körpers einige Zentimeter abtauchen.)

**4 A** Die Krabbenspinne besitzt ein Kopfbruststück und einen Hinterleib sowie 4 Beinpaare.

**B** Insekten haben ebenfalls einen gegliederten Körper. Dieser besteht im Gegensatz zum Spinnenkörper aber aus Kopf, Brust und Hinterleib sowie 3 Beinpaaren. Insekten besitzen außerdem (in der Regel) zwei Paar Flügel.

**C** Webspinnen leben räuberisch. Angepasstheiten an die räuberische Lebensweise: Sinneshaare an Kiefertaster und Laufbeinen zur Wahrnehmung von Reizen (Riechen, Schmecken, Hören, Tasten); Kieferzangen mit Giftklauen zum Packen und Töten der Beute (diese wird verflüssigt und durch den kleinen Mund eingesaugt); Giftdrüsen, in denen das Gift gebildet wird; Herstellen von Spinnseide (zum Einwickeln der Beute und bei manchen Spinnen zum Netzbau) in den Spinndrüsen und Abgabe durch Spinnwarzen. (Die Krabbenspinne ist ein Lauerjäger und baut keine Netze. Durch ihre Körperfarbe ist sie gut getarnt.)

## Materialien Trennen – Umwelt schützen

**1** Bio-Abfall: Speisereste, Laubstreu
Verbundmaterialien: Getränkekartons, einige Joghurtbecher
Kunststoffabfall: Tüten, Folien, Kunststoffdosen
Gefahrstoffe: Batterien, Energiesparlampen, Lacke und Farben, Lösemittel
Metallabfälle: Konservendosen, Aluminiumdeckel
Glas: Gläser und Flaschen
Papier: Zeitungen, Hefte, Bücher

**2** Papier und Plastiktüten können durch Windsichten abgetrennt werden. Sie können auch durch Schwimmen und Sinken aussortiert werden. Danach werden sie von Hand sortiert. Flaschen sind im Gegensatz zu Kabeln und Dosen nicht elektrisch leitfähig. Diese können also durch Leitfähigkeitsmessung aussortiert werden. Kabel und Dosen müssen von Hand getrennt werden.

**3 A** Springschwanz: frisst erste Löcher in die Blätter.

**B** Haarmückenlarve: zersetzt die Blätter, wenn sie schon stark angefressen sind.

**C** Regenwurm: zieht die Blätter in die Erde und durchmischt sie so.

**D** Kellerassel: zersetzt die Blätter, wenn sie schon stark angefressen sind.

**4** Müll wird getrennt gesammelt, damit viel Abfall *wiederverwertet* werden kann. Bei Papier, Glas und Metallen lohnt sich das *Recycling* besonders. *Verbundmaterialien* wie z. B. Getränkekartons sind besonders schwierig in ihre Bestandteile aufzutrennen. Stoffe, die nicht recycelt werden können, kommen in die *Müllverbrennungsanlage*. Einige Stoffe sind mit einer durchgestrichenen Mülltonne als *Gefahrstoffe* gekennzeichnet. Diese Stoffe müssen bei einer Sammelstelle abgegeben werden. In der Natur sorgen die *Destruenten* dafür, dass Abfälle von Tieren und Pflanzen verwertet werden. Sie bauen sie zu *Mineralstoffen* ab.

**5** In der Mülltrennungsanlage wird Abfall nach seinen *Eigenschaften* getrennt. Zuerst werden *Holz*, *Pappe* und Restmüll aussortiert. Der Windsichter *bläst Kunststofftüten* und *Folien* heraus. Kunststofftüten sind besonders leicht. Der Magnettrenner entfernt dann alle Stoffe, die *magnetisch* sind. In der Sink-Schwimm-Anlage werden *besonders schwere Stoffe* abgetrennt. Sie gehen im Wasser unter.

## Blütenpflanzen

**1 A** Die Grundorgane sind die Wurzel, die Sprossachse und das Blatt. Blätter unterteilt man in Laub- und Blütenblätter.
Die Wurzel verankert die Pflanze im Boden und gibt ihr Halt. Die feinen Wurzelhaare bilden oftmals ein weitverzweigtes Netz. Sie nehmen das im Boden gespeicherte Wasser sowie darin gelöste Mineralstoffe auf. In speziellen Fällen dient die Wurzel auch als Speicher für Nährstoffe. Die Aufgabe der Sprossachse besteht neben der Stabilisierung der Pflanze in der Weiterleitung einerseits von Wasser und andererseits von Nährstoffen (Traubenzucker). In den Laubblättern und anderen grünen Pflanzenteilen wird mithilfe von Sonnenlicht energiereicher Traubenzucker hergestellt.

Die Blütenblätter dienen der Fortpflanzung: Sie locken Insekten an, die die Blüte bestäuben.

**B** Bei der Wasserlinse fehlt die typische Dreigliederung in Wurzel, Sprossachse und Blatt. Es gibt Laubblättchen und eine verzweigte Wurzel. Eine Blüte ist nicht zu erkennen.

**C** Die Blättchen liegen auf dem Wasser auf (Schwimmblätter). Die Wurzel verankert die Pflanze nicht im Boden, sondern sie ragt frei ins Wasser. Die Wasserlinse ist so an ein Leben an der Wasseroberfläche angepasst (Schwimmpflanze).

**2 A** Zunächst muss die Apfelblüte bestäubt werden. Dabei wird Pollen von einer Blüte auf die Narbe einer anderen Blüte übertragen. Als Bestäuber dienen z. B. Honigbienen. Im Anschluss folgt die Befruchtung, bei der der Pollenschlauch bis zum Fruchtknoten wächst. Dort verschmilzt die männliche Geschlechtszelle aus dem Pollenschlauch mit der Eizelle. Aus der befruchteten Eizelle bildet sich ein Pflanzenembryo, der alle Anlagen der Grundorgane hat. Er verbleibt im Ruhezustand in der Samenanlage, während der Fruchtknoten nach der Befruchtung allmählich wächst und die eigentliche Frucht ausbildet. Die Frucht umgibt die Samen. Ist der Apfel schließlich groß genug und reif, kann er geerntet werden.

**B** Eventuell sind zu wenige Bestäuber vorhanden gewesen (z. B. wegen ungünstigen Wetters). Es fehlen vielleicht Bienenstöcke in der Umgebung. Der Standort des Apfelbaums könnte ungünstig liegen, z. B. ohne umgebende Wiesen, Hecken und Sträucher, die Insekten anlocken. Andererseits könnten die Apfelbäume auch zu ungeschützt stehen, sodass Kälte für ein vorzeitiges Abfallen der Blüten gesorgt hat, bevor sie bestäubt werden konnten.

**C** Der Landwirt könnte einen Imker bitten, Bienenstöcke in der Nähe aufzustellen. Er könnte eine Hecke in unmittelbarer Nähe seiner Bäume pflanzen. Sie sorgt für Bestäuber (sowie Wind- und Kälteschutz). Er könnte aber auch Wildblumensamen ausstreuen, sodass die Artenvielfalt der Blütenpflanzen in unmittelbarer Nähe seiner Obstbäume wächst. So werden zukünftig mehr Bestäuber angelockt.

**3 A** Die Erbse gehört zu den Schmetterlingsblütlern. Die Blüte hat die typische Form eines Schmetterlingsblütlers: Ein Kronblatt ist zur Fahne ausgebildet, zwei weitere, die Flügel, stehen seitlich ab und die beiden unteren Kronblätter bilden eine Röhre, das Schiffchen.

**B** 1 Fahne; 2 Schiffchen; 3 Flügel

**C** Die Form der Blüte ähnelt der eines Schmetterlings.

**D** Hülsenfrucht

**E** z. B. Bohne, Linse

**4 A** Siehe S. 173, Bild 3.

**B** Im Samen befindet sich der Embryo, der über alle Anlagen der Grundorgane einer Pflanze verfügt. Es steckt im Samen also noch keine fertige Pflanze, aber die Anlage für eine fertige Pflanze. Insofern hat Luca auch nicht ganz unrecht.

## Vögel

**1 A** Angepasstheiten an das Leben in der Luft, z. B. leichte, hohle Federn aus Horn; Hornschnabel ohne Zähne; großes Brustbein; steifer Rumpf; hohle, luftgefüllte Knochen; Vordergliedmaßen als Flügel; schnelle Verdauung; großes Herz; große Lunge mit Luftsäcken; legt Eier

**B** Fliegen ist sehr anstrengend, die Muskeln benötigen sehr viel Sauerstoff. Das Herz pumpt das sauerstoffliefernde Blut von der Lunge zu allen Organen, auch den Muskeln.

**2 A** 1 Spule; 2 Federfahne; 3 Federast; 4 Schaft; 5 Hakenstrahl; 6 Bogenstrahl

**B** Haken und Bogenstrahlen verbinden die Federäste zu einer nahezu luftdichten Fläche. Die Federn bilden beim Fliegen die Tragfläche, auf der die Vögel in der Luft schweben.

**3** 1 Segelflug: Der Rotmilan bewegt seine Flügel nicht und segelt passiv. Durch die aufsteigende Warmluft (Thermik) gewinnt er an Höhe. 2 Gleitflug: Der Rotmilan bewegt seine Flügel nicht und gleitet passiv. Dies ist mit einem allmählichen Höhenverlust verbunden. 3 Ruderflug: Der Rotmilan muss seine Flügel aktiv bewegen, so kann er an Höhe gewinnen.

**4 A, B** Lösungsskizze: Buch S. 207, Bild 4 ohne Pore (Lupe)

**C**

| Bestandteil (Struktur) | Funktion |
|---|---|
| Kalkschale (mit Poren) | Schutz und Stabilität (Form) (Die Poren ermöglichen das Atmen des Embryos.) |
| Schalenhäute | Verhindern das Auslaufen und Austrocknen des Eies |
| Luftkammer | Luftvorrat für die Atmung |
| Eiklar | Nahrungs- und Wasserreserve |
| Dotterkugel | Nahrungsvorrat |
| Keimscheibe | Aus der Keimscheibe entwickelt sich der Vogelembryo. |
| Hagelschnüre | Sie drehen die Keimscheibe nach dem Umlagern des Eies im Nest wieder zur warmen Oberseite. (Das Huhn sitzt auf den Eiern und bebrütet von oben!) |

5

| Ratschlag | Begründung |
|---|---|
| Kleingruppen- statt Einzel- oder Großgruppenhaltung | Hühner leben am liebsten in einer kleinen Gruppe, in der sich alle untereinander kennen und jedes Gruppenmitglied seinen Rang hat. |
| pro Gruppe ein Hahn | Eine Hühnerfamilie besteht aus 5–12 Hennen und einem Hahn. |
| zum Scharren geeigneter Boden mit Einstreu | Hühner suchen im lockeren Boden nach Würmern, Larven usw., indem sie scharren und picken. |
| Futter: ausgestreute Körner statt im Napf | Hühner picken als Nahrung auch Körner und Samen auf. |
| Dotterkugel | Nahrungsvorrat |
| Wassertröge | Hühner müssen auch regelmäßig Wasser trinken. |
| Sandkuhle | Zur Gefiederpflege nehmen Hühner gerne ein ausgiebiges Sandbad. |
| Auslauf im Freien mit Büschen und freier Fläche (Wiese) | Hühner nehmen auch gerne ein Sonnenbad, fühlen sich dabei aber nur sicher, wenn ein schützendes Gebüsch in der Nähe ist. |
| erhöhte, geschützte Sitzplätze (Stangen) im Hühnerhaus | Die Nacht verbringen die Hühner auf erhöhten Sitzplätzen. Hier fühlen sie sich vor Fressfeinden sicher. |
| geschützte, gepolsterte Nester (mit Einstreu) im Hühnerhaus | Beim Eierlegen und Brüten brauchen Hühner Ruhe und müssen sich sicher fühlen. |

6 **Kulturfolger** sind Wildtiere, die heute in der Nähe des Menschen leben. In den Gärten, Parks und auf der landwirtschaftlichen Nutzfläche finden sie leichter Nahrung. Ihre Vorfahren lebten ohne Bezug zum Menschen, z. B. als scheue Waldtiere. Beispiele: Amsel, Haussperling, Stadtfüchse

**Standvögel** sind Vögel, die das gesamte Jahr über in derselben Region leben. Sie brüten und überwintern im selben Gebiet (im Gegensatz zu Strichvögeln und Zugvögeln), z. B. Amsel, Haussperling, Stockenten, Buntspechte, Buchfinken, Mäusebussard.

7 **A** Rotmilane sind Raubvögel, dies kann man an ihren Greiffüßen mit den scharfen spitzen Krallen und dem hakenförmigen, großen Schnabel erkennen.
(Die Augen sitzen zwar seitlich, sind jedoch nach vorn orientiert. Dies ermöglicht ein gutes zweidimensionales Sehen. Damit kann das Raubtier die Entfernung zum Beutetier besser abschätzen.)

**B** Die Küken auf dem Bild haben einen feinen, noch unvollständigen Federflaum. Es sind Nesthockerküken. Kurz nach dem Schlüpfen müssen sie nackt gewesen sein und hatten die Augen geschlossen. Bei Nesthockern bleiben die Küken längere Zeit im Nest und die Nahrung wird von den Elternvögeln gebracht. (Das Weibchen bleibt in den ersten 2–3 Wochen nahezu ständig am Horst, hudert und beschattet die Nestlinge und verfüttert die vom Männchen angelieferte Nahrung. In dieser Zeit wächst den Küken nach und nach ein feiner Federnflaum und sie öffnen die Augen.)

## Energie effizient nutzen

1 Energie ist eine Eigenschaft von Systemen, etwas zu bewegen, zu erwärmen, zum Leuchten zu bringen, anzuheben usw. Energie kann nicht erzeugt, sondern nur von einer Art in eine andere umgewandelt werden. Wenn die Energie an die Umgebung abgegeben worden ist, ist sie wertlos – entwertet.

2 Luftballon: elastische Energie; Baum, Batterie, Streichholz, Banane: chemische Energie; Auto, Jo-Jo: Bewegungsenergie; heißer Kaffee: thermische Energie; Buch auf Stuhl: Höhenenergie. Stuhl und (nicht leuchtende) Lampe haben keine Energie.

3 Wäschewaschen, Backen, Aufwärmen von Speisen, Arbeiten mit Ton (Brennen des Tons), Verarbeitungshinweise auf Farben und Werkstoffen, Fieber messen, Wettervorhersage, Freibad, Heizung ...

4 Die ausgeatmete Luft ist meist wärmer als die Umgebung. Sie verteilt sich schnell und erwärmt die Umgebung ein ganz klein wenig. Im Klassenraum mit vielen Schülern kann man den Temperaturanstieg innerhalb einer Schulstunde gut messen.

5 Wurzeln entnehmen Wasser und Mineralstoffe aus der Erde. Die Erde wird dabei nicht oder nur sehr wenig weniger. Das „Baumaterial" der Pflanzen ist Zucker, welchen sie aus Wasser und Kohlenstoffdioxid herstellen. Kohlenstoffdioxid entnehmen sie aus der Luft.

6 Bei der Kerze verdampft das Wachs. Nur der Wachsdampf brennt. Wenn man stark genug gegen die Kerze bläst, pustet man den Wachsdampf weg. Dem Feuer wird also der Brennstoff entzogen.

7 Strahlungsenergie (Sonne) – chemische Energie (Raps) – chemische Energie (Biodiesel) – Bewegungsenergie (fahrender Traktor)

8 Bei Verbrennungen wird Kohlenstoffdioxid frei. Du könntest z. B. ein Tier unter eine Glasglocke setzen und Kohlenstoffdioxid in der ausgeatmeten Luft nachweisen. Oder du fertigst eine Thermografie des Tiers an oder misst genau seine Körpertemperatur. Sie müsste etwas wärmer sein als die Umgebungstemperatur.

9 Um ein Lagerfeuer anzuzünden, braucht man Kleinholz. Der *Zerteilungsgrad* ist so groß, dass es leicht mit *Sauerstoff* in Kontakt kommt und schnell brennt. Wenn du Holz anzündest, ist es beim *Flammpunkt* so heiß, dass sich die Dämpfe entzünden lassen. Es setzt dann die größeren Holzscheite in Brand. Würdest du ein Thermometer in die Flamme halten, würdest du die *Flammtemperatur* messen.

**10** Farben: Pulverlöscher / Kohlenstoffdioxid
Kunststoffe: Pulverlöscher / Kohlenstoffdioxid
Öl: Deckel
Kleidung: Löschdecke
Elektrogeräte: Pulverlöscher
Metalle: Sand
Holzfeuer: Wasser

## Entwicklung des Menschen

**1** **A, B** (Jungen = J, Mädchen = M)

| Primäre Geschlechtsmerkmale | Sekundäre Geschlechtsmerkmale |
|---|---|
| Penis (J) | Achselbehaarung (J, M) |
| Scheide (M) | Stimmbruch (J) |
| | verbreiterte Schultern (J) |
| | Schambehaarung (J, M) |
| | Bartwuchs (J) |
| | verbreiterte Hüften (M) |
| | kräftige Muskulatur (J) |

**2** Der Junge wächst (Wachstumsschub in der Pubertät). Penis und Hoden wachsen und die Scham- und Brustbehaarung bildet sich. Die Schultern werden breiter, die Muskulatur wird kräftiger.

**3** 1 Eileiter; 2 Eierstock; 3 Gebärmutter; 4 Scheide; 5 Kitzler; 6 kleine Schamlippe; 7 große Schamlippe

**4** Das biologische Prinzip Kompartimentierung beschreibt die Unterteilung in verschiedene Teile (Kompartimente, hier Organe), die jeweils unterschiedliche Aufgaben übernehmen. Bei den Geschlechtsorganen des Mannes sind das z. B. Penis, Hoden und Nebenhoden. In den Hoden werden die Spermienzellen produziert und in den Nebenhoden gespeichert. Bei einem Spermienerguss werden diese durch den Harnspermienleiter im erigierten Penis abgegeben.

**5** **A** Im Diagramm ist dargestellt, wie viele Mädchen in welchem Alter ihre erste Regelblutung bekommen haben. Befragt wurden 118 Mädchen. 2 der Befragten waren jünger als 9 Jahre, 2 Mädchen bekamen ihre erste Periode im Alter von 9 Jahren, 13 Mädchen waren 10 Jahre alt. Ein Großteil der Befragten (31) war 11 Jahre alt, als die erste Regelblutung einsetzte. Jeweils 25 bzw. 26 Mädchen waren 12 bzw. 13. Noch 13 bzw. 6 Mädchen gaben an, ihre erste Regelblutung mit 14 bzw. 15 Jahren bekommen zu haben.

**B** Anhand des Diagramms ist zu erkennen, dass der Beginn und Verlauf der Pubertät sehr unterschiedlich sein können. Die erste Regelblutung setzt beim Mädchen relativ zu Beginn der Pubertät ein. Dies kann (laut Diagramm) bereits vor dem 9. Lebensjahr oder auch erst mit 15 Jahren der Fall sein.

**6** **A** Ei = Embryo bzw. Fetus; Plastiktüte = Fruchtblase; Wasser in der Tüte = Fruchtwasser; Glas = Gebärmutter

**B** Wenn das Glas geschüttelt wird, dann geht das Ei nicht kaputt, da es sich im Wasser befindet und somit geschützt ist. Die Fruchtblase schützt den Embryo ebenfalls bei Bewegungen und Erschütterungen.

## Glossar

**Aggregatzustand:** Stoffe können in festem, flüssigem oder gasförmigem Zustand vorkommen.

**Angepasstheit:** biologisches Prinzip, das die Ausprägung von Körperbau und Lebensweise abhängig von den Bedingungen des Lebensraums beschreibt

**Antennen:** Fühler bei Wirbellosen, die zum Tasten und zur Wahrnehmung von Duftstoffen dienen

**Art:** Alle Lebewesen, die in allen wesentlichen Merkmalen übereinstimmen und unter natürlichen Bedingungen gemeinsam fruchtbare Nachkommen hervorbringen können, gehören zu einer Art.

**Außenverdauung:** Verdauung von Nahrung außerhalb des Körpers, z. B. Spinnen

**äußere Befruchtung:** ► Eizelle und ► Spermienzelle verschmelzen außerhalb des weiblichen Körpers (z. B. bei Fischen, Amphibien).

**Balz:** Verhalten, bei dem die männlichen Tiere um einen weiblichen Partner werben

**Befruchtung:** Verschmelzung von männlicher und weiblicher Geschlechtszelle; bei Menschen und Tieren entsteht bei der Verschmelzung der ► Eizelle mit dem ► Spermium die ► Zygote.

**Bestäubung:** bei Blütenpflanzen die Übertragung von ► Pollen auf die Narbe.

**Biodiesel:** Treibstoff für Kraftfahrzeuge, der z. B. aus Rapsöl hergestellt wird

**Blütenstetigkeit:** Verhalten der Honigbienen, so lange eine Pflanzenart anzufliegen, bis diese verblüht ist

**Brutpflege:** Verhalten von Elterntieren, die sich nach der Eiablage oder Geburt um ihre Nachkommen kümmern

**Chitin:** stabiles, aber leichtes, wasserundurchlässiges und elastisches Material, aus dem das Außenskelett der Insekten, Spinnentiere und Krebse besteht

**Destillieren:** Trennverfahren für Flüssigkeitsgemische. Verschiedene Bestandteile eines Gemisches verdampfen bei unterschiedlichen Temperaturen.

**Dichte:** Sie gibt an, wie viel Gramm 1 $cm^3$ eines Stoffs wiegt. Körper mit gleichem Volumen können eine unterschiedliche Masse und damit eine unterschiedliche Dichte haben; Einheit: $g/m^3$.

**Domestikation:** Bei der Domestikation wird ein Wildtier über viele Generationen zum Haustier; so wurde z. B. der Wolf zum Hund.

**Eindampfen:** Trennverfahren, bei dem das Lösungsmittel durch Erhitzen verdampft und die Feststoffe zurückbleiben

**Eizelle:** weibliche Geschlechtszelle bei Menschen, Tieren und Pflanzen

**Embryo:** Lebewesen in einem frühen Entwicklungszustand; beim Menschen ab Teilung der Zygote bis Ende des 3. Schwangerschaftsmonats

**Emulsion:** Gemisch zweier Flüssigkeiten

**Energie:** Fähigkeit, Körper zu bewegen, Licht oder Schall auszusenden. Sie ist der „Antrieb" für alle Vorgänge in der Technik und in Lebewesen.

**Energieerhaltungssatz:** physikalisches Prinzip, nach dem bei keinem Vorgang Energie verloren geht oder gewonnen wird

**Energieträger:** Rohstoffe, die Energie besitzen. Man unterscheidet fossile E. (Kohle, Erdöl, Erdgas), erneuerbare E. (Biomasse, Wasserkraft, Erdwärme, Sonnenenergie) und Kernenergieträger (Uran).

**Energiewandler:** Gerät oder Lebewesen, das Energie aufnehmen und umwandeln kann.

**erneuerbare Energien:** Energiequellen, die unerschöpflich sind, z. B. Windkraft, Sonnenenergie oder Erdwärme

**Facettenauge:** aus vielen Einzelaugen zusammengesetztes Auge von Insekten und einigen anderen Tiergruppen

**Fette:** ► Nährstoffe; wichtige Energielieferanten für den Körper; Nahrungsfette können tierischer oder pflanzlicher Herkunft sein.

**Fetus:** So nennt man den ► Embryo ab dem Ende des 3. Schwangerschaftsmonats.

**Filtrieren:** Trennverfahren, bei dem Feststoffe aus einer ► Suspension von einer Flüssigkeit abgetrennt werden.

**fossile Brennstoffe:** ► Energieträger, die in früherer Zeit durch unvollständige Zersetzung toter Pflanzen und Tiere unter dem Druck auflagernder Sedimente entstanden sind, z. B. Braun- und Steinkohle oder Erdgas und Erdöl

**Fotosynthese:** Pflanzen bilden mithilfe der ► Energie des Sonnenlichts aus ► Kohlenstoffdioxid und Wasser energiereichen Traubenzucker. Dabei entsteht auch Sauerstoff.

**Frucht:** Die Frucht geht aus dem Fruchtknoten der Pflanze hervor und umschließt den ► Samen. Früchte sorgen für die Ausbreitung der Samen.

**Fruchtknoten:** Teil der Blüte; bildet eine zusätzliche Hülle um die ► Samenanlage; nimmt bei der ► Bestäubung über die Narbe die ► Pollen auf

**Ganglien:** Einzahl Ganglion; Teil des Nervensystems von Wirbellosen; G. sind Nervenknoten, die über Nervenstränge miteinander verbunden sind.

**Gefahrensymbole:** Zeichen, die auf gefährliche Stoffe oder Strahlen hinweisen

**geschlechtliche Fortpflanzung:** Bei der ► Befruchtung entsteht ein neues Lebewesen mit Eigenschaften von beiden Eltern. Pflanzen können sich ebenso wie Tiere geschlechtlich fortpflanzen.

**geschlossener Blutkreislauf:** Blutkreislauf, bei dem das Blut stets in Blutgefäßen fließt

**Geschlechtsorgane:** alle Organe, die der Fortpflanzung dienen, z. B. Penis, Hodensack, Hoden (Mann); Scheide, Gebärmutter, Eierstöcke (Frau)

**getrenntgeschlechtig:** Befinden sich bei Blütenpflanzen die weiblichen und männlichen Fortpflanzungsorgane auf unterschiedlichen Blüten, spricht man von getrenntgeschlechtigen Blüten.

**Gewicht:** Die ► Masse eines Gegenstands wird mit der Waage gemessen und in Kilogramm (kg) angegeben.

**gleichwarm:** Die Körpertemperatur gleichwarmer Tiere wird gleich hoch (konstant) gehalten und ermöglicht so eine Aktivität unabhängig von den Umgebungstemperaturen, z. B. Säugetiere, Vögel

**Gliederfüßer:** ► Wirbellose, die ein Außenskelett aus ► Chitin und ► segmentierte Gliedmaßen haben, z. B. Insekten, Krebse und Spinnentiere

**Grundwasser:** ► Wasser, das in den Erdboden eingedrungen ist und im Gestein Hohlräume füllt

**Hämolymphe:** ► offener Blutkreislauf

**Hormone:** Botenstoffe, die in den Hormondrüsen gebildet und über das Blut im ganzen Körper verteilt werden. Sie steuern Vorgänge, z. B. das Wachstum.

**Humus:** in und auf dem Boden liegende abgestorbene pflanzliche und tierische Überreste und deren Umwandlungsprodukte

**Hydrosphäre:** Wasserhülle der Erde; umfasst Ozeane, Nebenmeere, Binnengewässer, Schnee und Eis

**Hypothese:** wissenschaftlich begründete Vermutung mit hoher Wahrscheinlichkeit, sie dient als Mittel zur Erkenntnisgewinnung

**Imago:** voll entwickeltes, geschlechtsreifes Insekt

**Innere Befruchtung:** ► Eizelle und ► Spermienzelle verschmelzen im Körper des Weibchens.

**Kältestarre (Winterstarre):** Zustand des Körpers, in den wechselwarme Tiere bei Umgebungstemperaturen unter einem bestimmten Wert fallen

**Kaulquappe:** ► Larve der Froschlurche

**Keimung:** Entwicklung des im ► Samen enthaltenen Pflanzenembryos zu einer jungen Pflanze

**Kiemen:** dünnhäutige, stark durchblutete Organe mit großer Oberfläche, die der Aufnahme von Sauerstoff aus dem Wasser dienen

**Kläranlage:** Einrichtung zur Abwasserreinigung in mehreren Stufen; man unterscheidet mechanische, biologische und chemische Reinigungsstufen.

**Kloake:** Körperöffnung, in die gemeinsam Darm, Harnleiter und Geschlechtsorgane münden (z. B. bei Vögeln)

**Kobel:** Nest des Eichhörnchens, in dem es Winterruhe hält und seine Jungen aufzieht

**Kohlenstoffdioxid ($CO_2$):** chemische Verbindung aus Kohlenstoff und Sauerstoff. Das geruch- und farblose Gas ist natürlicher Bestandteil der Luft.

**Kommunikation:** Bei der Kommunikation werden Informationen ausgetauscht, die vom jeweils anderen Lebewesen verstanden werden.

**Kondensation:** Umwandlung unsichtbaren Wasserdampfs in Wassertropfen

**Konkurrenz:** Wettbewerb von zwei Individuen oder Arten um Lebensräume und Nahrung

**Laich:** die schalenlosen, gallertartigen Eier der Fische und Amphibien

**Larve:** Jugendform, die sich in Aussehen und oft auch in der Lebensweise stark von den erwachsenen Tieren unterscheidet, z.B. ► Kaulquappe

**lebendgebärend:** Bei lebendgebärenden Tieren entwickeln sich die Jungtiere im Leib der Mutter und werden lebend zur Welt gebracht.

**Lösemittel:** Flüssigkeit, die Gase, andere Flüssigkeiten oder feste Stoffe lösen kann

**Lösung:** einheitliches Stoffgemisch, bei dem sich ein Stoff in einem anderen Stoff, dem ► Lösemittel vollständig verteilt, sodass eine klare, durchsichtige Flüssigkeit entsteht

**Luft:** Gasgemisch der Erdatmosphäre, das zu 78 % aus Stickstoff, zu 20,9 % aus Sauerstoff, zu 0,03 % aus ► Kohlenstoffdioxid und zu rund 1% aus anderen Gasen besteht

**Masse:** ► Gewicht – gibt an, wie viel ein Körper wiegt. Die Einheit für Masse ist das Kilogramm (1 kg = 1000 g).

**Mauser:** Erneuerung des Federkleids bei Vögeln

**Menstruation:** Regelblutung der Frau; wird die ► Eizelle nicht befruchtet, stirbt die Gebärmutterschleimhaut ab und wird zusammen mit etwas Blut durch die Scheide ausgeschieden.

**Metamorphose:** Gestaltwandel bei der Entwicklung mancher Wirbeltiere und Wirbellosen; dabei entwickelt sich die ► Larve zum erwachsenen Tier (z. B. Froschlurche, Insekten).

**Methoden:** festgelegte Arbeitsweisen, nach denen Naturwissenschaftler vorgehen

**Mineralstoffe:** ► Stoffe, die Lebewesen in kleinen Mengen zum Aufbau körpereigener Stoffe benötigen. Blütenpflanzen nehmen Mineralstoffe zusammen mit Wasser über die Wurzel auf.

**Modell:** vereinfachte Darstellung von Vorgängen und Strukturen. Mit Modellvorstellungen lassen sich komplizierte Sachverhalte anschaulicher und verständlicher machen.

**Nachhaltigkeit:** Grundsatz, der darauf abzielt, die heutigen Lebensgrundlagen auch für die kommenden Generationen zu erhalten. Der Mensch soll so handeln und wirtschaften, dass die Chancen künftiger Generationen weder ökologisch noch wirtschaftlich oder sozial beeinträchtigt werden.

**Nährstoffe:** energiereiche ► Stoffe (Fette, Eiweiße und Kohlenhydrate); Pflanzen können sie in Form von Traubenzucker oder Stärke selbst herstellen.

**Nervensystem:** Organsystem, das für die Wahrnehmung, Übertragung und Speicherung von Informationen im Körper zuständig ist

**Nestflüchter:** Jungtiere mancher Tierarten, die weit entwickelt zur Welt kommen und schon wenige Minuten nach der Geburt ihren Eltern folgen können, z.B. Pferd, Rind, Haushuhn

**Nesthocker:** Jungtiere mancher Tierarten, die wenig entwickelt zur Welt kommen, in den ersten Lebenswochen unselbstständig sind und von den Eltern versorgt werden, z. B. Hund, Katze, Maulwurf

**Niederschlag:** jede Form von Regen, Schnee, Tau oder Nebel

**offener Blutkreislauf:** Blutkreislauf, bei dem die farblose Körperflüssigkeit (Hämolymphe) frei im Körper strömt und nicht in Blutgefäßen

**Pollen:** bei Blütenpflanzen in den Staubbeuteln gebildete, winzige Behälter. In ihnen entwickeln sich die männlichen ► Geschlechtszellen.

**primäre Geschlechtsmerkmale:** Geschlechtsorgane, die bereits von Geburt an vorhanden sind; bei Mädchen z. B. Scheide und Eierstöcke, beim Jungen Hoden und Penis

**Protokoll:** Aufzeichnung wichtiger Beobachtungen oder Versuche. Ein P. sollte neben dem Datum und den verwendeten Materialien auch Angaben zu Versuchsaufbau, -durchführung, -beobachtungen und Deutungen enthalten.

**Pubertät:** Zeitraum, in dem sich Kinder körperlich und geistig zu Jugendlichen entwickeln und geschlechtsreif werden. Das Einsetzen der Pubertät wird durch ► Hormone ausgelöst.

**Recycling:** Wiederverwendung gebrauchter Stoffe zur Schonung natürlicher Ressourcen

**Regeneration:** Fähigkeit, verloren gegangene (Körper-)Teile zu ersetzen

**Revier:** Bereich, den ein Tier für bestimmte Zwecke (z. B. Nahrungssuche, Jungenaufzucht) nutzt und den es gegen Artgenossen verteidigt

**Ringelwürmer:** Gruppe von ► segmentierten Würmern, zu der unter anderem der Regenwurm gehört

**Rote Liste:** Liste aller gefährdeten Tier- und Pflanzenarten Deutschlands

**Samen:** besteht aus dem Embryo, dem Nährstoffspeicher und der Samenschale; ermöglicht die Ausbreitung von Blütenpflanzen

**Samenanlage:** in der Blüte Bestandteil des ► Fruchtknotens, in dem sich die ► Eizelle befindet

**Schweben:** Ist die Dichte eines Gegenstands gleich der Dichte von Wasser oder Luft, hält der Gegenstand seine Höhe im Wasser oder in der Luft, ohne abzusinken oder aufzusteigen – er schwebt.

**Schwimmblase:** gasgefülltes Organ vieler Fische, das ihnen das ► Schweben im Wasser ermöglicht

**Schwimmen:** Ist die ► Dichte eines Gegenstands kleiner als die Dichte von Wasser, erhält der Gegenstand einen Auftrieb. Er schwimmt auf dem Wasser. Beim aktiven Schwimmen der Fische dienen Flossen als Antrieb und Steuer.

**Schlüssel-Schloss-Prinzip:** beschreibt zwei Strukturen, die genau aufeinander abgestimmt sind (wie Schlüssel und Schloss)

**Segment:** (lat. *Segmentum* = Abschnitt) Abschnitte eines Körperteils (z. B. die Abschnitte des Regenwurmkörpers oder des Hinterleibs der Insekten)

**Seitenlinienorgan:** Organ, mit dem Fische Druckschwankungen im Wasser wahrnehmen, die durch Beutetiere oder ein Hindernis erzeugt werden

**sekundäre Geschlechtsmerkmale:** Geschlechtsmerkmale, die sich mit dem Beginn der Pubertät entwickeln, z. B. Schambehaarung, Bartwuchs

**Sinken:** Ist die ► Dichte eines Gegenstands größer als die Dichte des Wassers, geht er unter – er sinkt.

**Skelett:** bei ► Wirbeltieren Gesamtheit aller Knochen; es stützt den gesamten Körper, bildet zusammen mit den Muskeln die Grundlage für Bewegung und schützt die inneren Organe

**Solarzelle:** Energiewandler, der Licht in elektrische Energie umwandelt

**Sonne:** riesiger gasförmiger Zentralkörper des Planetensystems. Die mittlere Entfernung von der Erde beträgt 149,6 Mio. Kilometer. Die S. ist ein Stern mit intensiver Strahlung.

**soziale Insekten:** Insekten, die in einem Staat zusammenleben, in dem jedes Tier eine spezielle Aufgabe hat und alle Tätigkeiten dem Überleben des Staates gelten (z. B. Honigbiene, Waldameise)

**Speicherorgan:** Pflanzenorgan, das den Winter überdauert und in dem ► Nährstoffe gespeichert sind (z. B. Zwiebel, Erdspross, Wurzel- und Sprossknolle)

**Spermium (Spermienzelle):** männliche Geschlechtszelle; wird in den Hoden gebildet

**Sprossachse:** Organ der Blütenpflanzen, das die Blätter trägt und in dem ► Stoffe transportiert werden

**Stigmen:** Einzahl Stigma; Atemöffnungen der ► Tracheen im Chitinpanzer von z. B. Insekten

**Stoff:** Begriff für das Material, aus dem ein Gegenstand besteht

**Stoffeigenschaften:** Einen ► Stoff erkennt man an seinen Eigenschaften. Dazu zählen Farbe, Dichte, Härte, Leitfähigkeit, Löslichkeit, Schmelz- und Siedetemperatur und vieles mehr.

**Stoffwechsel:** Aufbau, Abbau und Umbau von Stoffen durch Lebewesen

**Strickleiternervensystem:** Form des ► Nervensystems bei vielen ► Wirbellosen; System aus ► Ganglien, die wie eine Strickleiter über Nervenstränge miteinander verbunden sind

**Stromlinienform:** Körperform, die das Wasser oder die Luft besonders gut vorbeiströmen lassen und der Fortbewegung nur geringen Widerstand entgegensetzt (z. B. Körperform der Fische, Vögel)

**Sublimation:** der direkte Übergang vom festen in den gasförmigen Aggregatzustand

**Suspension:** Aufschlämmung eines festen Stoffs in einer Flüssigkeit

**Systematik:** Fachgebiet, das sich mit dem Beschreiben und Ordnen von Lebewesen befasst

**Temperatur:** Sie gibt an, wie kalt oder warm ein Körper ist. Sie wird in Grad Celsius (°C) gemessen.

**Theorie:** eine umfassende, in sich widerspruchsfreie Modellvorstellung zur Erklärung der Wirklichkeit

**Thermografie:** Verfahren, mit dem die Wärmestrahlung von Gegenständen abgebildet wird

**Tracheen:** Atemröhren bei manchen Wirbellosen (z. B. Insekten), durch die Luft im Körper transportiert und verteilt wird

**Trennverfahren:** ► Methoden, um Stoffgemische in ihre Bestandteile zu zerlegen

**ungeschlechtliche Fortpflanzung:** Vermehrung, bei der keine ► Befruchtung der ► Eizelle durch die männliche ► Geschlechtszelle stattfindet

**unvollkommene Verwandlung:** Entwicklung bei Insekten ohne Puppenstadium, bei der das frisch geschlüpfte Tier schon Ähnlichkeit mit der ► Imago hat

**Variabilität:** Vielfalt in den Merkmalen; z. B. das unterschiedliche Aussehen der Nachkommen eines Tiers oder einer Pflanze

**Verdunstung:** Übergang einer Flüssigkeit in den gasförmigen Zustand ohne zu sieden. Zur V. ist Energie nötig, die der Umgebung entzogen wird.

**wechselwarm:** Die Körpertemperatur wechselwarmer Tiere wird nicht konstant gehalten, sondern schwankt mit der Umgebungstemperatur (z. B. Fische, Amphibien, Reptilien).

**Wiederkäuer:** Gruppe der Säugetiere, die von Pflanzennahrung leben; besitzen einen mehrteiligen Magen zur Verdauung harter Pflanzenfasern

**Wirbeltiere:** Tiere mit einer Wirbelsäule. Dazu gehören die Säugetiere, Vögel, Reptilien, Amphibien und Fische.

**Wirbellose:** Tiere ohne Wirbelsäule. Dazu gehören die Insekten, Krebse und Spinnentiere.

**Züchtung:** vom Menschen vorgenommene gezielte Verpaarung und Vermehrung von Tieren mit bestimmten Merkmalen

**Zwitter:** Tiere, die sowohl ► Eizellen als auch ► Spermienzellen bilden

**Zygote:** befruchtete ► Eizelle; entsteht bei der Verschmelzung von Eizelle und ► Spermienzelle

## Register

Der Stern* verweist auf eine Abbildung, f. nach der Seitenzahl bedeutet „folgende Seite“ und ff. „folgende Seiten“.

## Bildnachweis

Titelfoto: Colourbox

action press/DEFODI LTD. & CO. KG: 27 Mi., /Ferrari Press Agencyaction press: 69.8, /QKD/Rex Featuresaction press: 87.4, /XINHUA: 78.2; Agentur Focus/Photo Researchers/Kinsman: 107.6 a–b; Alamy/mauritius images: 126.1; Angermayer/Pfletschinger: 98.3 a, 104.3, 108.2; Arco Images/NPL: 127.2; blickwinkel/W.Layer: 98.3 d; Bohdal, Jiri, Naturfoto.cz: 218.1; Bornebusch, Jan Philipp: 64.3 b; Budde, Julia, Meerbusch: 205.3; Buhtz, A.: 161. u. li., 194.1 a; Burg von, Peter: 42.1; Burzin, Stefan: 234.1, 238.8; Clip Dealer/Elena Duvernay: 231.6; Corbis/Brian Gordon Green/National Geographic: 214.1 c, /Jeffrey L. Rotman: 249.5; /Mark Bolton: 151.6, /Minden Pictures/NiS/Willi Rolfes: 19 o., /Monalyn Gracia: 236.2, /Naturfoto Honal: 121.2, /Pete Oxford/Minden Pictures: 131.7, /RF: 57.5; 156.3, /Westend61/Fotofeeling: 36.3; Cornelsen Schulverlage, Berlin: 66.3, 67.6, 81.4, 273. u. re.; Digitalstock: 41.3 a–b, 182.3; Digitalstock/Martina Berg: 172.1 re., 181.9; Döring, V., Hohen Neuendorf: 13.2 a, c, d, e, 19 u., 22.4 a–d, 37.5 a–b, 64.2, 64.4, 153.5; 165.4, 172.2 a–d, 173.4, 174.1, 176.2, 177.4, 177.5 li., re., 195.7, 245.1, 252.2,; 252.3 li., re, 265.2 b, 269.2, 279.6; Flonline: 41.3 c, 64.1, 94.3 o, 94.3 u, 95.5, 113 o., 117.7 b, 191.3, 195.6, 213.4, 223.3 re., 225.5 li., 226, 239.4, 254.1; Fotofinder/Solvin Zankl: 92.1; Fotolia/Abet: 17.7, /Africa Studio: 273. u. li., 246.2 Mi., /aigarsr: 230.1 c, /Aintschie: 22.1b, /albert schleich: 261. o., /Alexander Rochau: 231.5, /Andreas Wolf: 265.2d, /Andres Rodriguez: 82.1, /Anton Gvozdikov: 234.3, /Aquiya: 169.5, /Arndt Büthe: 257.3, /Artur Golbert: 85.4, /bilderzwerg: 257.2 o, ccke: 82.3, creativenature. Nl/Rudmer Zwerver: 20.2, 233.9, /crisod: 70.3, /cynoclub: 40.1a, /Dariusz T. Oczkowicz: 230.2, /Delphine Poggianti: 142.4, /Designsstock: 145.2f, /djama: 150.4, /Dreaming Andy: 145.2o, /DRON_FOTO: 86.2, /E. Adler: 17.10a-1, 22.1c, /Ekaterina Bozhukova: 22.1 d, /emer: 192.2 re., /Eric Isselée: 29.4, 109.3; /Erich Muecke: 155.4, /euthymia: 145.2 j, /ExQuisine: 85.6, /eyewave: 238.2 li., /ferkelraggae: 248.2, /Hartmut Wolf: 104.1, /fotomatrix: 145.2 n, /fotorince: 237.7, /francescodemarco: 232.4, /gcpics: 154.1a, 250.3 li., /Gerhard Seybert: 251.6, /goodluz: 261. Mi., /Guido Grochowski: 256.1 re., Günter Menzl: 150.1, /haut Images: 23.1 e, /Ingo Bartussek: 40.1 b, /J. M. Gelpi: 197 Mi., /Jan Becke: 142.1, /Jasmin Merdan: 238.2mi, /Jean-Paul CHASSENET: 246.2re, /Jens Klingebiel: 17.9a, /Jens Schneider: 17.9b, /Karin Jähne: 59 o., /kichigin19: 142.2, /Klaus Eppele: 229.4 b, /Kzenon: 272.1, /Lars Johansson: 60.1 c, /LianeM: 170.2, /Light Impression/Steffen Schwenk: 255.6, /Malena und Philipp K: 171.4 li., /Manfred Ruckszio: 157.4, /Marek Gottschalk: 191. u. re., /Markus W. Lambrecht: 88.7, /Marla: 247.3, /Martina Berg: 179.5, /mist7: 17.10a–2, 22.1a, /mmm: 63.2, /mmmg: 154.1 b, /nikkytok: 234.4, /Nikolai Sorokin: 201.3, /Oliver Sved: 257.2. u., /Peter Maszlen: 23.1 d, /pics: 23.1 a, 159 u., /Picture Partners: 181.7,/photographee2000: 233.5, /qphotomania: 84.2, /Qyzz: 145.2 k, /razorconcept: 16.5, /Roman Milert: 17.10 b, /Schlierner: 248.1, /Sehenswerk: 166.2, /shock: 229.4 c, /So happy: 157.3, /sommai: 246.2 li., /sp4764: 145.2 a, /Stephan Leyk: 69.6, /stockphoto-graf: 58, /Stoney79: 105.6 o., /SunnyS: 85.9, /Superingo: 236.1, /T. Michel: 256.1 li., /tashka2000: 82.2, /Thomas Steil: 152.1, /tollanc: 255.5, /Venera Poznia-kova: 233.7, /Vera Kuttelvaserova: 60.1 a, /vipersgarden: 109.5, /virgonira: 17.10e, /Vladimir Vitek: 88.4, /Westend61/Dieter Heinemann: 64.3 a, /yevgeniy11: 250.3 re.; Gemeinschaft deutscher Hundehalter: 29.5; Gierga, Bodo: 28.2 c; Glow Images/imagebroker.com: 66.2, 227 o.; Hanke, Sabine, Pforzheim: 13.2 b; 187.2–4; Hecker, Frank Naturfotografie: 96.2; 97.6 a; Image source/Alex Greenwood: 65.5; imago: 59 Mi., 72.3 a, 72.3 c, 72.3 d, 94.1, 94.2 re., 104.2, 113 Mi., 121.3, 129.3, 131.8, 132.1, 133.3,159 o., 193.4 b–c, 198.1, 198.2, 214.1, 215.5, 223.3 li., /Arco Images: 18, 107.3, 196, /blickwinkel: 117.7 c–d, 131.4, 133.4, 182.1, 195.4, 208.1, /imagebroker/hohenacker: 100.1,/McPHOTO: 197 o., 216.2, 217.4, /Peter Widmann: 263.3,/Photoshot/Evolve: 91. Mi., /Sabine Gudath: 276.2; iStockphoto/Alex Potemkin: 35.5, /Daniel Bobrowsky: 38.2 c, /Jason Wickens: 181.6, /Konstantin Yolshin: 20.3, /Michael Bodmann: 38.2 b, /Sergey Galushko: 262.1; Jeuck, Judith: 163.5, 165.6; Juniors Bildarchiv: 31.4, 31.6, 33.3, 40.1 c, 54.1 a, 98.3 b, 180.4, 233.8, /J.-L. Klein & M.-L. Hubert: 43.3, /Wegler, M.: 26; Kremer, Birgit, Marbella: 93.5 b; Laif/Berthold Steinhilber: 89.8, /Patrick LORNE/JACANA: 112, /Peter Lewis/Loop Images: 210.1, /The New York Times/Redux: 85.8; Lars Scheffel, Kiel: 148.2; Lehnert, Manfred/Gärtringen: 106.1; Lichtbildarchiv Keil: 206.1 a–c; Look/Franz Marc Frei: 88.2; mauritius images: 160.1; /age: 28.1, /age fotostock: 35.4, /Alamy: 31.5, 34.2, 94.2 li., 99.4, 117.7a, 124.1, 131.3, 194.2, 195.5, 227 Mi., 179.2, /Anthony Sanger-Davies: 103.3, GL Archive: 69.7, /Glenn Volkmann: 155.7, i food and drink: 145.2 m, /Jack Moon: 211.5, /Nigel Cattlin: 193.4 a, /Nikki Edmunds: 213.7, paul kennedy: 78.1, /Roger Eritja: 157.2; /Andrey Nekrasov: 70.2, /Axiom Photographic: 250.2, /Blume Bild: 203.5, /Christine Steimer: 16.1, /Cusp: 260.1, /CW Images/Alamy: 155.6, /Emmanuel LATTES/Alamy: 88.3, /Fritz Rauschenbach: 17.10 d, 90, /Garden World Images: 23.2, /Herbert Kehrer: 193.3 a, /ib/Dieter Hopf: 15. Mi. re., /ib/Dr. W. Bahnmüller: 265.2 c,/ imageBROKER/Rolf Müller: 240.4 o.li.; /Stefan Huwiler: 215.4, /Alfred Schauhuber: 210.3, /Bernd Zoller: 240.4 u.li., /Christian Handl: 156.4, /Christian Zappel: 70.1, /FLPA/Tidman: 167.4, /Hans Lang: 95.4,/jspix: 72.3 b, /Justus de Cuveland: 107.5, /Kevin Prönnecke: 158, /Malcolm Schuyl/FLPA: 180.1, /Marko König: 197 u., /Jo Kirchherr: 236.3, John Cancalosi/Alamy: 74.1, /Klaus Scholz: 146.1, /NPL – Wild: 198.3, /Oredia: 265.2 a, /Oxford Scientific: 274.1 u., /Photo Researchers: 274.1 o., /Phototake: 267.3, 278.2, /Rauschenbach: 93.5 a, 108.1, /Science Source: 131.6; 161 o. re., /Steimer: 28.2 a, /Westend61: 159 Mi.; Münstermann-Budnik, Stefanie, Von-der-Arns-Weide.de: 34.1, 56.2; Okapia: 57.3 a–b, 127.4, /Andreas Hartl: 73.4, 98.3 c, /Cyril Ruoso: 216.3, /BIOS/Jean-Michel Labat: 57.3 c, /X.Eichaker: 217.5, /Bruno Roth: 212.3, /FLPA/Wayne Hutchinson: 27 u., /Gilles Martin: 212.2,/gner: 102.1, /Hans Reinhard: 21.5, /imagebroker/ Herbert Kehrer: 183.5, /Jef Meul: 122.1, /Jef Meul/SAVE: 130.1, /Kage Mikrofotografie/OKAPIA KG: 157.1, /Ludwig Werle: 97.7 a, /NAS/Tom McHugh: 21.4, /OSF/Colin Milkins: 22.2, /SAVE/Fritz Rauschenbach: 20.1, /SAVE/Konrad Wothe: 241., /Wayne Lawler/Auscape/SAVE: 79.3; panthermedia/Christian Lehner: 218.2; /Cornelia Pithart: 204.1, /globalphoto: 216.1, /Konrad Steininger: 164.3, /Kurt Bauer: 16.3, 49.1, /M. Perez Leal: 171.5; photothek.net/Liesa Johannssen: 208.2; picture-alliance: 23.1 c, 28.2 b, 169.3, 169.4,194.3, 207.3, 209.3, /Arco Images: 113 u., 114.1–3, /blickwinkel: 19 Mi., 22.3; /Daniel Karman: 88.1, /dpa: 213.6, 251.5, 275.2, /landov: 31.3, /Lehtikuva: 193.3 c, /Matthias Lenk: 116.1, 136.1; /Okapia: 36.1, 50.1, 212.1, /Root: 54.2,/Westend61/Mark Johnson: 91. o., /WILDLIFE: 27 o., 211.4, 213.5, 214.1 a, 225.5 re., /Winfried Roth: 250.1, /ZB: 193.3 b, Pitopia/Thomas Sczigiol: 16.4; Pondorf, Peter: 32.2; Reinhard Tierfoto: 172.1 li.; Röhl, Stephan: 31.2; Sammt, Andrea: 44.1; Schütte, N., Berlin: 176.1; Shutterstock/06photo: 232.3, /Agnes Kantaruk: 89.9, /Aleksey Stemmer: 69.5, Alexander A. Trofimov: 68.2, /alexsvirid: 139 o., /alterfalter: 238.2 re, /Amero: 189.5 b, /Andrey Eremin: 145.2 p, /Ansis Klucis: 145.2 c, /Art Konovalov: 156.1, /branislavpudar: 233.10, /Brooke Becker: 189.5 e, /Concept Photo: 230.1 d, /D. Kucharski, K. Kucharska: 105.5 o., /Erik Karits: 137.6, /Evgeny Tomeev: 234.5, /Evgheni Manciu: 251.7, /eye-blink: 189.5 f, /Footage.Pro: 239.2, /Gary Whitton: 156.5, /Georgios Alexandris: 63.4, /greatstockimages: 189.5 c, /Hana Stepanikova: 83.6, /Hed Chitake: 227 u., /ievgen sosnytskyi: 59 u., /Johan Barnard: 233.6, /jopelka: 63.5, /Julien_N: 234.2, /Kardash: 16.2, /kongsky: 139 u., /Kuttelvaserova Stuchelova: 79.5, /Le Do: 189.5 d, /leomagdala: 156.2, /Luis Carlos Jimenez del rio: 247.5 b, /Mangporbinvon: 232.2, /Maridav: 229.4 a, /Mariyana M: 145.2 l; /Maxim Kulko: 29.3, 56.1, /Meg Wallace Photography: 155.3, /Nanisimova: 150.2, /Nattika: 189.5 a, /Nuvola: 83.7, /Olena Mykhaylova: 230.1 b, /OlgAlt: 240.2, /outdoorsman: 239.1, /P. Uzunova: 38.1, 38.2 a, /Patryk Kosmider: 85.5, /Paul: 60.1b, /pfalztv: 240.1, /PhilipYb: 145.2b, /photka: 138, 155.5, /Photodiem: 145.2 g, /photofriday: 77.1, /Pictureguy: 63.6, /pzAxe: 63.1, /rng: 145.2h, /Rob Wilson: 142.3, /samarttiw: 230.1 a, /Serg64: 63.3, /Sergey Peterman: 151.5, /Sergio Stakhnyk: 145.2 d, /Stanislav Duben: 240.3, /StockPhotosLV: 88.6, /Studio 37: 70.4, /Svetlana Foote: 85.7, 145.2 e, /taramara78: 261 u., /Terrance Emerson: 17.8, /Thanagon_thekob: 60.1 d, /thieury: 247.4; SOMSO Modelle GmbH/Concept Visuell: 16.6; Theuerkauf, H., Gotha: 165.5, 183.7; Topic Media/PM: 166.1; VISUM: 150.3, /Christoph Keller: 81.3, /Holde Schneider: 232.1; Wikipedia/Nova: 51.4; WILDLIFE/B.Cole: 76.1, /D.Harms: 98.1, 177.3, /de Francisco: 98.2, /F.Graner: 71.6, /G.Synatzschke: 97.8, /J. Guenther Schulze: 43.2, /J. Mallwitz: 97.7 b, /Juniors Bildarchiv: 71.7, /K.Bogon: 54.1 c, /M.Gabriel: 91. u., /S.Muller: 23.1 b, 54.1 b, 97.6 b; Wirtz, Peter: 262.2, 263.4 o., 263.4 u., 271.3–4, 277.3; Wulf-Ingo Lau LAVES, Institut für Bienenkunde Celle: 123.3